安川工业机器人
从入门到精通

龚仲华　编著

·北京·

本书涵盖了从工业机器人入门到安川工业机器人产品应用全面的知识与技术。全书从机器人的产生、发展和分类，工业机器人的组成特点、技术性能和产品等基础知识出发，对工业机器人本体及谐波减速器、RV减速器等核心部件的结构原理、机械设计、安装维护等进行了全面阐述；对坐标系与姿态定义方法、程序结构及安川工业机器人的全部命令、变量编程进行了详尽说明；对手动与示教操作、程序与作业文件编辑及调试、再现运行、系统设置与维修操作进行了完整介绍。

本书面向工程应用，技术先进、知识实用、选材典型，内容全面、由浅入深、循序渐进，是工业机器人设计、使用、维修人员和高等学校师生的参考书。

图书在版编目（CIP）数据

安川工业机器人从入门到精通/龚仲华编著. —北京：化学工业出版社，2020.3（2023.1重印）
ISBN 978-7-122-36010-6

Ⅰ.①安…　Ⅱ.①龚…　Ⅲ.①工业机器人　Ⅳ.①TP242.2

中国版本图书馆 CIP 数据核字（2020）第 003204 号

责任编辑：张兴辉　毛振威　　　　　　　　装帧设计：刘丽华
责任校对：宋　夏

出版发行：化学工业出版社（北京市东城区青年湖南街 13 号　邮政编码 100011）
印　　装：北京科印技术咨询服务有限公司数码印刷分部
787mm×1092mm　1/16　印张 29¼　字数 769 千字　2023 年 1 月北京第 1 版第 4 次印刷

购书咨询：010-64518888　　　　　　　售后服务：010-64518899
网　　址：http://www.cip.com.cn
凡购买本书，如有缺损质量问题，本社销售中心负责调换。

定　　价：139.00 元

　　工业机器人是集机械、电子、控制、计算机、传感器、人工智能等多学科先进技术于一体的机电一体化设备，被称为工业自动化的三大支柱技术之一。随着社会的进步和劳动力成本的增加，工业机器人在我国的应用已越来越广。

　　本书涵盖了工业机器人入门到安川工业机器人产品应用的全部知识与技术。全书在介绍机器人的产生、发展和分类概况、工业机器人组成特点和技术性能等入门知识的基础上，针对工业机器人设计、调试、使用、维修人员的需求，重点阐述了工业机器人本体及核心部件的结构原理、传动系统设计、安装维护要求；详尽说明了工业机器人的坐标系与姿态定义方法、程序结构，安川工业机器人基本命令、变量编程及点焊、弧焊、搬运、通用机器人作业命令编程的方法；完整介绍了机器人手动操作、示教编程操作、作业文件编制、机器人调试、程序再现运行、控制系统设置与维修等操作方法和步骤。

　　第 1、2 章介绍了机器人的产生、发展、分类及产品与应用情况；对工业机器人的组成特点、结构形态、技术参数及安川工业机器人产品进行了具体说明。

　　第 3～5 章详细叙述了工业机器人本体及谐波减速器、RV 减速器等核心部件的结构原理；对机械传动系统设计、减速器选型、安装维护要求等进行了重点说明。

　　第 6～8 章对工业机器人的坐标系与姿态定义方法、程序结构、安川工业机器人基本命令编程、变量编程，以及点焊、弧焊、搬运、通用机器人作业命令的编程方法进行了详尽说明。

　　第 9～12 章对安川工业机器人的手动操作、示教编程、作业文件编制，以及机器人调试、程序再现运行、系统设置与维修操作的方法和步骤进行了完整介绍。

　　由于编著者水平有限，书中难免存在疏漏和缺点，期望广大读者提出批评、指正，以便进一步提高本书的质量。

　　本书的编写得到了安川公司技术人员的大力支持与帮助，在此表示衷心的感谢！

编著者

目录

第5章　RV减速器及维护 / 141

第6章　工业机器人编程基础 / 178

第7章　基本命令编程 / 204

第8章 机器人作业命令编程 / 234

第9章 机器人基本操作 / 274

第10章 作业文件编辑操作 / 333

第11章 机器人调试与再现运行 / 370

第12章 系统设置与维修操作 / 419

附录 安全模式菜单显示与编辑 / 455

第1章

概述

1.1 机器人的产生及发展

1.1.1 机器人的产生与定义

(1) 概念的出现

机器人（Robot）自从 1959 年问世以来，由于它能够协助、代替人类完成那些重复、频繁、单调、长时间的工作，或进行危险、恶劣环境下的作业，因此其发展较迅速。随着人们对机器人研究的不断深入，已逐步形成了机器人学（Robotics）这一新兴的综合性学科，有人将机器人技术与数控技术、PLC 技术并称为工业自动化的三大支柱技术。

机器人（Robot）一词源自捷克著名剧作家 Karel Čapek（卡雷尔·恰佩克）1920 年创作的剧本 *Rossumovi Univerzální Roboti*（《罗萨姆的万能机器人》，简称 R. U. R.），由于 R. U. R. 剧中的人造机器被取名为 Robota（捷克语，即奴隶、苦力），因此，英文 Robot 一词开始代表机器人。

机器人的概念一经出现，首先引起了科幻小说家的广泛关注。自 20 世纪 20 年代起，机器人成了很多科幻小说、电影的主人公，如《星球大战》中的 C-3PO 等。为了预防机器人可能引发的人类灾难，1942 年，美国科幻小说家 Isaac Asimov（艾萨克·阿西莫夫）在 *I, Robot* 的第 4 个短篇 *Runaround* 中，首次提出了"机器人学三原则"，它被称为"现代机器人学的基石"，这也是"机器人学（Robotics）"这个名词在人类历史上的首度亮相。

"机器人学三原则"的主要内容如下。

原则 1：机器人不能伤害人类，或因其不作为而使人类受到伤害。

原则 2：机器人必须执行人类的命令，除非这些命令与原则 1 相抵触。

原则 3：在不违背原则 1、原则 2 的前提下，机器人应保护自身不受伤害。

到了 1985 年，Isaac Asimov 在机器人系列最后作品 *Robots and Empire* 中，又补充了凌驾于"机器人学三原则"之上的"原则 0"，即：

原则 0：机器人必须保护人类的整体利益不受伤害，其他 3 条原则都必须在这一前提下才能成立。

　　继 Isaac Asimov 之后，其他科幻作家还不断提出了对"机器人学三原则"的补充、修正意见，但是，这些大都是科幻小说家对想象中的机器人所施加的限制；实际上，"人类整体利益"等概念本身就是模糊的，甚至连人类自己都搞不明白，更不要说机器人了。因此，目前人类的认识和科学技术发展，实际上还远未达到制造科幻片中的机器人的水平；制造出具有类似人类智慧、感情、思维的机器人，仍属于科学家的梦想和追求。

　　(2) 机器人的产生

　　现代机器人的研究起源于 20 世纪中叶的美国，它从工业机器人的研究开始。

　　第二次世界大战期间（1939—1945 年），由于军事、核工业的发展需要，在原子能实验室的恶劣环境下，需要有操作机械来代替人类进行放射性物质的处理。为此，美国的 Argonne National Laboratory（阿尔贡国家实验室）开发了一种遥控机械手（teleoperator）。接着，在 1947 年，又开发出了一种伺服控制的主-从机械手（master-slave manipulator），这些都是工业机器人的雏形。

图 1.1.1　Unimate 工业机器人

工业机器人的概念由美国发明家 George Devol（乔治·德沃尔）最早提出，他在 1954 年申请了专利，并在 1961 年获得授权。1958 年，美国著名的机器人专家 Joseph F. Engelberger（约瑟夫·恩盖尔柏格）建立了 Unimation 公司，并利用 George Devol 的专利，于 1959 年研制出了图 1.1.1 所示的世界上第一台真正意义上的工业机器人 Unimate，开创了机器人发展的新纪元。

Joseph F. Engelberger 对世界机器人工业的发展作出了杰出的贡献，被人们称为"机器人之父"。1983 年，就在工业机器人销售日渐增长的情况下，他又毅然地将 Unimation 公司出让给了美国 Westinghouse Electric Corporation（西屋电气，又译威斯汀豪斯），并创建了 TRC 公司，前瞻性地开始了服务机器人的研发工作。

　　从 1968 年起，Unimation 公司先后将机器人的制造技术转让给了日本 KAWASAKI（川崎）和英国 GKN 公司，机器人开始在日本和欧洲得到了快速发展。据有关方面的统计，目前世界上至少有 48 个国家在发展机器人，其中的 25 个国家已在进行智能机器人的开发，美国、日本、德国、法国等都是机器人的研发和制造大国，无论在基础研究或是产品研发、制造方面都居世界领先水平。

　　(3) 国际标准化组织

　　随着机器人技术的快速发展，在发达国家，机器人及其零部件的生产已逐步形成产业，为了能够宣传、规范和引导机器人产业的发展，世界各国相继成立了相应的行业协会。目前，世界主要机器人生产与使用国的机器人行业协会如下。

　　① International Federation of Robotics（IFR，国际机器人联合会）　该联合会成立于 1987 年，目前已有 25 个成员国，它是世界公认的机器人行业代表性组织，已被联合国列为非政府正式组织。

　　② Japan Robot Association（JRA，日本机器人协会）　该协会原名 Japan Industrial Robot Association（JIRA，日本工业机器人协会），也是全世界最早成立的机器人行业协

会。JIRA 成立于 1971 年 3 月，最初称"工业机器人恳谈会"；1972 年 10 月更名为 Japan Industrial Robot Association（JIRA）；1973 年 10 月成为正式法人团体；1994 年更名为 Japan Robot Association（JRA）。

③ Robotics Industries Association（RIA，美国机器人协会） 该协会成立于 1974 年，是美国机器人行业的专门协会。

④ Verband Deutscher Maschinen-und Anlagebau（VDMA，德国机械设备制造业联合会） VDMA 是拥有 3100 多家会员企业、400 余名专家的大型行业协会，它下设有 37 个专业协会和一系列跨专业的技术论坛、委员会及工作组，是欧洲目前最大的工业联合会，以及工业投资品领域中最大、最重要的组织机构。自 2000 年起，VDMA 设立了专业协会 Deutschen Gesellschaft für Robotik（DGR，德国机器人协会），专门进行机器人产业的规划和发展等相关工作。

⑤ French Research Group in Robotics（FRGR，法国机器人协会） 该协会原名 Association Francaise de Robotique Industrielle（AFRI，法国工业机器人协会），后来随着服务机器人的发展，在 2007 年更为现名。

⑥ Korea Association of Robotics（KAR，韩国机器人协会） 是亚洲较早的机器人协会之一，成立于 1999 年。

(4) 机器人的定义

由于机器人的应用领域众多、发展速度快，加上它又涉及人类的有关概念，因此，对于机器人，世界各国标准化机构，甚至同一国家的不同标准化机构，至今尚未形成一个统一、准确、世所公认的严格定义。

例如，欧美国家一般认为，机器人是一种"由计算机控制、可通过编程改变动作的多功能、自动化机械"。而日本作为机器人生产的大国，则将机器人分为"能够执行人体上肢（手和臂）类似动作"的工业机器人和"具有感觉和识别能力，并能够控制自身行为"的智能机器人两大类。

客观地说，欧美国家的机器人定义侧重其控制方式和功能，其定义和现行的工业机器人较接近；而日本的机器人定义，关注的是机器人的结构和行为特性，且已经考虑到了现代智能机器人的发展需要，其定义更为准确。

作为参考，目前在相关资料中使用较多的机器人定义主要有以下几种。

① International Organization for Standardization（ISO，国际标准化组织）的定义：机器人是一种"自动的、位置可控的、具有编程能力的多功能机械手，这种机械手具有几个轴，能够借助可编程序操作来处理各种材料、零件、工具和专用装置，执行各种任务"。

② Japan Robot Association（JRA，日本机器人协会）将机器人分为了工业机器人和智能机器人两大类，工业机器人是一种"能够执行人体上肢（手和臂）类似动作的多功能机器"；智能机器人是一种"具有感觉和识别能力，并能够控制自身行为的机器"。

③ NBS（美国国家标准局）的定义：机器人是一种"能够进行编程，并在自动控制下执行某些操作和移动作业任务的机械装置"。

④ Robotics Industries Association（RIA，美国机器人协会）的定义：机器人是一种"用于移动各种材料、零件、工具或专用装置的，通过可编程的动作来执行各种任务的，具有编程能力的多功能机械手"。

⑤ 我国 GB/T 12643—2013 的标准定义：工业机器人是一种"能够自动定位控制、可重复编程的、多功能的、多自由度的操作机，能搬运材料、零件或操持工具，用于完成各种作业"。

由于以上标准化机构及专门组织对机器人的定义都是在特定时间所得出的结论，故多偏重于工业机器人。但科学技术对未来是无限开放的，当代智能机器人无论在外观，还是功能、智能化程度等方面，都已超出了传统工业机器人的范畴。机器人正在源源不断地向人类活动的各个领域渗透，它所涵盖的内容越来越丰富，其应用领域和发展空间正在不断延伸和扩大，这也是机器人与其他自动化设备的重要区别。

可以想象，未来的机器人不但可接受人类指挥、运行预先编制的程序，而且也可根据人工智能技术所制定的原则纲领，选择自身的行动，甚至可能像科幻片所描述的那样，脱离人们的意志而"自行其是"。

1.1.2 机器人的发展

(1) 技术发展水平

机器人最早用于工业领域，它主要用来协助人类完成重复、频繁、单调、长时间的工作，或进行高温、粉尘、有毒、辐射、易燃、易爆等恶劣、危险环境下的作业。但是，随着社会进步、科学技术发展和智能化技术研究的深入，各式各样具有感知、决策、行动和交互能力，可适应不同领域特殊要求的智能机器人相继被研发，机器人已开始进入人们生产、生活的各个领域，并在某些领域逐步取代人类，独立从事相关作业。

根据机器人现有的技术水平，人们一般将机器人产品分为如下三代。

图 1.1.2 第一代机器人

① 第一代机器人 第一代机器人一般是指能通过离线编程或示教操作生成程序，并再现动作的机器人。第一代机器人所使用的技术和数控机床十分相似，它既可通过离线编制的程序控制机器人的运动，也可通过手动示教操作（数控机床称为 teach in 操作），记录运动过程并生成程序，并进行再现运行。

第一代机器人的全部行为完全由人控制，它没有分析和推理能力，不能改变程序动作，无智能性，其控制以示教、再现为主，故又称示教再现机器人。第一代机器人现已实用和普及，图 1.1.2 所示的大多数工业机器人都属于第一代。

② 第二代机器人 第二代机器人装备有一定数量的传感器，它能获取作业环境、操作对象等简单信息，并通过计算机的分析与处理，作出简单的推理，并适当调整自身的动作和行为。

例如，在图 1.1.3（a）所示的探测机器人上，可通过所安装的摄像头及视觉传感系统，识别图像，判断和规划探测车的运动轨迹，它对外部环境具有了一定的适应能力。在图 1.1.3（b）所示的人机协同作业机器人上，安装有触觉传感系统，以防止人体碰撞，它可取消第一代机器人作业区间的安全栅栏，实现安全的人机协同作业。

第二代机器人已具备一定的感知和简单推理等能力，有一定程度上的智能，故又称感知机器人或低级智能机器人，当前使用的大多数服务机器人或多或少都已经具备第二代机器人的特征。

③ 第三代机器人 第三代机器人应具有高度的自适应能力，它有多种感知机能，可通过复杂的推理，作出判断和决策，自主决定机器人的行为，具有相当程度的智能，故称为智能机器人。第三代机器人目前主要用于家庭、个人服务及军事、航天等行业，总体尚处于实

(a) 探测机器人

(b) 人机协同作业机器人

图 1.1.3　第二代机器人

验和研究阶段，目前还只有美国、日本、德国等少数发达国家能掌握和应用。

　　例如，日本 HONDA（本田）公司研发的图 1.1.4（a）所示的 Asimo 机器人，不仅能实现跑步、爬楼梯、跳舞等动作，且还能进行踢球、倒饮料、打手语等简单智能动作。日本 Riken Institute（理化学研究所）研发的图 1.1.4（b）所示的 Robear 护理机器人，其肩部、关节等部位都安装有测力感应系统，可模拟人的怀抱感，它能够像人一样，柔和地能将卧床者从床上扶起，或将坐着的人抱起，其样子亲切可爱、充满活力。

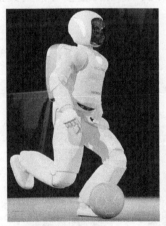
(a) Asimo机器人

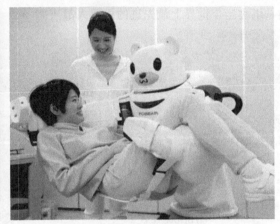
(b) Robear机器人

图 1.1.4　第三代机器人

(2) 主要生产国及产品水平

　　机器人问世以来，得到了世界各国的广泛重视，美国、日本和德国为机器人研究、制造和应用大国，英国、法国、意大利、瑞士等国的机器人研发水平也居世界前列。目前，世界主要机器人生产制造国的研发、应用情况如下。

　　1) 美国

　　美国是机器人的发源地，其机器人研究领域广泛、产品技术先进，机器人的研究实力和产品水平均领先于世界，Adept Technology、American Robot、Emerson Industrial Automation、S-T Robotics 等都是美国著名的机器人生产企业。

　　美国的机器人研究从最初的工业机器人开始，但目前已更多地转向军用、医疗、家用服务及军事、场地等高层次智能机器人的研发。据统计，美国的智能机器人占据了全球约

60％的市场，iRobot、Remotec 等都是全球著名的服务机器人生产企业。

美国的军事机器人（military robot）更是遥遥领先于其他国家，无论在基础技术研究、系统开发、生产配套方面，或是在技术转化、实战应用等方面都具有强大的优势，其产品研发与应用已涵盖陆、海、空、天等诸多兵种，美国是目前全世界唯一具有综合开发、试验和实战应用能力的国家。Boston Dynamics（波士顿动力）、Lockheed Martin（洛克希德·马丁）等公司均为世界闻名的军事机器人研发制造企业。

美国现有的军事机器人产品包括无人驾驶飞行器、无人地面车、机器人武装战车及多功能后勤保障机器人、机器人战士等。

图 1.1.5（a）为 Boston Dynamics（波士顿动力）研制的多功能后勤保障机器人，BigDog（大狗）系列机器人的军用产品 LS3（Legged Squad Support Systems，又名阿尔法狗），重达 1250lb（约 570kg），它可在搭载 400lb（约 181kg）重物情况下，连续行走20mile（约 32km），并能穿过复杂地形、应答士官指令；图 1.1.5（b）为 WildCat（野猫）机器人，它能在各种地形上，以超过 25km/h 的速度奔跑和跳跃。

此外，为了避免战争中的牺牲，Boston Dynamics 还研制出了类似科幻片中的"机器人战士"。如"哨兵"机器人已经能够自动识别声音、烟雾、风速、火等环境数据，而且还可说 300 多个单词，向可疑目标发出口令，一旦目标不能正确回答，便可迅速、准确地瞄准和加以射击。该公司研发的、图 1.1.5（c）所示的 Atlas（阿特拉斯）机器人，高 1.88m、重150kg，其四肢共拥有 28 个自由度，能够直立行走、攀爬、自动调整重心，其灵活性已接近于人类，堪称当今世界上最先进的机器人战士之一。

(a) BigDog - LS3

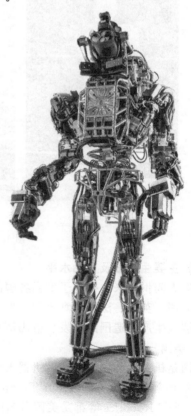

(b) WildCat

(c) Atlas

图 1.1.5 Boston Dynamics 研发的军事机器人

美国的场地机器人（field robots）研究水平同样令其他各国望尘莫及，其研究遍及空间、陆地、水下，并已经用于月球、火星等天体的探测。

早在 1967 年，National Aeronautics and Space Administration（NASA，美国宇航局）发射了"勘测者"3 号月球探测器，对月球土壤进行了分析和处理。1976 年，NASA 所发射的"海盗"号火星探测器着陆火星，并对土壤等进行了采集和分析，以寻找生命迹象。到了 2003 年，NASA 又接连发射了 Spirit MER-A（"勇气"号）和 Opportunity（"机遇"号）两个火星探测器，并于 2004 年 1 月先后着陆火星表面，它可在地面的遥控下，在火星上自由行走，通过它们对火星岩石和土壤的分析，收集到了表明火星上曾经有水流动的强有力证据，发现了形成于酸性湖泊的岩石、陨石等。2011 年 11 月，又成功发射了图 1.1.6（a）所示的 Curiosity（"好奇"号）核动力驱动的火星探测器，并于 2012 年 8 月 6 日安全着陆火星，开启了人类探寻火星生命元素的历程。图 1.1.6（b）是卡内基梅隆大学 2014 年研发的 Andy（"安迪"号）月球车。

(a) Curiosity 火星车　　　　　　　　　　　　　(b) Andy 月球车

图 1.1.6　美国的场地机器人

2）日本

日本是目前全球最大的机器人研发、生产和使用国，在工业机器人及家用服务、护理机、医疗等智能机器人的研发上具有世界领先水平。

日本在工业机器人的生产和应用居世界领先地位。20 世纪 90 年代，日本就开始普及第一代和第二代工业机器人，截至目前，它仍保持工业机器人产量、安装数量世界第一的地位。据统计，日本的工业机器人产量约占全球的 50%；安装数量约占全球的 23%。

日本在工业机器人的主要零部件供给、研究等方面同样居世界领先地位，其主要零部件（精密减速机、伺服电机、传感器等）占全球市场的 90% 以上。日本的 Harmonic Drive System（哈默纳科）是全球最早生产谐波减速器的企业和目前全球最大、最著名的谐波减速器生产企业，其产品规格齐全、产量占全世界总量的 15% 左右。日本的 Nabtesco Corporation（纳博特斯克公司）是全球最大、技术领先的 RV 减速器生产企业，其产品占据了全球 60% 以上的工业机器人 RV 减速器市场及日本 80% 以上的数控机床自动换刀（ATC）装置 RV 减速器市场。世界著名的工业机器人几乎都使用 Harmonic Drive System 生产的谐波减速器和 Nabtesco Corporation 生产的 RV 减速器。

日本在发展第三代智能机器人上也取得了举世瞩目的成就。为了攻克智能机器人的关键技术，自 2006 年起，政府每年都投入巨资用于服务机器人的研发，如前述的 HONDA 公司的 Asimo 机器人、Riken Institute 的 Robear 护理机器人等家用服务机器人的技术水平均居世界前列。

3) 德国

德国的机器人研发稍晚于日本，但其发展十分迅速。在 20 世纪 70 年代中后期，德国政府在"改善劳动条件计划"中，强制规定了部分有危险、有毒、有害的工作岗位必须用机器人来代替人工的要求，它为机器人的应用开辟了广大的市场。据 VDMA（德国机械设备制造业联合会）统计，目前德国的工业机器人密度已在法国的 2 倍和英国的 4 倍以上，它是目前欧洲最大的工业机器人生产和使用国。

德国的工业机器人以及军事机器人中的地面无人作战平台、水下无人航行体的研究和应用水平，居世界领先地位。德国的 KUKA（库卡）、REIS（徕斯，现为 KUKA 成员）、Carl-Cloos（卡尔-克鲁斯）等都是全球著名的工业机器人生产企业；德国宇航中心、德国机器人技术商业集团、Karcher 公司、Fraunhofer Institute for Manufacturing Engineering and Automatic（弗劳恩霍夫制造技术和自动化研究所）及 STN 公司、HDW 公司等是有名的服务机器人及军事机器人研发企业。

德国在智能服务机器人的研究和应用上，同样具有世界公认的领先水平。例如，弗劳恩霍夫制造技术和自动化研究所最新研发的服务机器人 Care-O-Bot4，不但能够识别日常的生活用品，且还能听懂语音命令和看懂手势命令、按声控或手势的要求进行自我学习。

4) 中国

由于国家政策导向等多方面的原因，近年来，中国已成为全世界工业机器人增长最快、销量最大的市场，总销量已经连续多年位居全球第一。2013 年，工业机器人销量近 3.7 万台，占全球总销售量（17.7 万台）的 20.9%；2014 年的销量为 5.7 万台，占全球总销售量（22.5 万台）的 25.3%；2015 年的销量为 6.6 万台，占全球总销售量（24.7 万台）的 26.7%；2016 年的销量为 8.7 万台，占全球总销售量（29.4 万台）的 29.6%；2017 年的销量为 14.1 万台，占全球总销售量（38 万台）的 37.1%。2018 年的销量为 13.5 万台。

我国的机器人研发起始于 20 世纪 70 年代初期，到了 90 年代，先后研制出了点焊、弧焊、装配、喷漆、切割、搬运、包装码垛等工业机器人，在工业机器人及零部件研发等方面取得了一定的成绩。上海交通大学、哈尔滨工业大学、天津大学、南开大学、北京航空航天大学等高校都设立了机器人研究所或实验室，进行工业机器人和服务机器人的基础研究；广州数控、南京埃斯顿、沈阳新松等企业也开发了部分机器人产品。但是，总体而言，我国的机器人研发目前还处于初级阶段，和先进国家的差距依旧十分明显，产品以低档工业机器人为主，核心技术尚未掌握，关键部件几乎完全依赖进口，国产机器人的市场占有率十分有限，目前还没有真正意义上完全自主的机器人生产商。

高端装备制造产业是国家重点支持的战略性新兴产业，工业机器人作为高端装备制造业的重要组成部分，有望在今后一段时期得到快速发展。

1.2 机器人分类

1.2.1 机器人分类

机器人的分类方法很多，但由于人们观察问题的角度有所不同，直到今天，还没有一种分类方法能够令人满意地对机器人进行世所公认的分类。总体而言，通常的机器人分类方法主要有专业分类法和应用分类法两种，简介如下。

(1) **专业分类法**

专业分类法一般是机器人设计、制造和使用厂家技术人员所使用的分类方法，其专业性较强，业外较少使用。目前，专业分类又可按机器人控制系统的技术水平、机械结构形态和运动控制方式3种方式进行分类。

① **按控制系统水平分类**　根据机器人目前的控制系统技术水平，一般可分为前述的示教再现机器人（第一代）、感知机器人（第二代）、智能机器人（第三代）三类。第一代机器人已实际应用和普及，绝大多数工业机器人都属于第一代机器人；第二代机器人的技术已部分实用化；第三代机器人尚处于实验和研究阶段。

② **按机械结构形态分类**　根据机器人现有的机械结构形态，有人将其分为圆柱坐标（cylindrical coordinate）、球坐标（polar coordinate）、直角坐标（cartesian coordinate）及关节型（articulated）、并联型（parallel）等，以关节型机器人为常用。不同形态机器人的在外观、机械结构、控制要求、工作空间等方面均有较大的区别。例如，关节型机器人的动作类似人类手臂；而直角坐标及并联型机器人的外形和结构，则与数控机床十分类似等。有关工业机器人的结构形态，将在第2章进行详细阐述。

③ **按运动控制方式分类**　根据机器人的控制方式，可以将其分为顺序控制型、轨迹控制型、远程控制型、智能控制型等。顺序控制型又称点位控制型，这种机器人只需要按照规定的次序和移动速度，运动到指定点进行定位，而不需要控制移动过程中的运动轨迹，它可以用于物品搬运等。轨迹控制型机器人需要同时控制移动轨迹、移动速度和运动终点，它可用于焊接、喷漆等连续移动作业。远程控制型机器人可实现无线遥控，故多用于特定的行业，如军事机器人、空间机器人、水下机器人等。智能控制型机器人就是前述的第三代机器人，多用于军事、场地、医疗等专门行业，智能型工业机器人目前尚未有实用化的产品。

(2) **应用分类法**

应用分类法是根据机器人应用环境（用途）进行分类的大众化分类方法，其定义通俗，易为公众所接受。例如，日本将其分为工业机器人和智能机器人两类；我国则将其分为工业机器人和特种机器人两类等。然而，由于对机器人的智能性判别尚缺乏严格、科学的标准，工业机器人和特种机器人的界线也较难划分。因此，本书参照国际机器人联合会（IFR）的相关定义，根据机器人的应用环境，将机器人分为工业机器人和服务机器人两类，前者用于环境已知的工业领域，后者用于环境未知的服务领域。如进一步细分，目前常用的机器人，基本上可分为图1.2.1所示的几类。

① **工业机器人**　工业机器人（industrial robot，简称IR）是指在工业环境下应用的机器人，它是一种可编程的、多用途自动化设备。当前实用化的工业机器人以第一代示教再现机器人居多，但部分工业机器人（如焊接、装配等）已能通过图像的识别、判断，来规划或探测途径，对外部环境具有了一定的适应能力，初步具备了第二代感知机器人的一些功能。

工业机器人可根据其用途和功能，分为后述的加工、装配、搬运、包装4大类；在此基础上，还可对每类进行细分。

② **服务机器人**　服务机器人（personal robot，简称PR）是服务于人类非生产性活动的机器人总称，它在机器人中的比例高达95%以上。根据IFR（国际机器人联合会）的定义，服务机器人是一种半自主或全自主工作的机械设备，它能完成有益于人类的服务工作，但不直接从事工业产品生产。

服务机器人的涵盖范围非常广，简言之，除工业生产用的机器人外，其他所有的机器人

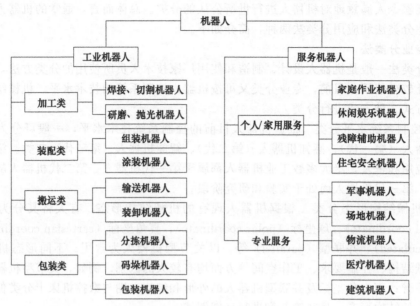

图 1.2.1　机器人的分类

均属于服务机器人的范畴。因此，人们根据其用途，将服务机器人分为个人/家用服务机器人（personal/domestic robots）和专业服务机器人（professional service robots）两类，在此基础上还可对每类进行细分。

以上两类产品研发、应用的简要情况如下。

1.2.2　工业机器人

工业机器人（industrial robot，简称 IR）是用于工业生产环境的机器人总称。用工业机器人替代人工操作，不仅可保障人身安全、改善劳动环境、减轻劳动强度、提高劳动生产率，而且还能够起到提高产品质量、节约原材料消耗及降低生产成本等多方面作用，因而，它在工业生产各领域的应用也越来越广泛。

工业机器人自 1959 年问世以来，经过几十多年的发展，在性能和用途等方面都有了很大的变化；现代工业机器人的结构越来越合理、控制越来越先进、功能越来越强大。根据工业机器人的功能与用途，其主要产品大致可分为图 1.2.2 所示的加工、装配、搬运、包装 4 大类。

（1）加工机器人

加工机器人是直接用于工业产品加工作业的工业机器人，常用的有金属材料焊接、切割、折弯、冲压、研磨、抛光等；此外，也有部分用于建筑、木材、石材、玻璃等行业的非金属材料切割、研磨、雕刻、抛光等加工作业。

焊接、切割、研磨、雕刻、抛光加工的环境通常较恶劣，加工时所产生的强弧光、高温、烟尘、飞溅、电磁干扰等都有害于人体健康。这些行业采用机器人自动作业，不仅可改善工作环境，避免人体伤害，而且还可自动连续工作，提高工作效率和改善加工质量。

焊接机器人（welding robot）是目前工业机器人中产量最大、应用最广的产品，被广泛用于汽车、铁路、航空航天、军工、冶金、电器等行业。自 1969 年美国 GM 公司（通用汽车）在美国 Lordstown 汽车组装生产线上装备首台汽车点焊机器人以来，机器人焊接技术已日臻成熟，通过机器人的自动化焊接作业，可提高生产效率、确保焊接质量、改善劳动环

(a) 加工

(b) 装配

(c) 搬运

(d) 包装

图 1.2.2　工业机器人的分类

境，它是当前工业机器人应用的重要方向之一。

材料切割是工业生产不可缺少的加工方式，从传统的金属材料火焰切割、等离子切割、到可用于多种材料的激光切割加工都可通过机器人完成。目前，薄板类材料的切割大多采用数控火焰切割机、数控等离子切割机和数控激光切割机等数控机床加工；但异形、大型材料或船舶、车辆等大型废旧设备的切割已开始逐步使用工业机器人。

研磨、雕刻、抛光机器人主要用于汽车、摩托车、工程机械、家具建材、电子电气、陶瓷卫浴等行业的表面处理。使用研磨、雕刻、抛光机器人不仅能使操作者远离高温、粉尘、有毒、易燃、易爆的工作环境，而且能够提高加工质量和生产效率。

(2) 装配机器人

装配机器人（assembly robot）是将不同的零件或材料组合成组件或成品的工业机器人，常用的有组装和涂装两大类。

计算机（computer）、通信（communication）和消费性电子（consumer electronic）行业（简称 3C 行业）是目前组装机器人最大的应用市场。3C 行业是典型的劳动密集型产业，采用人工装配，不仅需要使用大量的员工，而且操作工人的工作高度重复、频繁，劳动强度极大，致使人工难以承受；此外，随着电子产品不断向轻薄化、精细化方向发展，产品对零部件装配的精细程度在日益提高，部分作业已是人工无法完成。

涂装类机器人用于部件或成品的油漆、喷涂等表面处理，这类处理通常含有影响人体健康的有害、有毒气体。采用机器人自动作业后，不仅可改善工作环境，避免有害、有毒气体的危害，而且还可自动连续工作，提高工作效率和改善加工质量。

(3) 搬运机器人

搬运机器人是从事物体移动作业的工业机器人的总称，常用的主要有输送机器人 (transfer robot) 和装卸机器人 (handling robot) 两大类。

工业输送机器人以无人搬运车 (automated guided vehicle, 简称 AGV) 为主。AGV 具有自身的控制系统和路径识别传感器，能够自动行走和定位停止，可广泛应用于机械、电子、纺织、卷烟、医疗、食品、造纸等行业的物品搬运和输送。在机械加工行业，AGV 大多用于无人化工厂、柔性制造系统 (flexible manufacturing system, 简称 FMS) 的工件、刀具搬运、输送，它通常需要与自动化仓库、刀具中心及数控加工设备、柔性加工单元 (flexible manufacturing cell, 简称 FMC) 的控制系统互联，以构成无人化工厂、柔性制造系统的自动化物流系统。从产品功能上说，AGV 实际上也可归属于服务机器人中的场地机器人。

装卸机器人多用于机械加工设备的工件装卸（上下料），它通常和数控机床等自动化加工设备组合，构成柔性加工单元 (FMC)，成为无人化工厂、柔性制造系统 (FMS) 的一部分。装卸机器人还经常用于冲剪、锻压、铸造等设备的上下料，以替代人工完成高风险、高温等恶劣环境下的危险作业或繁重作业。

(4) 包装机器人

包装机器人 (packaging robot) 是用于物品分拣、成品包装、码垛的工业机器人，常用的主要有分拣、包装和码垛 3 类。

计算机、通信和消费性电子行业（3C 行业）和化工、食品、饮料、药品工业是包装机器人的主要应用领域。3C 行业的产品产量大、周转速度快，成品包装任务繁重；化工、食品、饮料、药品包装由于行业特殊性，人工作业涉及安全、卫生、清洁、防水、防菌等方面的问题；因此，都需要利用装配机器人，来完成物品的分拣、包装和码垛作业。

1.2.3 服务机器人

(1) 基本情况

服务机器人是服务于人类非生产性活动的机器人总称。从控制要求、功能、特点等方面看，服务机器人与工业机器人的本质区别在于：工业机器人所处的工作环境在大多数情况下是已知的，因此，利用第一代机器人技术已可满足其要求；然而，服务机器人的工作环境在绝大多数场合是未知的，故都需要使用第二代、第三代机器人技术。从行为方式上看，服务机器人一般没有固定的活动范围和规定的动作行为，它需要有良好的自主感知、自主规划、自主行动和自主协同等方面的能力，因此，服务机器人较多地采用仿人或生物、车辆等结构形态。

早在 1967 年，在日本举办的第一届机器人学术会议上，人们就提出了两种描述服务机器人特点的代表性意见。一种意见认为服务机器人是一种"具有自动性、个体性、智能性、通用性、半机械半人性、移动性、作业性、信息性、柔性、有限性等特征的自动化机器"；另一种意见认为具备如下 3 个条件的机器，可称为服务机器人：

① 具有类似人类的脑、手、脚等功能要素；

② 具有非接触和接触传感器；

③ 具有平衡觉和固有觉的传感器。

当然，鉴于当时的情况，以上定义都强调了服务机器人的"类人"含义，突出了由

"脑"统一指挥、靠"手"进行作业、靠"脚"实现移动；通过非接触传感器和接触传感器，使机器人识别外界环境；利用平衡觉和固有觉等传感器感知本身状态等基本属性，但它对服务机器人的研发仍具有参考价值。

服务机器人的出现虽然晚于工业机器人，但由于它与人类进步、社会发展、公共安全等诸多重大问题息息相关，应用领域众多，市场广阔，因此，其发展非常迅速、潜力巨大。有国外专家预测，在不久的将来，服务机器人产业可能成为继汽车、计算机后的另一新兴产业。据国际机器人联合会（IFR）2013 年世界服务机器人统计报告等有关统计资料显示，目前已有 20 多个国家在进行服务型机器人的研发，有 40 余种服务型机器人已进入商业化应用或试用阶段。2012 年全球服务机器人的总销量约为 301.6 万台，约为工业机器人（15.9 万台）的 20 倍；其中，个人/家用服务机器人的销量约为 300 万台，销售额约为 12 亿美元；专业服务机器人的销量为 1.6 万台，销售额为 34.2 亿美元。

在服务机器人中，个人/家用服务机器人（personal/domestic robots）为大众化、低价位产品，其市场最大。在专业服务机器人中，则以涉及公共安全的军事机器人（military robot）、场地机器人（field robots）、医疗机器人的应用较广。

在服务机器人的研发领域，美国不但在军事、场地、医疗等高科技专业服务机器人的研究上遥遥领先于其他国家，而且在个人/家用服务机器人的研发上同样占有显著的优势，其服务机器人总量约占全球服务机器人市场的 60%。此外，日本的个人/家用服务机器人产量约占全球市场的 50%；欧洲的德国、法国也是服务机器人的研发和使用大国。我国在服务机器人领域的研发起步较晚，直到 2005 年才初具市场规模，总体水平与发达国家相比存在很大的差距；目前，我国的个人/家用服务机器人主要有吸尘、教育娱乐、保安、智能玩具等；专用服务机器人主要有医疗及部分军事、场地机器人等。

(2) 个人/家用服务机器人

个人/家用服务机器人（personal/domestic robots）泛指为人们日常生活服务的机器人，包括家庭作业、娱乐休闲、残障辅助、住宅安全等。个人/家用服务机器人是被人们普遍看好的未来最具发展潜力的新兴产业之一。

在个人/家用服务机器人中，以家庭作业和娱乐休闲机器人的产量为最大，两者占个人/家用服务机器人总量的 90% 以上；残障辅助、住宅安全机器人的普及率目前还较低，但市场前景被人们普遍看好。

家用清洁机器人是家庭作业机器人中最早被实用化和最成熟的产品之一。早在 20 世纪 80 年代，美国已经开始进行吸尘机器人的研究，iRobot 等公司是目前家用服务机器人行业公认的领先企业，其产品技术先进、市场占有率为全球最大；德国的 Karcher 公司也是著名的家庭作业机器人生产商，它在 2006 年研发的 Rc3000 家用清洁机器人是世界上第一台能够自行完成所有家庭地面清洁工作的家用清洁机器人。此外，美国的 Neato、Mint，日本的 SHINK、Panasonic（松下），韩国的 LG、三星等公司也都是全球较著名的家用清洁机器人研发、制造企业。

在我国，由于家庭经济条件和发达国家的差距巨大，加上传统文化的影响，绝大多数家庭的作业服务目前还是由自己或家政服务人员承担，所使用的设备以传统工具和普通吸尘器、洗碗机等简单设备为主，家庭作业服务机器人的使用率非常低。

(3) 专业服务机器人

专业服务机器人（professional service robots）的涵盖范围非常广，简言之，除工业生产用的工业机器人和为人们日常生活服务的个人/家用服务机器人外，其他所有的机器人均属于专业服务机器人。在专业服务机器人中，军事、场地和医疗机器人是应用最广的产品，

3 类产品的概况如下。

1）军事机器人

军事机器人（military robot）是为了军事目的而研制的自主、半自主式或遥控的智能化装备，它可用来帮助或替代军人，完成特定的战术或战略任务。军事机器人具备全方位、全天候的作战能力和极强的战场生存能力，可在超过人类承受能力的恶劣环境，或在遭到毒气、冲击波、热辐射等袭击时，继续进行工作；加上军事机器人也不存在人类的恐惧心理，可严格地服从命令、听从指挥，有利于指挥者对战局的掌控；在未来战争中，机器人战士完全可能成为军事行动中的主力军。

军事机器人的研发早在 20 世纪 60 年代就已经开始，产品已从第一代的遥控操作器，发展到了现在的第三代智能机器人。目前，世界各国的军用机器人已达上百个品种，其应用涵盖侦察、排雷、防化、进攻、防御及后勤保障等各个方面。用于监视、勘察、获取危险领域信息的无人驾驶飞行器（UAV）和地面车（UGV）、具有强大运输功能和精密侦查设备的机器人武装战车（ARV）、在战斗中担任补充作战物资的多功能后勤保障机器人（MULE）是当前军事机器人的主要产品。

目前，美国是世界唯一具有综合开发、试验和实战应用各类军事机器人的国家，其军事机器人的应用已涵盖陆、海、空等诸兵种。据报道，美军已装配了超过 7500 架无人机和15000 个地面机器人，现阶段正在大量研制和应用无人作战系统、智能机器人集成作战系统等，以全面提升陆、海、空军事实力。此外，德国的智能地面无人作战平台、反水雷及反潜水下无人航行体的研究和应用，英国的战斗工程牵引车（CET）、工程坦克（FET）、排爆机器人的研究和应用，法国的警戒机器人和低空防御机器人、无人侦察车、野外快速巡逻机器人的研究和应用，以色列的机器人自主导航车、"守护者（Guardium）"监视与巡逻系统、步兵城市作战用的手携式机器人的研究和应用等，也具有世界领先水平。

2）场地机器人

场地机器人（field robots）是除军事机器人外，其他可进行大范围作业的服务机器人的总称。场地机器人多用于科学研究和公共事业服务，如太空探测、水下作业、危险作业、消防救援、园林作业等。

美国的场地机器人研究始于 20 世纪 60 年代，其产品已遍及空间、陆地和水下。从1967 年的"勘测者"3 号月球探测器，到 2003 年的 Spirit MER-A（"勇气"号）和 Opportunity（"机遇"号）火星探测器、2011 年的 Curiosity（"好奇"号）核动力驱动的火星探测器，都无一例外地代表了当时全球空间机器人研究的最高水平。此外，俄罗斯和欧盟在太空探测机器人等方面的研究和应用也居世界领先水平，如早期的空间站飞行器对接、燃料加注机器人等；德国于 1993 年研制、由"哥伦比亚"号航天飞机携带升空的 ROTEX 远距离遥控机器人等，也都代表了当时的空间机器人技术水平；我国在探月、水下机器人方面的研究也取得了较大的进展。

3）医疗机器人

医疗机器人是今后专业服务机器人的重点发展领域之一。医疗机器人主要用于伤病员的手术、救援、转运和康复，它包括诊断机器人、外科手术或手术辅助机器人、康复机器人等。例如，通过外科手术机器人，医生可利用其精准性和微创性，大面积减小手术伤口、迅速恢复正常生活等。据统计，目前全世界已有 30 个国家、近千家医院成功开展了数十万例机器人手术，手术种类涵盖泌尿外科、妇产科、心脏外科、胸外科、肝胆外科、胃肠外科、耳鼻喉科等学科。

当前，医疗机器人的研发与应用大部分都集中于美国、日本、欧洲等发达国家和地区，发展中国家的普及率还很低。美国的 Intuitive Surgical（直觉外科）公司是全球领先的医疗机器人研发、制造企业，该公司研发的达芬奇机器人是目前世界上最先进的手术机器人系统，它可模仿外科医生的手部动作，进行微创手术，目前已经成功用于普通外科、胸外科、泌尿外科、妇产科、头颈外科及心脏等手术。

1.3 工业机器人应用

1.3.1 技术发展与产品应用

(1) 技术发展简史

世界工业机器人的简要发展历程、重大事件和重要产品研制的简况如下。

1959 年：Joseph F. Engelberger（约瑟夫·恩盖尔柏格）利用 George Devol（乔治·德沃尔）的专利技术，研制出了世界上第一台真正意义上的工业机器人 Unimate。该机器人具有水平回转、上下摆动和手臂伸缩 3 个自由度，可用于点对点搬运。

1961 年：美国 GM 公司（通用汽车）首次将 Unimate 工业机器人应用于生产线，机器人承担了压铸件叠放等部分工序。

1968 年：美国斯坦福大学研制出了首台具有感知功能的第二代机器人 Shakey。同年，Unimation 公司将机器人的制造技术转让给了日本 KAWASAKI（川崎）公司，日本开始研制、生产机器人。

1969 年：瑞典的 ASEA 公司（阿西亚，现为 ABB 集团）研制了首台喷涂机器人，并在挪威投入使用。

1972 年：日本 KAWASAKI（川崎）公司研制出了日本首台工业机器人"Kawasaki - Unimate2000"。

1973 年：日本 HITACHI（日立）公司研制出了世界首台装备有动态视觉传感器的工业机器人；而德国 KUKA（库卡）公司则研制出了世界首台 6 轴工业机器人 Famulus。

1974 年：美国 Cincinnati Milacron（辛辛那提·米拉克隆，著名的数控机床生产企业）公司研制出了首台微机控制的商用工业机器人 Tomorrow Tool（T3）；瑞典 ASEA 公司（阿西亚，现为 ABB 集团）研制出了世界首台微机控制、全电气驱动的 5 轴涂装机器人 IRB6；全球最著名的数控系统（CNC）生产商、日本 FANUC 公司（发那科）开始研发、制造工业机器人。

1977 年：日本 YASKAWA（安川）公司开始工业机器人研发生产，并研制出了日本首台采用全电气驱动的机器人 MOTOMAN-L10（MOTOMAN 1 号）。

1978 年：美国 Unimate 公司和 GM 公司（通用汽车）联合研制出了用于汽车生产线的垂直串联型（vertical series）可编程通用装配操作人 PUMA（programmable universal manipulator for assembly）；日本山梨大学研制出了水平串联型（horizontal series）自动选料、装配机器人 SCARA（selective compliance assembly robot arm）；德国 REIS（徕斯，现为 KUKA 成员）公司研制出了世界首台具有独立控制系统、用于压铸生产线的工件装卸的 6 轴机器人 RE15。

1983 年：日本 DAIHEN 公司（大阪变压器集团 Osaka Transformer Co., Ltd 所属，国内称 OTC 或欧希地）公司研发了世界首台具有示教编程功能的焊接机器人。

1984 年：美国 Adept Technology（娴熟技术）公司研制出了世界首台电机直接驱动、无传动齿轮和铰链的 SCARA 机器人 Adept One。

1985 年：德国 KUKA（库卡）公司研制出了世界首台具有 3 个平移自由度和 3 个转动自由度的 Z 型 6 自由度机器人。

1992 年：瑞士 Demaurex 公司研制出了世界首台采用 3 轴并联结构（parallel）的包装机器人 Delta。

2005 年：日本 YASKAWA（安川）公司推出了新一代、双腕 7 轴工业机器人。

2006 年：意大利 COMAU（柯马，菲亚特成员、著名的数控机床生产企业）公司推出了首款 WiTP 无线示教器。

2008 年：日本 FANUC 公司（发那科）、YASKAWA（安川）公司的工业机器人累计销量相继突破 20 万台，成为全球工业机器人累计销量最大的企业。

2009 年：ABB 公司研制出全球精度最高、速度最快的六轴小型机器人 IRB 120。

2013 年：谷歌公司开始大规模并购机器人公司。至今已相继并购了 Autofuss、Boston Dynamics（波士顿动力）、Bot & Dolly、DeepMind（英）、Holomni、Industrial Perception、Meka、Redwood Robotics、Schaft（日）、Nest Labs、Spree、Savioke 等多家公司。

2014 年：ABB 公司研制出世界上首台真正实现人机协作的机器人 YuMi。同年，德国 REIS（徕斯）公司并入 KUKA（库卡）公司。

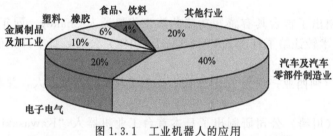

图 1.3.1　工业机器人的应用

（2）典型应用

根据国际机器人联合会（IFR）等部门的最新统计，当前工业机器人的应用行业分布情况大致如图 1.3.1 所示。其中，汽车制造业、电子电气工业、金属制品及加工业是目前工业机器人的主要应用领域。

汽车及汽车零部件制造业历来是工业机器人用量最大的行业，其使用量长期保持在工业机器人总量的 40% 以上，使用的产品以加工、装配类机器人为主，是焊接、研磨、抛光、装配、涂装机器人的主要应用领域。

电子电气（包括计算机、通信、家电、仪器仪表等）是工业机器人应用的另一主要行业，其使用量也保持在工业机器人总量的 20% 以上，使用的主要产品为装配、包装类机器人。

金属制品及加工业的机器人用量大致在工业机器人总量的 10% 左右，使用的产品主要为搬运类的输送机器人和装卸机器人。

建筑、化工、橡胶、塑料以及食品、饮料、药品等其他行业的机器人用量都在工业机器人总量的 10% 以下，橡胶、塑料、化工、建筑行业使用的机器人种类较多，食品、饮料、药品行业使用的机器人通常以加工、包装类为主。

1.3.2　主要生产企业

目前，全球工业机器人的主要生产厂家主要有日本的 FANUC（发那科）、YASKAWA（安川）、KAWASAKI（川崎）、NACHI（不二越）、DAIHEN（OTC 或欧希地）、Panasonic（松下），瑞士和瑞典的 ABB，德国 KUKA（库卡）、REIS（徕斯，现为 KUKA 成员），意大利 COMAU（柯马），奥地利 IGM（艾捷默），韩国的 HYUNDAI（现代）等。其中，

FANUC、YASKAWA、ABB、KUKA 是当前工业机器人研发、生产的代表性企业；KAWASAKI、NACHI 公司是全球最早从事工业机器人研发生产的企业；DAIHEN 的焊接机器人是国际名牌，以上企业的产品在我国的应用最为广泛。

以上企业从事工业机器人研发的时间，基本分为图 1.3.2 所示的 20 世纪 60 年代末、70 年代中、70 年代末 3 个时期。

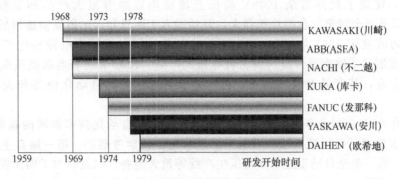

图 1.3.2 工业机器人研发起始时间

根据从事工业机器人研发的时间次序，以上主要生产企业以及与工业机器人相关的主要产品研发情况简介如下。

(1) KAWASAKI（川崎）

KAWASAKI（川崎）公司成立于 1878 年，是具有悠久历史的日本著名大型企业集团，集团公司以川崎重工业株式会社（KAWASAKI）为核心，下辖有车辆、航空宇宙、燃气轮机、机械、通用机、船舶等公司和部门及上百家分公司和企业。KAWASAKI（川崎）公司的业务范围涵盖航空、航天、军事、电力、铁路、造船、工程机械、钢结构、发动机、摩托车、机器人等众多领域，其产品代表了日本科技的先进水平。

KAWASAKI（川崎）公司的主营业务实际上以大型装备为主，其产品包括飞机（特别是直升机）、坦克、桥梁、电气机车及火力发电、金属冶炼设备等。日本第一台蒸汽机车、新干线的电气机车等大都由 KAWASAKI（川崎）公司制造，显示了该公司在装备制造业的强劲实力。KAWASAKI 也是日本仅次于三菱重工的著名军工企业，是日本自卫队飞机和潜艇的主要生产商。日本第一艘潜艇、"榛名"号战列舰、"加贺"号航空母舰、"飞燕"战斗机、"五式"战斗机、"一式"运输机等军用产品也都由 KAWASAKI 公司参与建造。此外，KAWASAKI（川崎）公司也是世界著名的摩托车和体育运动器材生产厂家。KAWASAKI（川崎）公司的摩托车产品主要为运动车、赛车、越野赛车、美式车及四轮全地形摩托车等高档车，它是世界首家批量生产 DOHC 并列四缸式发动机摩托车的厂家，所生产的中量级摩托车曾连续四年获得世界冠军。KAWASAKI（川崎）公司所生产的羽毛球拍是世界两大品牌之一，此外其球鞋、服装等体育运动产品也很著名。

KAWASAKI（川崎）公司的工业机器人研发始于 1968 年，是日本最早研发、生产工业机器人的著名企业，曾研制出了日本首台工业机器人"川崎-Unimation2000"和全球首台用于摩托车车身焊接的弧焊机器人等标志性产品，在焊接机器人技术方面居世界领先水平。

(2) ABB

ABB（Asea Brown Boveri）集团公司是由原总部位于瑞典的 ASEA（阿西亚）和总部位于瑞士的 Brown，Boveri & Cie（布朗勃法瑞，简称 BBC）两个具有百年历史的著名电气公司于 1988 年合并而成。ABB 的集团总部位于瑞士苏黎世，低压交流传动研发中心位于芬兰赫尔辛基，中压传动研发中心位于瑞士，直流传动及传统低压电器等产品的研发中心位于德国法兰克福。

在组建 ABB 集团公司前，ASEA 公司和 BBC 公司都是全球著名的电力和自动化技术设备大型生产企业。

ASEA 公司成立于 1890 年。在 1942 年，研发制造了世界首台 120MV·A/220kV 变压器；1954 年，建造了世界首条 100kV 高压直流输电线路等重大产品和工程；1969 年，ASEA 公司研发出全球第一台喷涂机器人，开始进入工业机器人的研发制造领域。

BBC 公司成立于 1891 年。在 1891 年，成为全球首家高压输电设备生产供应商；在 1901 年，研发制造了欧洲首台蒸汽涡轮机等重大产品。BBC 又是著名的低压电器和电气传动设备生产企业，其产品遍及工商业、民用建筑配电、各类自动化设备和大型基础设施工程。

组建后的 ABB 公司业务范围更广，它是世界电力和自动化技术领域的领导厂商之一。ABB 公司负责建造了我国第一艘采用电力推进装置的科学考察船、第一座自主设计的半潜式钻井平台、第一条全自动重型卡车冲压生产线等重大装备，以及参与了四川锦屏至苏南的 2090km、7200MW/800kV 输电线路（世界最长、容量最大的特高压直流输电线路）、武广高铁（中国第一条高速铁路，全长 1068km、设计时速 350km/h）、江苏如东海上风电基地（中国最大的海上风电基地）、上海罗泾港码头（中国第一座全自动散货码头）、江苏沙钢集团（全球最先进、高效的轧钢厂）等重大工程建设。

ABB 公司的工业机器人研发始于 1969 年的瑞典 ASEA 公司，它是全球最早从事工业机器人研发制造的企业之一，其累计销量已超过 20 万台，产品规格全、产量大，是世界著名的工业机器人制造商和我国工业机器人的主要供应商。ABB 公司的工业机器人及关键部件的研发、生产简况如下。

1969 年：ASEA 公司研制出全球首台喷涂机器人，并在挪威投入使用。

1974 年：ASEA 公司研制出了世界首台微机控制、全电气驱动的 5 轴涂装机器人 IRB6。

1998 年：ABB 公司研制出了 Flex Picker 柔性手指和 Robot Studio 离线编程和仿真软件。

2005 年：ABB 在上海成立机器人研发中心，并建成了机器人生产线。

2009 年：研制出当时全球精度最高、速度最快、质量为 25kg 的 6 轴小型工业机器人 IRB120。

2010 年：ABB 最大的工业机器人生产基地和唯一的喷涂机器人生产基地——中国机器人整车喷涂实验中心建成。

2011 年：ABB 公司研制出全球最快码垛机器人 IRB460。

2014 年：ABB 公司研制出当前全球首台真正意义上可实现人机协作的机器人 YuMi。

（3）NACHI（不二越）

NACHI（不二越）是日本著名的机床企业集团，其主要产品有轴承、液压元件、刀具、机床、工业机器人等。

NACHI（不二越）从 1925 年的锯条研发起步，1928 年正式成立 NACHI（不二越）公司。1934 年，公司产品拓展到综合刀具生产；1939 年开始批量生产轴承；1958 年开始进入液压件生产；1969 年开始研发生产机床和工业机器人。

NACHI（不二越）是日本最早研发生产和世界著名的工业机器人生产厂家之一，其焊接机器、搬运机器人技术居世界领先水平。不二越（NACHI）公司曾在 1979 年成功研制出了世界首台电机驱动多关节焊接机器人；2013 年，成功研制出 300mm 往复时间达 0.31s 的世界最快轻量机器人 MZ07；这些产品都代表了当时工业机器人在某一方面的最高技术水平。NACHI（不二越）公司的中国机器人商业中心成立于 2010 年，进入中国市场较晚。

（4）KUKA（库卡）

KUKA（库卡）公司的创始人为 Johann Josef Keller 和 Jakob Knappich，公司于 1898 年在德国巴伐利亚州的奥格斯堡（Augsburg）正式成立，取名为 "Keller und Knappich Augsburg"，简称 KUKA。KUKA（库卡）公司最初的主要业务为室内及城市照明；后开始从事焊接设备、大型容器、市政车辆的研发生产；1966 年，成为欧洲市政车辆的主要生产商。

KUKA（库卡）公司的工业机器人研发始于 1973 年；1995 年，其机器人事业部与焊接设备事业部分离，成立 KUKA 机器人有限公司。KUKA（库卡）公司是世界著名的工业机器人制造商之一，其产品规格全、产量大，是我国目前工业机器人的主要供应商。KUKA（库卡）公司的工业机器人及关键部件的研发、生产简况如下。

1973 年：研发出世界首台 6 轴工业机器人 FAMULUS。

1985 年：研制出世界首台具有 3 个平移和 3 个转动自由度的 Z 型 6 自由度机器人。

1989 年：研发出交流伺服驱动的工业机器人产品。

2007 年："KUKA titan" 6 轴工业机器人研发成功，产品被收入吉尼斯纪录。

2010 年：研发出工作范围 3100mm、载重 300kg 的 KR Quantec 系列大型工业机器人。

2012 年：研发出小型工业机器人产品系列 KR Agilus。

2013 年：研发出概念机器车 moiros，并获 2013 年汉诺威工业展机器人应用方案冠军和 Robotics Award 大奖。

2014 年：德国 REIS（徕斯）公司并入 KUKA（库卡）公司。

2016 年：中国美的集团收购库卡 85% 的股权。

（5）FANUC（发那科）

FANUC（发那科）是目前全球最大、最著名的数控系统（CNC）生产厂家和全球产量最大的工业机器人生产厂家，其产品的技术水平居世界领先地位。FANUC（发那科）从 1956 年起就开始从事数控和伺服的民间研究，1972 年正式成立 FANUC 公司；1974 年开始研发、生产工业机器人。FANUC（发那科）公司的工业机器人及关键部件的研发、生产简况如下。

1972 年：FANUC 公司正式成立。

1974 年：开始进入工业机器人的研发、生产领域；并从美国 GETTYS 公司引进了直流伺服电机的制造技术，进行商品化与产业化生产。

1977 年：开始批量生产、销售 ROBOT-MODEL 1 工业机器人。

1982 年：FANUC 和 GM 公司合资，在美国成立了 GM Fanuc 机器人公司（GM Fanuc Robotics Corporation），专门从事工业机器人的研发、生产；同年，还成功研发了交流伺服电机产品。

1992 年：FANUC 在美国成立了全资子公司 GE Fanuc 机器人公司（GE Fanuc Robotics Corporation）；同年，和我国原机械电子工业部北京机床研究所合资，成立了北京发那科（FANUC）机电有限公司。

1997 年：和上海电气集团合资，成立了上海发那科（FANUC）机器人有限公司，成为最早进入中国市场的国外工业机器人企业之一。

2003 年：智能工业机器人研发成功，并开始批量生产。

2008 年：工业机器人总产量位居全世界第一，成为全球首家突破 20 万台工业机器人的生产企业。

2009 年：并联结构工业机器人研发成功，并开始批量生产。

2011 年：成为全球首家突破 25 万台工业机器人的生产企业，工业机器人总产量继续位居全世界第一。

(6) YASKAWA（安川）

YASKAWA（安川）公司成立于 1915 年，是全球著名的伺服电机、伺服驱动器、变频器和工业机器人生产厂家，其工业机器人的总产量目前名列全球前二，它也是首家进入中国的工业机器人企业。YASKAWA（安川）公司的工业机器人及关键部件的研发、生产简况如下。

1915 年：YASKAWA（安川）公司正式成立。

1954 年：与 BBC（Brown，Boveri & Cie）德国公司合作，开始研发直流电机产品。

1958 年：发明直流伺服电机。

1977 年：垂直多关节工业机器人 MOTOMAN-L10 研发成功，创立了 MOTOMAN 工业机器人品牌。

1983 年：开始产业化生产交流伺服驱动产品。

1990 年：带电作业机器人研发成功，MOTOMAN 机器人中心成立。

1996 年：北京工业机器人合资公司正式成立，成为首家进入中国的工业机器人企业。

2003 年：MOTOMAN 机器人总销量突破 10 万台，成为当时全球工业机器人产量最大的企业之一。

2005 年：推出新一代双腕、7 轴工业机器人，并批量生产。

2006 年：安川 MOTOMAN 机器人总销量突破 15 万台，继续保持工业机器人产量全球领先地位。

2008 年：安川 MOTOMAN 机器人总销量突破 20 万台，与 FANUC 公司同时成为全球工业机器人总产量超 20 万台的企业。

2014 年：安川 MOTOMAN 机器人总销量突破 30 万台。

(7) DAIHEN（欧希地）

DAIHEN 公司为日本大阪变压器集团（Osaka Transformer Co.，Ltd，简称 OTC）所属企业，国内称为"欧希地（OTC）"公司。

DAIHEN 公司是日本著名的焊接机器人生产企业。公司自 1979 年起开始从事焊接机器人生产；在 1983 年，研发了全世界首台具有示教编程功能的焊接机器人；在 1991 年，研发了全世界首个协同作业机器人焊接系统；这些产品的研发，都对工业机器人的技术进步和行业发展起到了重大的促进作用。

DAIHEN 公司自 2001 年起开始和 NACHI（不二越）合作研发工业机器人。自 2002 年起，先后在我国成立了欧希地机电（上海）有限公司，欧希地机电（青岛）有限公司，以及欧希地机电（上海）有限公司广州、重庆、天津分公司，进行工业机器人产品的生产和销售。

第2章

工业机器人的组成与性能

2.1 工业机器人的组成及特点

2.1.1 工业机器人的组成

(1) 工业机器人系统的组成

工业机器人是一种功能完整、可独立运行的典型机电一体化设备，它有自身的控制器、驱动系统和操作界面，可对其进行手动、自动操作及编程，它能依靠自身的控制能力来实现所需要的功能。广义上的工业机器人是由如图 2.1.1 所示的机器人及相关附加设备组成的完整系统，它总体可分为机械部件和电气控制系统两大部分。

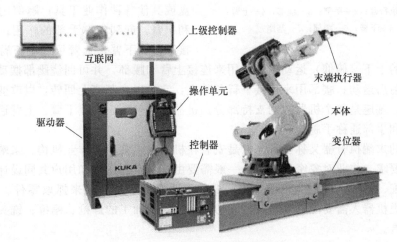

图 2.1.1　工业机器人系统的组成

工业机器人（以下简称机器人）系统的机械部件包括机器人本体、末端执行器、变位器等；控制系统主要包括控制器、驱动器、操作单元、上级控制器等。其中，机器人本体、末端执行器以及控制器、驱动器、操作单元是机器人必需的基本组成部件，在所有机器人上都必须配备。

末端执行器又称工具，它是机器人的作业机构，与作业对象和要求有关，其种类繁多，它一般需要由机器人制造厂和用户共同设计、制造与集成。变位器是用于机器人或工件的整体移动或进行系统协同作业的附加装置，它可根据需要选配。

在控制系统中，上级控制器是用于机器人系统协同控制、管理的附加设备，既可用于机器人与机器人、机器人与变位器的协同作业控制，也可用于机器人和数控机床、机器人和自动生产线其他机电一体化设备的集中控制，此外，还可用于机器人的操作、编程与调试。上级控制器同样可根据实际系统的需要选配，在柔性加工单元（FMC）、自动生产线等自动化设备上，上级控制器的功能也可直接由数控机床所配套的数控系统（CNC）、生产线控制用的 PLC 等承担。

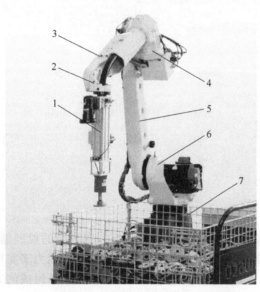

图 2.1.2　工业机器人本体的典型结构
1—末端执行器；2—手部；3—腕部；4—上臂；
5—下臂；6—腰部；7—基座

（2）机器人本体

机器人本体又称操作机，它是用来完成各种作业的执行机构，包括机械部件及安装在机械部件上的驱动电机、传感器等。

机器人本体的形态各异，但绝大多数都是由若干关节（joint）和连杆（link）连接而成的。以常用的 6 轴垂直串联型（vertical articulated）工业机器人为例，其运动主要包括整体回转（腰关节）、下臂摆动（肩关节）、上臂摆动（肘关节）、腕回转和弯曲（腕关节）等，本体的典型结构如图 2.1.2 所示，其主要组成部件包括手部、腕部、上臂、下臂、腰部、基座等。

机器人的手部用来安装末端执行器，它既可以安装类似人类的手爪，也可以安装吸盘或其他各种作业工具；腕部用来连接手部和手臂，起到支撑手部的作用；上臂用来连接腕部和下臂，上臂可回绕下臂摆动，实现手腕大范围的上下（俯仰）运动；下臂用来连接上臂和腰部，并可回绕腰部摆动，以实现手腕大范围的前后运动；腰部用来连接下臂和基座，它可以在基座上回转，以改变整个机器人的作业方向；基座是整个机器人的支持部分。机器人的基座、腰、下臂、上臂通称机身；机器人的腕部和手部通称手腕。

机器人的末端执行器又称工具，它是安装在机器人手腕上的作业机构。末端执行器与机器人的作业要求、作业对象密切相关，一般需要由机器人制造厂和用户共同设计与制造。例如，用于装配、搬运、包装的机器人则需要配置吸盘、手爪等用来抓取零件、物品的夹持器；而加工类机器人需要配置用于焊接、切割、打磨等加工的焊枪、割枪、铣头、磨头等各种工具或刀具。

（3）变位器

变位器是工业机器人的主要配套附件，其作用和功能如图 2.1.3 所示。通过变位器，可增加机器人的自由度、扩大作业空间、提高作业效率，实现作业对象或多机器人的协同运动，提升机器人系统的整体性能和自动化程度。

从用途上说，工业机器人的变位器主要有工件变位器、机器人变位器两大类。

工件变位器如图 2.1.4 所示，它主要用于工件的作业面调整与工件的交换，以减少工件装夹次数，缩短工件装卸等辅助时间，提高机器人的作业效率。

在结构上，工件变位器以回转变位器居多。通过工件的回转，可在机器人位置保持不变的情况下，改变工件的作业面，以完成工件的多面作业，避免多次装夹。此外，还可通过工装的 180°整体回转运动，实现作业区与装卸区的工件自动交换，使得工件的装卸和作业可同时进行，从而大大缩短工件装卸时间。

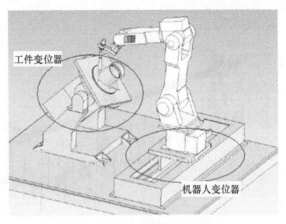

图 2.1.3　变位器的作用与功能

图 2.1.4　工件变位器

机器人变位器通常采用图 2.1.5 所示的轨道式、摇臂式、横梁式、龙门式等结构。轨道式变位器通常采用可接长的齿轮/齿条驱动，其行程一般不受限制；摇臂式、横梁式、龙门式变位器主要用于倒置式机器人的平面（摇臂式）、直线（横梁式）、空间（龙门式）变位。利用变位器，可实现机器人整体的大范围运动，扩大机器人的作业范围、实现大型工件、多

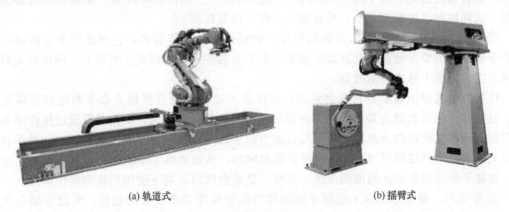

(a) 轨道式　　　　　　　　　　　(b) 摇臂式

图 2.1.5

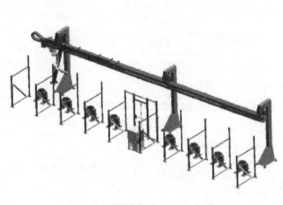

(c) 横梁式　　　　　　　　　　　(d) 龙门式

图 2.1.5　机器人变位器

工件的作业；或者，通过机器人的运动，实现作业区与装卸区的交换，以缩短工件装卸时间，提高机器人的作业效率。

工件变位器、机器人变位器既可选配机器人生产厂家的标准部件，也可根据用户需要设计、制作。简单机器人系统的变位器一般由机器人控制器直接控制，多机器人复杂系统的变位器需要由上级控制器进行集中控制。

(4) 电气控制系统

在机器人电气控制系统中，上级控制器仅用于复杂系统的各种机电一体化设备的协同控制、运行管理和调试编程，它通常以网络通信的形式与机器人控制器进行信息交换，因此，实际上属于机器人电气控制系统的外部设备；而机器人控制器、操作单元、驱动器及辅助控制电路，则是机器人控制必不可少的系统部件。

① 机器人控制器　机器人控制器是用于机器人坐标轴位置和运动轨迹控制的装置，输出运动轴的插补脉冲，其功能与数控装置（CNC）非常类似，控制器的常用结构有工业 PC 机型和 PLC 型 2 种。

工业计算机（又称工业 PC 机）型机器人控制器的主机和通用计算机并无本质的区别，但机器人控制器需要增加传感器、驱动器接口等硬件，这种控制器的兼容性好、软件安装方便、网络通信容易。PLC（可编程序控制器）型控制器以类似 PLC 的 CPU 模块作为中央处理器，然后通过选配各种 PLC 功能模块，如测量模块、轴控制模块等，来实现对机器人的控制，这种控制器的配置灵活，模块通用性好、可靠性高。

② 操作单元　工业机器人的现场编程一般通过示教操作实现，它对操作单元的移动性能和手动性能的要求较高，但其显示功能一般不及数控系统，因此，机器人的操作单元以手持式为主，习惯上称之为示教器。

传统的示教器由显示器和按键组成，操作者可通过按键直接输入命令和进行所需的操作。目前常用的示教器为菜单式，它由显示器和操作菜单键组成，操作者可通过操作菜单选择需要的操作。先进的示教器使用了与目前智能手机同样的触摸屏和图标界面，这种示教器的最大优点是可直接通过 Wi-Fi 连接控制器和网络，从而省略了示教器和控制器间的连接电缆；智能手机型操作单元的使用灵活、方便，是适合网络环境下使用的新型操作单元。

③ 驱动器　驱动器实际上是用于控制器的插补脉冲功率放大的装置，实现驱动电机位置、速度、转矩控制，驱动器通常安装在控制柜内。驱动器的形式取决于驱动电机的类型，

伺服电机需要配套伺服驱动器，步进电机则需要使用步进驱动器。机器人目前常用的驱动器以交流伺服驱动器为主，它有集成式、模块式和独立型 3 种基本结构形式。

集成式驱动器的全部驱动模块集成一体，电源模块可以独立或集成，这种驱动器的结构紧凑、生产成本低，是目前使用较为广泛的结构形式。模块式驱动器的电源模块为公用，驱动模块独立，驱动器需要统一安装。集成式、模块式驱动器不同控制轴间的关联性强，调试、维修和更换相对比较麻烦。独立型驱动器的电源和驱动电路集成一体，每一轴的驱动器可独立安装和使用，因此，其安装使用灵活、通用性好，调试、维修和更换也较方便。

④ 辅助控制电路　辅助电路主要用于控制器、驱动器电源的通断控制和接口信号的转换。由于工业机器人的控制要求类似，接口信号的类型基本统一，为了缩小体积、降低成本、方便安装，辅助控制电路常被制成标准的控制模块。

尽管机器人的用途、规格有所不同，但电气控制系统的组成部件和功能类似，因此，机器人生产厂家一般将电气控制系统统一设计成图 2.1.6 所示的控制箱型或控制柜型。

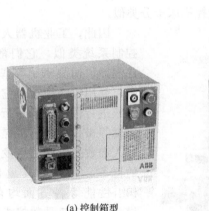 

(a) 控制箱型　　　　　　　　　(b) 控制柜型

图 2.1.6　电气控制系统结构

在以上控制箱、控制柜中，示教器是用于工业机器人操作、编程及数据输入/显示的人机界面，为了方便使用，一般为可移动式悬挂部件；驱动器一般为集成式交流伺服驱动器；控制器则以 PLC 型为主。另外，在采用工业计算机型机器人控制器的系统上，控制器有时也可独立安装，系统的其他控制部件通常统一安装在控制柜内。

2.1.2　工业机器人的特点

(1) 基本特点

工业机器人是集机械、电子、控制、检测、计算机、人工智能等多学科先进技术于一体的典型机电一体化设备，其主要技术特点如下。

① 拟人　在结构形态上，大多数工业机器人的本体有类似人类的腰部、大臂、小臂、手腕、手爪等部件，并接受其控制器的控制。在智能工业机器人上，还安装有模拟人类等生物的传感器，如模拟感官的接触传感器、力传感器、负载传感器、光传感器，模拟视觉的图像识别传感器，模拟听觉的声传感器、语音传感器等；这样的工业机器人具有类似人类的环境自适应能力。

② 柔性　工业机器人有完整、独立的控制系统，它可通过编程来改变其动作和行为，

此外，还可通过安装不同的末端执行器，来满足不同的应用要求，因此，它具有适应对象变化的柔性。

③ 通用 除了部分专用工业机器人外，大多数工业机器人都可通过更换工业机器人手部的末端操作器，如更换手爪、夹具、工具等，来完成不同的作业。因此，它具有一定的、执行不同作业任务的通用性。

工业机器人、数控机床、机械手三者在结构组成、控制方式、行为动作等方面有许多相似之处，以至于非专业人士很难区分，有时引起误解。以下通过三者的比较，来介绍相互间的区别。

(2) 工业机器人与数控机床

世界首台数控机床出现于1952年，它由美国麻省理工学院率先研发，其诞生比工业机器人早7年，因此，工业机器人的很多技术都来自数控机床。

George Devol（乔治·德沃尔）最初设想的机器人实际就是工业机器人，他所申请的专利就是利用数控机床的伺服轴驱动连杆机构，然后通过操纵、控制器对伺服轴的控制，来实现机器人的功能。按照相关标准的定义，工业机器人是"具有自动定位控制、可重复编程的多功能、多自由度的操作机"，这点也与数控机床十分类似。

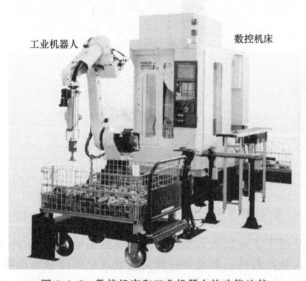

图2.1.7 数控机床和工业机器人的功能比较

因此，工业机器人和数控机床的控制系统类似，它们都有控制面板、控制器、伺服驱动等基本部件，操作者可利用控制面板对它们进行手动操作或进行程序自动运行、程序输入与编辑等操作控制。但是，由于工业机器人和数控机床的研发目的有着本质的区别，因此，其地位、用途、结构、性能等各方面均存在较大的差异。图2.1.7是数控机床和工业机器人的功能比较图，总体而言，两者的区别主要有以下几点。

① 作用和地位 机床是用来加工机器零件的设备，是制造机器的机器，故称为工作母机；没有机床就几乎不能制造机器，没有机器就不能生产工业产品。因此，机床被称为国民经济基础的基础，在现有的制造模式中，它仍处于制造业的核心地位。工业机器人尽管发展速度很快，但目前绝大多数还只是用于零件搬运、装卸、包装、装配的生产辅助设备，或是进行焊接、切割、打磨、抛光等简单粗加工的生产设备，它在机械加工自动生产线上（焊接、涂装生产线除外）所占的价值一般还只有15%左右。

因此，除非现有的制造模式发生颠覆性变革，否则，工业机器人的体量很难超越机床；所以，那些认为"随着自动化大趋势的发展，机器人将取代机床成为新一代工业生产的基础"的观点，至少在目前看来是不正确的。

② 目的和用途 研发数控机床的根本目的是解决轮廓加工的刀具运动轨迹控制问题；而研发工业机器人的根本目的是用来协助或代替人类完成那些单调、重复、频繁或长时间、繁重的工作或进行高温、粉尘、有毒、易燃、易爆等危险环境下的作业。由于两者研发目的

不同,因此,其用途也有根本的区别。简言之,数控机床是直接用来加工零件的生产设备;而大部分工业机器人则是用来替代或部分替代操作者进行零件搬运、装卸、装配、包装等作业的生产辅助设备,两者目前尚无法相互完全替代。

③ 结构形态 工业机器人需要模拟人的动作和行为,在结构上以回转摆动轴为主、直线轴为辅(可能无直线轴),多关节串联、并联轴是其常见的形态;部分机器人(如无人搬运车等)的作业空间也是开放的。数控机床的结构以直线轴为主、回转摆动轴为辅(可能无回转摆动轴),绝大多数都采用直角坐标结构;其作业空间(加工范围)局限于设备本身。

但是,随着技术的发展,两者的结构形态也在逐步融合,如机器人有时也采用直角坐标结构;采用并联虚拟轴结构的数控机床也已有实用化的产品等。

④ 技术性能 数控机床是用来加工零件的精密加工设备,其轮廓加工能力、定位精度和加工精度等是衡量数控机床性能最重要的技术指标。高精度数控机床的定位精度和加工精度通常需要达到 0.01mm 或 0.001mm 的数量级,甚至更高,且其精度检测和计算标准的要求高于机器人。数控机床的轮廓加工能力决定于工件要求和机床结构,通常而言,能同时控制 5 轴(5 轴联动)的机床,就可满足几乎所有零件的轮廓加工要求。

工业机器人是用于零件搬运、装卸、码垛、装配的生产辅助设备,或是进行焊接、切割、打磨、抛光等粗加工的设备,强调的是动作灵活性、作业空间、承载能力和感知能力。因此,除少数用于精密加工或装配的机器人外,其余大多数工业机器人对定位精度和轨迹精度的要求并不高,通常只需要达到 0.1～1mm 的数量级便可满足要求,且精度检测和计算标准低于数控机床。但是,工业机器人的控制轴数将直接决定自由度、动作灵活性等关键指标,其要求很高;理论上说,需要工业机器人有 6 个自由度(6 轴控制),才能完全描述一个物体在三维空间的位姿,如需要避障,还需要有更多的自由度。此外,智能工业机器人还需要有一定的感知能力,故需要配备位置、触觉、视觉、听觉等多种传感器;而数控机床一般只需要检测速度与位置,因此,工业机器人对检测技术的要求高于数控机床。

(3) 工业机器人与机械手

用于零件搬运、装卸、码垛、装配的工业机器人功能和自动化生产设备中的辅助机械手类似。例如,国际标准化组织(ISO)将工业机器人定义为"自动的、位置可控的、具有编程能力的多功能机械手";日本机器人协会(JRA)将工业机器人定义为"能够执行人体上肢(手和臂)类似动作的多功能机器",表明两者的功能存在很大的相似之处。但是,工业机器人与生产设备中的辅助机械手的控制系统、操作编程、驱动系统均有明显的不同。图2.1.8 是工业机器人和机械手的比较图,两者的主要区别如下。

① 控制系统 工业机器人需要有独立的控制器、驱动系统、操作界面等,可对其进行手动、自动操作和编程,因此,它是一种可独立运行的完整设备,能依靠自身的控制能力来实现所需要的功能。机械手只是用来实现换刀或工件装卸等操作的辅助装置,其控制一般需要通过设备的控制器(如 CNC、PLC 等)实现,它没有自身的控制系统和操作界面,故不能独立运行。

② 操作编程 工业机器人具有适应动作和对象变化的柔性,其动作是随时可变的,如需要,最终用户可随时通过手动操作或编程来改变其动作,现代工业机器人还可根据人工智能技术所制定的原则纲领自主行动。但是,辅助机械手的动作和对象是固定的,其控制程序通常由设备生产厂家编制;即使在调整和维修时,用户通常也只能按照设备生产厂的规定进行操作,而不能改变其动作的位置与次序。

③ 驱动系统 工业机器人需要灵活改变位姿,绝大多数运动轴都需要有任意位置定位功能,需要使用伺服驱动系统;在无人搬运车(automated guided vehicle,简称 AGV)等

(a) 工业机器人   (b) 机械手

图 2.1.8　工业机器人与机械手的比较

输送机器人上，还需要配备相应的行走机构及相应的驱动系统。而辅助机械手的安装位置、定位点和动作次序样板都是固定不变的，大多数运动部件只需要控制起点和终点，故较多地采用气动、液压驱动系统。

2.2　工业机器人的结构形态

2.2.1　垂直串联机器人

从运动学原理上说，绝大多数机器人的本体都是由若干关节（joint）和连杆（link）组成的运动链。根据关节间的连接形式，多关节工业机器人的典型结构主要有垂直串联、水平串联（或 SCARA）和并联 3 大类。

垂直串联（vertical articulated）是工业机器人最常见的结构形式，机器人的本体部分一般由 5～7 个关节在垂直方向依次串联而成，它可以模拟人类从腰部到手腕的运动，用于加工、搬运、装配、包装等各种场合。

(1) 6 轴串联结构

图 2.2.1 所示的 6 轴串联是垂直串联机器人的典型结构。机器人的 6 个运动轴分别为腰部回转轴 S（swing，亦称 J_1 轴）、下臂摆动轴 L（lower arm wiggle，亦称 J_2 轴）、上臂摆动轴 U（upper arm wiggle，亦称 J_3 轴）、腕回转轴 R（wrist rotation，亦称 J_4 轴）、腕弯曲摆动轴 B（wrist bending，亦称 J_5 轴）、手回转轴 T（turning，亦称 J_6 轴）；其中，图中用实线表示的腰部回转轴 S（J_1）、腕回转轴 R（J_4）、手回转轴 T（J_6）可在 4 象限进行 360°或接近 360°的回转，称为回转轴（roll）；用虚线表示的下臂摆动轴 L（J_2）、上臂摆

动轴 U（J_3）、腕弯曲摆动轴 B（J_5）一般只能在 3 象限内进行小于 270° 的回转，称摆动轴（bend）。

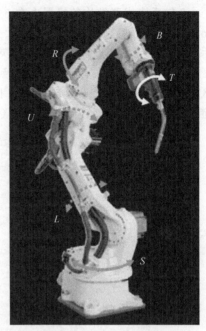

6 轴垂直串联结构机器人的末端执行器作业点的运动，由手臂、手腕和手的运动合成；其中，腰、下臂、上臂 3 个关节，可用来改变手腕基准点的位置，称为定位机构。通过腰部回转轴 S 的运动，机器人可绕基座的垂直轴线回转，以改变机器人的作业面方向；通过下臂摆动轴 L 的运动，可使机器人的大部进行垂直方向的偏摆，实现手腕参考点的前后运动；通过上臂摆动轴 U 的运动，它可使机器人的上部进行水平方向的偏摆，实现手腕参考点的上下运动（俯仰）。

手腕部分的腕回转、弯曲摆动和手回转 3 个关节，可用来改变末端执行器的姿态，称为定向机构。回转轴 R 可整体改变手腕方向，调整末端执行器的作业面向；腕弯曲轴 B 可用来实现末端执行器的上下或前后、左右摆动，调整末端执行器的作业点；手回转轴 T 用于末端执行器回转控制，它可改变末端执行器的作业方向。

图 2.2.1　6 轴垂直串联结构

6 轴垂直串联结构机器人通过以上定位机构和定向机构的串联，较好地实现了三维空间内的任意位置和姿态控制，它对于各种作业都有良好的适应性，因此，可用于加工、搬运、装配、包装等各种场合。

但是，6 轴垂直串联结构机器人的也存在以下固有的缺点。

第一，末端执行器在笛卡儿坐标系上的 3 维运动（X、Y、Z 轴），需要通过多个回转、摆动轴的运动合成，且运动轨迹不具备唯一性，X、Y、Z 轴的坐标计算和运动控制比较复杂，加上 X、Y、Z 轴的位置无法通过传感器进行直接检测，要实现高精度的闭环位置控制非常困难。这是采用关节和连杆结构的工业机器人所存在的固定缺陷，它也是目前工业机器人大多需要采用示教编程，以及其位置控制精度不及数控机床的主要原因所在。

第二，由于结构所限，6 轴垂直串联结构机器人存在运动干涉区域，在上部或正面运动受限时，进行下部、反向作业非常困难。

第三，在典型结构上，所有轴的运动驱动机构都安装在相应的关节部位，机器人上部的质量大、重心高，高速运动时的稳定性较差，其承载能力通常较低。

为了解决以上问题，垂直串联工业机器人有时采用如下变形结构。

(2) 7 轴串联结构

为解决 6 轴垂直串联结构存在的下部、反向作业干涉问题，先进的工业机器人有时也采用图 2.2.2 所示的 7 轴垂直串联结构。

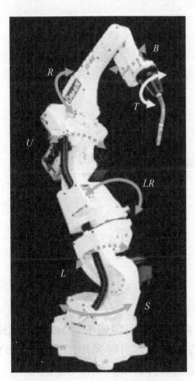

图 2.2.2　7 轴串联结构

7轴垂直串联结构的机器人在6轴机器人的基础上，增加了下臂回转轴 LR（lower arm rotation，J_7 轴），使定位机构扩大到腰回转、下臂摆动、下臂回转、上臂摆动4个关节，手腕基准点（参考点）的定位更加灵活。

例如，当机器人上部的运动受到限制时，它仍能够通过下臂的回转，避让上部的干涉区，从而完成图2.2.3（a）所示的下部作业；在正面运动受到限制时，则通过下臂的回转，避让正面的干涉区，进行图2.2.3（b）所示的反向作业。

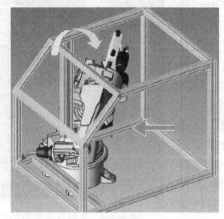
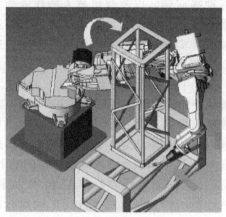

(a) 下部作业   (b) 反向作业

图2.2.3 7轴机器人的应用

(3) 其他结构

机器人末端执行器的姿态与作业要求有关，在部分作业场合，有时可省略1~2个运动轴，简化为图2.2.4所示的4、5轴垂直串联结构的机器人。

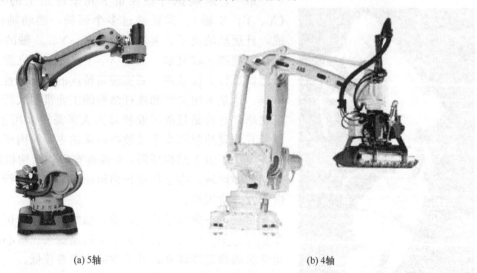

(a) 5轴   (b) 4轴

图2.2.4 4、5轴简化结构

例如，对于以水平面作业为主的搬运、包装机器人，可省略腕回转轴 R，有时采用图2.2.4（a）所示的5轴串联结构；对于大型平面搬运作业的机器人，有时采用图2.2.4（b）所示的4轴结构，省略腕回转轴 R、腕弯曲摆动轴 B，以简化结构、增加刚性等。

为了减轻6轴垂直串联典型结构的机器人的上部质量，降低机器人重心，提高运动稳定性和承载能力，大型、重载的搬运、码垛机器人也经常采用图 2.2.5 所示的平行四边形连杆驱动机构，来实现上臂和腕弯曲的摆动运动。采用平行四边形连杆机构驱动，不仅可加长力臂，放大电机驱动力矩、提高负载能力，而且，还可将驱动机构的安装位置移至腰部，以降低机器人的重心，增加运动稳定性。平行四边形连杆机构驱动的机器人结构刚性高、负载能力强，它是大型、重载搬运机器人的常用结构形式。

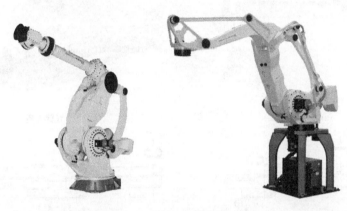

图 2.2.5　平行四边形连杆驱动

2.2.2　水平串联机器人

(1) 基本结构

水平串联（horizontal articulated）结构是日本山梨大学在 1978 年发明的一种建立在圆柱坐标上的特殊机器人结构形式，又称 SCARA（selective compliance assembly robot arm，选择顺应性装配机器手臂）结构。

SCARA 机器人的基本结构如图 2.2.6 所示。这种机器人的手臂由 2～3 个轴线相互平行的水平旋转关节 C_1、C_2、C_3 串联而成，以实现平面定位；整个手臂可通过垂直方向的直线移动轴 Z，进行升降运动。

SCARA 机器人的结构简单、外形轻巧、定位精度高、运动速度快，它特别适合于平面定位、垂直方向装卸的搬运和装配作业，故首先被用于 3C 行业（计算机 computer、通信 communication、消费性电子 consumer electronic）印刷电路板的器件装配和搬运作业；随后在光伏行业的 LED、太阳能电池安

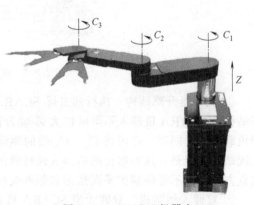

图 2.2.6　SCARA 机器人

装，以及塑料、汽车、药品、食品等行业的平面装配和搬运领域得到了较为广泛的应用。SCARA 结构机器人的工作半径通常为 100～1000mm，承载能力一般在 1～200kg 之间。

(2) 变形结构

采用 SCARA 基本结构的机器人结构紧凑、动作灵巧，但水平旋转关节 C_1、C_2、C_3 的驱动电机均需要安装在基座侧，其传动链长、传动系统结构较为复杂；此外，垂直轴 Z 需要控制 3 个手臂的整体升降，其运动部件质量较大、承载能力较低、升降行程通常较小，因

此，实际使用时经常采用图 2.2.7 所示的变形结构。

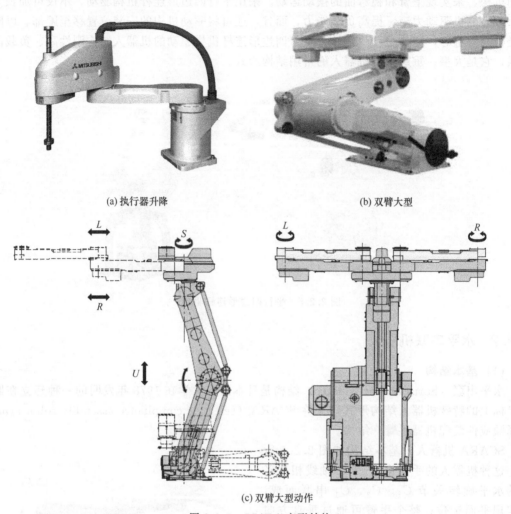

(a) 执行器升降   (b) 双臂大型

(c) 双臂大型动作

图 2.2.7　SCARA 变形结构

① 执行器升降结构　执行器升降 SCARA 机器人如图 2.2.7（a）所示。采用执行器升降结构的 SCARA 机器人不但可扩大 Z 轴升降行程、减轻升降部件的重量、提高手臂刚性和负载能力，同时，还可将 C_2、C_3 轴的驱动电机安装位置前移，以缩短传动链、简化传动系统结构。但是，这种结构的机器人回转臂的体积大、结构不及基本型紧凑，因此，多用于垂直方向运动不受限制的平面搬运和部件装配作业。

② 双臂大型结构　双臂大型 SCARA 机器人如图 2.2.7（b）所示。这种机器人有 1 个升降轴 U、2 个对称手臂回转轴（L、R）、1 个整体回转轴 S；升降轴 U 可同步控制上、下臂的折叠，实现升降；回转轴 S 可控制 2 个手臂的整体回转；回转轴 L、R 可分别控制 2 个对称手臂的水平方向伸缩。双臂大型 SCARA 机器人的结构刚性好、承载能力强、作业范围大，故可用于太阳能电池板安装、清洗房物品升降等大型平面搬运和部件装配作业。

2.2.3　并联机器人

(1) 基本结构

并联机器人（parallel robot）的结构设计源自 1965 年英国科学家 Stewart 在 *A Plat-*

form with Six Degrees of Freedom 文中提出的 6 自由度飞行模拟器，即 Stewart 平台机构。Stewart 平台的标准结构如图 2.2.8 所示。

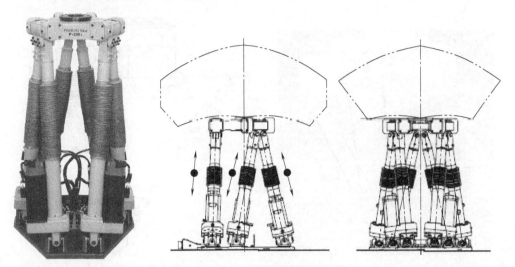

图 2.2.8 Stewart 平台的标准结构

　　Stewart 运动平台通过空间均布的 6 根并联连杆支撑。当控制 6 根连杆伸缩运动时，便可实现平台在三维空间的前后、左右、升降及倾斜、回转、偏摆等运动。Stewart 平台具有 6 个自由度，可满足机器人的控制要求，在 1978 年，它被澳大利亚学者 Hunt 首次引入到机器人的运动控制。

　　Stewart 平台的运动需要通过 6 根连杆轴的同步控制实现，其结构较为复杂、控制难度很大。1985 年，瑞士洛桑联邦理工学院（Swiss Federal Institute of Technology in Lausanne，法语简称 EPFL）的 Clavel 博士，发明了一种图 2.2.9 所示的简化结构，它采用悬挂式布置，可通过 3 根并联连杆轴的摆动，实现三维空间的平移运动，这一结构称之为 Delta 结构。

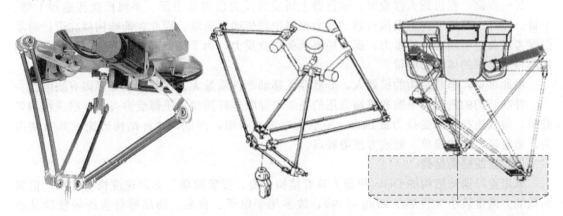

图 2.2.9 Delta 结构

　　Delta 结构可通过运动平台上安装图 2.2.10 所示的回转轴，增加回转自由度，方便地实现 4～6 自由度的控制，以满足不同机器人的控制要求，采用了 Delta 结构的机器人称为 Delta 机器人或 Delta 机械手。

　　Delta 机器人具有结构简单、控制容易、运动快捷、安装方便等优点，因而 Delta 结构成了目前并联机器人的基本结构，被广泛用于食品、药品、电子、电工等行业的物品分拣、装配、搬运，它是高速、轻载并联机器人最为常用的结构形式。

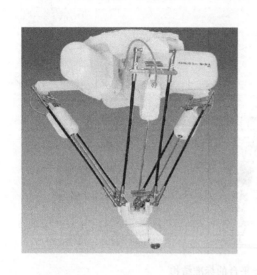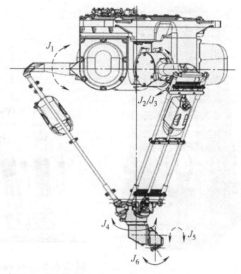

图 2.2.10　6 自由度 Delta 机器人

（2）结构特点

并联结构和前述的串联结构有本质的区别，它是工业机器人结构发展史上的一次重大变革。在传统的串联结构机器人上，从机器人的安装基座到末端执行器，需要经过腰部、下臂、上臂、手腕、手部等多级运动部件的串联。因此，当腰部进行回转时，安装在腰部上方的下臂、上臂、手腕、手部等都必须随之进行相应的空间运动；当下臂进行摆动运动时，安装在下臂上的上臂、手腕、手部等也必须随之进行相应的空间移动等。这就是说，串联结构的机器人的后置部件必然随同前置轴一起运动，这无疑增加了前置轴运动部件的重量；前置轴设计时，必须有足够的结构刚性。

另一方面，在机器人作业时，执行器上所受的反力也将从手部、手腕依次传递到上臂、下臂、腰部、基座上，末端执行器的受力也将串联传递至前端。因此，前端构件在设计时不但要考虑负担后端构件的重力，而且还要承受作业反力，为了保证刚性和精度，每部分的构件都得有足够的体积和质量。

由此可见，串联结构的机器人，必然存在移动部件质量大、系统刚度低等固有缺陷。

并联结构的机器人手腕和基座采用的是 3 根并联连杆连接，手部受力可由 3 根连杆均匀分摊，每根连杆只承受拉力或压力，不承受弯矩或转矩，因此，这种结构理论上具有刚度高、重量轻、结构简单、制造方便等特点。

（3）直线驱动结构

采用连杆摆动结构的 Delta 机器人具有结构紧凑、安装简单、运动速度快等优点，但其承载能力通常较小（通常在 10kg 以内），故多用于电子、食品、药品等行业的轻量物品的分拣、搬运等。

为了增强结构刚性，使之能够适应大型物品的搬运、分拣等要求，大型并联机器人经常采用图 2.2.11 所示的直线驱动结构，这种机器人以伺服电机和滚珠丝杠驱动的连杆拉伸直线运动代替了摆动，不但提高了机器人的结构刚性和承载能力，而且还可以提高定位精度、简化结构设计，其最大承载能力可达 1000kg 以上。直线驱动的并联机器人如安装高速主轴，便可成为一台可进行切削加工、类似于数控机床的加工机器人。

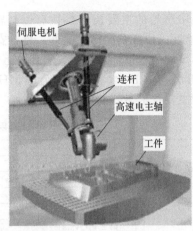

伺服电机
连杆
高速电主轴
工件

图 2.2.11　直线驱动并联机器人

并联结构同样在数控机床上得到应用，实用型产品在 1994 年的美国芝加哥世界制造技术博览会（IMTS94）上展出后，一度成为机床行业的研究热点，目前已有多家机床生产厂家推出了实用化的产品。由于数控机床对结构刚性、位置控制精度、切削能力的要求高，因此，一般需要采用图 2.2.12 所示的 Stewart 平台结构或直线驱动的 Delta 结构，以提高机床的结构刚性和位置精度。

并联结构的数控机床同样具有刚度高、重量轻、结构简单、制造方便等特点，但是，由于数控机床对位置和轨迹控制的要求高，采用并联结构时，其笛卡儿坐标系的位置检测和控制还存在相当的技术难度，因此，目前尚不具备大范围普及和推广的条件。

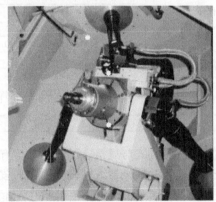

(a) Stewart 平台结构　　　　　　　　(b) Delta 结构

图 2.2.12　并联轴数控机床

2.3　工业机器人的技术性能

2.3.1　主要技术参数

（1）基本参数

由于机器人的结构、用途和要求不同，机器人的性能也有所不同。一般而言，机器人样本和说明书中所给的主要技术参数有控制轴数（自由度）、承载能力、工作范围（作业空间）、运动速度、位置精度等；此外，还有安装方式、防护等级、环境要求、供电电源要求、机器人外形尺寸与重量等与使用、安装、运输相关的其他参数。

以 ABB 公司 IRB 140T 和安川公司 MH6 两种 6 轴通用型机器人为例，产品样本和说明书所提供的主要技术参数如表 2.3.1 所示。

表 2.3.1　6 轴通用机器人主要技术参数表

机器人型号		IRB 140T	MH6
规格 （specification）	承载能力（payload）	6kg	6kg
	控制轴数（number of axes）	6	
	安装方式（mounting）	地面/壁挂/框架/倾斜/倒置	
工作范围 （working range）	第 1 轴（Axis 1）	360°	−170°～+170°
	第 2 轴（Axis 2）	200°	−90°～+155°
	第 3 轴（Axis 3）	−280°	−175°～+250°
	第 4 轴（Axis 4）	不限	−180°～+180°
	第 5 轴（Axis 5）	230°	−45°～+225°
	第 6 轴（Axis 6）	不限	−360°～+360°
最大速度 （maximum speed）	第 1 轴（Axis 1）	250°/s	220°/s
	第 2 轴（Axis 2）	250°/s	200°/s
	第 3 轴（Axis 3）	260°/s	220°/s
	第 4 轴（Axis 4）	360°/s	410°/s
	第 5 轴（Axis 5）	360°/s	410°/s
	第 6 轴（Axis 6）	450°/s	610°/s
重复定位精度 RP（position repeatability）		0.03mm/ISO 9238	±0.08mm/JIS B8432
工作环境 （ambient）	工作温度（operation temperature）	5℃～45℃	0℃～45℃
	储运温度（transportation temperature）	−25℃～55℃	−25℃～55℃
	相对湿度（relative humidity）	≤95%RH	20%～80%RH
电源（power supply）	电压（supply voltage）	200～600V/50～60Hz	200～400V/50～60Hz
	容量（power consumption）	4.5kV·A	1.5kV·A
外形尺寸（dimensions）	长×宽×高（width×depth×height）	800mm×620mm×950mm	640mm×387mm×1219mm
质量（mass）		98kg	130kg

机器人的安装方式与规格、结构形态等有关。一般而言，大中型机器人通常需要采用底面（floor）安装；并联机器人则多数为倒置安装；水平串联（SCARA）和小型垂直串联机器人则可采用底面（floor）、壁挂（wall）、倒置（inverted）、框架（shelf）、倾斜（tilted）等多种方式安装。

（2）作业空间

由于垂直串联等结构的机器人工作范围是 3 维空间的不规则球体，为了便于说明，产品样本中一般需要提供图 2.3.1 所示的详细作业空间图。

在垂直串联机器人上，从机器人安装底面中心至手臂前伸极限位置的距离，通常称为机器人的作业半径。例如，图 2.3.1（a）所示的 IRB140 作业半径为 810mm（或约 0.8m），图 2.3.1（b）所示的 MH6 作业半径为 1422mm（或约 1.42m）。

（3）分类性能

工业机器人的性能与机器人的用途、作业要求、结构形态等有关。大致而言，对于不同用途的机器人，其常见的结构形态以及对控制轴数（自由度）、承载能力、重复定位精度等主要技术指标的要求如表 2.3.2 所示。

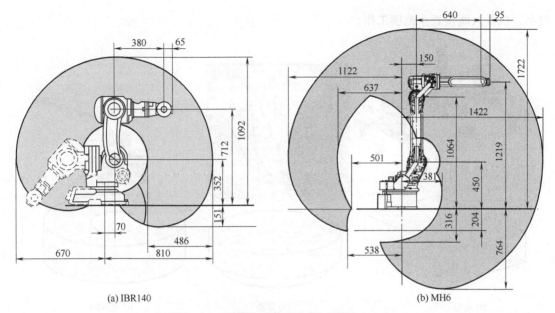

(a) IBR140　　　　　　　　　　　　　　　　(b) MH6

图 2.3.1　机器人的作业空间（单位：mm）

表 2.3.2　各类机器人的主要技术指标要求

类　别		常见形态	控制轴数	承载能力/kg	重复定位精度/mm
加工类	弧焊、切割	垂直串联	6～7	3～20	0.05～0.1
	点焊	垂直串联	6～7	50～350	0.2～0.3
装配类	通用装配	垂直串联	4～6	2～20	0.05～0.1
	电子装配	SCARA	4～5	1～5	0.05～0.1
	涂装	垂直串联	6～7	5～30	0.2～0.5
搬运类	装卸	垂直串联	4～6	5～200	0.1～0.3
	输送	AGV	—	5～6500	0.2～0.5
包装类	分拣、包装	垂直串联、并联	4～6	2～20	0.05～0.1
	码垛	垂直串联	4～6	50～1500	0.5～1

2.3.2　工作范围与承载能力

(1) 工作范围

工作范围（working range）又称作业空间，它是指机器人在未安装末端执行器时，其手腕参考点所能到达的空间。工作范围是衡量机器人作业能力的重要指标，工作范围越大，机器人的作业区域也就越大。

机器人的工作范围内还可能存在奇点（singular point）。奇点又称奇异点，其数学意义是不满足整体性质的个别点；按照 RIA 标准定义，机器人奇点是"由两个或多个机器人轴共线对准所引起的、机器人运动状态和速度不可预测的点"。垂直串联机器人的奇点可参见后述；如奇点连成一片，则称为"空穴"。

机器人的工作范围与机器人的结构形态有关。在实际使用时，还需要考虑安装末端执行器后可能产生的碰撞，因此，实际工作范围应剔除机器人在运动过程中可能产生自身碰撞的干涉区。

对于常见的典型结构机器人，其作业空间分别如下。

① 全范围作业机器人　在不同结构形态的机器人中，图 2.3.2 所示的直角坐标机器人（cartesian coordinate robot）、并联机器人（parallel Robot）、SCARA 机器人的运动干涉区

较小、机器人能接近全范围工作。

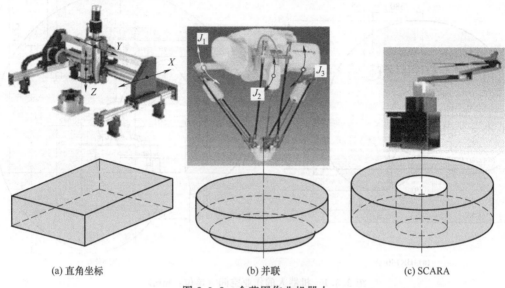

| (a) 直角坐标 | (b) 并联 | (c) SCARA |

图 2.3.2　全范围作业机器人

直角坐标的机器人手腕参考点定位通过 3 维直线运动实现，其作业空间为图 2.3.2（a）所示的实心立方体；并联机器人的手腕参考点定位通过 3 个并联轴的摆动实现，其作业范围为图 2.3.2（b）所示的 3 维空间的锥底圆柱体；SCARA 机器人的手腕参考点定位通过 3 轴摆动和垂直升降实现，其作业范围为图 2.3.2（c）所示的 3 维空间的中空圆柱体。

② 部分范围作业机器人　圆柱坐标（cylindrical coordinate robot）、球坐标（polar coordinate robot）和垂直串联（articulated robot）机器人的运动干涉区较大，工作范围需要去除干涉区，故只能进行图 2.3.3 所示的部分空间作业。

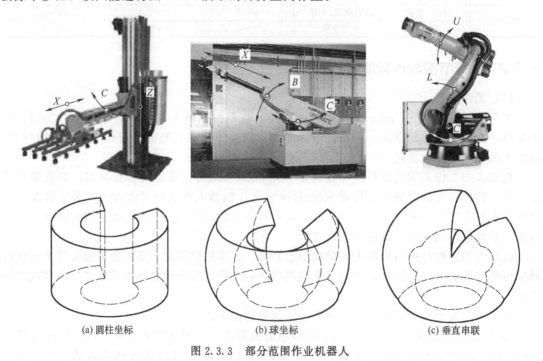

| (a) 圆柱坐标 | (b) 球坐标 | (c) 垂直串联 |

图 2.3.3　部分范围作业机器人

圆柱坐标机器人的手腕参考点定位通过2轴直线加1轴回转摆动实现，由于摆动轴存在运动死区，其作业范围通常为图2.3.3（a）所示的3维空间的部分圆柱体。球坐标型机器人的手腕参考点定位通过1轴直线加2轴回转摆动实现，其摆动轴和回转轴均存在运动死区，作业范围为图2.3.3（b）所示的3维空间的部分球体。垂直串联关节型机器人的手腕参考点定位通过腰、下臂、上臂3个关节的回转和摆动实现，摆动轴存在运动死区，其作业范围为图2.3.3（c）所示的3维空间的不规则球体。

(2) 承载能力

承载能力（payload）是指机器人在作业空间内所能承受的最大负载，它一般用质量、力、转矩等技术参数表示。

搬运、装配、包装类机器人的承载能力是指机器人能抓取的物品质量，产品样本所提供的承载能力是指不考虑末端执行器、假设负载重心位于手腕参考点时，机器人高速运动可抓取的物品质量。

焊接、切割等加工机器人无需抓取物品，因此，所谓承载能力是指机器人所能安装的末端执行器质量。切削加工类机器人需要承担切削力，其承载能力通常是指切削加工时所能够承受的最大切削进给力。

为了能够表示准确反映负载重心的变化情况，机器人承载能力有时也可用转矩（allowable moment）的形式表示，或者通过机器人承载能力随负载重心位置变化图，来详细表示承载能力参数。

图2.3.4是承载能力为6kg的安川公司MH6和ABB公司IBR140垂直串联结构工业机器人的承载能力图，其他同类结构机器人的情况与此类似。

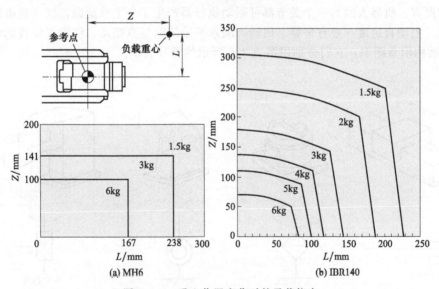

图2.3.4 重心位置变化时的承载能力

2.3.3 自由度、速度及精度

(1) 自由度

自由度（degree of freedom）是衡量机器人动作灵活性的重要指标。所谓自由度，就是整个机器人运动链所能够产生的独立运动数，包括直线、回转、摆动运动，但不包括执行器本身的运动（如刀具旋转等）。机器人的每一个自由度原则上都需要有一个伺服轴进行驱动，因此，在产品样本和说明书中，通常以控制轴数（number of axes）表示。

一般而言，机器人进行直线运动或回转运动所需要的自由度为 1；进行平面运动（水平面或垂直面）所需要的自由度为 2；进行空间运动所需要的自由度为 3。进而，如果机器人能进行图 2.3.5 所示的 X、Y、Z 方向直线运动和回绕 X、Y、Z 轴的回转运动，具有 6 个自由度，执行器就可在 3 维空间上任意改变姿态，实现完全控制。

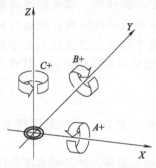

图 2.3.5　空间的自由度

如果机器人的自由度超过 6 个，多余的自由度称为冗余自由度（redundant degree of freedom），冗余自由度一般用来回避障碍物。

在 3 维空间作业的多自由度机器人上，由第 1～3 轴驱动的 3 个自由度，通常用于手腕基准点的空间定位；第 4～6 轴则用来改变末端执行器姿态。但是，当机器人实际工作时，定位和定向动作往往是同时进行的，因此，需要多轴同时运动。

机器人的自由度与作业要求有关。自由度越多，执行器的动作就越灵活，适应性也就越强，但其结构和控制也就越复杂。因此，对于作业要求不变的批量作业机器人来说，运行速度、可靠性是其最重要的技术指标，自由度则可在满足作业要求的前提下适当减少；而对于多品种、小批量作业的机器人来说，通用性、灵活性指标显得更加重要，这样的机器人就需要有较多的自由度。

（2）自由度的表示

通常而言，机器人的每一个关节都可驱动执行器产生 1 个主动运动，这一自由度称为主动自由度。主动自由度一般有平移、回转、绕水平轴线的垂直摆动、绕垂直轴线的水平摆动 4 种，在结构示意图中，它们分别用图 2.3.6 所示的符号表示。

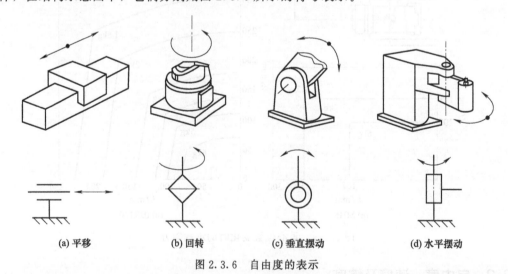

     (a) 平移   (b) 回转   (c) 垂直摆动   (d) 水平摆动

图 2.3.6　自由度的表示

当机器人有多个串联关节时，只需要根据其机械结构，依次连接各关节来表示机器人的自由度。例如，图 2.3.7 为常见的 6 轴垂直串联和 3 轴水平串联机器人的自由度的表示方法，其他结构形态机器人的自由度表示方法类似。

（3）运动速度

运动速度决定了机器人工作效率，它是反映机器人性能水平的重要参数。样本和说明书

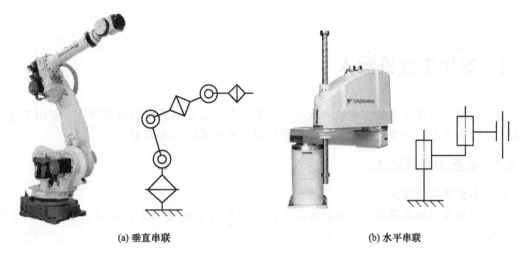

(a) 垂直串联　　　　　　　　　　　　　　　(b) 水平串联

图 2.3.7　多关节串联的自由度表示

中所提供的运动速度，一般是指机器人在空载、稳态运动时所能够达到的最大运动速度（maximum speed）。

机器人运动速度用参考点在单位时间内能够移动的距离（mm/s）、转过的角度或弧度（°/s 或 rad/s）表示，它按运动轴分别进行标注。当机器人进行多轴同时运动时，其空间运动速度应是所有参与运动轴的速度合成。

机器人的实际运动速度与机器人的结构刚性、运动部件的质量和惯量、驱动电机的功率、实际负载的大小等因素有关。对于多关节串联结构的机器人，越靠近末端执行器的运动轴，运动部件的质量、惯量就越小，因此，能够达到的运动速度和加速度也越大；而越靠近安装基座的运动轴，对结构部件的刚性要求就越高，运动部件的质量、惯量就越大，能够达到的运动速度和加速度也越小。

（4）定位精度

机器人的定位精度是指机器人定位时，执行器实际到达的位置和目标位置间的误差值，它是衡量机器人作业性能的重要技术指标。机器人样本和说明书中所提供的定位精度一般是各坐标轴的重复定位精度 RP（position repeatability），在部分产品上，有时还提供了轨迹重复精度 RT（path repeatability）。

由于绝大多数机器人的定位需要通过关节的旋转和摆动实现，其空间位置的控制和检测，远比以直线运动为主的数控机床困难得多，因此，机器人的位置测量方法和精度计算标准都与数控机床不同。目前，工业机器人的位置精度检测和计算标准一般采用 ISO 9283：1998 *Manipulating industrial robots　Performance criteria and related test methods*（《操纵型工业机器人　性能规范和试验方法》）或 JIS B8432（日本）等；而数控机床则普遍使用 ISO 230-2：2014、VDI/DGQ 3441（德国）、JIS B6336（日本）、NMTBA（美国）或 GB/T 17421.2—2016（国标）等，两者的测量要求和精度计算方法都不相同，数控机床的标准要求高于机器人。

机器人的定位需要通过运动学模型来确定末端执行器的位置，其理论位置和实际位置之间本身就存在误差；加上结构刚性、传动部件间隙、位置控制和检测等多方面的原因，其定位精度与数控机床、三坐标测量机等精密加工、检测设备相比，还存在较大的差距，因此，它一般只能用作零件搬运、装卸、码垛、装配的生产辅助设备，或是用于位置精度要求不高的焊接、切割、打磨、抛光等粗加工。

2.4 安川工业机器人

安川公司是全球著名的工业机器人生产厂家，其产量曾一度位居世界第一。安川工业机器人产品门类齐全、规格众多，并可提供变位器、控制系统等配套附件。

2.4.1 垂直串联机器人

(1) 小型通用机器人

安川目前常用的承载能力 20kg 及以下的小型垂直串联通用工业机器人主要产品如图2.4.1 所示。

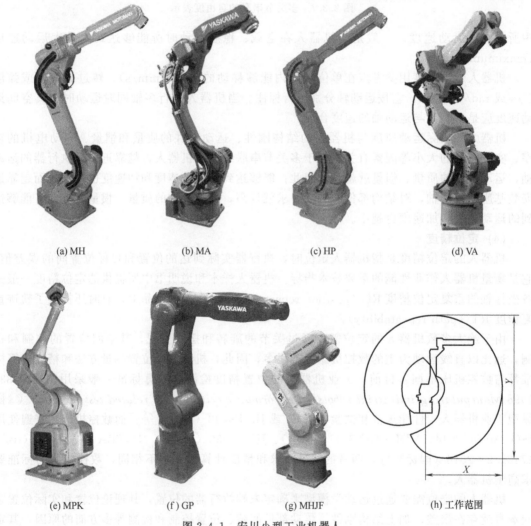

(a) MH   (b) MA   (c) HP   (d) VA

(e) MPK   (f) GP   (g) MHJF   (h) 工作范围

图 2.4.1 安川小型工业机器人

MH、MA、HP、GP 系列机器人采用的是 6 轴垂直串联标准结构，其规格较多。标准结构产品的作业半径（X）一般在 2m 以内，作业高度（Y）通常在 3.5m 以下；加长型的

MA3100 的作业半径可达 3.1m、作业高度可达 5.6m，但其定位精度将相应降低。机器人的定位精度与工作范围有关，作业半径小于 1m 时，重复定位精度一般不超过±0.03mm；作业半径在 1～2m 时，重复定位精度一般为±(0.06～0.08)mm；作业半径 3.1m 的 MA3100，其重复定位精度为±0.15mm。

VA 系列为带下臂回转轴 LR 的 7 轴垂直串联变形结构产品，多用于弧焊作业，以避让干涉区、增加灵活性。7 轴 VA 系列 20kg 以下的小型机器人目前只有 VA1400 一个规格，产品的承载能力为 3kg，作业半径约为 1.4m，作业高度约为 2.5m；重复定位精度为±0.08mm。

MPK 系列为无上臂回转轴 R 的 5 轴垂直串联变形结构产品，产品多用于包装、码垛的平面搬运作业。5 轴 MPK 系列小型机器人目前只有 2kg、5kg 两个规格，产品作业半径为 0.9m，作业高度在 1.6m 左右，重复定位精度为±0.5mm。

以上产品的主要技术参数如表 2.4.1 所示，表中工作范围参数 X、Y 的含义如图 2.4.1 (h) 所示。

表 2.4.1　安川小型通用机器人主要技术参数表

系列	型号	承载能力/kg	工作范围/mm		重复定位精度/mm	控制轴数
			X	Y		
MH	JF	1	545	909	±0.03	6
	3F、3BM	3	532	804	±0.03	6
	5S、5F	5	706	1193	±0.02	6
	5LS、5LF	5	895	1560	±0.03	6
	6	6	1422	2486	±0.08	6
	6S	6	997	1597	±0.08	6
	6-10	10	1422	2486	±0.08	6
MA	1400	3	1434	2511	±0.08	6
	1800	15	1807	3243	±0.08	6
	1900	3	1904	3437	±0.08	6
	3100	3	3121	5615	±0.15	6
HP	20	20	1717	3063	±0.06	6
	20RD	20	2017	3134	±0.06	6
	20D-6	6	1915	3459	±0.06	6
	20D-A80	20	1717	3063	±0.06	6
GP	7	7	927	1693	±0.03	6
	8	8	727	1312	±0.02	6
	12	12	1440	2511	±0.08	6
VA	1400	3	1434	2475	±0.08	7
MPK	2F	2	900	1625	±0.5	5
	2F-5	5	900	1551	±0.5	5

(2) 中型通用机器人

安川公司目前常用的、承载能力 20～100kg（不含）的中型垂直串联通用工业机器人主要产品如图 2.4.2 所示。

MH、MC、MS、DX、MCL 系列机器人采用的是 6 轴垂直串联标准结构，MH 系列的规格较多，其他系列均只有 1 个规格；其中，DX 系列机器人可壁挂式安装。标准结构产品的作业半径（X）一般在 2.5m 以内，作业高度（Y）通常在 4m 以下；加长型 MH50 机器人的作业半径可达 3.1m，作业高度为 5.6m，但其承载能力、定位精度需要相应降低。机器人的定位精度与工作范围有关，作业半径小于 2.5m 时，重复定位精度一般为±0.07mm；

作业半径为 3.1m 的特殊机器人,重复定位精度为±0.15mm。

VA 系列为带下臂回转轴 LR 的 7 轴垂直串联变形结构产品,多用于点焊作业,以避让干涉区,增加灵活性。7 轴 VS 系列中型机器人目前只有 VS50 一个规格,产品的承载能力为 50kg,作业半径约为 1.6m,作业高度约为 2.6m,重复定位精度为±0.1mm。

MPL80 采用无手腕回转轴 R 的 5 轴垂直串联变形结构,它与 MPL 系列其他大型机器人产品的结构不同。5 轴 MPL 系列中型机器人目前只有 80kg 一个规格,产品作业半径约 2m,作业高度约 3.3m,重复定位精度为±0.07mm。

MPK50 为平行四边形连杆驱动的 4 轴垂直串联机器人,它无手腕回转轴 R、摆动轴 B,产品多用于包装、码垛的平面搬运作业。4 轴 MPK 系列中型机器人目前只有 50kg 一个规格,产品作业半径为 1.9m,作业高度在 1.7m 左右,重复定位精度为±0.5mm。

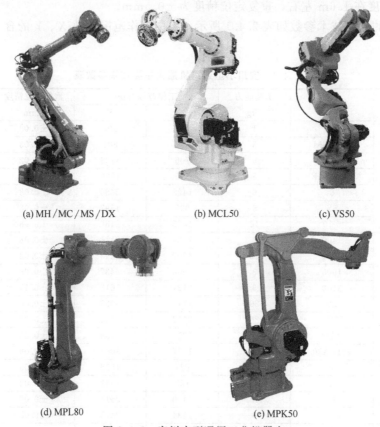

(a) MH/MC/MS/DX   (b) MCL50   (c) VS50

(d) MPL80   (e) MPK50

图 2.4.2　安川中型通用工业机器人

以上产品的主要技术参数如表 2.4.2 所示,表中工作范围参数 X、Y 的含义如图 2.4.1(h) 所示。

表 2.4.2　安川中型通用机器人主要技术参数表

系列	型号	承载能力 /kg	工作范围/mm		重复定位精度 /mm	控制轴数
			X	Y		
MH	50	50	2061	3578	±0.07	6
	50-20	20	3106	5585	±0.15	6
	50-35	35	2538	4448	±0.07	6
	80	80	2061	3578	±0.07	6
	80W	80	2236	3751	±0.07	6

系列	型号	承载能力 /kg	工作范围/mm		重复定位精度 /mm	控制轴数
			X	Y		
MC	2000	50	2038	3164	±0.07	6
MS	80W	80	2236	3751	±0.07	6
DX	1350D	35	1355	2201	±0.06	6
MCL	50	50	2046	2441	±0.07	6
VS	50	50	1630	2597	±0.1	7
MPL	80	80	2061	3291	±0.07	5
MPK	50	50	1893	1668	±0.5	4

(3) 大型通用机器人

安川公司目前常用的承载能力 100kg 及以上、300kg 以下的大型垂直串联通用工业机器人主要产品如图 2.4.3 所示。

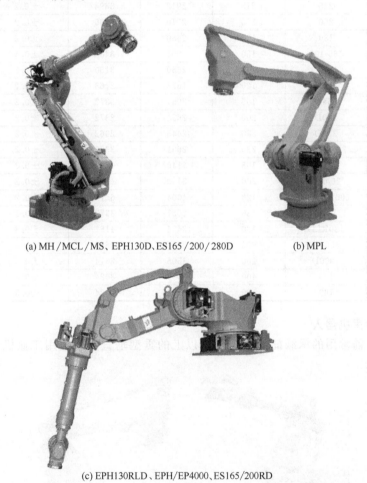

(a) MH/MCL/MS、EPH130D、ES165/200/280D　　　　(b) MPL

(c) EPH130RLD、EPH/EP4000、ES165/200RD

图 2.4.3　安川大型通用工业机器人

MH/MCL/MS 系列以及 EPH130D、ES165/200/280D 机器人，采用的是 6 轴垂直串联标准结构，其作业半径（X）一般在 3m 以内，作业高度（Y）通常在 4m 以下，重复定位精度为±0.2mm。

EPH130RLD、EPH/EP4000、ES165/200RD 机器人，采用的是 6 轴垂直串联框架安装结构，其作业半径（X）为 3～4m，作业高度（Y）可达 5m 左右、加长型 ES200RD 可达

6.5m，重复定位精度为±(0.2～0.5)mm。

MPL 为平行四边形连杆驱动的 4 轴垂直串联机器人，它无手腕回转轴 R、摆动轴 B，产品多用于包装、码垛的平面搬运作业。4 轴 MPL 系列大型机器人有 100kg、160kg 两个规格，产品作业半径、作业高度为 3m 左右，重复定位精度为±0.5mm。

以上产品的主要技术参数如表 2.4.3 所示，表中工作范围参数 X、Y 的含义如图 2.4.1 (h) 所示。

表 2.4.3　安川大型通用机器人主要技术参数表

系列	型号	承载能力 /kg	工作范围/mm		重复定位精度 /mm	控制轴数
			X	Y		
MH	165	165	2651	3372	±0.2	6
	165-100	100	3010	4091	±0.2	6
	215	215	2912	3894	±0.2	6
	250	250	2710	3490	±0.2	6
MCL	130	130	2650	3130	±0.2	6
	165-100	100	3001	3480	±0.3	6
	165	165	2650	3130	±0.2	6
MS	120	120	1623	2163	±0.2	6
ES	165D	165	2651	3372	±0.2	6
	200D	200	2651	3372	±0.2	6
	280D	280	2446	2962	±0.2	6
	280D-230	230	2651	3372	±0.2	6
	165RD	165	3140	4782	±0.2	6
	200RD	200	3140	4782	±0.2	6
	200RD-120	120	4004	6512	±0.2	6
EPH	130D	130	2651	3372	±0.2	6
	130RLD	130	3474	4151	±0.3	6
	4000D	200	3505	2629	±0.5	6
EP	4000D	200	3505	2614	±0.5	6
MPL	100	100	3159	3024	±0.5	4
	160	160	3159	3024	±0.5	4

(4) 重型通用机器人

安川公司目前常用的承载能力 300kg 及以上的重型垂直串联通用工业机器人主要产品如图 2.4.4 所示。

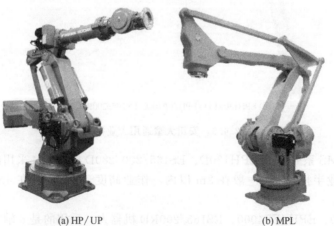

(a) HP/UP　　　　　　　　(b) MPL

图 2.4.4　安川重型通用工业机器人

HP、UP 系列采用的是 6 轴垂直串联标准结构，UP 系列可框架式安装。HP 系列的作业半径（X）一般在 3m 以内，作业高度（Y）通常在 3.5m 以下；UP 系列的作业半径（X）为 3.5m 左右，作业高度（Y）接近 5m；两系列产品的重复定位精度均为 ±0.5mm。

MPL 为平行四边形连杆驱动的 4 轴垂直串联机器人，它无手腕回转轴 R、摆动轴 B，产品多用于包装、码垛的平面搬运作业。4 轴 MPL 系列重型机器人的最大承载能力为 800kg，产品作业半径、作业高度均为 3m 左右，重复定位精度为 ±0.5mm。

以上产品的主要技术参数如表 2.4.4 所示，表中工作范围参数 X、Y 的含义同前。

表 2.4.4　安川重型通用机器人主要技术参数表

系列	型号	承载能力 /kg	工作范围/mm		重复定位精度 /mm	控制轴数
			X	Y		
HP	350D	350	2542	2761	±0.5	6
	350D-200	200	3036	3506	±0.5	6
	500D	500	2542	2761	±0.5	6
	600D	600	2542	2761	±0.5	6
UP	400RD	400	3518	4908	±0.5	6
MPL	300	300	3159	3024	±0.5	4
	500	500	3159	3024	±0.5	4
	800	800	3159	3024	±0.5	4

(5) 涂装专用机器人

用于油漆等涂装作业的工业机器人，需要在充满易燃、易爆气雾的环境作业，它对机器人的机械结构、特别是手腕结构，以及电气安装与连接、产品防护等方面都有特殊要求，因此，需要选用专用工业机器人。

安川公司目前常用的垂直串联涂装专用工业机器人的主要产品如图 2.4.5 所示。

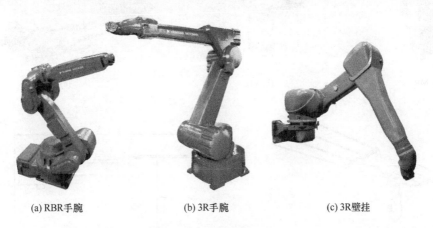

(a) RBR手腕　　　(b) 3R手腕　　　(c) 3R壁挂

图 2.4.5　安川涂装机器人

EXP1250 涂装机器人采用 6 轴垂直串联、RBR 手腕标准结构，承载能力为 5kg，作业半径为 1.25m，作业高度为 1.85m，重复定位精度为 ±0.15mm。

EXP 系列的其他产品均采用 6 轴垂直串联、3R 手腕结构；其中，EXP2050、EXP2700 为实心手腕，其他产品均为中空手腕；EXP2700 为壁挂安装、2800R 为框架安装。系列产品的承载能力为 10~20kg，作业半径为 2~3m，作业高度 3~5m，重复定位精度一般为 ±0.5mm。

安川 EXP 系列涂装机器人产品的主要技术参数如表 2.4.5 所示，表中工作范围参数 X、

Y 的含义同前。

表 2.4.5　安川涂装机器人主要技术参数表

型号	结构特征	承载能力/kg	工作范围/mm		重复定位精度/mm	控制轴数
			X	Y		
EXP1250	RBR 手腕	5	1256	1852	±0.15	6
EXP 2050	3R 手腕	10	2035	2767	±0.5	6
EXP 2050	3R 中空手腕	15	2054	2806	±0.5	6
EXP 2750	3R 手腕	10	2729	3758	±0.5	6
EXP 2700	3R 手腕、壁挂	15	2700	5147	±0.15	6
EXP 2800	3R 中空手腕	20	2778	4582	±0.5	6
EXP 2800R	3R 中空手腕、框架	15	2778	4582	±0.5	6
EXP 2900	3R 中空手腕	20	2900	4410	±0.5	6

2.4.2　其他结构机器人

(1) SCARA 机器人

水平串联 SCARA 结构的机器人结构简单、运动速度快，特别适合于 3C、药品、食品等行业的平面搬运、装卸作业。

安川水平串联 SCARA 结构机器人的常用产品如图 2.4.6 所示。

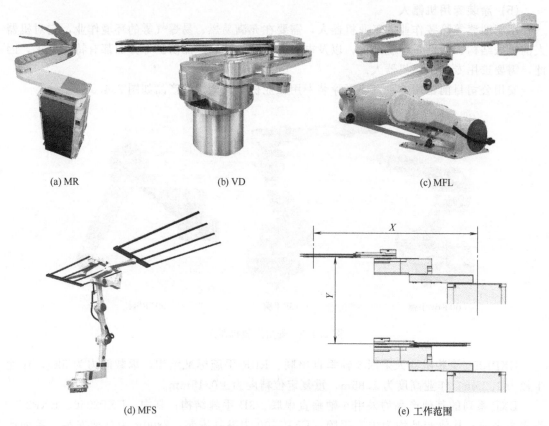

(a) MR　　　　　(b) VD　　　　　(c) MFL

(d) MFS　　　　　(e) 工作范围

图 2.4.6　安川水平串联机器人

MR124、VD95 机器人采用水平串联、SCARA 标准结构。MR124 为小型机器人产品，其承载能力为 5.8kg，作业半径为 1215mm，作业高度为 480mm，重复定位精度为 ±0.1mm。

VD95 为大型 SCARA 机器人，其承载能力为 95kg，作业半径为 2300mm，作业高度为 150mm，重复定位精度为±0.2mm。

MFL、MFS 系列机器人采用水平串联、SCARA 变形结构；产品承载能力为 50～80kg，作业半径为 1.6～2.3m，作业高度为 1.8～4m，重复定位精度为±0.2mm。

以上产品的主要技术参数如表 2.4.6 所示，表中工作范围参数 X、Y 的含义见图 2.4.6（e）。

表 2.4.6　ABB 水平串联机器人主要技术参数表

系列	型号	承载能力/kg	工作范围/mm		重复定位精度/mm	控制轴数
			X（半径）	Y		
MR	124	5.8	1215	480	±0.1	5
VD	95	95	2300	150	±0.3	4
MFL	2200D-1840	50	1675	1840	±0.2	4
	2200D-2440	50	1675	2440	±0.2	4
	2200D-2650	50	1675	2650	±0.2	4
	2400D-1800	80	2240	1800	±0.2	4
	2400D-2400	80	2240	2400	±0.2	4
MFS	2500D-4000	60	2300	4000	±0.2	4

（2）Delta 机器人

并联 Delta 结构的工业机器人多用于输送线物品的拾取与移动（分拣），它在食品、药品、3C 行业的使用较为广泛。

3C 部件、食品、药品的质量较轻，运动以空间三维直线移动为主，但物品在输送线上的运动速度较快，因此，它对机器人承载能力、工作范围、动作灵活性的要求相对较低，但对快速性的要求较高。此外，由于输送线多为敞开式结构，故而采用顶挂式安装的并联 Delta 结构机器人是较为理想的选择。

安川并联 Delta 结构机器人目前只有图 2.4.7 所示的 4 轴（3 摆臂＋手腕回转轴 T）MPP3S、MPP3H 两个产品。MPP3S 机器人承载能力为 3kg，作业直径（X）为 800mm，作业高度（Y）为 300mm，重复定位精度为±0.1mm；MPP3S 机器人承载能力为 3kg，作业直径（X）为 1300mm，作业高度（Y）为 601mm，重复定位精度为±0.1mm。

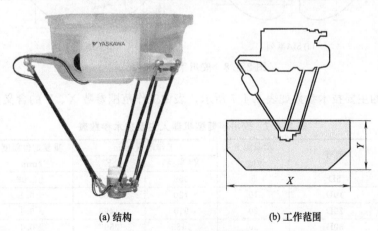

(a) 结构　　　　　　　　(b) 工作范围

图 2.4.7　安川并联机器人

（3）手臂型机器人

手臂型机器人采用的是 7 轴垂直串联、类人手臂结构，其运动灵活、几乎不存在作业死区；机器人配套触觉传感器后，可感知人体接触并安全停止，以实现人机协同作业；产品多用于 3C、食品、药品等行业的装配、搬运作业。

安川手臂型机器人有图 2.4.8 所示的 7 轴单臂（single-arm）SIA 系列、15 轴（2×7＋基座回转）双臂（dual-arm）SDA 系列两类产品，机器人可用于 3C、食品、药品等行业的人机协同作业。

SIA 系列单臂机器人的承载能力 5～50kg，作业半径在 2m 以内，作业高度在 2.6m 以下，重复定位精度一般为±0.1mm。

SDA 系列双臂机器人的单臂承载能力 5～20kg，单臂作业半径在 1m 以内，作业高度在 2m 以下，重复定位精度一般为±0.1mm。

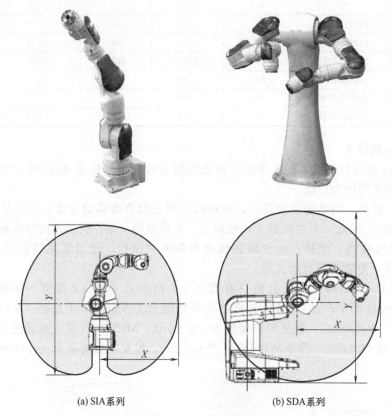

(a) SIA系列 (b) SDA系列

图 2.4.8 安川手臂型机器人

以上产品的主要技术参数如表 2.4.7 所示，表中工作范围参数 X、Y 的含义见图 2.4.8。

表 2.4.7 安川手臂型机器人主要技术参数表

系列	型号	承载能力 /kg	工作范围/mm		重复定位精度 /mm	控制轴数
			X(半径)	Y		
SIA	5D	5	559	1007	±0.06	7
	10D	10	720	1203	±0.1	7
	20D	20	910	1498	±0.1	7
	30D	30	1485	2597	±0.1	7
	50D	50	1630	2597	±0.1	7
SDA	5D	5(每臂)	845(每臂)	1118	±0.06	15
	10D	10(每臂)	720(每臂)	1440	±0.1	15
	20D	20(每臂)	910(每臂)	1820	±0.1	15

2.4.3　变位器

安川公司与工业机器人配套的变位器产品主要有工件变位器、机器人变位器两大类，前者可用于工件交换、工件回转与摆动控制；后者可用于机器人的整体位置移动。变位器均采用伺服电机驱动，并可通过机器人控制器的外部轴控制功能直接控制。

(1) 单轴工件变位器

安川单轴工件变位器以回转变位为主。从功能与用途上说，可分为工件交换、工件回转两类；从结构上说，主要有立式（回转轴线垂直水平面）、卧式（回转轴线平行水平面）两种。安川常用的单轴工件变位器如图 2.4.9 所示。

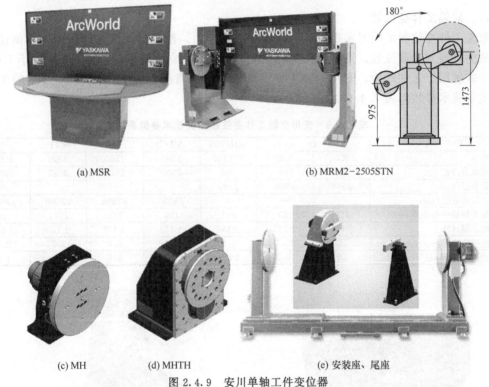

(a) MSR	(b) MRM2−2505STN

| (c) MH | (d) MHTH | (e) 安装座、尾座 |

图 2.4.9　安川单轴工件变位器

工件 180°回转交换变位器主要用于作业区、装卸区的工件交换，使工件装卸、加工可同时进行，以提高作业效率。安川工件 180°回转交换变位器有立式 MSR 系列、卧式 MRM2-250STN 两类：MSR 系列主要用于箱体、框架类零件的 180°水平回转交换；MRM2-250STN 主要用于轴、梁等细长零件的 180°垂直回转交换。

工件回转变位器用于工件的回转控制，以改变工件作业位置、扩大机器人作业范围。安川工件回转变位器以卧式为主，常用的有 MH、MHTH 两系列产品。如需要，还可选配相应的安装座、尾座等附件。

安川单轴工件变位器的主要技术参数如表 2.4.8 所示。

表 2.4.8　安川单轴工件变位器主要技术参数表

系列	型号	承载能力/kg	主要尺寸	最高转速/r·min⁻¹	180°交换时间/s
MSR	205	200	回转直径 ϕ1524mm	—	4
	500	500	回转直径 ϕ1524mm	—	2
	1000	1000	回转直径 ϕ1524mm	—	5

续表

系列	型号	承载能力/kg	主要尺寸	最高转速/r·min⁻¹	180°交换时间/s
MRM2	250STN	250	最大工件φ1170mm×2600mm	—	4
MH	95	95	工件额定直径φ304mm	23.8	—
	185	185	工件额定直径φ304mm	12.4	—
	505	505	工件额定直径φ304mm	9.8	—
	1605	1605	工件额定直径φ304mm	10.8	—
	3105	3105	工件额定直径φ304mm	6.7	—
MHTH	305	305	工件额定直径φ304mm	33.3	—
	605	605	工件额定直径φ304mm	18.8	—
	905	905	工件额定直径φ304mm	12.4	—

（2）双轴工件变位器

双轴工件变位器可同时实现工件的回转与摆动控制，使工件除安装底面外的其他位置，均可成为机器人作业位置。双轴工件回转变位器通常采用立卧复合结构，卧式轴用于工件摆动，立式轴用于工件回转。安川双轴工件回转变位器的常用产品有图 2.4.10 所示的 4 类，产品主要技术参数如表 2.4.9 所示。

表 2.4.9 安川双轴工件变位器主要技术参数表

系列	D		MH1605	MDC	MT1		
型号	250	500	505TR	2300	1500	3000	5000
承载能力/kg	250	500	505	2300	1500	3000	5000
台面直径/mm	φ500	φ500	φ400				
最大回转直径/mm	—	—	—	φ3000	φ2390	φ3600	φ2600
台面至摆动中心距离/mm	150	150	352	150	650	1041	800
摆动范围/(°)	±135	±135	±135	±135	±135	±135	±135
台面回转速度/r·min⁻¹	30	26.7	9.8	7.4	6.9	2.7	2.7
摆动速度/r·min⁻¹	20	13.3	10.8	4.7	4.5	1.9	1.9

(a) D250/500

(b) MH1605-505TR

(c) MDC 2300

(d) MT1

图 2.4.10 安川双轴工件变位器

(3) 3轴工件变位器

3轴工件回转变位器通常用于工件的180°回转交换及工件回转控制。工件的180°回转交换通常有立式回转、卧式回转两种，工件的回转以卧式为主。安川3轴工件回转变位器的常用产品有图2.4.11所示的2类，产品主要技术参数如表2.4.10所示。

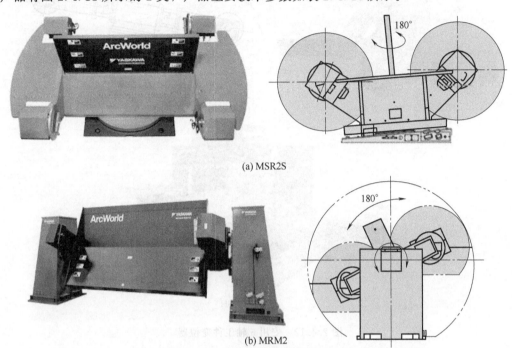

(a) MSR2S

(b) MRM2

图 2.4.11 安川3轴工件变位器

表 2.4.10 安川3轴工件变位器主要技术参数表

系 列	MSR2S		MRM2			
型 号	500	750	250M3XSL	750M3XSL	1005M3X	1205M3X
控制轴数	3	3	3	3	3	3
承载能力/kg	500	750	255	755	1005	1205
工件最大直径/mm	ϕ1300	ϕ1300	ϕ1300	ϕ1300	ϕ1525	ϕ1300
工件最大长度/mm	2000	3000	2920	2920	2920	2920
180°回转交换时间/s	3.7	5	1.5	2.25	2.95	2.95

(4) 5轴工件变位器

5轴工件回转变位器可用于工件的180°回转交换、工件回转、工件摆动控制；工件的180°回转交换也有立式回转、卧式回转两种；工件的回转、摆动可以为立式或卧式。安川5轴工件回转变位器的常用产品有图2.4.12所示的2类，产品主要技术参数如表2.4.11所示。

表 2.4.11 安川5轴变位器主要技术参数表

系 列	VMF		MSR2SH
型号	500	750	900
控制轴数	5	5	5
承载能力/kg	500	750	900
工件最大直径/mm	ϕ1500	ϕ1500	ϕ1760
工件最大长度/mm	3300	3200	1000
工件回转轴 A_2、A_4 最高转速/r·min^{-1}	16.8	8.4	12.4
工件摆动轴 A_3、A_5 最高转速/r·min^{-1}	5.2	5.2	12.9
A_1 轴180°回转交换时间/s	6	6~8	7

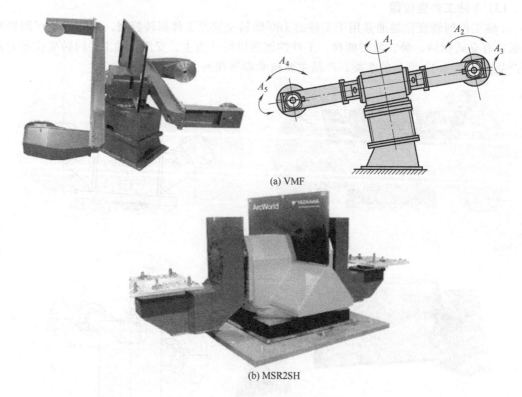

(a) VMF

(b) MSR2SH

图 2.4.12　安川 5 轴工件变位器

(5) 机器人变位器

机器人变位器用于机器人的整体大范围移动控制，安川公司配套的机器人变位器主要有图 2.4.13 所示的几类。

FLOORTRACK 系列为单轴轨道式变位器，它可用于机器人的大范围直线运动，变位器采用的是齿轮/齿条传动，齿条可根据需要接长，运动行程理论上不受限制。

GANTRY 系列为龙门式 3 轴直线变位器，可用于 MA1400/1900、MH6、HP20D 等小型、倒置式安装的机器人 3 维空间变位。机器人的 X/Y 方向的最大移动速度为 16.9m/min，Z 方向的最大升降速度为 8.7m/mim；龙门及悬梁尺寸可根据用户需要定制。

(a) FLOORTRACK

(b) GANTRY

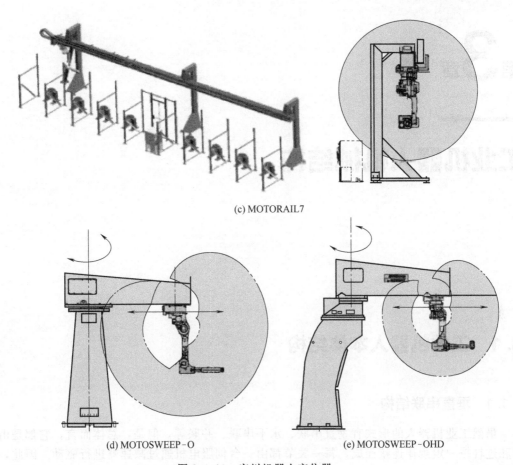

(c) MOTORAIL7

(d) MOTOSWEEP-O   (e) MOTOSWEEP-OHD

图 2.4.13 安川机器人变位器

MOTORAIL7 系列为单轴横梁式变位器，可用于 MA1900/3100、HP20D、MH50 等中小型、倒置式安装的机器人空间直线变位。横梁的最大长度可达 31m，机器人的最大移动速度可达 150m/min，重复定位精度可达 ±0.1mm。

MOTOSWEEP-O、MOTOSWEEP-OHD 为摇臂式双轴变位器，可用于 MA1400/1900/3100、HP20D、MH50 等中小型、倒置式安装的机器人平面变位；摇臂的直线运动距离为 2~3.1m，回转范围为 ±180°，重复定位精度为 ±0.1mm。

第**3**章

工业机器人机械结构

3.1 工业机器人本体结构

3.1.1 垂直串联结构

虽然工业机器人的形式有垂直串联、水平串联、并联等，但是，总体而言，它都是由关节和连杆按一定规律连接而成，每一关节都由一台伺服电机通过减速器进行驱动。因此，如将机器人进一步分解，它便是由若干伺服电机经减速器减速后，驱动运动部件的机械运动机构的叠加和组合；机器人结构形态的不同，实质只是机械运动机构的叠加和组合形式上的不同。

垂直串联是工业机器人最常见的形态，它被广泛用于加工、搬运、装配、包装等场合。垂直串联机器人的结构与承载能力有关，机器人本体的常用结构有以下几种。

(1) 电机内置前驱结构

小规格、轻量级的 6 轴垂直串联机器人经常采用图 3.1.1 所示的电机内置前驱基本结构。这种机器人的外形简洁、防护性能好；传动系统结构简单、传动链短、传动精度高，它是小型机器人常用的结构。

6 轴垂直串联机器人的运动主要包括腰回转轴 $S(J_1)$、下臂摆动轴 $L(J_2)$、上臂摆动轴 $U(J_3)$ 及手腕回转轴 $R(J_4)$、腕摆动轴 $B(J_5)$、手回转轴 $T(J_6)$；每一运动轴都需要有相应的电机驱动。交流伺服电机是目前最常用的驱动电机，它具有恒转矩输出特性，其最高转速一般为 3000～6000r/min，额定输出转矩通常在 30N·m 以下。由于机器人关节回转和摆动的负载惯量大、回转速度低（通常 25～100r/min），加减速时的最大转矩需要达到数百甚至数万牛米（N·m）。因此，机器人的所有回转轴，原则上都需要配套结构紧凑、承载能力强、传动精度高的大比例减速器，以降低转速、提高输出转矩。RV 减速器、谐波减速器是目前工业机器人最常用的两种减速器，它是工业机器人最为关键的机械核心部件，本书后述的内容中，将对其进行详细阐述。

在图 3.1.1 所示的基本结构中，机器人的所有驱动电机均布置在机器人罩壳内部，故称

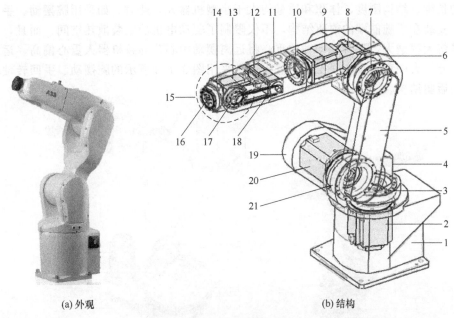

(a) 外观　　　　　　　　(b) 结构

图 3.1.1　电机内置前驱结构

1—基座；2,8,9,12,13,20—伺服电机；3,7,10,14,17,21—减速器；4—腰；5—下臂；
6—肘；11—上臂；15—腕；16—工具安装法兰；18—同步带；19—肩

为电机内置结构；而手腕回转、腕摆动、手回转的驱动电机均安装在手臂前端，故称为前驱结构。

（2）电机外置前驱结构

采用电机内置结构的机器人具有结构紧凑、外观整洁、运动灵活等特点，但驱动电机的安装空间受限、散热条件差、维修维护不便。此外，由于手回转轴的驱动电机直接安装在腕摆动体上，传动直接、结构简单，但它会增加手腕部件的体积和质量、影响手运动的灵活性，因此，通常只用于 6kg 以下小规格、轻量级机器人。

机器人的腰回转、上下臂摆动及手腕回转轴的惯量大、负载重，对驱动电机的输出转矩要求高，需要大规格电机驱动。为了保证驱动电机有足够的安装、散热空间，以方便维修维护，承载能力大于 6kg 的中小型机器人，通常需要采用图 3.1.2 所示的电机外置前驱结构。

在图 3.1.2 所示的机器人上，机器人的腰回转、上下臂摆动及手腕回转轴驱动电机均安装在机身外部，其安装、散热空间不受限制，故可提高机器人的承载能力，方便维修维护。

电机外置前驱结构的腕摆动轴 $B(J_5)$、手回转轴 $T(J_6)$ 的驱动电机同样安装在手腕前端（前驱），但是，其手回转轴 $T(J_6)$ 的驱动电机，也被移至上臂内腔，电机通过同步带、锥齿轮等传动部件，将驱动力矩传送至手回转减速器上，从而减小了手腕部件的体积和质量。因此，它是中小型垂直串联机器人应用最广的基本结构，本书将在后述的内容中，对其内部结构进行详细剖析。

（3）手腕后驱结构

大中型工业机器人对作业范围、承载能力有较高的要求，

图 3.1.2　电机外置前驱结构

其上臂的长度、结构刚度、体积和质量均大于小型机器人，此时，如采用腕摆动、手回转轴驱动电机安装在手腕前端的前驱结构，不仅限制了驱动电机的安装散热空间，而且，手臂前端的质量将大幅增大，上臂摆动轴的重心将远离摆动中心，导致机器人重心偏高、运动稳定较差。为此，大中型垂直串联工业机器人通常采用图 3.1.3 所示的腕摆动、手回转轴驱动电机后置的后驱结构。

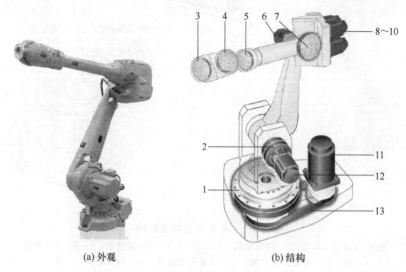

(a) 外观　　　　　　　　　　(b) 结构

图 3.1.3　后驱结构

1~5,7—减速器；6,8~12—电机；13—同步带

在后驱结构的机器人上，手腕回转轴 $R(J_4)$、弯曲轴 $B(J_5)$ 及手回转轴 $T(J_6)$ 的驱动电机 8~10 并列布置在上臂后端，它不仅可增加驱动电机的安装和散热空间、便于大规格电机安装，而且还可大幅度降低上臂体积和前端质量，使上臂重心后移，从而起到平衡上臂重力、降低机器人重心、提高机器人运动稳定性的作用。

后驱垂直串联机器人的腰回转、上下臂摆动轴结构，一般采用与电机外置前驱机器人相同的结构，驱动电机均安装在机身外部，因此，这是一种驱动电机完全外置的垂直串联机器人典型结构，在大中型工业机器人上应用广泛。

在图 3.1.3 所示的机器人上，腰回转轴 $S(J_1)$ 的驱动电机采用的是侧置结构，电机通过同步带与减速器连接，这种结构可增加腰回转轴的减速比、提高驱动转矩，并方便内部管线布置。为了简化腰回转轴传动系统结构，实际机器人也经常采用驱动电机和腰回转同轴布置、直接传动的结构形式，有关内容可参见后述。

手腕后驱结构的机器人，需要通过上臂内部的传动轴，将腕弯曲、手回转轴的驱动力传递到手腕前端，其传动系统复杂、传动链较长、传动精度相对较低。

（4）连杆驱动结构

大型、重型工业机器人多用于大宗物品的搬运、码垛等平面作业，其手腕通常无需回转，但对机器人承载能力、结构刚度的要求非常高，如果采用通常的电机与减速器直接驱动结构，就需要使用大型驱动电机和减速器，从而大大增加机器人的上部质量，导致机器人重心高、运动稳定性差。为此，需要采用图 3.1.4 所示的平行四边形连杆驱动结构。

采用连杆驱动结构的机器人腰回转驱动电机以侧置的居多，电机和减速间采用同步带连接；机器人的下臂摆动轴 $L(J_2)$、上臂摆动轴 $U(J_3)$ 或手腕弯曲轴 $B(J_5)$ 的驱动电机及减速器，安装在机器人腰身上；然后，通过 2 对平行四边形连杆机构，驱动下臂、上臂摆动或手腕弯曲运动。

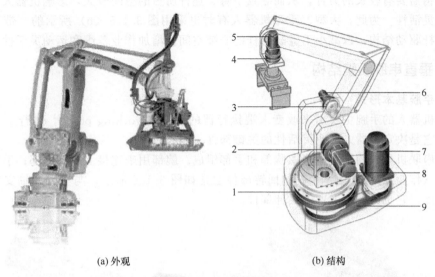

(a) 外观 (b) 结构

图 3.1.4 连杆驱动结构

1～4—减速器；5～8—电机；9—同步带

　　采用平行四边形连杆驱动的机器人，不仅可加长上臂摆动、手腕弯曲轴的驱动力臂，放大驱动电机转矩、提高负载能力，而且还可将上臂摆动、手腕弯曲轴的驱动电机、减速器的安装位置下移至腰部，从而大幅度减轻机器人上部质量、降低重心、增加运动稳定性。但是，由于结构限制，在上臂摆动、手腕弯曲轴上同时采用平行四边形连杆驱动的机器人，其手腕的回转运动（R 轴回转）将无法实现，因此，通常只能采用无手腕回转的 5 轴垂直串联结构；部分大型、重型搬运、码垛作业的机器人，甚至同时取消手腕回转轴 $R(J_4)$、手回转轴 $T(J_6)$，成为只有腰回转和上下臂、手腕摆动的 4 轴结构。

　　采用 4 轴、5 轴简化结构的机器人，其作业灵活性必然受到影响。为此，对于需要有 6 轴运动的大型、重型机器人，有时也采用图 3.1.5 所示的仅上臂摆动采用平行四边形连杆驱动的单连杆驱动结构。

　　仅上臂摆动采用平行四边形连杆驱动的机器人，具有通常 6 轴垂直串联机器人同样的运

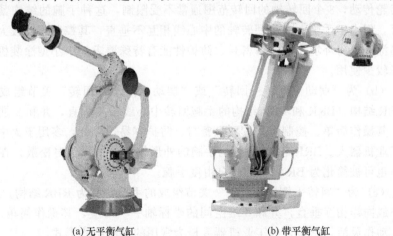

(a) 无平衡气缸 (b) 带平衡气缸

图 3.1.5 单连杆驱动结构

动灵活性。但是，由于大型、重型工业机器人的负载质量大，为了平衡上臂负载，平行四边形连杆机构需要有较长的力臂，从而导致下臂、连杆所占的空间较大，影响机器人的作业范围和运动灵活性。为此，大型、重型机器人有时也采用图 3.1.5 (b) 所示的、带重力平衡气缸的连杆驱动结构，以减小下臂、连杆的安装空间，增加作业范围和运动灵活性。

3.1.2 垂直串联手腕结构

(1) 手腕基本形式

工业机器人的手腕主要用来改变末端执行器的姿态（working pose），进行工具作业点的定位，它是决定机器人作业灵活性的关键部件。

垂直串联机器人的手腕一般由腕部和手部组成。腕部用来连接上臂和手部；手部用来安装执行器（作业工具）。由于手腕的回转部件通常如图 3.1.6 所示，与上臂同轴安装、同时摆动，因此，它也可视为上臂的延伸部件。

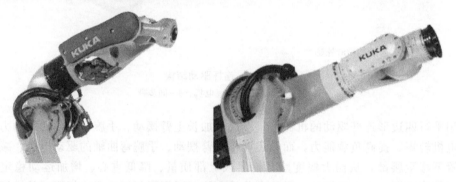

图 3.1.6 手腕外观与安装

为了能对末端执行器的姿态进行 6 自由度的完全控制，机器人的手腕通常需要有 3 个回转（roll）或摆动（bend）自由度。具有回转（roll）自由度的关节，能在 4 象限、进行接近360°或大于等于 360°回转，称 R 型轴；具有摆动（bend）自由度的关节，一般只能在 3 象限以下进行小于 270°的回转，称 B 型轴。这 3 个自由度可根据机器人不同的作业要求，进行图 3.1.7 所示的组合。

图 3.1.7 (a) 是由 3 个回转关节组成的手腕，称为 3R（RRR）结构。3R 结构的手腕一般采用锥齿轮传动，3 个回转轴的回转范围通常不受限制，这种手腕的结构紧凑、动作灵活、密封性好，但由于手腕上 3 个回转轴的中心线相互不垂直，其控制难度较大，因此，多用于油漆、喷涂等恶劣环境作业，对密封、防护性能有特殊要求的中小型涂装机器人；通用型工业机器人较少使用。

图 3.1.7 (b) 为"摆动＋回转＋回转"或"摆动＋摆动＋回转"关节组成的手腕，称为 BRR 或 BBR 结构。BRR 和 BBR 结构的手腕回转中心线相互垂直，并和 3 维空间的坐标轴一一对应，其操作简单、控制容易，而且密封、防护容易，因此，多用于大中型涂装机器人、重载的工业机器人。BRR 和 BBR 结构手腕的外形较大、结构相对松散，在机器人作业要求固定时，也可被简化为 BR 结构的 2 自由度手腕。

图 3.1.7 (c) 为"回转＋摆动＋回转"关节组成的手腕，称为 RBR 结构。RBR 结构的手腕回转中心线同样相互垂直，并和 3 维空间的坐标轴一一对应，其操作简单、控制容易，且结构紧凑、动作灵活，它是目前工业机器人最为常用的手腕结构形式。

RBR 结构的手腕回转驱动电机均可安装在上臂后侧，但手腕弯曲和手回转的电机可以

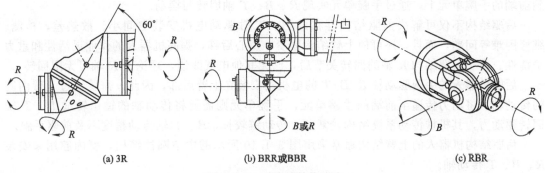

图 3.1.7 手腕的结构形式

置于上臂内腔（前驱），或者后置于上臂摆动关节部位（后驱）。前驱结构外形简洁、传动链短、传动精度高，但上臂重心离回转中心距离远、驱动电机安装及散热空间小，故多用于中小规格机器人；后驱结构的机器人结构稳定、驱动电机安装及散热空间大，但传动链长、传动精度相对较低，故多用于中大规格机器人。

(2) 前驱 RBR 手腕

小型垂直串联机器人的手腕承载要求低、驱动电机的体积小、重量轻，为了缩短传动链、简化结构、便于控制，它通常采用图 3.1.8 所示的前驱 RBR 结构。

前驱 RBR 结构手腕有手腕回转轴 $R(J_4)$、腕摆动轴 $B(J_5)$ 和手回转轴 $T(J_6)$ 3 个运动轴。其中，R 轴通常利用上臂延伸段的回转实现，其驱动电机和主要传动部件均安装在上臂后端；B 轴、T 轴驱动电机直接布置于上臂前端内腔，驱动电机和手腕间通过同步带连接，3 轴传动系统都有大比例的减速器进行减速。

(3) 后驱 RBR 手腕

大中型工业机器人需要有较大的输出转矩和承载能力，$B(J_5)$、$T(J_6)$ 轴驱动电机的体积大、重量重。为保证电机有足够的安装空间和良好的散热，同时，能减小上臂的体积和重量、平衡重力、提高运动稳定性，机器人通常采用图 3.1.9 所示的后驱 RBR 结构，将手腕 R、B、T 轴的驱动电机均布置在上臂后端。然后，通过上臂内腔的传动轴，将动力传递

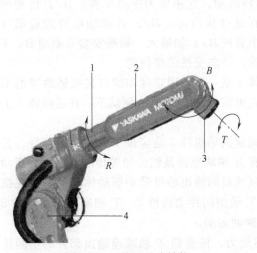

图 3.1.8 前驱手腕结构

1—上臂；2—B/T 轴电机位置；3—摆动体；4—下臂

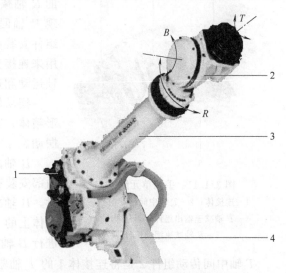

图 3.1.9 后驱手腕结构

1—$R/B/T$ 轴电机；2—手腕单元；3—上臂；4—下臂

到前端的手腕单元上,通过手腕单元实现 R、B、T 轴回转与摆动。

后驱结构不仅可解决前驱结构存在的 B、T 轴驱动电机安装空间小、散热差,检测、维修困难等问题,而且,还可使上臂结构紧凑、重心后移,提高机器人的作业灵活性和重力平衡性。由于后驱结构 R 轴的回转关节后,已无其他电气线缆,理论上 R 轴可无限回转。

后驱机器人的手腕驱动轴 $R/B/T$ 的电机均安装在上臂后部,因此,需要通过上臂内腔的传动轴,将动力传递至前端的手腕单元;手腕单元则需要将传动轴的输出转成 B、T 轴回转驱动力,其机械传动系统结构较复杂、传动链较长,B、T 轴传动精度不及前驱手腕。

后驱结构机器人的上臂结构通常采用图 3.1.10 所示的中空圆柱结构,臂内腔用来安装 R、B、T 传动轴。

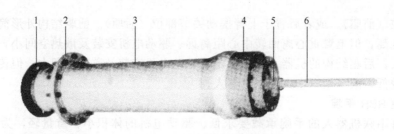

图 3.1.10　上臂结构
1—同步带轮;2—安装法兰;3—上臂体;4—R 轴减速器;5—B 轴;6—T 轴

上臂的后端为 R、B、T 轴同步带轮输入组件 1,前端安装手腕回转的 R 轴减速器 4,上臂体 3 可通过安装法兰 2 与上臂摆动体连接。R 轴减速器应为中空结构,减速器壳体固定在上臂体 3 上,输出轴用来连接手腕单元,B 轴 5 和 T 轴 6 布置在减速器的中空内腔。

后驱机器人的手腕单元结构一般如图 3.1.11 所示,它通常由 B/T 传动轴、B 轴减速摆动、T 轴中间传动、T 轴减速输出 4 个组件及连接体、摆动体等部件组成,其内部传动系统结构较复杂。

图 3.1.11　手腕单元组成
1—连接体;2—T 轴中间传动组件;
3—T 轴减速输出组件;4—摆动体;
5—B 轴减速摆动组件

连接体 1 是手腕单元的安装部件,它与上臂前端的 R 轴减速器输出轴连接后,可带动整个手腕单元实现 R 轴回转运动。连接体为中空结构,B/T 传动轴组件安装在连接体内部;B/T 传动轴组件的后端可用来连接上臂的 B/T 轴输入,前端安装有驱动 B、T 轴运动和进行转向变换的锥齿轮。

摆动体 4 是一个带固定臂和螺钉连接辅助臂的 U 形箱体,它可在 B 轴减速器的驱动下,在连接体 1 上摆动。

B 轴减速摆动组件 5 是实现手腕摆动的部件,其内部安装有 B 轴减速器及锥齿轮等传动件。手腕摆动时,B 轴减速器的输出轴可带动摆动体 4 及安装在摆动体上的 T 轴中间传动组件 2、T 轴减速输出组件 3 进行 B 轴摆动运动。

T 轴中间传动组件 2 是将连接体 1 的 T 轴驱动力,传递到 T 轴减速输出部件的中间传动装置,它可随 B 轴摆动。T 轴中间传动组件由 2 组采用同步带连接、结构相同的过渡轴部件组成;过渡轴部件分别安装在连接体 1 和摆动体 4 上,并通过两对锥齿轮完成转向变换。

T 轴减速输出组件直接安装在摆动体上,组件的内部结构和前驱手腕类似,传动系统主要有 T 轴谐波减速器、工具安装法兰等部件。工具安装法兰上设计有标准中心孔、定位法兰和定位孔、固定螺孔,可直接安装机器人的作业工具。

3.1.3 SCARA、Delta 结构

(1) SCARA 结构

SCARA(selective compliance assembly robot arm,选择顺应性装配机器手臂)结构是日本山梨大学在 1978 年发明的一种建立在圆柱坐标上的特殊机器人结构形式。SCARA 机器人的结构简单、外形轻巧、定位精度高、运动速度快,它特别适合于 3C 行业印刷电路板制作等平面定位、垂直装配作业。

SCARA 机器人以小型居多,上下臂折叠式升降的大型双臂 SCARA 机器人通常只用于清洁房、太阳能电池板安装等特殊场合。小型 SCARA 机器人通过 2~3 个水平回转关节实现平面定位,结构类似于水平放置的垂直串联机器人,手臂为沿水平方向串联延伸、轴线相互平行的回转关节;驱动转臂回转的伺服电机可前置在关节部位(前驱),也可统一后置在基座部位(后驱)。

前驱 SCARA 机器人的典型结构如图 3.1.12 所示,机器人机身主要由基座 1、后臂 11、前臂 5、升降丝杠 7 等部件组成。后臂 11 安装在基座 1 上,它可在 C_1 轴驱动电机 2、减速器 3 的驱动下水平回转。前臂 5 安装在后臂 11 的前端,它可在 C_2 轴驱动电机 10、减速器 4 的驱动下水平回转。

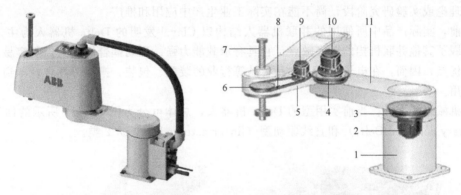

图 3.1.12 前驱 SCARA 结构

1—基座;2—C_1 轴电机;3—C_1 轴减速器;4—C_2 轴减速器;5—前臂;6—升降减速器;
7—升降丝杠;8—同步带;9—升降电机;10—C_2 轴电机;11—后臂

前驱 SCARA 机器人的执行器垂直升降通过升降丝杠 7 实现,丝杠安装在前臂的前端,它可在升降电机 9 的驱动下进行垂直上下运动;机器人使用的滚珠丝杠导程通常较大,而驱动电机的转速较高,因此,升降系统一般也需要使用减速器 6 进行减速。此外,为了减轻前臂的前端的质量和体积、提高运动稳定性、降低前臂驱动转矩,执行器升降电机 9 通常安装在前臂回转关节部位,电机和减速器 6 间通过同步带 8 连接。

前驱 SCARA 机器人的机械传动系统结构简单、层次清晰、装配方便、维修容易,它通常用于上部作业空间不受限制的平面装配、搬运和电气焊接等作业,但其转臂外形、体积、质量等均较大,结构相对松散;加上转臂的悬伸负载较重,对臂的结构刚性有一定的要求,因此,在多数情况下只有 2 个水平回转轴。

后驱 SCARA 机器人的结构如图 3.1.13 所示。这种机器人的悬伸转臂均为平板状薄壁，其结构非常紧凑。

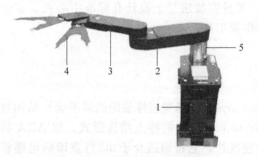

图 3.1.13　后驱 SCARA 结构

1—基座；2—后臂；3—前臂；4—工具；5—升降套

后驱 SCARA 机器人前后转臂及工具回转的驱动电机均安装在升降套 5 上；升降套 5 可通过基座 1 内的滚珠丝杠（或气动、液压）升降机构升降。转臂回转减速的减速器均安装在回转关节上；安装在升降套 5 上的驱动电机，可通过转臂内的同步带连接减速器，以驱动前后转臂及工具的回转。

由于后驱 SCARA 机器人的结构非常紧凑，负载很轻、运动速度很快，为此，回转关节多采用结构简单、厚度小、重量轻的超薄型减速器进行减速。

后驱 SCARA 机器人结构轻巧、定位精度高、运动速度快，它除了作业区域外，几乎不需要额外的安装空间，故可在上部空间受限的情况下，进行平面装配、搬运和电气焊接等作业，因此，多用于 3C 行业的印刷电路板器件装配和搬运。

(2) Delta 结构

并联机器人是机器人研究的热点之一，它有多种不同的结构形式；但是，由于并联机器人大都属于多参数耦合的非线性系统，其控制十分困难，正向求解等理论问题尚未完全解决；加上机器人通常只能倒置式安装，其作业空间较小等原因，因此，绝大多数并联机构都还处于理论或实验研究阶段，尚不能在实际工业生产中应用和推广。

目前，实际产品中所使用的并联机器人结构以 Clavel 发明的 Delta 机器人为主。Delta 结构克服了其他并联机构的诸多缺点，它具有承载能力强、运动耦合弱、力控制容易、驱动简单等优点，因而，在电子电工、食品药品等行业的装配、包装、搬运等场合，得到了较广泛的应用。

从机械结构上说，当前实用型的 Delta 机器人，总体可分为图 3.1.14 所示的回转驱动型（rotary actuated Delta）和直线驱动型（linear actuated Delta）2 类。

(a) 回转驱动

(b) 直线驱动

图 3.1.14　Delta 机器人的结构

图 3.1.14（a）所示的回转驱动 Delta 机器人，其手腕安装平台的运动通过主动臂的摆动驱动，控制 3 个主动臂的摆动角度，就能使手腕安装平台在一定范围内运动与定位。旋转

型 Delta 机器人的控制容易、动态特性好，但其作业空间较小、承载能力较低，故多用于高速、轻载的场合。

图 3.1.14（b）所示的直线驱动 Delta 机器人，其手腕安装平台的运动通过主动臂的伸缩或悬挂点的水平、倾斜、垂直移动等直线运动驱动，控制 3（或 4）个主动臂的伸缩距离，同样可使手腕安装平台在一定范围内定位。与旋转型 Delta 机器人比较，直线驱动型 Delta 机器人具有作业空间大、承载能力强等特点，但其操作和控制性能、运动速度等不及旋转型 Delta 机器人，故多用于并联数控机床等场合。

Delta 机器人的机械传动系统结构非常简单。例如，回转驱动型机器人的传动系统是 3 组完全相同的摆动臂，摆动臂可由驱动电机经减速器减速后驱动，无需其他中间传动部件，故只需要采用类似前述垂直串联机器人机身、前驱 SCARA 机器人转臂等减速摆动机构便可实现；如果选配齿轮箱型谐波减速器，则只需进行谐波减速箱的安装和输出连接，无需其他任何传动部件。对于直线驱动型机器人，则只需要 3 组结构完全相同的直线运动伸缩臂，伸缩臂可直接采用传统的滚珠丝杠驱动，其传动系统结构与数控机床进给轴类似，本书不再对其进行介绍。

3.2 关键零部件结构

从机械设计及使用、维修方面考虑，工业机器人的基座、手臂体、手腕体等部件，只是用来支承、连接机械传动部件的普通结构件，它们仅对机器人的外形、结构刚性等有一定的影响。但是，这些零件的结构简单、刚性好、加工制造容易，且在机器人正常使用过程中不存在运动和磨损，部件损坏的可能性较小，故很少需要进行维护和修理。

在工业机器人的机械部件中，变位器、减速器（RV 减速器、谐波减速器）、CRB 轴承、以及同步带、滚珠丝杠、直线导轨等传动部件是直接决定机器人运动速度、定位精度、承载能力等关键技术指标的核心部件；这些部件的结构复杂、加工制造难度大，加上部件存在运动和磨损，因此，它们是工业机器人机械维护、修理的主要对象。

变位器、减速器、CRB 轴承、同步带、滚珠丝杠、直线导轨的制造，需要有特殊的工艺和加工、检测设备，它们一般由专业生产厂家生产，机器人生产厂家和用户只需要根据要求，选购标准产品；如果使用过程中出现损坏，就需要对其进行整体更换，并重新进行安装及调整。

鉴于同步带、滚珠丝杠、直线导轨等直线传动部件通常只用于变位器或特殊结构的工业机器人，且属于机电一体化设备，特别是数控机床的通用部件，相关书籍对此都有详细的介绍，本书不再对此进行专门介绍。工业机器人用变位器、减速器、CRB 轴承的主要结构与功能介绍如下。

3.2.1 变位器

从生产制造的角度看工业机器人系统配套的变位器有通用型和专用型两类。专用型变位器一般由机器人用户根据实际使用要求专门设计、制造，其结构各异、种类较多，难以尽述。通用型变位器通常由机器人生产厂家作为附件生产，用户可直接选用。

不同生产厂家生产的通用型变位器结构类似，主要分回转变位器和直线变位器两大类；每类产品又可分单轴、双轴、三轴多种。由于工业机器人对定位精度的要求低于数控机床等高精度加工设备，因此，在结构上与数控机床的直线轴、回转轴有所区别，简介如下。

（1）回转变位器

通用型回转变位器类似于数控机床的回转工作台，变位器有单轴、双轴、三轴及复合型等结构。

单轴变位器有立式与卧式两种，回转轴线垂直于水平面、台面可进行水平回转的变位器称为立式；回转轴线平行水平面、台面可进行垂直偏摆（或回转）的变位器称为卧式。立式单轴变位器又称 C 型变位器；卧式单轴变位器则常与尾架、框架设计成一体，并称之为 L 型变位器。配置单轴变位器后，机器人系统可以增加 1 个自由度。常见单轴回转变位器见图 3.2.1。

(a) 立式(C型)　　　　　　　　(b) 卧式　　　　　　　　(c) L型

图 3.2.1　单轴回转变位器

双轴变位器一般采用图 3.2.2 所示的台面 360°水平回转与垂直摆动（翻转）的立卧复合结构，变位器的回转轴、翻转轴及框架设计成一体，并称之为 A 型结构。配置双轴变位器后，机器人系统可以增加 2 个自由度。

图 3.2.2　双轴 A 型变位器

三轴变位器有图 3.2.3 所示的 K 型和 R 型两种常见结构。K 型变位器由 1 个卧式主回转轴、2 个卧式副回转轴及框架组成，卧式副回转轴通常采用 L 型结构。R 型变位器由 1 个立式主回转轴、2 个卧式副回转轴及框架组成，卧式副回转轴同样通常采用 L 型结构。K 型、R 型变位器可用于回转类工件的多方位焊接及工件的自动交换。

复合变位器是具有工件变位与工件交换功能的变位器，它主要有图 3.2.4 所示的 B 型和 D 型两种常见结构。B 型变位器由 1 个立式主回转轴（C 型变位器）、2 个 A 型变位器及框架等部件组成；立式主回转轴通常用于工件的 180°回转交换，A 型变位器用于工件的变位，因此，它实际上是一种带有工件自动交换功能的 A 型变位器。D 型变位器由 1 个立式

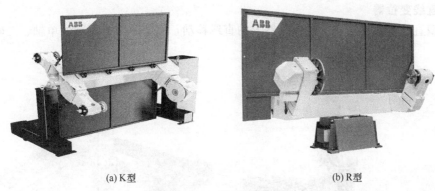

(a) K型　　　　　　　　　　　　(b) R型

图 3.2.3　三轴回转变位器

主回转轴（C 型变位器）、2 个 L 型变位器及框架等部件组成；立式主回转轴通常用于工件的 180°回转交换，L 型变位器用于工件变位，因此，它实际上是一种带有工件自动交换功能的 L 型变位器。

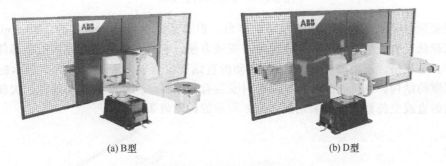

(a) B型　　　　　　　　　　　　(b) D型

图 3.2.4　复合回转变位器

　　工业机器人对位置精度要求较低，通常只需要达到弧分级（arc min，$1' \approx 2.9 \times 10^{-4}$rad），远低于数控机床等高速、高精度加工设备的弧秒级（arc sec，$1'' \approx 4.85 \times 10^{-6}$rad）要求，但对回转速度的要求较高。为了简化结构，工业机器人的回转变位器通常采用图 3.2.5 所示的 RV 减速器直接驱动结构，以代替精密蜗轮蜗杆减速装置。

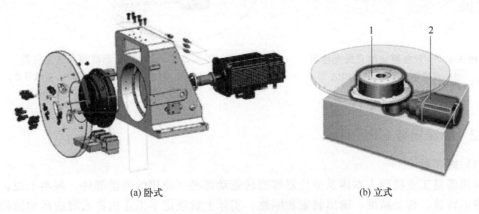

(a) 卧式　　　　　　　　　　　　(b) 立式

图 3.2.5　减速器直接驱动回转变位器

1—RV 减速器；2—驱动电机

(2) 直线变位器

通用型直线变位器用于工件或机器人的直线移动，有图 3.2.6 所示的单轴、三轴等基本结构型式。

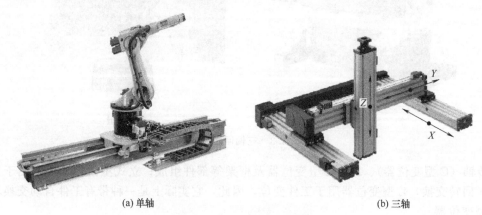

(a) 单轴   (b) 三轴

图 3.2.6 直线移动变位器

直线变位器类似于数控机床的移动工作台，但其运动速度快（通常为 120m/min）、而精度要求较低；直线滚动导轨的使用简单、安装方便，它是工业机器人直线运动部件常用的导向部件。小规格、短距离（1m 以内）运动的直线变位器较多采用图 3.2.7 所示的大导程滚珠丝杠驱动结构，电机和滚珠丝杠间有时安装有减速器、同步带等传动部件。大规格、长距离运动的直线变位器，则多采用图 3.2.8 所示的齿轮齿条驱动。

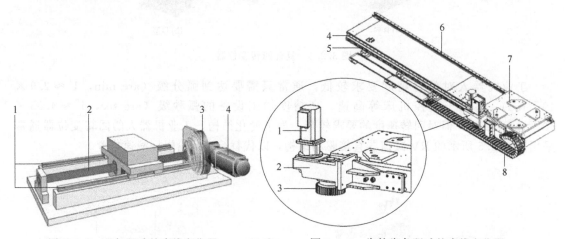

图 3.2.7 丝杠驱动的直线变位器
1—直线导轨；2—滚珠丝杠；
3—减速器；4—电机

图 3.2.8 齿轮齿条驱动的直线变位器
1—电机；2—减速器；3—齿轮；4,6—直线导轨；
5—齿条；7—机器人安装座；8—拖链

3.2.2 减速器与 CRB 轴承

(1) 减速器

减速器是工业机器人本体及变位器等回转运动都必须使用的关键部件。基本上说，减速器的输出转速、传动精度、输出转矩和刚性，实际上就决定了工业机器人对应运动轴的运动速度、定位精度、承载能力。因此，工业机器人对减速器的要求很高，传统的普通齿轮减速器、行星齿轮减速器、摆线针轮减速器等都不能满足工业机器人高精度、大比例减速的要求；为此，它需要使用专门的减速器。

目前，工业机器人常用的减速器有图 3.2.9 所示的谐波减速器和 RV 减速器 2 大类。

(a) 谐波减速器　　　　　　　　　　　(b) RV 减速器

图 3.2.9　工业机器人常用减速器

① 谐波减速器　谐波减速器（harmonic speed reducer）是谐波齿轮传动装置（harmonic gear drive）的简称，这种减速器的传动精度高、结构简单、使用方便，但其结构刚性不及 RV 减速器，故多用于机器人的手腕驱动。

日本 Harmonic Drive System（哈默纳科）是全球最早研发生产谐波减速器的企业，同时也是目前全球最大、最著名的谐波减速器生产企业，其产量占全世界总量的 15% 左右，世界著名的工业机器人几乎都使用 Harmonic Drive System 生产的谐波减速器。本书第 4 章将对其产品的结构原理以及性能特点、安装维护要求进行全面介绍。

② RV 减速器　RV 减速器（rotary vector speed reducer）是由行星齿轮减速和摆线针轮减速组合而成的减速装置，减速器的结构刚性好、输出转矩大，但其内部结构比谐波减速器复杂、制造成本高、传动精度略低于谐波减速器，故多用于机器人的机身驱动。

日本 Nabtesco Corporation（纳博特斯克公司）既是 RV 减速器的发明者，又是目前全球最大、技术最领先的 RV 减速器生产企业，其产品占据了全球 60% 以上的工业机器人 RV 减速器市场，以及日本 80% 以上的数控机床自动换刀（ATC）装置的 RV 减速器市场，世界著名的工业机器人几乎使用 Nabtesco Corporation 的 RV 减速器。本书第 5 章将对其结构原理及性能特点、安装维护要求全面介绍。

(2) CRB 轴承

CRB 轴承是交叉滚子轴承英文 cross roller bearing 的简称，这是一种滚柱呈 90°交叉排列、内圈或外圈分割的特殊结构轴承，它与一般轴承相比，具有体积小、精度高、刚性好、可同时承受径向和双向轴向载荷等优点，而且安装简单、调整方便，因此，特别适合于工业机器人、谐波减速器、数控机床回转工作台等设备或部件，它是工业机器人使用最广泛的基础传动部件。

图 3.2.10 为 CRB 轴承与传统的球轴承（深沟、角接触）、滚子轴承（圆柱、圆锥）的结构原理比较图。

由轴承的结构原理可见，深沟球轴承、圆柱滚子轴承等向心轴承一般只能承受径向载荷。角接触球轴承、圆锥滚子轴承等推力轴承，可承受径向载荷和单方向的轴向载荷，因此，在需要承受双向轴向载荷的场合，通常要由多个轴承进行配对、组合后使用。

CRB 轴承的滚子为间隔交叉地成直角方式排列，因此，即使使用单个轴承，也能同时承受径向和双向轴向载荷。此外，CRB 轴承的滚子与滚道表面为线接触，在承载后的弹性变形很小，故其刚性和承载能力也比传统的球轴承、滚子轴承更高；其内外圈尺寸可以被最

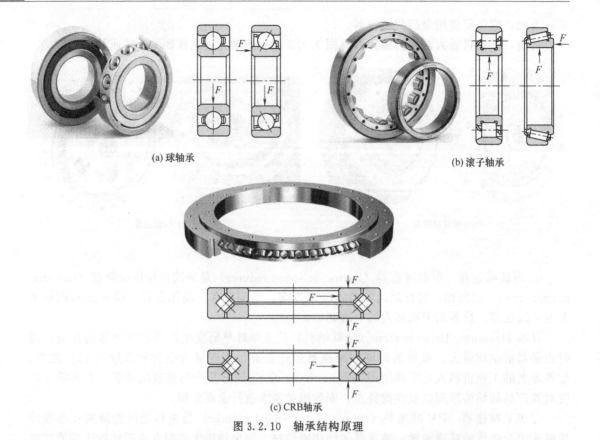

(a) 球轴承

(b) 滚子轴承

(c) CRB轴承

图 3.2.10 轴承结构原理

大限度地小型化，并接近极限尺寸。再者，由于 CRB 轴承内圈或外圈采用分割构造，滚柱和保持器通过轴环固定，轴承不仅安装简单，且间隙调整和预载都非常方便。

总之，CRB 轴承不仅具有体积小、结构刚性好、安装简单、调整方便等诸多优点，而且在单元型结构的谐波减速器上，其内圈内侧还可直接加工成减速器的刚轮齿，组成图 3.2.11 所示的谐波减速器单元，以最大限度地减小减速器体积。

CRB 轴承的安装要求如图 3.2.12 所示。根据不同的结构设计，CRB 轴承可采用压圈

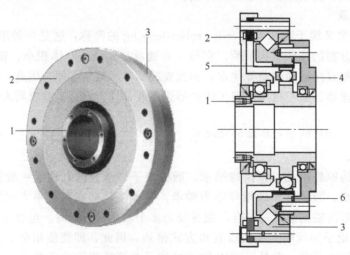

图 3.2.11 谐波减速单元

1—输入轴；2—前端盖；3—CRB轴承外圈；4—后端盖；5—柔轮；6—CRB轴承内圈（刚轮）

（或锁紧螺母）固定、端面螺钉固定等安装方式；轴承的间隙可通过固定分割内圈（或外圈）的调整垫或压圈进行调整。

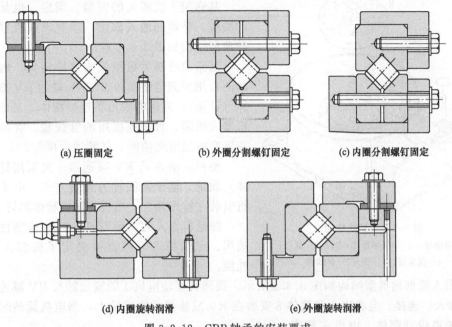

(a) 压圈固定　　　　　　(b) 外圈分割螺钉固定　　　　　　(c) 内圈分割螺钉固定

(d) 内圈旋转润滑　　　　　　(e) 外圈旋转润滑

图 3.2.12　CRB 轴承的安装要求

CRB 轴承可采用油润滑或脂润滑。脂润滑不需要供油管路和润滑系统，无漏油问题，一次加注可使用 1000 小时以上，加上工业机器人的结构简单，运动速度与定位精度的要求并不高，因此，为了简化结构、降低成本，多使用脂润滑。结构设计时，可针对 CRB 轴承的不同结构和安装形式，在分割外圈（或内圈）的固定件上，加工图 3.2.12（d）、（e）所示的润滑脂充填孔。

表 3.2.1 是常用的进口和国产轴承的精度等级比较表。在轴承精度等级中，ISO 492 的 0 级（旧国标 G 级）为最低，然后，从 6 到 2 精度依次增高，2 级（旧国标 B 级）为最高。

表 3.2.1　轴承精度等级对照表

国 别	标准号	精度等级对照				
国际	ISO 492	0	6	5	4	2
德国	DIN 620/2	P0	P6	P5	P4	P2
日本	JIS B 1514	JIS0	JIS6	JIS5	JIS4	JIS2
美国	ANSI B3.14	ABEC1	ABEC3	ABEC5	ABEC7	ABEC9
中国	GB/T 307	0(G)	6(E)	5(D)	4(C)	2(B)

3.3　典型结构剖析

3.3.1　机身结构剖析

6 轴垂直串联是工业机器人使用最广、最典型的结构形式，典型机器人的机身结构剖析如下。

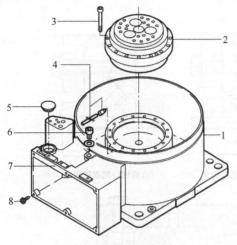

图 3.3.1　基座结构

1—基座体；2—RV减速器；3,6,8—螺钉；

4—润滑管；5—盖；7—管线盒

（1）基座及腰

基座用于机器人的安装、固定，也是机器人的线缆、管路的输入部位。垂直串联机器人基座的典型结构如图 3.3.1 所示。

基座的底部为机器人安装固定板，内侧上方的凸台用来固定腰回转 $S(J_1)$ 轴的 RV 减速器壳体（针轮），减速器输出轴连接腰体。基座后侧为机器人线缆、管路连接用的管线盒，管线盒正面布置有电线电缆插座、气管油管接头。

腰回转轴 S 的 RV 减速器一般采用针轮（壳体）固定、输出轴回转的安装方式，由于驱动电机安装在输出轴上，电机将随同腰体回转。

腰是机器人的关键部件，其结构刚性、回转范围、定位精度等都直接决定了机器人的技术性能。

机器人腰部的典型结构如图 3.3.2 所示。腰回转驱动电机 1 的输出轴与 RV 减速器的芯轴 2（输入）连接。电机座 4 和腰体 6 安装在 RV 减速器的输出轴上，当电机旋转时，减速器输出轴将带动腰体、电机在基座上回转。腰体 6 的上部有一个凸耳 5，其左右两侧用来安装下臂及其驱动电机。

（2）上/下臂

下臂是连接腰部和上臂的中间体，它需要在腰上摆动，下臂的典型结构如图 3.3.3 所示。下臂体 5 和驱动电机 1 分别安装在腰体上部凸耳的两侧；RV 减速器安装在腰体上，驱动电机 1 可通过 RV 减速器，驱动下臂摆动。

下臂摆动的 RV 减速器通常采用输出轴固定、针轮（壳体）回转的安装方式。驱动电机 1 安装在腰体凸耳的左侧，电机轴与 RV 减速器 7 的芯轴 2 连接；RV 减速器输出轴通过螺钉 4 固定在腰体上，针轮（壳体）通过螺钉 8 连接下臂体 5；电机旋转时，针轮将带动下臂在腰体上摆动。

上臂连接下臂和手腕的中间体，它可连同手腕摆动，上臂的典型结构如图 3.3.4 所示。上臂 6 的后上方设计成箱体，内腔用来安装手腕回转轴 R 的驱动电机及减速器。上臂回转轴 U 的驱动电机 1 安装在臂左下方，电机轴与 RV 减速器 7 的芯轴 3 连接。RV 减速器 7 安装在上臂右下侧，减速器针轮（壳体）利用连接螺钉 5（或 8）连接上臂；输出轴通过螺钉 10

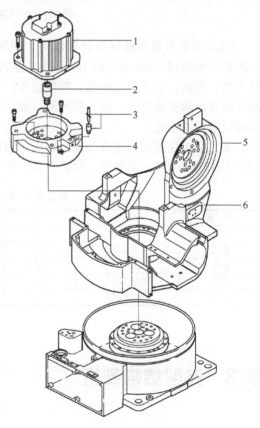

图 3.3.2　腰结构

1—驱动电机；2—减速器芯轴；3—润滑管；

4—电机座；5—凸耳；6—腰体

连接下臂 9；电机旋转时，上臂将连同驱动电机绕下臂摆动。

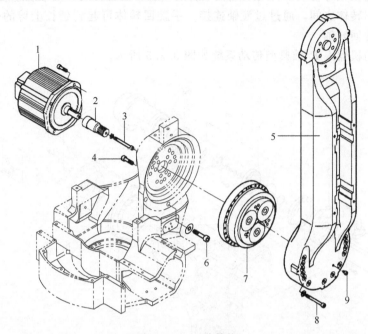

图 3.3.3　下臂结构

1—驱动电机；2—减速器芯轴；3,4,6,8,9—螺钉；5—下臂体；7—RV 减速器

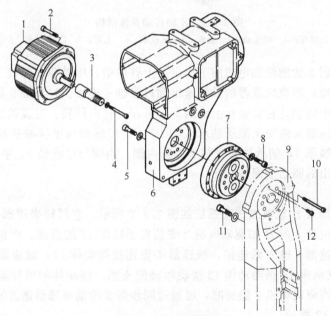

图 3.3.4　上臂结构

1—驱动电机；2,4,5,8,10～12—螺钉；3—RV 减速器芯轴；6—上臂；7—减速器；9—下臂

3.3.2　手腕结构剖析

(1) R 轴

垂直串联机器人的手腕回转轴 R 一般采用结构紧凑的部件型谐波减速器。R 轴驱动电

机、减速器、过渡轴等传动部件均安装在上臂的内腔；手腕回转体安装在上臂的前端；减速器输出和手腕回转体之间，通过过渡轴连接。手腕回转体可起到延长上臂的作用，故 R 轴有时可视为上臂回转轴。

前驱结构的机器人 R 轴典型传动系统如图3.3.5所示。

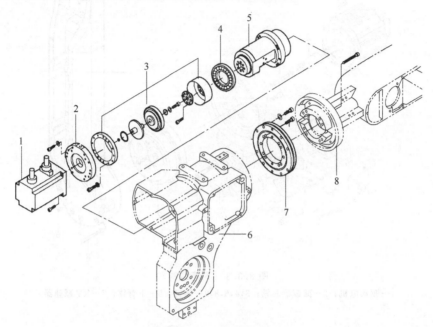

图3.3.5　R 轴传动系统结构

1—电机；2—电机座；3—减速器；4—轴承；5—过渡轴；6—上臂；7—CRB轴承；8—手腕回转体

R 轴谐波减速器3的刚轮和电机座2固定在上臂内壁；R 轴驱动电机1的输出轴和减速器的谐波发生器连接；谐波减速器的柔轮输出和过渡轴5连接。过渡轴5是连接谐波减速器和手腕回转体8的中间轴，它安装在上臂内部，可在上臂内回转。过渡轴的前端面安装有可同时承受径向和轴向载荷的交叉滚子轴承（CRB）7；后端面与谐波减速器柔轮连接。过渡轴的后支承为径向轴承4，轴承外圈安装于上臂内侧；内圈与过渡轴5、手腕回转体8连接，它们可在减速器输出的驱动下回转。

(2) B 轴

前驱结构的机器人 B 轴典型传动系统如图3.3.6所示。它同样采用部件型谐波减速器，以减小体积。前驱机器人的 B 轴驱动电机2安装在手腕体17的后部，电机通过同步带5与手腕前端的谐波减速器8输入轴连接，减速器柔轮连接摆动体12；减速器刚轮和安装在手腕体17左前侧的支承座14是摆动体12摆动回转的支承。摆动体的回转驱动力来自谐波减速器的柔轮输出，当驱动电机2旋转时，可通过同步带5带动减速器谐波发生器旋转，柔轮输出将带动摆动体12摆动。

(3) T 轴

采用前驱结构的机器人 T 轴机械传动系统由中间传动部件和回转减速部件组成，其传统系统典型结构分别如下。

① T 轴中间传动部件　T 轴中间传动部件典型结构如图3.3.7所示。

T 轴驱动电机1安装在手腕体3的中部，电机通过同步带将动力传递至手腕回转体左前侧。安装在手腕体左前侧的支承座13为中空结构，其外圈作为腕弯曲摆动轴 B 的辅助支

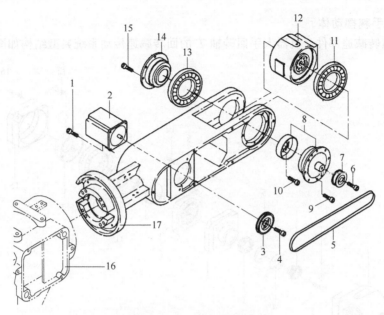

图 3.3.6　B 轴传动系统结构

1,4,6,9,10,15—螺钉；2—驱动电机；3,7—同步带轮；5—同步带；8—谐波减速器；
11,13—轴承；12—摆动体；14—支承座；16—上臂；17—手腕体

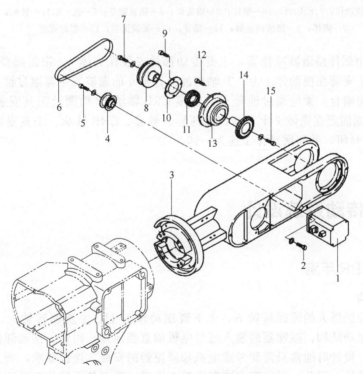

图 3.3.7　T 轴中间传动系统结构

1—驱动电机；2,5,7,9,12,15—螺钉；3—手腕体；4,8—同步带轮；6—同步带；
10—端盖；11—轴承；13—支承座；14—锥齿轮

承；内部安装有手回转轴 T 的中间传动轴。中间传动轴外侧安装有与电机连接的同步带轮
8，内侧安装有 45°锥齿轮 14。锥齿轮 14 和摆动体上的 45°锥齿轮啮合，实现传动方向变换，

将动力传递到手腕摆动体。

②T轴回转减速部件 机器人手回转轴T的回转减速传动系统典型结构如图3.3.8所示。

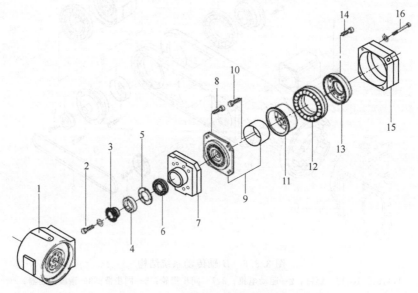

图 3.3.8 T 轴回转减速传动系统结构

1—摆动体；2,8,10,14,16—螺钉；3—锥齿轮；4—锁紧螺母；5—垫；6,12—轴承；
7—壳体；9—谐波减速器；11—轴套；13—安装法兰；15—密封端盖

T轴同样采用部件型谐波减速器，主要传动部件安装在壳体7、密封端盖15组成的封闭空间内；壳体7安装在摆动体1上。T轴谐波减速器9的谐波发生器通过锥齿轮3与中间传动轴上的锥齿轮啮合；柔轮通过轴套11，连接CRB轴承12内圈及工具安装法兰13；刚轮、CRB轴承外圈固定在壳体7上。谐波减速器、轴套、CRB轴承、工具安装法兰的外部通过密封端盖15封闭，并和摆动体1连为一体。

3.4　机械传动系统设计

3.4.1　前驱RBR手腕

(1) 基本结构

垂直串联工业机器人的腰回转轴S、上下臂摆动轴L/U、手腕回转轴R，大多采用电机、减速器直接驱动结构，减速器的输入可与电机轴直接连接，回转、摆动部件可与减速器的输出直接连接，设计时通常只需要考虑电机和减速器的安装、连接要求，而无须进行机械传动系统的其他设计。因此，对于垂直串联机器人来说，重点是手腕传动系统的设计。

前驱RBR结构手腕的B轴、T轴驱动电机布置于上臂前端内腔，驱动电机和手腕间通过同步带连接，传动系统需要使用大比例的谐波减速器减速。

在早期设计的产品上，手腕大都采用部件型（component type）谐波减速器减速。这种结构的不足：减速器采用的是刚轮、柔轮、谐波发生器分离型结构，减速器和传动部件都需要在现场安装，其零部件多、装配要求高、安装复杂，传动精度很难保证；特别在手腕维修时，同样需要分解谐波减速器和传动部件，并予以重新装配，这不仅增加了维修难度，而且减速器和传动部件的装拆会导致传动系统性能和精度的下降。

目前的机器人手腕多采用单元型（unit type）谐波减速器减速。采用单元型谐波减速器后，B、T 轴传动系统的全部零件可设计成整体安装、专业化生产的独立组件，它不仅可解决机器人安装与维修时的谐波减速器及传动部件分离问题，且在装拆时无需进行任何调整；故可提高 B、T 轴的传动精度和运动速度、延长使用寿命、减少机械零部件数量；其结构简洁、生产制造方便、装配维修容易。

采用单元型谐波减速器的前驱手腕传动系统参考结构如图 3.4.1 所示，传动系统由 B 轴减速摆动、T 轴中间传动、T 轴减速输出 3 个可整体安装、专业化生产的独立组件组成。其中，B、T 轴驱动电机安装在上臂内腔；手腕摆动体安装在 U 形叉内侧；B 轴减速摆动组件、T 轴中间传动组件分别安装与上臂前端 U 形叉两侧；T 轴减速输出组件安装在摆动体前端，作业工具安装在与减速器输出轴连接的工具安装法兰上。3 个传动组件的参考结构和功能分别如下。

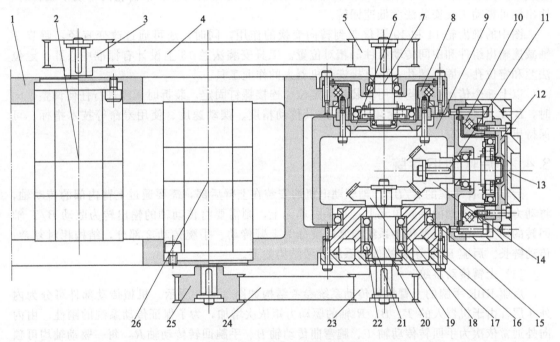

图 3.4.1　前驱手腕传动系统

1—上臂；2,26—驱动电机；3,5,23,25—同步带轮；4,24—同步带；6,12—输出轴；7,11—输入轴；
8,10—CRB 轴承；9—摆动体；13—工具安装法兰；14,19—锥齿轮；15,18,22—轴承；
16—支承座；17—密封端盖；20—中间传动轴；21—隔套

(2) B 轴减速摆动组件

B 轴减速摆动组件由 B 轴谐波减速器、摆动体 9 及连接件组成。单元型谐波减速器的刚轮、柔轮、谐波发生器、输入轴、输出轴、支承轴承是一个可整体安装的独立单元，其输入轴上加工有键槽和中心螺孔，可直接安装同步带轮或齿轮；输出轴上加工有定位法兰，可直接连接负载；壳体和输出轴间采用了可同时承受径向和轴向载荷的交叉滚子轴承（cross roller bearing，简称 CRB）支承。因此，只需要在减速器输入轴 7 上安装同步带轮 5，将壳体固定到上臂 U 形叉上，并使输出轴 6 与摆动体 9 连接便可完成安装。

摆动体 9 的另一侧，利用安装在 T 轴中间传动组件上的轴承 15，进行径向定位、轴向浮动辅助支承。B 轴驱动电机 2 和减速器输入轴 7 通过同步带 4 连接，驱动电机旋转时将带动减速器输入轴旋转，减速器输出轴 6 可带动摆动体实现低速回转。

（3）T 轴中间传动组件

T 轴中间传动组件由摆动体辅助支承轴承 15、支承座 16、密封端盖 17、锥齿轮 19、中间传动轴 20、同步带轮 23 及中间传动轴支承轴承、隔套、锁紧螺母等组成，它用来连接 T 轴驱动电机和 T 轴减速输出组件，并对摆动体进行辅助支承。

中间传动轴 20 的一端通过同步带轮 23、同步带 24 和驱动电机输出轴连接，另一端通过锥齿轮 19 与 T 轴谐波减速器输入锥齿轮 14 啮合、变换转向。中间传动轴的支承轴承采用的是 DB（背对背）组合的角接触球轴承，可同时承受径向和轴向载荷，并避免热变形引起的轴向过盈。

（4）T 轴减速输出组件

T 轴减速输出组件固定在摆动体前端，减速器输入轴 11 上安装锥齿轮 14，输出轴 12 连接工具安装法兰 13，壳体固定在摆动体前端。当减速器输入轴在锥齿轮的带动下旋转时，输出轴可带动工具安装法兰低速回转。

图中的锥齿轮 14 和 19 不仅起到转向变换的作用，同时，还可通过改变直径，调节 T 轴减速输出组件和中间传动组件的相对位置。工具安装法兰 13 上设计有标准中心孔、定位法兰和定位孔、固定螺孔，可直接安装机器人的作业工具。

以上 3 个传动组件均利用安装法兰定位、连接螺钉固定，装拆时无需进行任何调整；同时，B/T 轴谐波减速器也无须分解，故其传动精度、摆动速度、使用寿命等技术指标，可保持出厂指标不变。

3.4.2 后驱 RBR 手腕

后驱 RBR 手腕的 $R/B/T$ 轴驱动电机均安装在上臂后部，需要通过上臂内部的传动轴，将动力传递至前端的手腕单元上；在手腕单元上，则需要将传动轴的输出转为驱动 B/T 轴回转的动力，故其机械传动系统通常需要分为上臂传动、手腕传动 2 部分，结构相对复杂、传动链长。后驱 RBR 手腕的传动系统参考结构如下。

（1）上臂传动系统

后驱 RBR 手腕的上臂机械传动系统参考结构如图 3.4.2 所示。机械传动部件可分为内外 4 层，由于机器人的 T、B、R 轴的驱动力矩依次增加，为了保证传动系统的刚性，由内向外通常依次为手回转传动轴 T、腕弯曲传动轴 B、手腕回转传动轴 R，每一驱动轴均可独立回转，最外侧为固定的上臂体。

上臂 5 的后端是 R、B、T 轴驱动电机、传动轴的连接部件及后支承部件。为方便驱动电机的安装，R、B、T 轴驱动电机和传动轴间一般采用同步带连接；当然，如结构允许，也可采用齿轮传动，而内层的 T 轴还可和电机输出轴直连。

上臂 5 的内腔由内向外，依次布置有 T 轴 8、B 轴 7、R 轴 6。其中，T 轴 8 一般为实心轴，它需要穿越上臂、R 轴减速器及后述的手腕单元，与手腕单元最前端的锥齿轮连接。B 轴 7、R 轴 6 为中空轴，R 轴内侧套 B 轴，B 轴内侧套 T 轴。

R 轴 6 通过前端花键套 10 与安装在上臂前法兰的 R 轴减速器输入轴连接，其前后支承轴承分别安装在轴后端及前端中空花键套 10 上，花键套 10 和 R 轴 6 之间利用安装法兰和螺钉固定。为了简化结构，在部分机器人上，减速器输入轴和 R 轴间也可使用带键轴套等方法进行连接。

B 轴 7 的前端连接有一段花键轴 9，花键轴 9 用来连接 B 轴 7 和后述手腕单元上的 B

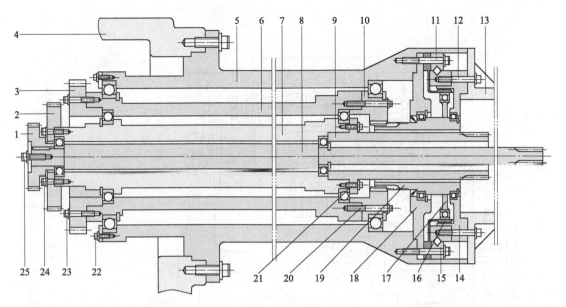

图 3.4.2　上臂传动系统

1—T 轴同步带轮；2—B 轴同步带轮；3—R 轴同步带轮；4—上臂摆动体；5—上臂；6—R 轴；7—B 轴；
8—T 轴；9—花键轴；10—R 轴花键套；11,12,20～25—螺钉；13—手腕体；14—刚轮；
15—CRB 轴承；16—柔轮；17—谐波发生器；18—端盖；19—输入轴

轴。花键轴 9 和 B 轴 7 之间，通过安装法兰和螺钉连成一体；轴外侧安装前后支承轴承。

T 轴 8 直接穿越 B 轴及后述的手腕单元，与最前端的 T 轴锥齿轮连接。T 轴的前后支承轴承分别布置于 B 轴 7 的前后内腔。

（2）手腕传动系统

后驱机器人的手腕单元组成一般由 B/T 传动轴、B 轴减速摆动、T 轴中间传动、T 轴减速输出 4 个组件及连接体、摆动体等安装部件组成。手腕单元同样可使用部件型谐波减速器或单元型谐波减速器减速，两种结构的 B、T 轴传动系统分别介绍如下。

1）采用单元型减速器

采用轴输入单元型谐波减速器的后驱手腕单元传动系统参考结构如图 3.4.3 所示，B、T 轴传动系统是一个由 B/T 传动轴、B 轴减速摆动、T 轴中间传动、T 轴减速输出 4 个组件，以及连接体、摆动体等安装部件组成的完整单元，单元组件的结构和功能分别如下。

① B/T 传动轴组件　B/T 传动轴组件是连接 B/T 输入轴和摆动体、变换转向的部件，它安装在连接体内腔。组件采用了中空内外套结构，它通过外套 2 的前端外圆和后端法兰定位，可整体从连接体后端取出；此外，如无内套，连接体前端锥齿轮的安装、加工、调整将会非常麻烦。

B 传动轴由连接套 3、内套 4、锥齿轮 7 及连接件组成，它利用前后支承轴承和外套内孔配合；轴承一般采用 1 对 DB 组合的角接触球轴承，以承受径向和轴向载荷、避免热变形引起的轴向过盈。连接套 3 用来连接 B 输入轴 5，以驱动 B 轴锥齿轮 7 旋转；锥齿轮 7 和内套 4 利用键、锁紧螺母连为一体，前轴承安装在锥齿轮上。

T 输入轴 6 来自上臂，其前端安装有锥齿轮 8 和支承轴承，轴承由内套孔进行径向定位、轴向浮动支承；锥齿轮利用键和中心螺钉固定在 T 输入轴上。

② B 轴减速摆动组件　B 轴减速摆动组件是一个可摆动的 U 形箱体，出于安装的需要，箱体的辅助臂 13 和摆动体 26 间用螺钉连接；辅助臂和连接体间安装有轴承 14，作为

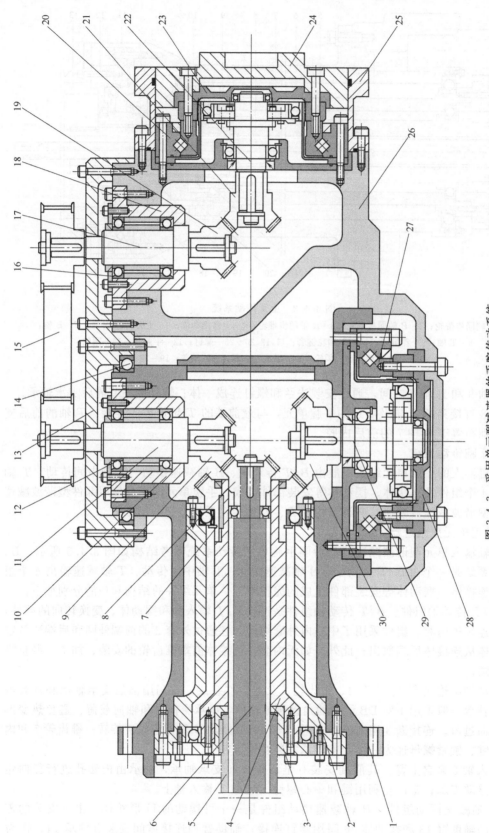

图 3.4.3 采用单元型减速器的手腕传动系统

1—连接体；2—外套；3—连接套；4—内套；5—*B* 输入轴；6—*T* 输入轴；7～9,19,21,30—锥齿轮；10,18—支承座；11,17—轴；12,14,16—轴承；13—辅助臂；15—同步带；20,27—减速器；22,29—输入轴；23,28—输出轴；24—工具安装法兰；25—防护罩；26—摆动体

B 轴的辅助支承。B 轴减速同样采用了 SHG-2UJ 系列轴输入单元型谐波减速器,其输入轴 29 上安装齿轮 30;输出轴 28 连接摆动体 26;壳体固定在连接体 1 上。当 B 输入轴 5 旋转时,利用锥齿轮 7 和 30,可带动减速器输入轴旋转,减速器的输出轴可直接驱动 U 形箱体摆动。

③ T 轴中间传动组件 T 轴中间传动组件由 2 组同步带连接、结构相同的过渡轴部件组成,其作用是将 T 输入轴的动力传递到 T 轴减速器上。第 1 组过渡轴部件固定在连接体上,其锥齿轮 9 和 B/T 传动轴组件上的 T 轴锥齿轮 8 啮合,将 T 轴动力从连接体 1 上引出;第 2 组过渡轴部件安装在摆动体 26 上,其锥齿轮 19 和 T 轴谐波减速器输入轴上的锥齿轮 21 啮合,将 T 轴动力引入到摆动体箱体内,带动 T 轴减速器输入轴回转。

过渡轴部件由支承座 10(18)、轴 11(17)、支承轴承 12(16)及连接件组成,其结构与前驱手腕类似。支承座加工有定位法兰,可直接安装到连接体或摆动体上;轴安装在支承座内,通过 1 对 DB 组合、可同时承受轴向和径向载荷的角接触球轴承支承;轴内侧安装锥齿轮,外侧安装同步带轮,锥齿轮和同步带轮均通过键和中心螺钉固定。

④ T 轴减速输出组件 T 轴减速输出组件固定在摆动体前端,用来实现 T 轴回转减速和安装作业工具。T 轴减速同样采用了轴输入单元型谐波减速器,输入轴 22 上安装锥齿轮 21,输出轴 23 连接工具安装法兰 24,壳体固定在摆动体上,外部用防护罩 25 密封与保护。工具安装法兰 24 上设计有标准的中心孔、定位法兰和定位孔、固定螺孔,可直接安装机器人的作业工具;当减速器输入轴在锥齿轮带动下旋转时,输出轴可直接驱动工具安装法兰及作业工具实现 T 轴回转。

以上 4 个标准化组件同样都利用安装法兰定位、连接螺钉固定,装拆时无需进行任何调整;同时,B/T 轴谐波减速器也无需分解,故传动精度、摆动速度、使用寿命等技术指标,可完全保持出厂指标不变。

2)采用部件型减速器

采用传统部件型谐波减速器的后驱手腕单元传动系统参考结构如图 3.4.4 所示,手腕组成,部件与采用单元型谐波减速器的手腕基本类似,但在减速部件 17、19 中,减速器生产厂家只提供谐波发生器 22、柔轮 23 和刚轮 24;其他的安装连接件,如端盖、输入轴、柔轮压紧圈、CRB 输出轴承等,均需要机器人生产厂家自行设计和制作。有关部件型谐波减速器的结构原理可参见第 4 章。

采用部件型谐波减速器的手腕安装与维修较为复杂。手腕单元维修时,应先取下前端盖 13,松开 T 轴 7 上的锥齿轮固定螺钉,将 T 轴和手腕单元分离;然后,取下连接体 4 和上臂中 R 轴减速器连接的螺钉,将整个手腕单元从机器人上取下。

手腕单元取下后,可松开连接体 4 后端的内套 5 固定螺钉,将内套连同前端的锥齿轮,整体从连接体 4 中取出;接着,可依次分离 B/T 轴传动组件上的花键套 2、锥齿轮、前后支承轴承和 B 轴连接杆 6,进行部件的维修或更换。

手腕单元的 T 轴回转减速部件需要维修时,可直接将整个组件从摆动体 18 上整体取下,然后,按图依次分离传动部件、进行部件的维修或更换。

手腕单元的 B 轴摆动减速组件需要维修时,首先应将摆动体 18 从连接体 4 上取下。在连接体 4 的左侧,应先取下 T 轴中间传动组件的同步带 12 和带轮 11、15;然后,取下固定螺钉 16、取出辅助臂 9,分离连接体 4 和摆动体 18 的左侧连接。左侧连接分离后,如果需要,便可分别将 T 轴中间传动轴从连接体 4、摆动体 18 上取下,进行相关部件的维修或更换。

在辅助臂 9 取出、左侧连接分离后,便可取下连接体 4 右侧的摆动体 18 和 B 轴减速器

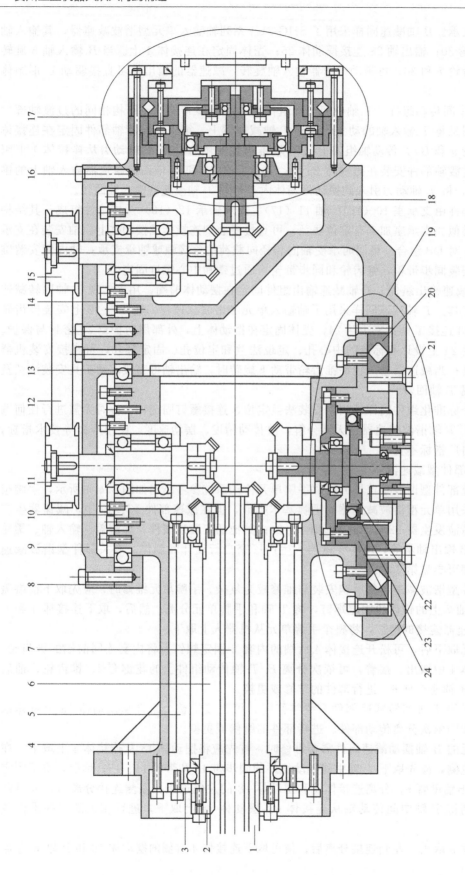

图 3.4.4 采用部件型减速器的手腕单元传动系统

1—B 花键轴；2—花键套；3—压圈；4—连接体；5—内套；6—B 轴连接杆；7—T 轴；8—压板；9—辅助臂；10,14—支承座；11,15—同步带轮；12—同步带；13—端盖；16,21—螺钉；17—手回转减速部件；18—摆动减速部件；19—腕摆动减速部件；20—CRB 轴承；22—谐波发生器；23—柔轮；24—刚轮输出轴的连接螺钉 21,分离连接体 4 和摆动体 18 的连接。这样,便可将摆动体 18 以及安装在摆动体上的 T 轴中间传动组件、T 轴减速输出组件等,整体从手腕单元上取下;然后,再根据需要,进行相关部件的维修或更换。

当摆动体 18 从连接体 4 上取下后,如果需要,就可按图依次分离 B 轴谐波减速器及安装连接件,进行谐波减速器的维修。

手腕单元的安装过程与上述相反。

3.4.3 后驱 RR 与 3R 手腕

(1) RR 手腕传动系统

RR 手腕通常由 2 个中心线相互垂直的回转轴组成,其传动系统的参考结构如图 3.4.5 所示。由于驱动 T 轴的传动轴需要穿越 R 轴的减速机构,因此,R 轴的谐波减速器必须采用中空结构。

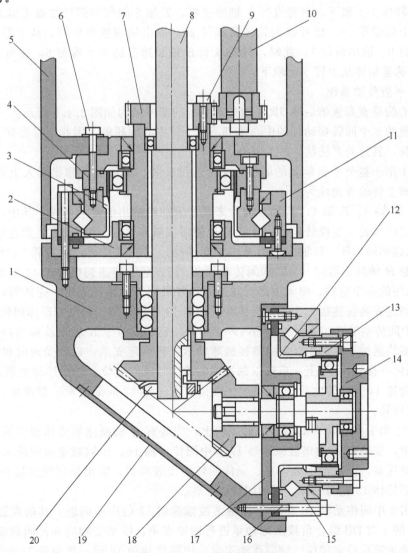

图 3.4.5 RR 手腕传动系统

1—回转体;2,17—壳体;3,12—柔轮;4,13—输出轴(刚轮);5—上臂;6,9,16—螺钉;7—齿轮;
8—T 轴;10—R 轴;11,15—CRB 轴承;14—安装法兰;18—锥齿轮;19—盖板;20—螺母

图中的 R 轴中空轴单元型谐波减速器采用了输出轴（刚轮）4 固定、壳体 2 回转的安装方式，谐波发生器的输入通过直齿轮 7 及上臂内的 R 轴 10 驱动；由于减速器输出轴（刚轮）被固定，当谐波发生器旋转时，柔轮 3 将带动壳体 2、回转体 1 减速回转。R 轴 10 采用的是偏心布置的实心轴，如果需要，也可采用和 T 轴 8 同轴布置的空心轴结构。

T 轴安装在回转体 1 上，T 轴谐波减速器采用的是轴输入单元型谐波减速器（如 Harmonic Drive System SHG-2UJ 系列等），且其输出轴（刚轮）13 上直接加工有工具安装法兰。T 轴减速器采用的是壳体 17 固定、输出轴回转的安装方式。谐波发生器的输入来自锥齿轮 18，锥齿轮 18 由来自上臂、穿越 R 轴减速器的 T 轴 8 驱动；当谐波发生器旋转时，输出轴（刚轮）13 将带动末端执行器安装法兰 14 减速回转。为了提高支承刚性，T 轴 8 的前端采用 1 对 DB 组合、可同时承受轴向和径向载荷的角接触球轴承进行固定支承，在 R 轴谐波减速器中空内孔上，安装了轴向浮动的径向辅助支承轴承。

手腕的 T 轴单元型谐波减速器，可在松开减速器壳体安装螺钉 16 后，连同输入锥齿轮 18 直接从回转体 1 上取下。需要进行 R 轴减速器、T 轴 8 的传动部件维修更换时，应先取下回转体 1 上的端盖 19，松开锥齿轮锁紧螺母 20、取出轴端锥齿轮后，从上臂 5 的内侧，取下安装螺钉 9、取出齿轮 7；此时，只要取下 B 轴减速器的安装螺钉 6，便可将回转体 1 连同 R 轴减速器整体从上臂 5 上取下。

(2) 3R 手腕传动系统

B 轴中心线垂直布置的后驱 3R 手腕传动系统的参考结构如图 3.4.6 所示。

由于手腕的 3 个回转摆动轴的中心线都不与上臂中心线同轴，因此，需要有 3 组锥齿轮进行转向变换，其传动系统结构较为复杂。

连接体 1 用于整个手腕单元的装拆，它可通过安装、定位法兰和机器人上臂的外壳连接，使手腕和上臂的外壳成为一体。

内套 2、R 轴 3、B 轴 4、T 轴 5 均为来自上臂前端输出的传动部件。其中，R 轴为实心轴，它通过锥齿轮 6 变换转向后，直接与 R 轴谐波减速器 11 的谐波发生器连接，以驱动摆动体 13 减速回转。B、T 轴采用的是内外套结构，它们需要通过锥齿轮 7、8 变换转向后，利用穿越 R 轴减速器的 B、T 中间传动轴 9、10，继续传递到摆动体 13 的前端。R 轴减速器 11 采用的是中空轴、单元型谐波减速器，并采用了输出轴固定、壳体回转的安装形式，输出轴固定安装在连接体 1 上，壳体与摆动体 13 连为一体、可随摆动体回转。

B、T 中间传动轴 9、10 同样采用内外套结构，它们安装于 R 轴谐波减速器 11 的中空内腔，其前端均通过 1 对 DB 组合的角接触球轴承进行固定支承，以承受轴向和径向载荷，支承座 12 固定在摆动体 13 上；后端以深沟球轴承进行径向定位、轴向浮动支承。其中，B 轴在通过锥齿轮 14 变换转向后，直接与 B 轴谐波减速器 17 的谐波发生器连接，以驱动回转体 18 减速回转。

摆动体 13 为 L 形箱体，其后端的输入侧上，安装有 R 轴减速器壳体和中间轴支承座；前端输出侧上，安装有 B 轴谐波减速器 17 和中间传动轴 16。B 轴减速器同样采用中空轴、单元型谐波减速器，以及输出轴固定、壳体回转的安装形式，输出轴固定安装在摆动体 13 上，壳体与回转体 18 连为一体、可随回转体回转。

T 轴的第 2 中间传动轴 16 安装于 B 轴谐波减速器 17 的中空内腔，其前端通过安装在回转体 18 上的 1 对 DB 组合角接触球轴承进行固定支承，以承受轴向和径向载荷；后端以一只深沟球轴承进行径向定位、轴向浮动支承。中间传动轴 16 通过锥齿轮 19 变换转向后，与 T 轴谐波减速器 20 的输入轴连接，以驱动工具安装法兰 21 减速回转。

回转体 18 同样为 L 形箱体，其输入侧（后端）安装有 B 轴减速器壳体和 T 中间传动轴

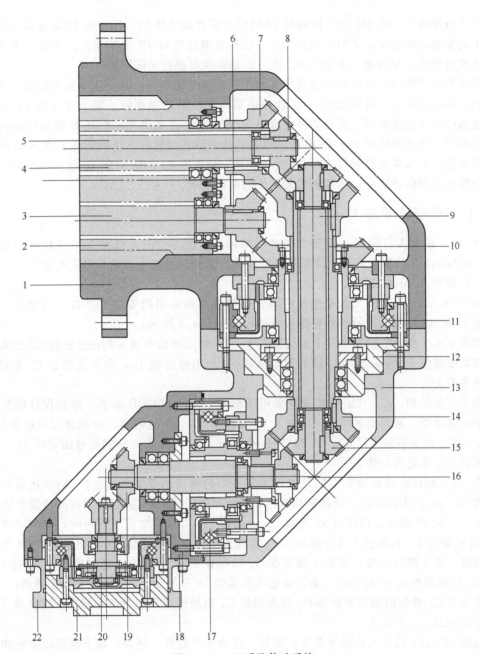

图 3.4.6 3R 手腕传动系统
1—连接体；2—内套；3—R 轴；4—B 轴；5—T 轴；6～8,14,15,19—锥齿轮；
9,10,16—中间传动轴；11,17—中空轴谐波减速器；12—支承座；13—摆动体；
18—回转体；20—T 轴谐波减速器；21—工具安装法兰；22—防护罩

16 的支承座；输出侧（前端）安装有 T 轴谐波减速器 20 以及工具安装法兰 21、防护罩 22 等工具安装及防护部件。

T 轴谐波减速器 20 采用的是轴输入、单元型谐波减速器（如 Harmonic Drive System SHG-2UJ 系列等）和壳体固定、输出轴回转的安装形式，壳体固定安装在回转体 18 上，输出轴与工具安装法兰 21 连为一体，以驱动工具实现 T 轴回转。防护罩 22 用于 T 轴谐波减速器和工具安装法兰的密封与防护。

以上连接体 1、摆动体 13、回转体 18 的结合面及摆动体 13、回转体 18 调整窗口的防护盖板上均安装有密封件，使整个组件为一个结构紧凑的密封 3R 手腕单元。此外，由于手腕内部无线缆管线，如需要，手腕的 R、B、T 轴本身可进行无限回转。

手腕单元维修时，可在松开连接体 1 和上臂的连接螺钉后，将手腕单元和机器人上臂整体分离；在此基础上，可依次松开 R 轴减速器的输出轴连接螺钉、取下连接体 1；松开 R 轴减速器的壳体连接螺钉、从摆动体上取下 R 轴减速器及支承座；松开 B 轴减速器的输出轴连接螺钉、取下回转体 18；松开 B 轴减速器的壳体连接螺钉、从回转体上取下 B 轴减速器及支承座。T 轴谐波减速器 20 可在松开工具安装法兰 21 和防护罩 22 的连接螺钉、取下工具安装法兰和防护罩后，直接从回转体 1 的前端取出。

3.4.4　SCARA 机器人

SCARA 机器人有前驱、后驱 2 种基本结构。前驱 SCARA 机器人采用执行器升降结构，后驱 SCARA 机器人采用手臂整体升降结构，其传动系统参考结构分别介绍如下。

(1) 前驱 SCARA 机器人

前驱 SCARA 机器人大多采用执行器升降结构，驱动电机安装于摆臂关节部位，双摆臂、前驱 SCARA 机器人的传动系统参考结构如图 3.4.7 所示。

在图 3.4.7 所示的前驱 SCARA 机器人上，C_1 轴的驱动电机 4 利用过渡板 3，倒置安装在减速器安装板 29 的下方；C_2 轴的驱动电机 18 利用过渡板 16，垂直安装在 C_1 轴摆臂 7 的前端关节上方。

为了简化结构，C_1、C_2 轴减速均采用了刚轮、柔轮和 CRB 轴承一体化设计的简易单元型谐波减速器，减速器的刚轮 9、23 及 CRB 轴承 12、24 的内圈，分别通过连接螺钉 20、5 连为一体；减速器的柔轮 10、25 和 CRB 轴承 12、24 的外圈，分别通过固定环 14、22 及连接螺钉 21、6 连为一体。

C_1、C_2 轴谐波减速器采用的是刚轮固定、柔轮输出的安装形式。C_1 轴减速器的谐波发生器 26，通过固定板 28、键和驱动电机 4 的输出轴连接；刚轮 23 固定在减速器安装板 29 的上方；柔轮 25 通过连接螺钉 30 连接 C_1 轴摆臂 7；当驱动电机 4 旋转时，谐波减速器的柔轮 25 可驱动 C_1 轴摆臂 7 低速摆动。C_2 轴减速器的谐波发生器 11 和驱动电机 18 的输出轴间用键、支头螺钉连接；刚轮 9 固定在 C_1 轴摆臂 7 上；柔轮 10 通过螺钉 13 连接 C_2 轴摆臂 8；当驱动电机 18 旋转时，谐波减速器的柔轮 10 可驱动 C_2 轴摆臂 8 低速摆动。

如果在 C_2 臂的前端再安装与 C_2 轴类似的 C_3 轴减速器和相关传动零件，这就成了 3 摆臂的前驱 SCARA 机器人。

前驱 SCARA 机器人的结构简单，安装、维修非常容易。例如，取下减速器柔轮和摆臂的固定螺钉 13、30，就可将 C_2 轴摆臂 8、C_1 轴摆臂 7 连同前端部件整体取下；取下安装螺钉 19、2，就可将驱动电机 18、4，连同过渡板 16、3 及谐波发生器 11、26，整体从摆臂、基座上取下。如果需要，还可按图继续分离谐波减速器的刚轮、柔轮和 CRB 轴承。机器人传动部件的安装，可按上述相反的步骤依次进行。

(2) 后驱 SCARA 机器人

后驱 SCARA 机器人的全部驱动电机均安装在基座上，其摆臂结构非常紧凑，为了缩小摆臂体积和厚度，它一般采用同步带传动，并使用刚轮和 CRB 轴承内圈一体式设计的超薄型减速器减速。

双摆臂后驱 SCARA 机器人的传动系统参考结构如图 3.4.8 所示，其 C_1、C_2 轴的驱动电机 29、23 均安装在机身 21 的内腔。

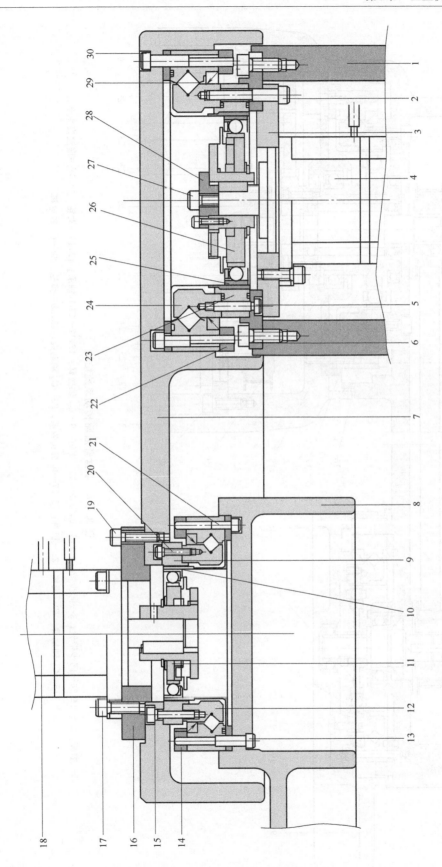

图 3.4.7 前驱 SCARA 传动系统结构

1—机身；2,5,6,13,15,17,19~21,27,30—螺钉；3,16—过渡板；4,18—驱动电机；7—C_1 轴摆臂；8—C_2 轴摆臂；
9,23—谐波减速器刚轮；10,25—谐波减速器柔轮；11,26—谐波发生器；12,24—CRB 轴承；
14,22—固定环；28—固定板；29—减速器安装板

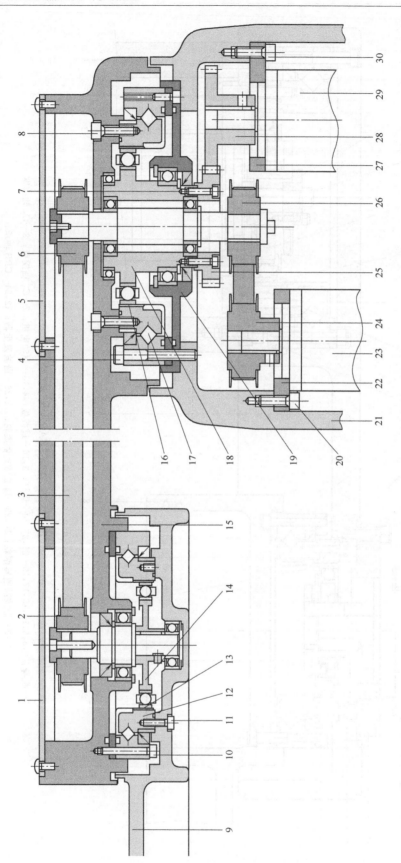

图 3.4.8 双摆臂后驱传动系统结构

1,5—盖板; 2,6,24,26—同步带轮; 3—同步带; 4,7,8,10,11,20,30—螺钉; 9—C_2 轴摆臂; 12,17—CRB 轴承; 13,16—柔轮; 14,18—谐波发生器; 15—C_1 轴摆臂; 19—壳体; 21—机身; 22,27—电机安装板; 23—C_2 轴电机; 25,28—齿轮; 29—C_1 轴电机

为了布置 C_2 轴传动系统，C_1 轴谐波减速器采用的是中空轴、单元型谐波减速器（如 Harmonic Drive System SHG-2UH 系列等），减速器的谐波发生器输入轴和驱动电机 29 间通过齿轮 25、28 传动；减速器的中空内腔上，安装有 C_2 轴的中间传动轴。谐波减速器采用的是壳体（柔轮）固定、输出轴（刚轮）回转的安装方式，壳体固定在机身 21 上；当谐波发生器 18 在驱动电机 29、齿轮 28、25 带动下旋转时，输出轴将带动 C_1 轴摆臂 15 减速摆动。

C_2 轴谐波减速器采用的是刚轮、柔轮和 CRB 轴承一体化设计的简易单元型谐波减速器（如 Harmonic Drive System SHG-2SO 系列等），减速器输入与 C_2 轴驱动电机 23 间采用了 2 级同步带传动。减速器的谐波发生器 14 通过输入轴上的同步带轮 2、同步带 3，与中间传动轴输出侧的同步带轮 6 连接；中间传动轴的输入侧，通过同步带轮 26 及同步带与 C_2 轴驱动电机 23 输出轴上的同步带轮 24 连接。

C_2 轴谐波减速器同样采用壳体（柔轮）固定、输出轴（刚轮）回转的安装方式，壳体固定在 C_1 轴摆臂 15 上；当谐波发生器 14 在同步带传动系统带动下旋转时，输出轴将带动 C_2 轴摆臂 9 减速摆动。

图 3.4.8 所示的后驱 SCARA 机器人维修时，可先取下 C_1 轴摆臂上方的盖板 1、5，松开同步带轮 2、6 上的轴端螺钉，取下同步带带轮后，便可逐一分离 C_1 轴和 C_2 轴传动部件，进行维护、更换和维修。例如，取下连接螺钉 8，C_1 轴摆臂 15 连同前端 C_2 轴传动部件就可整体与机身 21 分离；取下连接螺钉 11，则可将 C_2 轴摆臂 9 连同前端部件，从 C_2 轴减速器的输出轴上取下，将其与 C_1 轴摆臂 15 分离。

在机身 21 的内侧，取下 C_1 轴驱动电机安装板的固定螺钉 30，便可将驱动电机连同安装板 27、齿轮 28，从机身 21 内取出。松开同步带轮 26 的轴端固定螺钉后，如取下 C_2 轴驱动电机安装板 22 的固定螺钉 20，便可将驱动电机 23 连同安装板 22、同步带轮 24，从机身内取出。

如果需要，还可按图继续取下谐波减速器、中间传动轴等部件。机器人传动部件的安装，可按上述相反的步骤依次进行。

第4章

谐波减速器及维护

4.1 变速原理与产品

4.1.1 谐波齿轮变速原理

(1) 基本结构

谐波减速器是谐波齿轮传动装置（harmonic gear drive）的俗称。谐波齿轮传动装置实际上既可用于减速、也可用于升速，但由于其传动比很大（通常为 30～320），因此，在工业机器人、数控机床等机电产品上应用时，多用于减速，故习惯上称谐波减速器。

谐波齿轮传动装置是美国发明家 C. W. Musser（马瑟，1909—1998）在 1955 年发明的一种特殊齿轮传动装置，最初称变形波发生器（strain wave gearing）；1960 年，美国 United Shoe Machinery 公司（USM）率先研制出样机；1964 年，日本的长谷川齿轮株式会社（Hasegawa Gear Works, Ltd.）和 USM 合作成立了 Harmonic Drive（哈默纳科，现名 Harmonic Drive System Co., Ltd.）公司，开始对其进行产业化研究和生产，并将产品定名为谐波齿轮传动装置（harmonic gear drive）。因此，Harmonic Drive System（哈默纳科）既是全球最早研发生产谐波减速器的企业，也是目前全球最大、最著名的谐波减速器生产企业，世界著名的工业机器人几乎都使用 Harmonic Drive System 的谐波减速器。

谐波减速器的基本结构如图 4.1.1 所示。减速器主要由刚轮（circular spline）、柔轮（flex spline）、谐波发生器（wave generator）3 个基本部件构成。刚轮、柔轮、谐波发生器可任意固定其中 1 个，其余 2 个部件一个连接输入（主动），另一个即可作为输出（从动），以实现减速或增速。

① 刚轮 刚轮（circular spline）是一个加工有连接孔的刚性内齿圈，其齿数比柔轮略多（一般多 2 或 4 齿）。刚轮通常用于减速器安装和固定，在超薄型或微型减速器上，刚轮一般与交叉滚子轴承（cross roller bearing，简称 CRB）设计成一体，构成减速器单元。

② 柔轮 柔轮（flex spline）是一个可产生较大变形的薄壁金属弹性体，弹性体与刚轮啮合的部位为薄壁外齿圈，它通常用来连接输出轴。柔轮有水杯、礼帽、薄饼等形状。

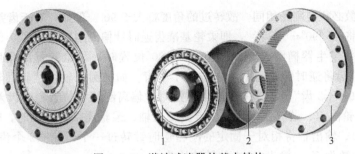

图 4.1.1 谐波减速器的基本结构

1—谐波发生器；2—柔轮；3—刚轮

③ 谐波发生器 谐波发生器（wave generator）又称波发生器，其内侧是一个椭圆形的凸轮，凸轮外圆套有一个能弹性变形的柔性滚动轴承（flexible rolling bearing），轴承外圈与柔轮外齿圈的内侧接触。凸轮装入轴承内圈后，轴承、柔轮均将变成椭圆形，并使椭圆长轴附近的柔轮齿与刚轮齿完全啮合，短轴附近的柔轮齿与刚轮齿完全脱开。凸轮通常与输入轴连接，它旋转时可使柔轮齿与刚轮齿的啮合位置不断改变。

(2) 变速原理

谐波减速器的变速原理如图 4.1.2 所示。

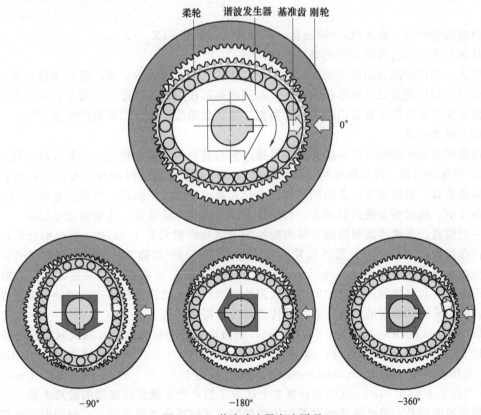

图 4.1.2 谐波减速器变速原理

假设减速器的刚轮固定、谐波发生器凸轮连接输入轴、柔轮连接输出轴；图 4.1.2 所示的、谐波发生器椭圆凸轮长轴位于 0°的位置为起始位置。当谐波发生器顺时针旋转时，由于柔轮的齿形和刚轮相同、但齿数少于刚轮（如 2 齿），因此，当椭圆长轴到达刚轮−90°位置时，柔轮所转过的齿数必须与刚轮相同,故转过的角度将大于90°。例如,对于齿差为2的减速器,柔轮转过的角度将为"90°+0.5齿",即柔轮基准齿逆时针偏离刚轮0°位置0.5个齿。

进而,当谐波发生器椭圆长轴到达刚轮−180°位置时,柔轮转过的角度将为"90°+1齿",即柔轮基准齿将逆时针偏离刚轮0°位置1个齿。如椭圆长轴绕刚轮回转一周,柔轮转过的角度将为"90°+2齿",柔轮的基准齿将逆时针偏离刚轮0°位置一个齿差(2个齿)。

因此,当刚轮固定、谐波发生器凸轮连接输入轴、柔轮连接输出轴时,输入轴顺时针旋转1转(−360°),输出轴将相对于固定的刚轮逆时针转过一个齿差(2个齿)。假设柔轮齿数为Z_f、刚轮齿数为Z_c,输出/输入的转速比为:

$$i_1 = \frac{Z_c - Z_f}{Z_f}$$

对应的传动比(输入/输出转速比,即减速比)为$Z_f/(Z_c - Z_f)$。

同样,如谐波减速器柔轮固定、刚轮旋转,当输入轴顺时针旋转1转(−360°)时,将使刚轮的基准齿顺时针偏离柔轮一个齿差,其偏移的角度为:

$$\theta = \frac{Z_c - Z_f}{Z_c} \times 360°$$

其输出/输入的转速比为:

$$i_2 = \frac{Z_c - Z_f}{Z_c}$$

对应的传动比(输入/输出转速比,即减速比)为$Z_c/(Z_c - Z_f)$。

这就是谐波齿轮传动装置的减速原理。

反之,如谐波减速器的刚轮固定、柔轮连接输入轴、谐波发生器凸轮连接输出轴,则柔轮旋转时,将迫使谐波发生器快速回转,起到增速的作用;减速器柔轮固定、刚轮连接输入轴、谐波发生器凸轮连接输出轴的情况类似。这就是谐波齿轮传动装置的增速原理。

(3) 技术特点

由谐波齿轮传动装置的结构和原理可见,它与其他传动装置相比,主要有以下特点。

① 承载能力强、传动精度高。齿轮传动装置的承载能力、传动精度与其同时啮合的齿数(重叠系数)密切相关,多齿同时啮合可起到减小单位面积载荷、均化误差的作用,故在同等条件下,同时啮合的齿数越多,传动装置的承载能力就越强、传动精度就越高。

一般而言,普通直齿圆柱渐开线齿轮的同时啮合齿数只有1~2对、同时啮合的齿数通常只占总齿数的2%~7%。谐波齿轮传动装置有两个180°对称方向的部位同时啮合,其同时啮合齿数远多于齿轮传动,故其承载能力强,齿距误差和累积齿距误差可得到较好的均化。因此,它与部件制造精度相同的普通齿轮传动相比,谐波齿轮传动装置的传动误差大致只有普通齿轮传动装置的1/4左右,即传动精度可提高4倍。

以 Harmonic Drive System(哈默纳科)谐波齿轮传动装置为例,其同时啮合的齿数最大可达30%以上,最大转矩(peak torque)可达4470N·m,最高输入转速可达14000r/min;角传动精度(angle transmission accuracy)可达1.5×10^{-4}rad,滞后误差(hysteresis loss)可达2.9×10^{-4}rad。这些指标基本上代表了当今世界谐波减速器的最高水准。

需要说明的是,虽然谐波减速器的传动精度比其他减速器要高很多,但目前它还只能达到弧分级(arc min,$1' \approx 2.9 \times 10^{-4}$rad),它与数控机床回转轴所要求的弧秒级(arc sec,$1'' \approx 4.85 \times 10^{-6}$rad)定位精度比较,仍存在很大差距,这也是目前工业机器人的定位精度普遍低于数控机床的主要原因之一。因此,谐波减速器一般不能直接用于数控机床的回转轴驱动和定位。

② 传动比大、传动效率较高。在传统的单级传动装置上：普通齿轮传动的推荐传动比一般为 8~10，传动效率为 0.9~0.98；行星齿轮传动的推荐传动比 2.8~12.5，齿差为 1 的行星齿轮传动效率为 0.85~0.9；蜗轮蜗杆传动装置的推荐传动比为 8~80，传动效率为 0.4~0.95；摆线针轮传动的推荐传动比 11~87，传动效率为 0.9~0.95。而谐波齿轮传动的推荐传动比为 50~160、可选择 30~320，正常传动效率为 0.65~0.96（与减速比、负载、温度等有关），高于传动比相似的蜗轮蜗杆减速。

③ 结构简单，体积小，重量轻，使用寿命长。谐波齿轮传动装置只有 3 个基本部件，它与达到同样传动比的普通齿轮减速箱比较，其零件数可减少 50% 左右，体积、重量大约只有 1/3 左右。此外，在传动过程中，由于谐波齿轮传动装置的柔轮齿进行的是均匀径向移动，齿间的相对滑移速度一般只有普通渐开线齿轮传动的 1%；加上同时啮合的齿数多、轮齿单位面积的载荷小、运动无冲击，因此，齿的磨损较小，传动装置使用寿命可长达 7000~10000h。

④ 传动平稳，无冲击、噪声小。谐波齿轮传动装置可通过特殊的齿形设计，使得柔轮和刚轮的啮合、退出过程实现连续渐进、渐出，啮合时的齿面滑移速度小，且无突变，因此，其传动平稳，啮合无冲击，运行噪声小。

⑤ 安装调整方便。谐波齿轮传动装置的只有刚轮、柔轮、谐波发生器三个基本构件，三者为同轴安装。刚轮、柔轮、谐波发生器可按部件提供（称部件型谐波减速器），由用户根据自己的需要，自由选择变速方式和安装方式，并直接在整机装配现场组装，其安装十分灵活、方便。此外，谐波齿轮传动装置的柔轮和刚轮啮合间隙，可通过微量改变谐波发生器的外径调整，甚至可做到无侧隙啮合，因此，其传动间隙通常非常小。

但是，谐波齿轮传动装置需要使用高强度、高弹性的特种材料制作，特别是柔轮、谐波发生器的轴承，它们不但需要在承受较大交变载荷的情况下不断变形，而且，为了减小磨损，材料还必须要有很高的硬度，因而，它对材料的材质、抗疲劳强度及加工精度、热处理的要求均很高，制造工艺较复杂。截至目前，除了 Harmonic Drive System 外，全球能够真正产业化生产谐波减速器的厂家还不多。

(4) 变速比

谐波减速器的输出/输入速比与减速器的安装方式有关，如用正、负号代表转向，并定义谐波传动装置的基本减速比 R 为：

$$R = \frac{Z_f}{Z_c - Z_f}$$

式中 R——谐波减速器基本减速比；

       Z_f——减速器柔轮齿数；

       Z_c——减速器刚轮齿数。

这样，通过不同形式的安装，谐波齿轮传动装置将有表 4.1.1 所示的 6 种不同用途和不同输出/输入速比，速比为负值时，代表输出轴转向和输入轴相反。

表 4.1.1　谐波齿轮传动装置的安装形式与速比

序号	安装形式	安装示意图	用　途	输出/输入速比
1	刚轮固定，谐波发生器输入、柔轮输出	固定 输出　　输入	减速，输入、输出轴转向相反	$-\dfrac{1}{R}$

序号	安装形式	安装示意图	用途	输出/输入速比
2	柔轮固定,谐波发生器输入、刚轮输出		减速,输入、输出轴转向相同	$\dfrac{1}{R+1}$
3	谐波发生器固定,柔轮输入、刚轮输出		减速,输入、输出轴转向相同	$\dfrac{R}{R+1}$
4	谐波发生器固定,刚轮输入、柔轮输出		增速,输入、输出轴转向相同	$\dfrac{R+1}{R}$
5	刚轮固定,柔轮输入、谐波发生器输出		增速,输入、输出轴转向相反	$-R$
6	柔轮固定,刚轮输入、谐波发生器输出		增速,输入、输出轴转向相同	$R+1$

4.1.2 产品与结构

(1) 结构型式与输入连接

① 结构型式 Harmonic Drive System（哈默纳科）谐波减速器的结构型式分为部件型（component type）、单元型（unit type）、简易单元型（simple unit type）、齿轮箱型（gear head type）、微型（mini type 及 supermini type）5 大类；柔轮形状分为水杯形（cup type）、礼帽形（silk hat type）和薄饼形（pancake type）3 大类；减速器轴向长度分为标准型（standard）和超薄型（super flat）2 类；用户可以根据自己的需要选用。其中，部件型、单元型、简易单元型是工业机器人最为常用的谐波减速器产品（见下述）。

我国现行的 GB/T 30819—2014 标准，目前只规定了部件（component）、整机（unit）2 种结构；柔轮形状上也只规定了杯形（cup）和中空礼帽形（hollow）2 种；轴向长度分为标准型（standard）和短筒型（dwarf）2 类。国标中所谓的"整机"结构，实际就是哈默纳科的单元型减速器，所谓"短筒型"就是哈默纳科的超薄型。

② 输入连接　谐波减速器用于大比例减速时，谐波发生器凸轮需要连接输入轴，两者的连接形式有刚性连接和柔性连接2类。

刚性连接的谐波发生器凸轮和输入轴，直接采用图 4.1.3 所示的轴孔、平键或法兰、螺钉等方式连接。刚性连接的减速器输入传动部件结构简单、外形紧凑，并且可做到无间隙传动，但是，它对输入轴和减速器的同轴度要求较高，故多用于薄饼形、超薄型、中空型谐波减速器。

柔性连接的谐波减速器，其谐波发生器凸轮和输入轴间采用图 4.1.4 所示的奥尔德姆联轴器（Oldham's coupling，俗称十字滑块联轴器）连接。联轴器滑块可十字滑动，自动调整输入轴与输出轴的偏心，降低输入轴和输出轴的同轴度要求。但是，由于滑块存在间隙，减速器不能做到无间隙传动。

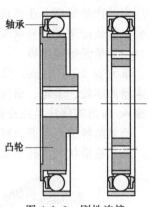

图 4.1.3　刚性连接

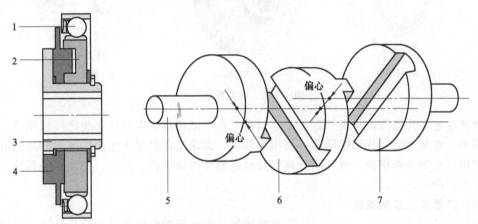

图 4.1.4　柔性连接与联轴器原理
1—轴承；2,7—输出轴（凸轮）；3,5—输入轴（轴套）；4,6—滑块

(2) 部件型减速器

部件型（component type）谐波减速器只提供刚轮、柔轮、谐波发生器 3 个基本部件；用户可根据自己的要求，自由选择变速方式和安装方式。哈默纳科部件型减速器的规格齐全、产品的使用灵活、安装方便、价格低，它是目前工业机器人广泛使用的产品。

根据柔轮形状，部件型谐波减速器又分为图 4.1.5 所示的水杯形（cup type）、礼帽形（silk hat type）、薄饼形（pancake）3 大类，并有通用、高转矩、超薄等不同系列。

部件型谐波减速器采用的是刚轮、柔轮、谐波发生器分离型结构，无论是工业机器人生

(a) 水杯形　　　　　　　(b) 礼帽形　　　　　　　(c) 薄饼形

图 4.1.5　部件型谐波减速器

产厂家的产品制造，还是机器人使用厂家维修，都需要进行谐波减速器和传动零件的分离和安装，其装配调试的要求较高。

(3) 单元型减速器

单元型（unit type）谐波减速器又称谐波减速单元，它是带有外壳和 CRB 输出轴承，减速器的刚轮、柔轮、谐波发生器、壳体、CRB 轴承被整体设计成统一的单元；减速器带有输入/输出连接法兰或连接轴，输出采用高刚性、精密 CRB 轴承支承，可直接驱动负载。

哈默纳科单元型谐波减速器有图 4.1.6 所示的标准型、中空轴、轴输入三种基本结构型式，其柔轮形状有水杯形和礼帽形 2 类，并有轻量、密封等系列。

(a) 标准型　　　　　　　(b) 中空轴　　　　　　　(c) 轴输入

图 4.1.6　谐波减速单元

谐波减速单元虽然价格高于部件型，但是，由于减速器的安装已在生产厂家完成，产品使用简单、安装方便、传动精度高、使用寿命长，无论工业机器人生产厂家的产品制造或机器人使用厂家的维修更换，都无须分离谐波减速器和传动部件，因此，它同样是目前工业机器人常用的产品之一。

(4) 简易单元型减速器

简易单元型（simple unit type）谐波减速器是单元型谐波减速器的简化结构，它将谐波减速器的刚轮、柔轮、谐波发生器 3 个基本部件和 CRB 轴承整体设计成统一的单元，但无壳体和输入/输出连接法兰或轴。

哈默纳科简易谐波减速单元的基本结构有图 4.1.7 所示的标准型、中空轴两类，柔轮形状均为礼帽形。简易单元型减速器的结构紧凑、使用方便，性能和价格介于部件型和单元型之间，它经常用于机器人手腕、SCARA 结构机器人。

(a) 标准型　　　　　　　(b) 中空轴　　　　　　　(c) 超薄中空轴

图 4.1.7　简易谐波减速单元

(5) 齿轮箱型减速器

齿轮箱型（gear head type）谐波减速器又称谐波减速箱，它可像齿轮减速箱一样，直接安装驱动电机，以实现减速器和驱动电机的结构整体化。

哈默纳科谐波减速箱的基本结构有图 4.1.8 所示的连接法兰输出和连接轴输出 2 类，其谐波减速器的柔轮形状均为水杯形，并有通用系列、高转矩系列产品。齿轮箱型减速器特别适合于电机的轴向安装尺寸不受限制的 Delta 结构机器人。

(a) 法兰输出   (b) 轴输出

图 4.1.8 谐波减速箱

(6) 微型和超微型

微型（mini）和超微型（supermini）谐波减速器是专门用于小型、轻量工业机器人的特殊产品，它实际上就是微型化的单元型、齿轮箱型谐波减速器，常用于 3C 行业电子产品、食品、药品等小规格搬运、装配、包装工业机器人。

哈默纳科微型减速器有图 4.1.9 所示的单元型（微型谐波减速单元）、齿轮箱型（微型谐波减速箱）2 种基本结构，微型谐波减速箱也有连接法兰输出和连接轴输出 2 类。超微型减速器实际上只是对微型系列产品的补充，其结构、安装使用要求均和微型相同。

(a) 减速单元   (b) 法兰输出减速箱   (c) 轴输出减速箱

图 4.1.9 微型谐波减速器

4.2 主要技术参数与选择

4.2.1 主要技术参数

(1) 规格代号

谐波减速器规格代号以柔轮节圆直径（单位：0.1 in）表示，常用规格代号与柔轮节圆直径的对照如表 4.2.1 所示。

表 4.2.1 规格代号与柔轮节圆直径对照表

规格代号	8	11	14	17	20	25	32	40	45	50	58	65
节圆直径/mm	20.32	27.94	35.56	43.18	50.80	63.5	81.28	101.6	114.3	127	147.32	165.1

(2) 输出转矩

谐波减速器的输出转矩主要有额定输出转矩、启制动峰值转矩、瞬间最大转矩等，额定输出转矩、启制动峰值转矩、瞬间最大转矩的含义如图 4.2.1 所示。

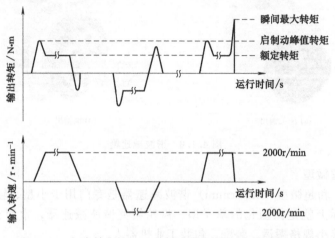

图 4.2.1　额定输出转矩、启制动峰值转矩与瞬间最大转矩

额定转矩（rated torque）　谐波减速器在输入转速为 2000r/min 情况下连续工作时，减速器输出侧允许的最大负载转矩。

启制动峰值转矩（peak torque for start and stop）　谐波减速器在正常启制动时，短时间允许的最大负载转矩。

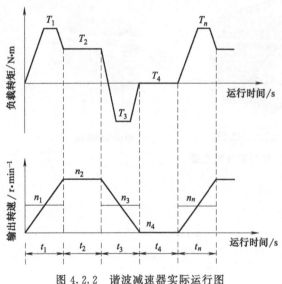

图 4.2.2　谐波减速器实际运行图

瞬间最大转矩（maximum momentary torque）　谐波减速器工作出现异常时（如机器人冲击、碰撞），为保证减速器不损坏，瞬间允许的负载转矩极限值。

最大平均转矩和最高平均转速　最大平均转矩（permissible max value of average load torque）和最高平均转速（permissible average input rotational speed）是谐波减速器连续工作时所允许的最大等效负载转矩和最高等效输入转速的理论计算值。

谐波减速器实际工作时的等效负载转矩、等效输入转速，可根据减速器的实际运行状态计算得到，对于图 4.2.2 所示的减速器运行，其计算式如下。

$$T_{av} = \sqrt[3]{\frac{n_1 t_1 |T_1|^3 + n_2 t_2 |T_2|^3 + \cdots + n_n t_n |T_n|^3}{n_1 t_1 + n_2 t_2 + \cdots + n_n t_n}}$$

$$N_{av} = N_{oav} R = \frac{n_1 t_1 + n_2 t_2 + \cdots + n_n t_n}{t_1 + t_2 + \cdots + t_n} R \tag{4-1}$$

式中　T_{av}——等效负载转矩，N·m；

　　　N_{av}——等效输入转速，r/min；

N_{oav}——等效负载（输出）转速，r/min；

n_n——各段工作转速，r/min；

t_n——各段工作时间，h、s 或 min；

T_n——各段负载转矩，N·m；

R——基本减速比。

启动转矩（starting torque）　又称启动开始转矩（on starting torque），它是在空载、环境温度为 20℃的条件下，谐波减速器用于减速时，输出侧开始运动的瞬间，所测得的输入侧需要施加的最大转矩值。

增速启动转矩（on overdrive starting torque）　在空载、环境温度为 20℃的条件下，谐波减速器用于增速时，在输出侧（谐波发生器输入轴）开始运动的瞬间，所测得的输入侧（柔轮）需要施加的最大转矩值。

空载运行转矩（on no-load running torque）　谐波减速器用于减速时，在工作温度为 20℃、规定的润滑条件下，以 2000r/min 的输入转速空载运行 2h 后，所测得的输入转矩值。空载运行转矩与输入转速、减速比、环境温度等有关，输入转速越低、减速比越大、温度越高，空载运行转矩就越小，设计、计算时可根据减速器生产厂家提供的修整曲线修整。

(3) 使用寿命

额定寿命（rated life）　谐波减速器在正常使用时，出现 10%产品损坏的理论使用时间（h）。

平均寿命（average life）　谐波减速器在正常使用时，出现 50%产品损坏的理论使用时间（h）。谐波减速器的使用寿命与工作时的负载转矩、输入转速有关，其计算式如下。

$$L_h = L_n \left(\frac{T_r}{T_{av}} \right)^3 \frac{N_r}{N_{av}} \tag{4-2}$$

式中　L_h——实际使用寿命，h；

L_n——理论寿命，h；

T_r——额定转矩，N·m；

T_{av}——等效负载转矩，N·m；

N_r——额定转速，r/min；

N_{av}——等效输入转速，r/min。

(4) 强度

强度（intensity）以负载冲击次数衡量，减速器的等效负载冲击次数可按下式计算，此值不能超过减速器允许的最大冲击次数（一般为 10000 次）。

$$N = \frac{3 \times 10^5}{nt} \tag{4-3}$$

式中　N——等效负载冲击次数；

n——冲击时的实际输入转速，r/min；

t——冲击负载持续时间，s。

(5) 刚度

谐波减速器刚度（rigidity）是指减速器的扭转刚度（torsional stiffness），常用滞后量（hysteresis loss）、弹性系数（spring constants）衡量。

滞后量（hysteresis loss）　减速器本身摩擦转矩产生的弹性变形误差 θ，与减速器规格和减速比有关，结构型式相同的谐波减速器规格和减速比越大，滞后量就减小。

弹性系数（spring constants）　以负载转矩 T 与弹性变形误差 θ 的比值衡量。弹性系数越大，同样负载转矩下谐波减速器所产生的弹性变形误差 θ 就越小，刚度就越高。

弹性变形误差 θ 与负载转矩的关系如图 4.2.3（a）所示。在工程设计时，常用图 4.2.3（b）所示的 3 段直线等效，图中 T_r 为减速器额定输出转矩。

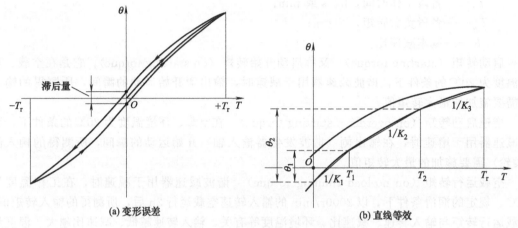

(a) 变形误差　　　　　　　　　　　(b) 直线等效

图 4.2.3　谐波减速器的弹性变形误差

等效直线段的 $\Delta T/\Delta\theta$ 值 K_1、K_2、K_3，就是谐波减速器的弹性系数，它通常由减速器生产厂家提供。弹性系数确定时，便可通过下式，计算出谐波减速器在对应负载段的弹性变形误差 $\Delta\theta$。

$$\Delta\theta = \frac{\Delta T}{K_i} \tag{4-4}$$

式中　$\Delta\theta$——弹性变形误差，rad；

　　　ΔT——等效直线段的转矩增量，N·m；

　　　K_i——等效直线段的弹性系数，N·m/rad。

谐波减速器弹性系数与减速器结构、规格、基本减速比有关，结构相同时，减速器规格和基本减速比越大，弹性系数也越大。但是薄饼形柔轮的谐波减速器，以及我国 GB/T 30819—2014 标准定义的减速器，其刚度参数有所不同，有关内容详见后述。

（6）最大背隙

最大背隙（max backlash quantity）是减速器在空载、环境温度为 20℃ 的条件下，输出侧开始运动瞬间，所测得的输入侧最大角位移。我国 GB/T 30819—2014 标准定义的减速器背隙有所不同，详见国产谐波减速器产品说明。

进口谐波减速器（如哈默纳科）刚轮与柔轮的齿间啮合间隙几乎为 0，背隙主要由谐波发生器输入组件上的奥尔德姆联轴器（Oldham's coupling）产生，因此，输入为刚性连接的减速器，可以认为无背隙。

（7）传动精度

谐波减速器传动精度又称角传动精度（angle transmission accuracy），它是谐波减速器用于减速时，在图 4.2.4 的任意 360° 输出范围上，其实际输出转角 θ_2 和理论输出转角 θ_1/R 间的最大差值 θ_{er} 衡量，θ_{er} 值越小，传动精度就越高。传动精度的计算式如下：

$$\theta_{er} = \theta_2 - \frac{\theta_1}{R} \tag{4-5}$$

式中　θ_{er}——传动精度，rad；

　　　θ_1——1：1 传动时的理论输出转角，rad；

　　　θ_2——实际输出转角，rad；

R——谐波减速器基本速比。

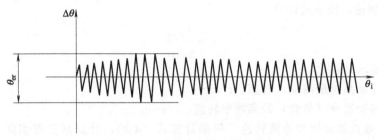

图 4.2.4 谐波减速器的传动精度

谐波减速器的传动精度与减速器结构、规格、减速比等有关；结构相同时，减速器规格和减速比越大，传动精度越高。

(8) 传动效率

谐波减速器的传动效率与减速比、输入转速、负载转矩、工作温度、润滑条件等诸多因素有关。减速器生产厂家出品样本中所提供的传动效率 η_r，一般是指输入转速 2000r/min、输出转矩为额定值、工作温度为 20℃、使用规定润滑方式下，所测得的效率值；设计、计算时需要根据生产厂家提供的如图 4.2.5（a）所示的转速、温度修整曲线进行修整。

谐波减速器传动效率还受实际输出转矩的影响，输出转矩低于额定值时，需要根据负载转矩比 α（$\alpha = T_{av}/T_r$），按生产厂家提供的如图 4.2.5（b）所示的修整系数 K_e 曲线，利用下式修整传动效率。

$$\eta_{av} = K_e \eta_r \tag{4-6}$$

式中 η_{av}——实际传动效率；

K_e——修整系数；

η_r——传动效率或基本传动效率。

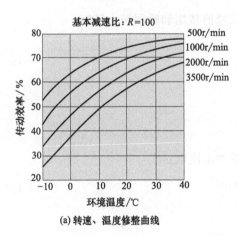

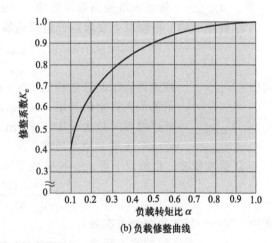

(a) 转速、温度修整曲线   (b) 负载修整曲线

图 4.2.5 传动效率修整

4.2.2 谐波减速器选择

(1) 基本参数计算与校验

谐波减速器的结构型式、传动精度、背隙等基本参数可根据传动系统要求确定，在此基础上，可通过如下方法确定其他技术参数、初选产品，并进行技术性能校验。

① 计算要求减速比　传动系统要求的谐波减速器减速比，可根据传动系统最高输入转速、最高输出转速，按下式计算：

$$r = \frac{n_{\text{imax}}}{n_{\text{omax}}} \tag{4-7}$$

式中　r——要求减速比；

　　n_{imax}——传动系统最高输入转速，r/min；

　　n_{omax}——传动系统（负载）最高输出转速，r/min。

② 计算等效负载转矩和等效转速　根据计算式（4-1），计算减速器实际工作时的等效负载转矩 T_{av} 和等效输出转速 N_{oav}（r/min）。

③ 初选减速器　按照以下要求，确定减速器的基本减速比、最大平均转矩，初步确定减速器型号：

$$R \leqslant r \text{(柔轮输出)} \quad \text{或} \quad R+1 \leqslant r \text{(刚轮输出)}$$
$$T_{\text{avmax}} \geqslant T_{\text{av}} \tag{4-8}$$

式中　R——减速器基本减速比；

　　T_{avmax}——减速器最大平均转矩，N·m；

　　T_{av}——等效负载转矩，N·m。

④ 转速校验　根据以下要求，校验减速器最高平均转速和最高输入转速：

$$N_{\text{avmax}} \geqslant N_{\text{av}} = R N_{\text{oav}}$$
$$N_{\text{max}} \geqslant R n_{\text{omax}} \tag{4-9}$$

式中　N_{avmax}——减速器最高平均转速，r/min；

　　N_{av}——等效输入转速，r/min；

　　N_{oav}——等效输出转速，r/min；

　　N_{max}——减速器最高输入转速，r/min；

　　n_{omax}——传动系统最高输出转速，r/min。

⑤ 转矩校验　根据以下要求，校验减速器启制动峰值转矩和瞬间最大转矩：

$$T_{\text{amax}} \geqslant T_{\text{a}}$$
$$T_{\text{mmax}} \geqslant T_{\text{max}} \tag{4-10}$$

式中　T_{amax}——减速器启制动峰值转矩，N·m；

　　T_{a}——系统最大启制动转矩，N·m；

　　T_{mmax}——减速器瞬间最大转矩，N·m；

　　T_{max}——传动系统最大冲击转矩，N·m。

⑥ 强度校验　根据以下要求，校验减速器的负载冲击次数：

$$N = \frac{3 \times 10^5}{nt} \leqslant 1 \times 10^4 \tag{4-11}$$

式中　N——等效负载冲击次数；

　　n——冲击时的输入转速，r/min；

　　t——冲击负载持续时间，s。

⑦ 使用寿命校验　根据以下要求，计算减速器使用寿命，确认满足传动系统设计要求：

$$L_{\text{h}} = 7000 \left(\frac{T_{\text{r}}}{T_{\text{av}}} \right)^3 \frac{N_{\text{r}}}{N_{\text{av}}} \geqslant L_{10} \tag{4-12}$$

式中　L_{h}——实际使用寿命，h；

　　T_{r}——减速器额定输出转矩，N·m；

T_{av}——等效负载转矩，N·m；

N_r——减速器额定转速，r/min；

N_{av}——等效输入转速，r/min；

L_{10}——设计要求使用寿命，h。

（2）减速器选择示例

假设某谐波减速传动系统设计要求如下：

① 减速器正常运行过程如图4.2.6所示；

② 传动系统最高输入转速 $n_{imax}=1800$r/min；

③ 负载最高输出转速 $n_{omax}=14$r/min；

④ 负载冲击：最大冲击转矩500N·m，冲击负载持续时间0.15s，冲击时的输入转速14r/min；

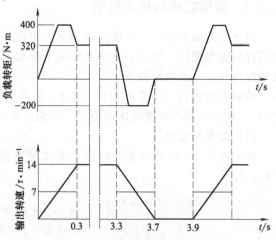

图4.2.6 谐波减速器运行图

⑤ 设计要求的使用寿命：7000h。

谐波减速器的选择方法如下。

① 要求减速比 $r=\dfrac{1800}{24}=128.6$；

② 等效负载转矩和等效输出转速

$$T_{av}=\sqrt[3]{\frac{7\times0.3\times|400|^3+14\times3\times|320|^3+7\times0.4\times|-200|^3}{7\times0.3+14\times3+7\times0.4}}=319(N·m)$$

$$N_{oav}=\frac{7\times0.3+14\times3+7\times0.4}{0.3+3+0.4+0.2}=12(r/min)$$

③ **初选减速器** 选择日本 Harmonic Drive System（哈默纳科）CSF-40-120-2A-GR（见哈默纳科产品样本）部件型谐波减速器，基本参数如下。

$$R=120\leqslant128.6$$

$$T_{avmax}=451N·m\geqslant319N·m$$

④ **转速校验** CSF-40-120-2A-GR减速器的最高平均转速和最高输入转速校验如下。

$$N_{avmax}=3600r/min\geqslant N_{av}=12\times120=1440（r/min）$$

$$N_{max}=5600r/min\geqslant Rn_{omax}=14\times120=1680（r/min）$$

⑤ **转矩校验** CSF-40-120-2A-GR启制动峰值转矩和瞬间最大转矩校验如下。

$$T_{amax}=617N·m\geqslant400N·m$$

$$T_{mmax}=1180N·m\geqslant500N·m$$

⑥ **强度校验** 等效负载冲击次数的计算与校验如下。

$$N=\frac{3\times10^5}{14\times120\times0.15}=1190\leqslant1\times10^4$$

⑦ **使用寿命计算与校验**

$$L_h=7000\left(\frac{T_r}{T_{av}}\right)^3\frac{N_r}{N_{av}}=7000\times\left(\frac{294}{319}\right)^3\times\frac{2000}{1440}=7610\geqslant7000$$

结论：该传动系统可选择日本 Harmonic Drive System（哈默纳科）CSF-40-120-2A-GR部件型谐波减速器。

4.3 国产谐波减速器产品

4.3.1 型号规格与技术性能

由于多方面原因，国产谐波减速器无论在产品规格、性能、使用寿命等方面，都与哈默纳科存在很大差距，因此，通常只能用于要求不高的工业机器人维修。为了便于读者在产品维修时选用，一并介绍如下。

按照我国现行 GB/T 30819—2014《机器人用谐波齿轮减速器》标准（以下简称 GB/T 30819）规定，国产谐波减速器型号与规格、主要技术参数、产品技术要求分别如下。

(1) 型号与规格

按 GB/T 30819 标准生产的国产谐波减速器型号规定如下，型号中各参数的含义如表 4.3.1 所示。

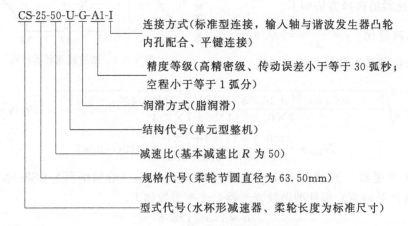

表 4.3.1 国产谐波减速器型号与规格

序号	项目	代号	说 明
1	型式代号	CS、CD、HS、HD	第一位字母代表柔轮形状，GB/T 30819—2014 标准规定的代号如下 C：柔轮为水杯形(cup) H：柔轮为礼帽形(中空，hollow) 第二位字母代表柔轮轴向长度，GB/T 30819—2014 标准规定的代号如下 S：标准长度(standard) D：短筒(超薄型，dwarf)
2	规格代号	8～50	柔轮节圆直径(单位：0.1in)，参见表 4.2.1
3	减速比	30～160	减速器采用刚轮固定、谐波发生器连接输入、柔轮连接输出负载时的基本减速比 R
4	结构代号	U	整机(unit)：单元型谐波减速器
		C	部件(component)：部件型谐波减速器
5	润滑方式	G	润滑脂(grease)润滑
		O	润滑油(oil)润滑
6	精度等级	A1～A3、B1～B3、C1～C3	第一位字母代表减速器传动精度等级，GB/T 30819—2014 标准规定的精度等级代号如下 A：高精密级，传动误差≤30 弧秒[1]

序号	项目	代号	说　明
6	精度等级	A1~A3, B1~B3, C1~C3	B:精密级,30 弧秒<传动误差≤1 弧分① C:普通级,1 弧分<传动误差≤3 弧分 第二位数字代表减速器空程、背隙的精度等级,GB/T 30819—2014 标准规定的空程、背隙的精度等级如表 1 所示 **表 1　减速器空程、背隙精度等级** （见下表） ① 单位似有误 在 SI 单位制中: 1 弧分(arc min)=1/60deg(度)=2.91×10^{-4}rad(弧度) 1 弧秒(arc sec)=1/3600deg(度)=4.85×10^{-6}rad(弧度) 因此,国产 A1 级减速器的精度要求为: 传动精度≤30 弧秒=1.45×10^{-4}rad(弧度) 空程≤1 弧分=2.91×10^{-4}rad(弧度) 背隙≤10 弧秒=4.85×10^{-5}rad(弧度) 但是,即使是国外先进产品,如日本哈默纳科 CSG-20-30-2A-GR 高精密型谐波减速器,所能达到的指标仅为: 传动精度≤1arc min=2.91×10^{-4}rad 滞后量(空程)≤3arc min=8.73×10^{-4}rad 背隙≤28arc sec=13.6×10^{-5}rad 即:国产 A1 级谐波减速器的精度远高于哈默纳科 CSG 系列高精密型谐波减速器,这一要求似乎不合理
7	连接方式	Ⅰ/Ⅱ/Ⅲ	谐波减速器输入轴与谐波发生器凸轮的连接方式。GB/T 30819—2014 标准规定的连接方式如图 1 所示,连接方式代号如下 Ⅰ型连接　　　　　Ⅱ型连接

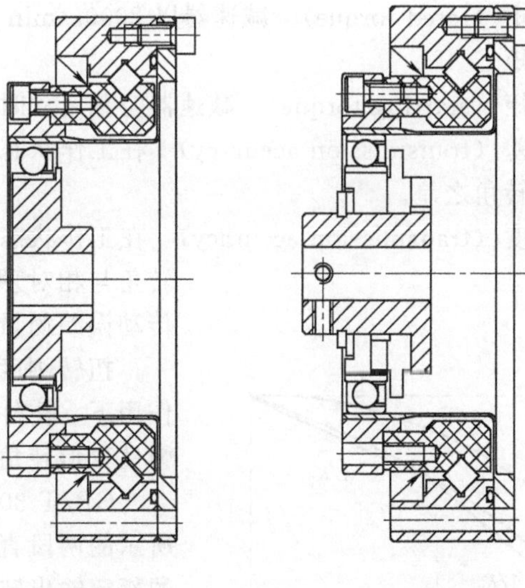

表 1　减速器空程、背隙精度等级

等级	空　程	背　隙
1	空程≤1 弧分	背隙≤10 弧秒
2	1 弧分<空程≤3 弧分	10 弧秒<背隙≤1 弧分
3	3 弧分<空程≤6 弧分	1 弧分<背隙≤3 弧分

续表

序号	项目	代号	说　明
7	连接方式	Ⅰ/Ⅱ/Ⅲ	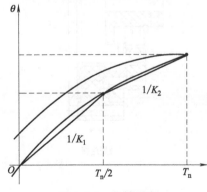 Ⅲ型连接 图1　输入连接方式 Ⅰ：标准型连接。连接轴孔直接加工在谐波发生器椭圆凸轮上，凸轮与输入轴为内孔配合、平键刚性连接 Ⅱ：十字滑块联轴节型连接。输入轴套与谐波发生器凸轮间通过十字滑块联轴器（奥尔德姆联轴器）柔性连接，凸轮与输入轴套为内孔配合、支头螺钉或平键连接 Ⅲ：筒形中空型连接。谐波发生器椭圆凸轮直接加工在中空轴上，中空轴与输入轴通过支头螺钉刚性连接

(2) 主要技术参数

我国现行 GB/T 30819—2014《机器人用谐波齿轮减速器》标准的谐波减速器技术参数定义如下。

额定转矩（rated torque）　减速器以 2000r/min 的输入转速连续工作时，输出端允许的最大负载转矩。

启动转矩（starting torque）　减速器空载启动时，需要施加的力矩。

传动误差（transmission accuracy）　在工作状态下，当输入轴单向旋转时，输出轴实际转角与理论转角之差。

传动精度（transmission accuracy）　在工作状态下，输入轴单向旋转时，输出轴的实际转角与相对理论转角的接近程度。减速器传动精度用传动误差衡量，传动误差越小、传动精度越高。

扭转刚度（torsional stiffness）　在扭转力矩的作用下，构件抗扭转变形的能力，以额定转矩与切向弹性变形转角之比值衡量。

GB/T 30819—2014 标准的扭转刚度以图 4.3.1 所示的两段直线进行等效。图中的 T_n 为谐波减速器的额定输出转矩；K_1 为输出转矩 $0 \sim T_n/2$ 区间的扭转刚度；K_2 为输出转矩 $T_n/2 \sim T_n$ 区间的扭转刚度。

空程（lost motion）　在工作状态下，当输入轴

图 4.3.1　扭转刚度

由正向旋转改为反向旋转时，输出轴的转角滞后量。

背隙（backlash）　将减速器壳体和输出轴固定，在输入轴施加±2%额定转矩、使减速器正/反向旋转时，减速器输入端所产生的角位移。

设计寿命（design life）　减速器以 2000r/min 的输入转速、带动额定负载工作时的理论使用时间。

(3) 产品技术要求

GB/T 30819—2014 标准对国产谐波减速器产品的技术要求如表 4.3.2 所示。

表 4.3.2　国产谐波减速器的基本技术要求

序号	技术参数	要　　　求				
1	启动转矩	国产谐波减速器空载启动时的启动转矩不得超过表 1 规定的值 **表 1　谐波减速器的启动转矩要求**				
		规格代号	8	11	14	17	20
		启动转矩/N·m	0.013	0.027	0.043	0.065	0.11
		规格代号	25	32	40	45	50
		启动转矩/N·m	0.19	0.45	0.46	0.63	0.86
2	扭转刚度	国产谐波减速器按 GB/T 14118—1993 标准测试的扭转刚度要求如表 2 所示 **表 2　谐波减速器的扭转刚度要求**				
		规格代号	8	11	14	17	20
		$K_1/\times10^4$N·m	0.09	0.27	0.47	1.00	1.60
		$K_2/\times10^4$N·m	0.10	0.34	0.61	1.40	2.50
		规格代号	25	32	40	45	50
		$K_1/\times10^4$N·m	3.10	6.70	13.00	18.00	25.00
		$K_2/\times10^4$N·m	5.00	11.00	20.00	29.00	40.00
3	传动效率	按 JB/T 9050—1999 标准测试，在输入转速 2000r/min 时，柔轮轴向长度为标准尺寸的 CS/HS 系列减速器，其传动效率不得小于 80%；柔轮轴向长度为短筒的 CD/HD 系列减速器，其传动效率不得小于 65%				
4	过载性能	在负载转矩为 4 倍额定转矩的情况下，减速器应能正常运转 2min，试验后检查，零件不应有损坏；再启动时不应有滑齿现象；恢复正常运转时，不应有异常的振动和噪声				
5	允许温升	在额定负载下连续工作时，减速器壳体的最高温度不大于 65℃				
6	噪声	按 GB/T 6404.1 标准测试，在额定转速、转矩工作时，减速器噪声不大于 60dB				
7	设计寿命	在输入转速 2000r/min、额定负载及正常工作温度、湿度的情况下，柔轮轴向长度为标准尺寸的 CS/HS 系列减速器，其设计寿命不低于 10000h；柔轮轴向长度为短筒的 CD/HD 系列减速器，其设计寿命不低于 8000h				

4.3.2　产品结构与技术参数

按照 GB/T 30819—2014 标准规定生产的国产谐波减速器产品，有水杯形柔轮的标准型（CS）、短筒型（CD）以及中空礼帽型柔轮的标准型（HS）、短筒型（HD）2 个系列、4 类产品，其结构与技术参数分别如下。

(1) CS 系列谐波减速器

CS 系列标准谐波减速器仿照哈默纳科 CSF 单元型谐波减速器设计，其结构如图 4.3.2 所示。CS 系列减速器采用了单元型结构设计，刚轮齿直接加工在壳体上，并与 CRB 轴承的外圈连为一体；柔轮通过连接板和 CRB 轴承内圈连接，减速器为密封型整体，刚轮和柔轮能承受径向/轴向载荷、直接连接负载。减速器输入轴与谐波发生器凸轮采用的是具有轴心自动调整功能的联轴器连接，输入轴和联轴器间为标准轴孔、支头螺钉连接。

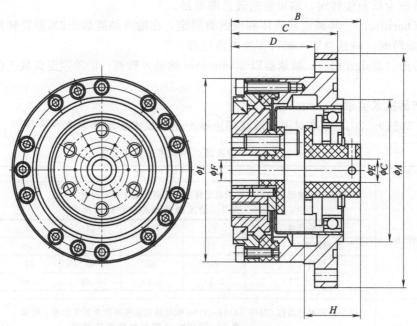

图 4.3.2 CS 系列谐波减速器结构

CS 系列减速器的规格型号及主要技术参数如表 4.3.3 所示。

表 4.3.3 CS 系列谐波减速器主要技术参数

规格代号	减速比	额定转矩 /N·m	启制动峰值转矩 /N·m	瞬间最大转矩 /N·m	允许最高输入转速/r·min⁻¹	
					油润滑	脂润滑
8	30	0.7	1.4	2.6	12000	7000
	50	1.4	2.6	5.3		
	100	1.9	3.8	7.2		
11	30	1.7	3.6	6.8	12000	7000
	50	2.8	6.6	13.6		
	100	4.0	8.8	20		
14	30	3.2	7.2	14	12000	7000
	50	4.3	14	28		
	80	6.2	18	38		
	100	6.2	22	43		
17	30	7.0	13	24	8000	6000
	50	13	27	56		
	80	18	34	70		
	100	19	43	86		
	120	19	43	69		
20	30	12	22	40	8000	5200
	50	20	45	78		
	80	27	59	102		
	100	32	66	118		
	120	32	70	118		
	160	32	74	118		
25	30	22	40	76	6000	4500
	50	31	78	149		
	80	50	110	204		
	100	54	126	227		

续表

规格代号	减速比	额定转矩 /N·m	启制动峰值转矩 /N·m	瞬间最大转矩 /N·m	允许最高输入转速/r·min⁻¹	
					油润滑	脂润滑
25	120	54	134	243	6000	4500
	160	54	141	251		
32	30	43	80	160	5500	4000
	50	61	173	306		
	80	94	243	454		
	100	110	266	518		
	120	110	282	549		
	160	110	298	549		
40	50	110	322	549	4500	3200
	80	165	415	784		
	100	212	454	864		
	120	235	494	944		
	160	235	518	944		
45	50	141	400	760	4000	3000
	80	250	565	1016		
	100	282	604	1256		
	120	322	658	1408		
	160	322	706	1528		
50	50	196	572	1144	3500	2800
	80	298	753	1488		
	100	376	784	1648		
	120	423	864	1648		
	160	423	944	1960		

（2）CD 系列谐波减速器

CD 系列水杯形柔轮短筒谐波减速器仿照哈默纳科 CSD 超薄单元型谐波减速器设计，其结构如图 4.3.3 所示。CD 系列减速器同样采用了单元型结构设计，刚轮齿直接加工在壳体上，并与 CRB 轴承的外圈连为一体；柔轮通过连接板和 CRB 轴承内圈连接，刚轮和柔轮能承受径向/轴向载荷、直接连接负载。

CD 系列减速器的柔轮轴向长度较短，且输入轴与谐波发生器凸轮采用的是法兰、螺钉

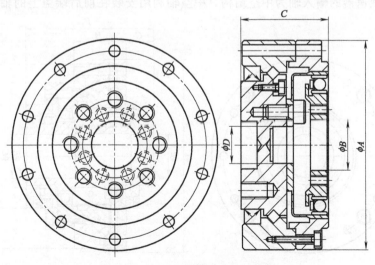

图 4.3.3　CD 系列谐波减速器结构

刚性连接，因此，减速器的轴向长度小于 CS 系列减速器；但是，减速器输入不具备轴心自动调整功能，它对输入轴与减速器的同轴度要求较高。

CD 系列减速器的规格型号及主要技术参数如表 4.3.4 所示。

表 4.3.4 CD 系列谐波减速器主要技术参数

规格代号	减速比	额定转矩 /N·m	启制动峰值转矩 /N·m	瞬间最大转矩 /N·m	允许最高输入转速/r·min^{-1}	
					油润滑	脂润滑
14	50	2.96	9.6	19	12000	7000
	100	4.32	15	28		
17	50	8.8	18	38	8000	6000
	100	13	30	57		
20	50	14	31	55	8000	5200
	100	22	46	76		
	160	22	51	76		
25	50	22	55	102	6000	4500
	100	38	88	147		
	160	38	98	163		
32	50	42	121	214	5500	4000
	100	77	186	336		
	160	77	209	356		
40	50	77	225	384	4500	3200
	100	148	318	560		
	160	165	362	612		
50	50	137	400	800	3500	2800
	100	263	548	1150		
	160	296	658	1260		

(3) HS 系列谐波减速器

HS 系列中空礼帽形柔轮标准谐波减速器仿照哈默纳科 SHF-2UH 中空轴单元型谐波减速器设计，其结构如图 4.3.4 所示。HS 系列减速器采用了单元型结构设计，刚轮与 CRB 轴承内圈、后端盖连为一体；柔轮与 CRB 轴承外圈、前端盖连为一体；减速器为密封型整体，刚轮和柔轮能承受径向/轴向载荷、直接连接负载。

CD 系列减速器的输入轴为中空结构，中空轴利用安装在前后端盖上的轴承支承，内部

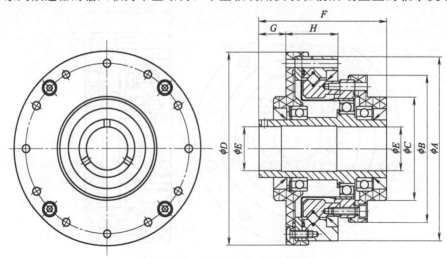

图 4.3.4 HS 系列谐波减速器结构

可以布置管线或其他传动部件；谐波发生器的椭圆凸轮直接加工在中空轴上。输入轴和中空轴之间利用轴孔、端面定位，支头螺钉刚性连接；输入不具备轴心自动调整功能。

HS 系列减速器的规格型号及主要技术参数如表 4.3.5 所示。

表 4.3.5　HS 系列谐波减速器主要技术参数

规格代号	减速比	额定转矩 /N·m	启制动峰值转矩 /N·m	瞬间最大转矩 /N·m	允许最高输入转速/r·min^{-1}	
					油润滑	脂润滑
14	30	3.2	7.2	14	12000	7000
	50	4.3	14	28		
	80	6.2	18	38		
	100	6.2	22	43		
17	30	7.0	13	24	8000	6000
	50	13	27	56		
	80	18	34	70		
	100	19	43	88		
	120	19	43	69		
20	30	12	22	40	8000	5200
	50	20	45	78		
	80	27	59	102		
	100	32	66	118		
	120	32	70	118		
	160	32	74	118		
25	30	22	40	76	6000	4500
	50	31	78	149		
	80	50	110	204		
	100	54	126	227		
	120	54	134	243		
	160	54	141	251		
32	30	43	80	160	5500	4000
	50	61	173	306		
	80	94	243	454		
	100	110	266	518		
	120	110	282	549		
	160	110	298	549		
40	50	110	322	549	4500	3200
	80	165	415	784		
	100	212	454	864		
	120	235	494	944		
	160	235	518	944		
45	50	141	400	760	4000	3000
	80	250	565	1016		
	100	282	604	1256		
	120	322	658	1408		
	160	322	706	1528		
50	50	196	572	1144	3500	2800
	80	298	753	1488		
	100	376	784	1648		
	120	423	864	1648		
	160	423	944	1960		

（4）HD 系列谐波减速器

HD 系列中空礼帽形柔轮短筒谐波减速器仿照哈默纳科 SHD-2SH 超薄简易单元型谐波

减速器设计，其结构如图 4.3.5 所示。

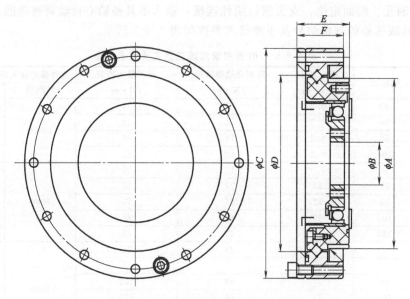

图 4.3.5　HD 系列谐波减速器结构

HD 系列减速器采用的是简易单元型结构设计，刚轮直接加工在 CRB 轴承内圈上，柔轮与 CRB 轴承外圈连为一体；刚轮和柔轮能承受径向/轴向载荷、直接连接负载，但无外壳、不能使用润滑油润滑。

HD 系列减速器的椭圆凸轮直接加工连接输入的中空法兰上，输入轴与谐波发生器间为法兰刚性连接；输入不具备轴心自动调整功能。

HD 系列减速器的规格型号及主要技术参数如表 4.3.6 所示。

表 4.3.6　HD 系列谐波减速器主要技术参数

规格代号	减速比	额定转矩 /N·m	启制动峰值转矩 /N·m	瞬间最大转矩 /N·m	允许最高输入转速/r·min⁻¹	
					油润滑	脂润滑
14	50	3.0	9.6	18	—	7000
	100	4.3	15	28		
17	50	8.8	18	38	—	6000
	100	13	30	57		
20	50	14	31	55	—	5200
	100	22	46	76		
	160	22	51	76		
25	50	22	55	102	—	4500
	100	38	88	147		
	160	38	98	163		
32	50	42	121	214	—	4000
	100	77	186	336		
	160	77	209	356		
40	50	77	225	384	—	3200
	100	148	318	560		
	160	165	362	612		

4.4　哈默纳科谐波减速器

4.4.1　产品概况

(1) 产品系列

日本哈默纳科（Harmonic Drive System）是全球最早生产谐波减速器的企业和目前全球最大、最著名的谐波减速器生产企业，其产品技术先进、规格齐全、市场占有率高，代表了当今世界谐波减速器的最高水准。

工业机器人配套的哈默纳科谐波减速器产品主要有以下几类。

① CS 系列　CS 系列谐波减速器是哈默纳科 1981 年研发的产品，在早期的工业机器人上使用较多，该系列产品目前已停止生产，工业机器人需要更换减速器时，一般由 CSF 系列产品进行替代。

② CSS 系列　CSS 系列是哈默纳科 1988 年研发的产品，在 20 世纪 90 年代生产的工业机器人上使用较广。CSS 系列产品采用了 IH 齿形，减速器刚性、强度和使用寿命均比 CS 系列提高了 2 倍以上。CSS 系列产品也已停止生产，更换时，同样可由 CSF 系列产品替代。

③ CSF 系列　CSF 系列是哈默纳科 1991 年研发的产品，是当前工业机器人广泛使用的产品之一。CSF 系列减速器采用了小型化设计，其轴向尺寸只有 CS 系列的 1/2、整体厚度为 CS 系列的 3/5；最大转矩比 CS 系列提高了 2 倍；安装、调整性能也得到了大幅度改善。

④ CSG 系列　CSG 系列是哈默纳科 1999 年研发的产品，该系列为大容量、高可靠性产品。CSG 系列产品的结构、外形与同规格的 CSF 系列产品完全一致，但其性能更好，减速器的最大转矩在 CSF 系列基础上提高了 30%；使用寿命从 7000 小时提高到 10000 小时。

⑤ CSD 系列　CSD 系列是哈默纳科 2001 年研发的产品，该系列产品采用了轻量化、超薄型设计，整体厚度只有同规格的早期 CS 系列的 1/3 和 CFS 系列标准产品的 1/2；重量比 CSF/CSG 系列减轻了 30%。

以上为哈默纳科谐波减速器常用产品的主要情况，除以上产品外，该公司还可提供相位调整型（phase adjustment type）谐波减速器、伺服电机集成式回转执行器（rotary actuator）等新产品，有关内容可参见哈默纳科相关技术资料。

(2) 产品结构

工业机器人常用的哈默纳科谐波减速器的结构型式有部件型（component type）、单元型（unit type）、简易单元型（simple unit type）、齿轮箱型（gear head type）、微型（mini type 及 supermini type）五大类；柔轮形状分为水杯形（cup type）、礼帽形（silk hat type）和薄饼形（pancake type）三大类；减速器轴向长度分为标准型（standard）和超薄型（super flat）两类；用户可以根据自己的需要选用。其中，部件型、单元型、简易单元型是工业机器人最为常用的谐波减速器产品，有关内容见下述。

部件型谐波减速器只提供刚轮、柔轮、谐波发生器三个基本部件；用户可根据自己的要求，自由选择变速方式和安装方式；减速器的柔轮形状有水杯形、礼帽形、薄饼形三类，并有通用、高转矩、超薄等不同系列的产品。部件型减速器规格齐全、产品使用灵活、安装方便、价格低，它是目前工业机器人广泛使用的产品。

单元型谐波减速器简称谐波减速单元，它带有外壳和 CRB 输出轴承，减速器的刚轮、柔轮、谐波发生器、壳体、CRB 轴承被整体设计成统一的单元；减速器带有输入/输出连接法兰或连接轴，输出采用高刚性、精密 CRB 轴承支承，可直接驱动负载。单元型谐波减速器有标准型、中空轴、轴输入三种基本结构型式，其柔轮形状有水杯形和礼帽形两类。此外，还可根据需要选择轻量、高转矩密封系列产品。

简易单元型谐波减速器简称简易谐波减速单元，它是单元型谐波减速器的简化结构，它将谐波减速器的刚轮、柔轮、谐波发生器三个基本部件和 CRB 轴承整体设计成统一的单元；但无壳体和输入/输出连接法兰或轴。简易谐波减速单元的基本结构有标准型、中空轴两类，柔轮形状均为礼帽形。

齿轮箱型谐波减速器简称谐波减速箱，它可像齿轮减速箱一样，直接在其上安装驱动电机，以实现减速器和驱动电机的结构整体化，简化减速器的安装。谐波减速箱有法兰输出和连接轴输出两类；其柔轮形状均为水杯形，并可根据需要选择通用、高转矩系列产品。

微型（mini）和超微型（supermini）谐波减速器是专门用于小型、轻量工业机器人的特殊产品，它常用于 3C 行业电子产品、食品、药品等小规格搬运、装配、包装工业机器人。微型减速器有单元型、齿轮箱型两种基本结构，可选择法兰输出和连接轴输出。超微型减速器实际上只是对微型系列产品的补充，其结构、安装使用要求均和微型相同。

（3）技术特点

哈默纳科谐波减速器采用了图 4.4.1（a）所示的特殊 IH 齿形设计，它与图 4.4.1（b）所示的普通梯形齿相比，可使柔轮与刚轮齿的啮合过程成为连续、渐进，啮合的齿数更多、刚性更高、精度更高；啮合时的冲击和噪声更小，传动更为平稳。同时，圆弧型的齿根设计可避免梯形齿的齿根应力集中，提高产品的使用寿命。

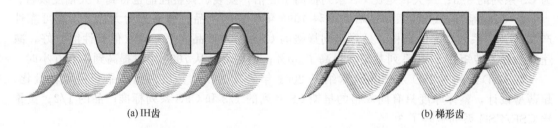

(a) IH齿   (b) 梯形齿

图 4.4.1　齿轮啮合过程比较

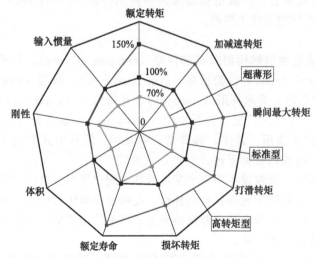

图 4.4.2　谐波减速器基本性能比较

根据技术性能，哈默纳科谐波减速器可分为标准型、高转矩型和超薄型三大类，其他产品都是在此基础上所派生的产品。3 类谐波减速器的基本性能比较如图 4.4.2 所示。

大致而言，同规格的标准型和高转矩型减速器的结构、外形相同，但高转矩型的输出转矩比标准型提高了 30% 以上，使用寿命从 7000 小时提高到 10000 小时。超薄型减速器采用了紧凑型结构设计，其轴向长度只有通用型的 60% 左右，但减速器的额定转矩、加减速转矩、刚性等指标也将比标准型减速器有所下降。

(4) 回转执行器

机电一体化集成是当前工业自动化的发展方向。为了进一步简化谐波减速器的结构、缩小体积、方便使用，哈默纳科在传统的谐波减速器基础上，推出了谐波减速器/驱动电机集成一体的回转执行器（rotary actuator）产品，代表了机电一体化技术在谐波减速器领域的最新成果和发展方向。

回转执行器又称伺服执行器（servo actuator），哈默纳科谐波减速回转执行器的外形与结构原理如图 4.4.3 所示。

图 4.4.3 回转执行器结构原理
1—谐波减速器；2—位置/速度检测编码器；3—伺服电机；4—CRB 轴承

谐波减速回转执行器一般采用刚轮固定、柔轮输出、谐波发生器输入的设计，输出采用高刚性、高精度 CRB 轴承；CRB 轴承内圈的内部与谐波减速器的柔轮连接，外部加工有连接输出轴的连接法兰；CRB 轴承外圈和壳体连接一体，构成了单元的外壳。谐波减速器的刚轮固定在壳体上，谐波发生器和交流伺服电机的转子设计成一体，伺服电机的定子、速度/位置检测编码器安装在壳体上，因此，当电机旋转时，可在输出轴连接法兰上得到可直接驱动负载的减速输出。

谐波减速回转执行器省略了传统谐波减速系统所需要的驱动电机和谐波发生器间、柔轮和输出轴间的机械连接件，其结构刚性好、传动精度高、整体结构紧凑、安装容易、使用方便，真正实现了机电一体化。

4.4.2 部件型减速器

哈默纳科部件型谐波减速器产品系列与基本结构如表 4.4.1 所示，简要说明如下。

表 4.4.1 哈默纳科部件型谐波减速器产品系列与结构

系列	结构型式（轴向长度）	柔轮形状	输入连接	其他特征
CSF	标准	水杯	标准轴孔、联轴器柔性连接	无
CSG	标准	水杯	标准轴孔、联轴器柔性连接	高转矩
CSD	超薄	水杯	法兰刚性连接	无
SHF	标准	礼帽	标准轴孔、联轴器柔性连接	无
SHG	标准	礼帽	标准轴孔、联轴器柔性连接	高转矩

系列	结构型式（轴向长度）	柔轮形状	输入连接	其他特征
FB	标准	薄饼	轴孔刚性连接	无
FR	标准	薄饼	轴孔刚性连接	高转矩

(1) CSF/CSG/CSD 系列

哈默纳科采用水杯形柔轮的部件型谐波减速器，有标准型 CSF、高转矩型 CSG 和超薄型 CSD 三系列产品。

标准型、高转矩型减速器的结构相同、安装尺寸一致，减速器由图 4.4.4 所示的输入连接件 1、谐波发生器 4、柔轮 2、刚轮 3 组成；柔轮 2 的形状为水杯状，输入采用标准轴孔、联轴器柔性连接，具有轴心自动调整功能。

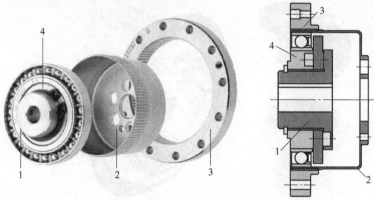

图 4.4.4　CSF/CSG 减速器结构
1—输入连接件；2—柔轮；3—刚轮；4—谐波发生器

CSF 系列标准型谐波减速器的规格、型号如下：

CSF-25-100-2A-GR-SP1-SP2

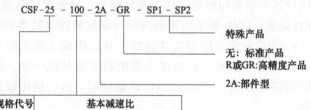

特殊产品

无：标准产品
R或GR：高精度产品

2A：部件型

规格代号	基本减速比					
8	30	50	—	100	—	—
11	30	50	—	100	—	—
14	30	50	80	100	—	—
17	30	50	80	100	120	—
20	30	50	80	100	120	160
25	30	50	80	100	120	160
32	30	50	80	100	120	160
40	—	50	80	100	120	160
45	—	50	80	100	120	160
50	—	50	80	100	120	160
58	—	50	80	100	120	160
65	—	50	80	100	120	160
80	—	50	80	100	120	160
90	—	50	80	100	120	160
100	—	50	80	100	120	160

CSF 系列谐波减速器规格齐全。减速器额定输出转矩为 0.9～3550N·m，同规格产品的额定输出转矩大致为国产 CS 系列的 1.5 倍；润滑脂润滑时的最高输入转速为 8500～3000r/min、平均输入转速为 3500～1200r/min。普通型产品的传动精度、滞后量为（2.9～5.8）×10^{-4}rad；最大背隙为（1.0～17.5）×10^{-5}rad；高精度产品的传动精度可提高至（1.5～2.9）×10^{-4}rad。

CSG 系列高转矩型谐波减速器是 CSF 的改进型产品，两系列产品的结构、安装尺寸完全一致。CSG 系列谐波减速器规格、型号如下：

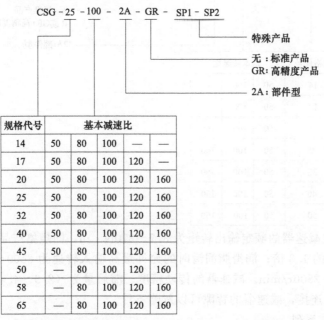

规格代号	基本减速比				
14	50	80	100	—	—
17	50	80	100	120	—
20	50	80	100	120	160
25	50	80	100	120	160
32	50	80	100	120	160
40	50	80	100	120	160
45	50	80	100	120	160
50	—	80	100	120	160
58	—	80	100	120	160
65	—	80	100	120	160

CSG 系列谐波减速器的额定输出转矩为 7～1236N·m，同规格产品的额定输出转矩大致为国产 CS 系列的 2 倍；润滑脂润滑时的最高输入转速为 8500～2800r/min、平均输入转速为 3500～1800r/min。普通型产品的传动精度、滞后量为（2.9～4.4）×10^{-4}rad；最大背隙为（1.0～17.5）×10^{-5}rad；高精度产品的传动精度可提高至（1.5～2.9）×10^{-4}rad。

CSD 系列超薄型减速器的结构如图 4.4.5 所示，减速器输入法兰刚性连接，谐波发生

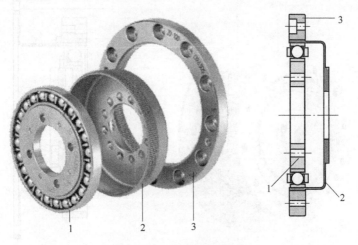

图 4.4.5 CSD 减速器结构
1—谐波发生器组件；2—柔轮；3—刚轮

器凸轮与输入连接法兰设计成一体，减速器轴向长度只有 CSF/CSG 系列减速器的 2/3 左右。CSD 系列减速器的输入无轴心自动调整功能，对输入轴和减速器的安装同轴度要求较高。

CSD 系列超薄型谐波减速器规格、型号如下：

```
CSD - 25 - 100 - 2A - GR - SP1-SP2
```

特殊产品

无：标准产品
R 或 GR：高精度产品

2A：部件型

规格代号	基本减速比		
14	50	100	—
17	50	100	—
20	50	100	160
25	50	100	160
32	50	100	160
40	50	100	160
50	50	100	160

CSD 系列谐波减速器的额定输出转矩为 3.7～370N·m，同规格产品的额定输出转矩大致为国产 CD 系列的 1.3 倍；润滑脂润滑时的允许最高输入转速为 8500～3500r/min、平均输入转速为 3500～2500r/min。减速器的传动精度、滞后量为 $(2.9～4.4)×10^{-4}$rad；由于输入采用法兰刚性连接，减速器的背隙可以忽略不计。

(2) SHF/SHG 系列

哈默纳科采用礼帽形柔轮的部件型谐波减速器，有标准型 SHF、高转矩型 SHG 两系列产品，两者结构相同，减速器由图 4.4.6 所示的谐波发生器及输入组件、柔轮、刚轮等部分组成；柔轮为大直径、中空开口的结构，内部可安装其他传动部件；输入为标准轴孔、联轴器柔性连接，具有轴心自动调整功能。

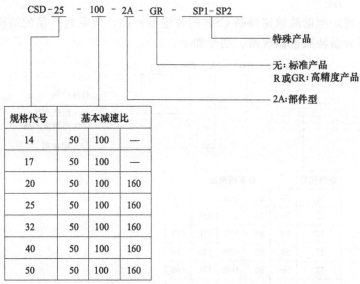
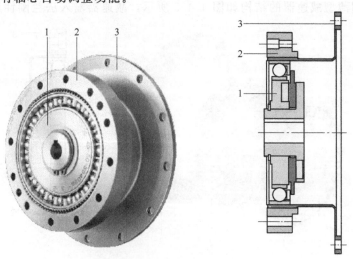

图 4.4.6　礼帽形减速器结构
1—谐波发生器及输入组件；2—柔轮；3—刚轮

SHF 系列标准型谐波减速器的规格、型号如下:

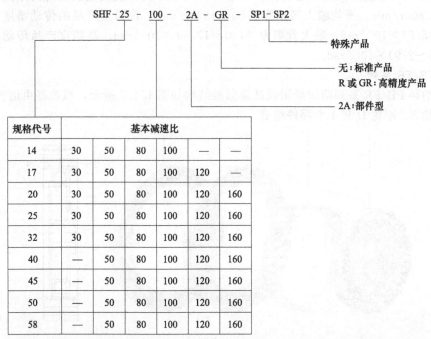

规格代号	基本减速比					
14	30	50	80	100	—	—
17	30	50	80	100	120	—
20	30	50	80	100	120	160
25	30	50	80	100	120	160
32	30	50	80	100	120	160
40	—	50	80	100	120	160
45	—	50	80	100	120	160
50	—	50	80	100	120	160
58	—	50	80	100	120	160

SHF 系列谐波减速器的额定输出转矩为 $4\sim745\mathrm{N\cdot m}$,润滑脂润滑时的最高输入转速为 $8500\sim3000\mathrm{r/min}$、平均输入转速为 $3500\sim2200\mathrm{r/min}$。普通型产品的传动精度、滞后量为 $(2.9\sim5.8)\times10^{-4}\mathrm{rad}$,最大背隙为 $(1.0\sim17.5)\times10^{-5}\mathrm{rad}$;高精度产品传动精度可提高至 $(1.5\sim2.9)\times10^{-4}\mathrm{rad}$。

哈默纳科 SHG 系列高转矩谐波减速器是 SHF 的改进型产品,两系列产品的结构、安装尺寸完全一致。SHG 系列谐波减速器规格、型号如下:

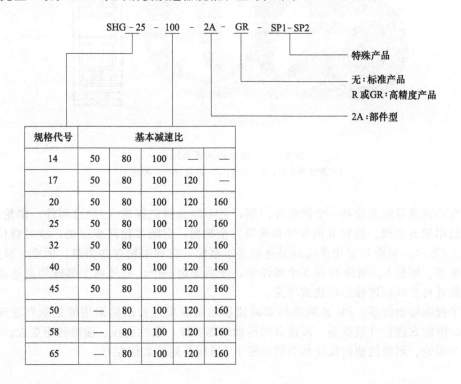

规格代号	基本减速比					
14	50	80	100	—	—	
17	50	80	100	120	—	
20	50	80	100	120	160	
25	50	80	100	120	160	
32	50	80	100	120	160	
40	50	80	100	120	160	
45	50	80	100	120	160	
50	—	80	100	120	160	
58	—	80	100	120	160	
65	—	80	100	120	160	

SHG 系列谐波减速器的额定输出转矩为 $7\sim1236$N·m，润滑脂润滑时的最高输入转速为 $8500\sim2800$r/min、平均输入转速为 $3500\sim1900$r/min。普通型产品的传动精度、滞后量为 $(2.9\sim5.8)\times10^{-4}$rad，最大背隙为 $(1.0\sim17.5)\times10^{-5}$rad；高精度产品传动精度可提高至 $(1.5\sim2.9)\times10^{-4}$rad。

(3) FB/FR 系列

哈默纳科 FB/FR 系列薄饼形谐波减速器的结构如图 4.4.7 所示，减速器由谐波发生器、柔轮、刚轮 S、刚轮 D 共 4 个部件组成。

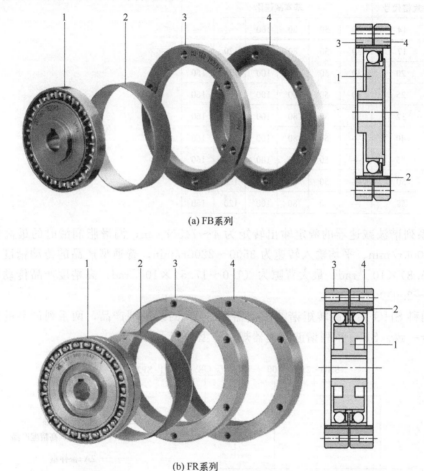

(a) FB系列

(b) FR系列

图 4.4.7　薄饼形减速器结构

1—谐波发生器；2—柔轮；3—刚轮 S；4—刚轮 D

薄饼形减速器的柔轮是一个薄壁外齿圈，它不能直接连接输入/输出部件；柔轮的连接需要通过刚轮 S 实现。刚轮 S 的齿数和柔轮完全相同，它随柔轮同步运动，故可替代柔轮、连接输入/输出。刚轮 D 是用来实现减速的基本刚轮，它和柔轮存在齿差。因此，减速器的谐波发生器、刚轮 S、刚轮 D 这 3 个部件中，任意固定一个，另外两个部件用来连接输入、输出，同样可实现减速器的减速或增速。

为了提高输出转矩，FR 系列高转矩减速器的谐波发生器凸轮采用的是双列滚珠轴承，刚轮 D、刚轮 S 进行分别驱动，减速器的传动性能更好、刚性更强、输出转矩更大。但谐波发生器、柔轮、刚轮的轴向尺寸均为同规格 FB 通用系列的 2 倍左右。

FB、FR系列减速器的结构紧凑、刚性高、承载能力强，但需要采用润滑油润滑，故多用于大型搬运、装卸的机器人。使用润滑脂润滑的 FB、FR 系列减速器只能用于输入转速不能超过平均输入转速、负载率 ED％不能超过 10％、连续运行时间不能超过 10min 的低速、断续、短时间工作的情况。

FB、FR 系列谐波减速器规格、型号如下：

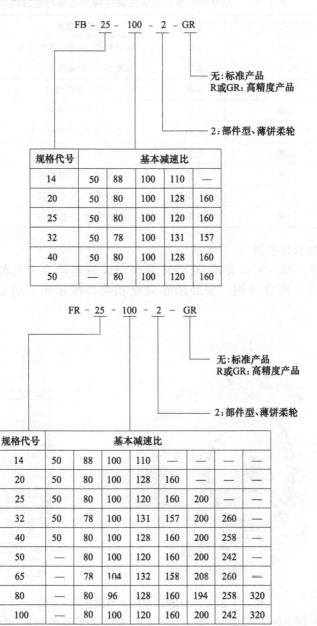

$$FB - 25 - 100 - 2 - GR$$

无:标准产品
R或GR:高精度产品

2:部件型、薄饼柔轮

规格代号	基本减速比				
14	50	88	100	110	—
20	50	80	100	128	160
25	50	80	100	120	160
32	50	78	100	131	157
40	50	80	100	128	160
50	—	80	100	120	160

$$FR - 25 - 100 - 2 - GR$$

无:标准产品
R或GR:高精度产品

2:部件型、薄饼柔轮

规格代号	基本减速比						
14	50	88	100	110	—	—	—
20	50	80	100	128	160	—	—
25	50	80	100	120	160	200	—
32	50	78	100	131	157	200	260
40	50	80	100	128	160	200	258
50	—	80	100	120	160	200	242
65	—	78	104	132	158	208	260
80	—	80	96	128	160	194	258	320
100	—	80	100	120	160	200	242	320

FB 系列谐波减速器的额定输出转矩为 2.6～304N·m，润滑油润滑时的最高输入转速为 6000～3500r/min、平均输入转速为 4000～1700r/min。FR 系列谐波减速器的额定输出转矩为 4.4～4470N·m，润滑油润滑时的最高输入转速为 6000～2000r/min、平均输入转速为 4000～1000r/min。由于减速器的刚轮 S 需要用户连接，减速器的传动精度、滞后量、最大背隙等参数，与用户传动系统设计密切相关。

4.4.3 单元型减速器

哈默纳科单元型谐波减速器的产品种类较多，不同类别的减速器结构如表 4.4.2 所示，简要说明如下。

表 4.4.2 哈默纳科单元型谐波减速器产品系列与结构

系列	结构型式(轴向长度)	柔轮形状	输入连接	其他特征
CSF-2UH	标准	水杯	标准轴孔、联轴器柔性连接	无
CSG-2UH	标准	水杯	标准轴孔、联轴器柔性连接	高转矩
CSD-2UH	超薄	水杯	法兰刚性连接	无
CSD-2UF	超薄	水杯	法兰刚性连接	中空
SHF-2UH	标准	礼帽	中空轴、法兰刚性连接	中空
SHG-2UH	标准	礼帽	中空轴、法兰刚性连接	中空、高转矩
SHD-2UH	超薄	礼帽	中空轴、法兰刚性连接	中空
SHF-2UJ	标准	礼帽	标准轴、刚性连接	无
SHG-2UJ	标准	礼帽	标准轴、刚性连接	高转矩

(1) CSF/CSG-2UH 系列

哈默纳科 CSF/CSG-2UH 标准/高转矩系列谐波减速单元采用的是水杯形柔轮、带键槽标准轴孔输入，两者结构、安装尺寸完全相同，减速单元组成及结构如图 4.4.8 所示。

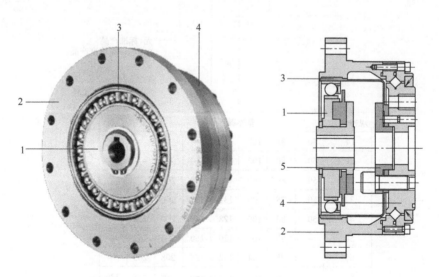

图 4.4.8　CSF/CSG-2UH 系列减速单元结构
1—谐波发生器组件；2—刚轮与壳体；3—柔轮；4—CRB 轴承；5—连接板

CSF/CSG-2UH 减速单元的谐波发生器、柔轮结构与 CSF/CSG 部件型谐波减速器相同，但它增加了壳体及连接刚轮、柔轮的 CRB 轴承等部件，使之成为一个可直接安装和连接输出负载的完整单元，其使用简单、安装维护方便。

哈默纳科 CSF/CSG-2UH 系列谐波减速单元的规格、型号如下：

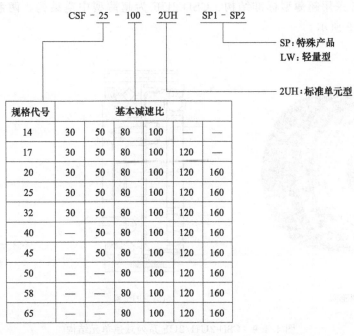

规格代号	基本减速比					
14	30	50	80	100	—	—
17	30	50	80	100	120	—
20	30	50	80	100	120	160
25	30	50	80	100	120	160
32	30	50	80	100	120	160
40	—	50	80	100	120	160
45	—	50	80	100	120	160
50	—	—	80	100	120	160
58	—	—	80	100	120	160
65	—	—	80	100	120	160

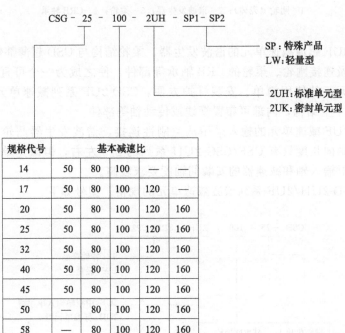

规格代号	基本减速比				
14	50	80	100	—	—
17	50	80	100	120	—
20	50	80	100	120	160
25	50	80	100	120	160
32	50	80	100	120	160
40	50	80	100	120	160
45	50	80	100	120	160
50	—	80	100	120	160
58	—	80	100	120	160
65	—	80	100	120	160

　　CSF 系列谐波减速单元的额定输出转矩为 4～951N·m，CSG 高转矩系列谐波减速单元的额定输出转矩为 7～1236N·m。两系列产品的允许最高输入转速均为 8500～2800r/min、平均输入转速均为 3500～1900r/min；普通型产品的传动精度、滞后量为 $(2.9～5.8)×10^{-4}$ rad，减速器最大背隙为 $(1.0～17.5)×10^{-5}$ rad；高精度产品传动精度可提高至 $(1.5～2.9)×10^{-4}$ rad。

(2) CSD-2UH/2UF 系列

　　哈默纳科 CSD-2UH/2UF 系列超薄减速单元是在 CSD 超薄型减速器的基础上单元化的

产品，CSD-2UH 采用超薄型标准结构、CSD-2UF 为超薄型中空结构，两系列产品的组成及结构如图 4.4.9 所示。

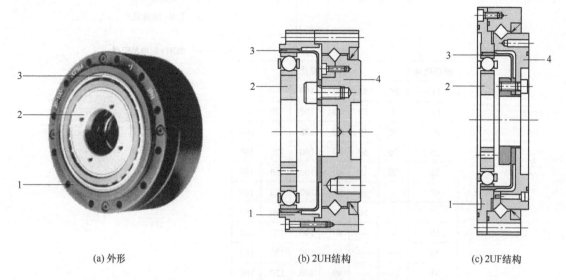

(a) 外形　　　　　　　(b) 2UH结构　　　　　　　(c) 2UF结构

图 4.4.9　CSD-2UH/2UF 系列减速单元结构
1—刚轮（壳体）；2—谐波发生器；3—柔轮；4—CRB 轴承

　　CSD-2UH/2UF 超薄减速单元的谐波发生器、柔轮结构与 CSD 超薄部件型减速器相同，但它增加了壳体及连接刚轮、柔轮的 CRB 轴承等部件，使之成为一个可直接安装和连接输出负载的完整单元，其使用简单、安装维护方便。CSD-2UF 系列减速单元的柔轮连接板、CRB 轴承内圈为中空结构，内部可布置管线或传动轴等部件。

　　CSD-2UH/2UF 减速单元的输入采用法兰刚性连接，谐波发生器凸轮与输入法兰设计成一体，减速器轴向长度只有 CSF/CSG-2UH 系列的 2/3 左右，但减速单元的输入无轴心自动调整功能，对输入轴和减速器的安装同轴度要求较高。

　　哈默纳科 CSD-2UH/2UF 系列谐波减速单元的规格、型号如下：

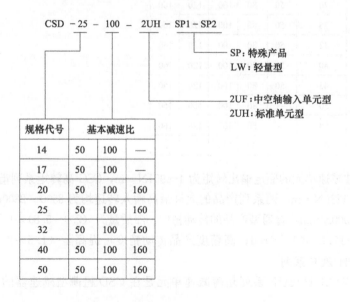

规格代号	基本减速比		
14	50	100	—
17	50	100	—
20	50	100	160
25	50	100	160
32	50	100	160
40	50	100	160
50	50	100	160

CSD-2UH 系列减速单元的额定输出转矩为 3.7～370N·m，最高输入转速为 8500～3500 r/min、平均输入转速为 3500～2500r/min。CSD-2UF 系列减速单元的额定输出转矩为 3.7～206N·m，最高输入转速为 8500～4000r/min、平均输入转速为 3500～3000r/min。两系列产品的传动精度、滞后量均为 (2.9～4.4)×10^{-4}rad；减速单元采用法兰刚性连接，背隙可忽略不计。

(3) SHF/SHG/SHD-2UH 系列

哈默纳科 SHF/SHG/SHD-2UH 中空轴谐波减速单元的组成及结构如图 4.4.10 所示，它是一个带有中空连接轴和壳体、输出连接法兰，可整体安装并直接连接负载的完整单元。

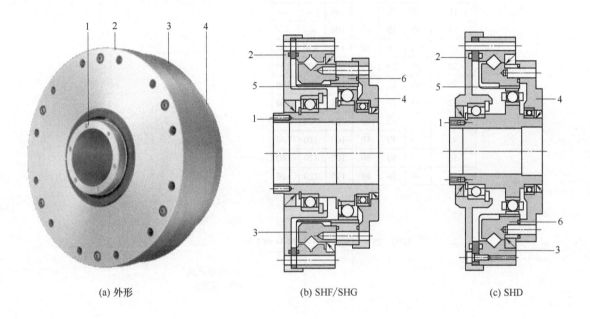

(a) 外形   (b) SHF/SHG   (c) SHD

图 4.4.10　SHF/SHG/SHD-2UH 系列减速单元结构
1—中空轴；2—前端盖；3—CRB轴承；4—后端盖；5—柔轮；6—刚轮

SHF/SHG-2UH 系列减速单元的刚轮、柔轮与部件型 SHF/SHG 减速器相同，但它在刚轮 6 和柔轮 5 间增加了 CRB 轴承 3，CRB 轴承的内圈与刚轮 6 连接，外圈与柔轮 5 连接，使得刚轮和柔轮间能够承受径向/轴向载荷、直接连接负载。减速单元的谐波发生器输入轴是一个贯通整个减速单元的中空轴，输入轴的前端面可通过法兰连接输入轴，中间部分直接加工成谐波发生器的椭圆凸轮；轴前后端安装有支承轴承及端盖，前端盖 2 与柔轮 5、CRB 轴承 3 的外圈连接成　体后，作为减速单元前端外壳；后端盖 4 和刚轮 6、CRB 轴承 3 的内圈连接成一体后，作为减速单元内芯。

SHD-2UH 系列减速单元采用了刚轮和 CRB 轴承一体化设计，刚轮齿直接加工在 CRB 轴承内圈上，使轴向尺寸比同规格的 SHF/SHG-2UH 系列缩短约 15%；中空直径也大于同规格的 SHF/SHG-2UH 系列减速单元。

SHF/SHG/SHD-2UH 系列中空轴谐波减速单元的内部可布置管线、传动轴等部件，其使用简单、安装方便、结构刚性好。

哈默纳科 SHF/SHG/SHD-2UH 系列谐波减速单元的规格、型号如下：

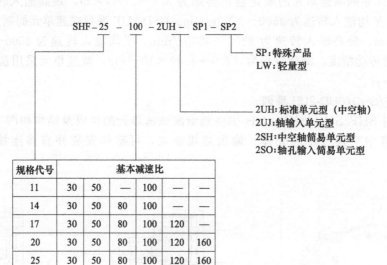

SHF – 25 – 100 – 2UH – SP1 – SP2

SP：特殊产品
LW：轻量型

2UH：标准单元型（中空轴）
2UJ：轴输入单元型
2SH：中空轴简易单元型
2SO：轴孔输入简易单元型

规格代号	基本减速比					
11	30	50	—	100	—	—
14	30	50	80	100	—	—
17	30	50	80	100	120	—
20	30	50	80	100	120	160
25	30	50	80	100	120	160
32	30	50	80	100	120	160
40	—	50	80	100	120	160
45	—	50	80	100	120	160
50	—	50	80	100	120	160
58	—	50	80	100	120	160

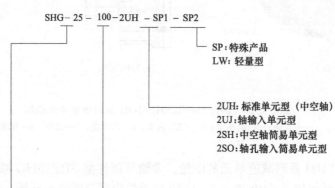

SHG – 25 – 100 – 2UH – SP1 – SP2

SP：特殊产品
LW：轻量型

2UH：标准单元型（中空轴）
2UJ：轴输入单元型
2SH：中空轴简易单元型
2SO：轴孔输入简易单元型

规格代号	基本减速比				
14	50	80	100	—	—
17	50	80	100	120	—
20	50	80	100	120	160
25	50	80	100	120	160
32	50	80	100	120	160
40	50	80	100	120	160
45	50	80	100	120	160
50	—	80	100	120	160
58	—	80	100	120	160
65	—	80	100	120	160

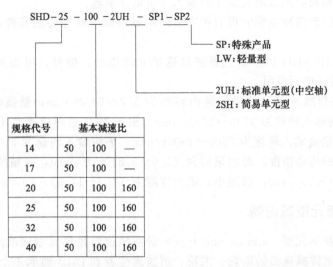

规格代号	基本减速比		
14	50	100	—
17	50	100	—
20	50	100	160
25	50	100	160
32	50	100	160
40	50	100	160

SHF-2UH 系列减速单元的额定输出转矩为 3.7～745N·m，最高输入转速为 8500～3000 r/min、平均输入转速为 3500～2200r/min。SHG-2UH 系列减速单元的额定输出转矩为 7～1236N·m，最高输入转速为 8500～2800r/min、平均输入转速为 3500～1900r/min。两系列普通型产品的传动精度、滞后量均为 $(2.9～5.8)×10^{-4}$ rad，高精度产品传动精度可提高至 $(1.5～2.9)×10^{-4}$ rad；减速单元最大背隙为 $(1.0～17.5)×10^{-5}$ rad。

SHD-2UH 系列超薄型减速单元的额定输出转矩为 3.7～206N·m，最高输入转速为 8500～4000r/min、平均输入转速为 3500～3000r/min；减速单元传动精度为 $(2.9～4.4)×10^{-4}$ rad，滞后量为 $(2.9～5.8)×10^{-4}$ rad；最大背隙可忽略不计。

(4) SHF/SHG-2UJ 系列

哈默纳科 SHF/SHG-2UJ 系列轴输入谐波减速单元的结构相同、安装尺寸一致，减速单元的组成及内部结构如图 4.4.11 所示，它是一个带有标准输入轴、输出连接法兰，可整体安装与直接连接负载的完整单元。

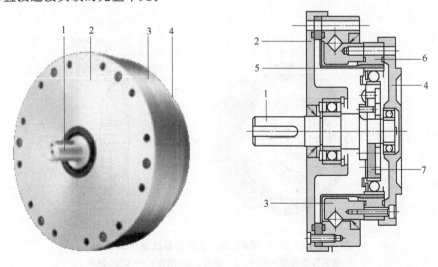

图 4.4.11 SHF/SHG-2UJ 系列减速单元结构
1—输入轴；2—前端盖；3—CRB轴承；4—后端盖；5—柔轮；6—刚轮；7—谐波发生器

SHF/SHG-2UJ 系列减速单元的刚轮、柔轮和 CRB 轴承结构与 SHF/SHG-2UH 中空轴谐波减速单元相同，但其谐波发生器输入为带键标准轴。

采用轴输入的谐波减速单元可直接安装同步带轮或齿轮等传动部件，其使用非常简单、安装方便。

哈默纳科 SHF/SHG-2UJ 系列谐波减速单元的规格、型号，可参见 SHF/SHG/SHD-2UH 系列谐波减速单元说明。

SHF-2UJ 系列减速单元的额定输出转矩为 $3.7\sim745\text{N}\cdot\text{m}$，最高输入转速为 $8500\sim3000\text{r/min}$、平均输入转速为 $3500\sim2200\text{r/min}$。SHG-2UJ 系列减速单元的额定输出转矩为 $7\sim1236\text{N}\cdot\text{m}$，最高输入转速为 $8500\sim2800\text{r/min}$、平均输入转速为 $3500\sim1900\text{r/min}$。两系列普通型产品的传动精度、滞后量均为 $(2.9\sim5.8)\times10^{-4}\text{rad}$，高精度产品传动精度可提高至 $(1.5\sim2.9)\times10^{-4}\text{rad}$；减速单元最大背隙为 $(1.0\sim17.5)\times10^{-5}\text{rad}$。

4.4.4 简易单元型减速器

哈默纳科简易单元型（simple unit type）谐波减速器是单元型谐波减速器的简化结构，它保留了单元型谐波减速器的刚轮、柔轮、谐波发生器和 CRB 轴承 4 个核心部件，取消了壳体和部分输入、输出连接部件，提高了产品性价比。

哈默纳科简易单元型谐波减速器的基本结构如表 4.4.3 所示，简要说明如下。

表 4.4.3 哈默纳科简易单元型谐波减速器产品系列与结构

系列	结构型式(轴向长度)	柔轮形状	输入连接	其他特征
SHF-2SO	标准	礼帽	标准轴孔、联轴器柔性连接	无
SHG-2SO	标准	礼帽	标准轴孔、联轴器柔性连接	高转矩
SHD-2SH	超薄	礼帽	中空法兰刚性连接	中空
SHF-2SH	标准	礼帽	中空轴、法兰刚性连接	中空
SHG-2SH	标准	礼帽	中空轴、法兰刚性连接	中空、高转矩

(1) SHF/SHG-2SO 系列

哈默纳科 SHF/SHG-2SO 系列标准型简易减速单元的结构相同、安装尺寸一致，其组成及结构如图 4.4.12 所示。

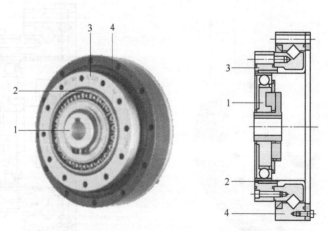

图 4.4.12 SHF/SHG-2SO 系列简易减速单元结构

1—谐波发生器输入组件；2—柔轮；3—刚轮；4—CRB 轴承

SHF/SHG-2SO 系列简易减速单元是在 SHF/SHG 系列部件型减速器的基础上发展起

来的产品，其柔轮、刚轮、谐波发生器输入组件的结构相同。SHF/SHG-2SO 系列简易减速单元增加了连接柔轮 2 和刚轮 3 的 CRB 轴承 4，CRB 轴承内圈与刚轮连接、外圈与柔轮连接，减速器的柔轮、刚轮和 CRB 轴承构成了一个可直接连接输入及负载的整体。

哈默纳科 SHF/SHG-2SO 系列简易谐波减速单元的规格、型号，可参见 SHF/SHG-2UH 系列谐波减速单元说明。

SHF-2SO 系列简易减速单元的额定输出转矩为 3.7～745N·m，最高输入转速为 8500～3000r/min、平均输入转速为 3500～2200r/min。SHG-2SO 系列简易减速单元的额定输出转矩为 7～1236N·m，最高输入转速为 8500～2800r/min、平均输入转速为 3500～1900r/min。两系列普通型产品的传动精度、滞后量均为 $(2.9～5.8)×10^{-4}$ rad，高精度产品传动精度可提高至 $(1.5～2.9)×10^{-4}$ rad；减速单元最大背隙为 $(1.0～17.5)×10^{-5}$ rad。

(2) SHD-2SH 系列

哈默纳科 SHD-2SH 系列超薄型简易谐波减速单元的组成及结构如图 4.4.13 所示。

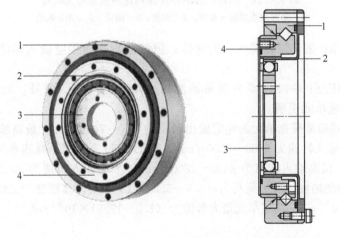

图 4.4.13 SHD-2SH 系列减速器结构
1—CRB 轴承（外圈）；2—柔轮；3—谐波发生器；4—刚轮（CRB 轴承内圈）

SHD-2SH 系列超薄型简易谐波减速单元的柔轮为礼帽形，谐波发生器输入为法兰刚性连接，谐波发生器凸轮与输入法兰设计成一体，刚轮齿直接加工在 CRB 轴承内圈上；柔轮与 CRB 轴承外圈连接。由于减速单元采用了最简设计，它是目前哈默纳科轴向尺寸最小的减速器。

哈默纳科 SHD-2SH 系列简易谐波减速单元的规格、型号可参见 SHD-2UH 系列谐波减速单元说明。

SHD-2SH 系列简易减速单元的额定输出转矩为 3.7～206N·m，最高输入转速为 8500～4000r/min、平均输入转速为 3500～3000r/min。减速单元的传动精度为 $(2.9～4.4)×10^{-4}$ rad，滞后量均为 $(2.9～5.8)×10^{-4}$ rad；由于输入为法兰刚性连接，背隙可忽略不计。

(3) SHF/SHG-2SH 系列

哈默纳科 SHF/SHG-2SH 系列中空轴简易单元型谐波减速器的结构相同、安装尺寸一致，其组成及结构如图 4.4.14 所示。

SHF/SHG-2SH 系列中空轴简易单元型谐波减速器是在 SHF/SHG-2UH 系列中空轴单元型谐波减速器基础上派生的产品，它保留了谐波减速单元的柔轮、刚轮、CRB 轴承和谐波发生器的中空输入轴等核心部件；取消了前后端盖、支承轴承及相关的连接件。减速单元

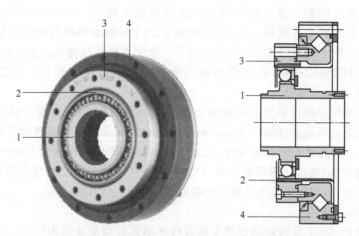

图 4.4.14　SHF/SHG-2SH 系列简易减速单元结构
1—谐波发生器输入组件；2—柔轮；3—刚轮；4—CRB 轴承

的柔轮、刚轮、CRB 轴承设计成统一的整体；但谐波发生器中空输入轴的支承部件，需要用户自行设计。

哈默纳科 SHF/SHG-2SO 系列简易谐波减速单元的规格、型号，可参见 SHF/SHG-2UH 系列谐波减速单元说明。

SHF-2SH 系列简易减速单元的额定输出转矩为 3.7～745N·m，最高输入转速为 8500～3000 r/min、平均输入转速为 3500～2200r/min。SHG-2SH 系列简易减速单元的额定输出转矩为 7～1236N·m，最高输入转速为 8500～2800r/min、平均输入转速为 3500～1900r/min。两系列普通产品的传动精度、滞后量均为 $(2.9\sim5.8)\times10^{-4}$ rad，高精度产品的传动精度可提高至 $(1.5\sim2.9)\times10^{-4}$ rad；减速单元最大背隙为 $(1.0\sim17.5)\times10^{-5}$ rad。

4.5　谐波减速器的安装维护

4.5.1　部件型谐波减速器

(1) 传动系统设计

部件型谐波减速器需要用户自行设计输入、输出传动系统，传动系统结构可参照图 4.5.1 设计。如谐波发生器的输入为电机轴，由于电机轴本身有可靠的前后支承，谐波发生器可直接安装在电机轴上，无需再进行输入侧的传动系统设计。

谐波减速器传动系统设计的要点如下。

① 传动系统设计应保证输入轴 4、输出轴 11 和谐波减速器刚轮 7 的同轴。不同结构型式的谐波减速器的安装孔、安装面的要求见下述。

② 谐波减速器工作时，将产生轴向力，输入轴 4 应有可靠的轴向定位措施，以防止谐波发生器出现轴向窜动。

③ 柔轮 8 和输出轴 11 的连接，必须按照要求使用规定的固定圈 9，而不能使用普通的螺钉加垫圈固定。

④ 谐波减速器工作时，柔轮 8 将产生弹性变形，因此，柔轮 8 和安装座 1 间应有留有

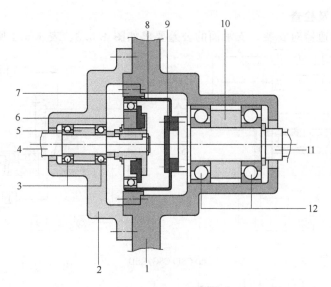

图 4.5.1 传动系统参考结构

1—安装座；2—输入支承座；3—输入轴承；4—输入轴；5,10—隔套；6—谐波发生器；
7—刚轮；8—柔轮；9—固定圈；11—输出轴；12—输出轴承

足够的柔轮弹性变形空间。

⑤ 输入轴 4 和输出轴 11 原则上应使用 2 对轴承、进行 2 点支承；支承设计时，应使用能同时承受径向、轴向载荷的支承形式，如组合角接触球轴承、CRB 轴承等。

谐波减速器在运行时将产生轴向力。谐波减速器用于减速、增速时，轴向力方向有图 4.5.2 所示的区别。

谐波发生器轴向力大小与传动比、减速器规格、负载转矩有关；哈默纳科不同传动比的减速器轴向力 F 的计算式分别如下。

① 传动比 R＝30：

$$F = \frac{0.14T\tan32°}{0.00254 \times (减速器规格号)}$$

② 传动比 R＝50：

$$F = \frac{0.14T\tan30°}{0.00254 \times (减速器规格号)}$$

③ 传动比 R≥80：

$$F = \frac{0.14T\tan20°}{0.00254 \times (减速器规格号)}$$

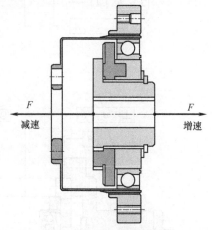

图 4.5.2 轴向力方向

式中 F——轴向力，N；

T——负载转矩，N·m，计算最大轴向力时，可以使用减速器瞬间最大转矩值。

例如，Harmonic Drive System CSF-32-50-2A 标准部件型谐波减速器的规格号为 32、传动比为 50、瞬间最大转矩为 382N·m，其最大轴向力可计算如下：

$$F = \frac{0.14 \times 382 \times \tan30°}{0.00254 \times 32} = 380 \ (N)$$

(2) 安装公差及检查

部件型谐波减速器对安装、支承面的公差要求如图 4.5.3、表 4.5.1 所示。

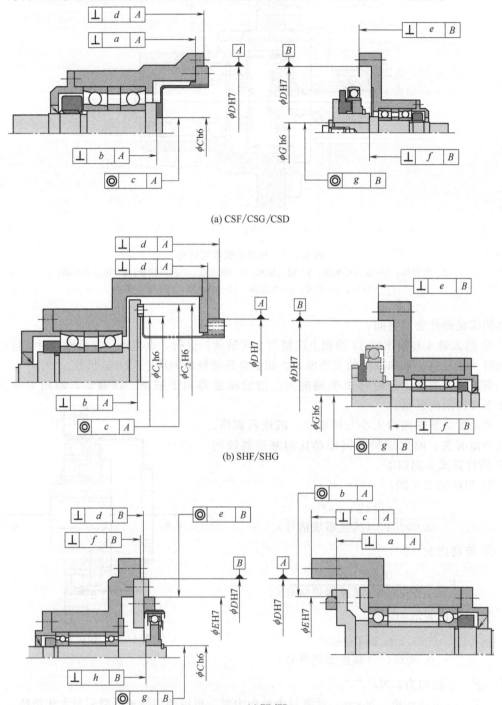

(a) CSF/CSG/CSD

(b) SHF/SHG

(c) FB/FR

图 4.5.3　部件型谐波减速器对安装、支承面的公差要求

　　谐波减速器对安装、支承面的公差要求与减速器规格有关，规格越小、公差要求越高。例如，对于公差参数 a，小规格的 CSF/CSG-11 减速器应取最小值 0.010，而大规格的 CSF/CSG-80 减速器则可取最大值 0.027 等。

表 4.5.1　部件型谐波减速器的安装公差参考表　　　　mm

参数代号	CSF/CSG	CSD	SHF/SHG	FB/FR
a	0.010～0.027	0.011～0.018	0.011～0.023	0.013～0.057
b	0.006～0.040	0.008～0.030	0.016～0.067	0.015～0.038
c	0.008～0.043	0.015～0.030	0.015～0.035	0.016～0.068
d	0.010～0.043	0.011～0.028	0.011～0.034	0.013～0.057
e	0.010～0.043	0.011～0.028	0.011～0.034	0.015～0.038
f	0.012～0.036	0.008～0.015	0.017～0.032	0.016～0.068
g	0.015～0.090	0.016～0.030	0.030～0.070	0.011～0.035
h	—	—	—	0.007～0.015

如可能，使用水杯形柔轮的减速器安装完成后，可参照图 4.5.4（a），通过手动或伺服电机点动操作，缓慢旋转输入轴、测量柔轮跳动，检查减速器的安装。如谐波减速器安装良好，柔轮外圆的跳动将呈图 4.5.4（b）所示的正弦曲线均匀变化；否则，跳动变化不规律。

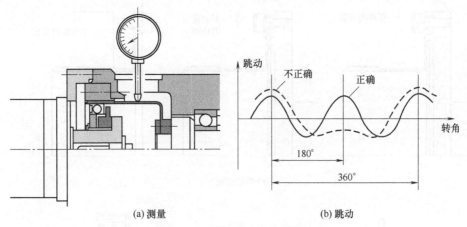

(a) 测量　　　　(b) 跳动

图 4.5.4　谐波减速器安装检查

对于柔轮跳动测量困难的减速器，如使用礼帽形、薄饼形柔轮的减速器，可在机器人空载的情况下，通过手动操作机器人、缓慢旋转伺服电机，利用测量电机输出电流（转矩）的方法间接检查，如谐波减速器安装不良，电机空载电流将显著增大，并达到正常值的 2～3 倍。

(3) 安装注意点

部件型谐波加速器的组装，需要在工业机器人的制造、维修现场进行，减速器组装时需要注意以下问题。

① 水杯形减速器的柔轮连接，必须按图 4.5.5 所示的要求进行。由于减速器工作时，柔轮需要连续变形，为防止因变形引起的连接孔损坏，柔轮和输出轴连接时，必须使用专门的固定圈、利用紧固螺钉压紧输出轴和柔轮结合面，而不能通过独立的螺钉、垫圈，连接柔轮和输出轴。

② 礼帽形减速器的柔轮安装与连接，需要注意图 4.5.6 所示的问题。第一，柔轮固定螺钉不得使用垫圈，也不能反向安装固定螺钉；第二，由于结构原因，礼帽形柔轮的根部变形十分困难，因此，在装配谐波发生器时，柔轮需要从与刚轮啮合的齿圈侧安装，不能从柔轮固定侧安装谐波发生器，单元型减速器同样需要遵守这一原则。

(4) 润滑要求

工业机器人用的谐波减速器一般都采用脂润滑，部件型减速器的润滑脂需要由机器人生产厂家自行充填。使用不同形状柔轮的减速器，其润滑脂的填充要求如图 4.5.7 所示。

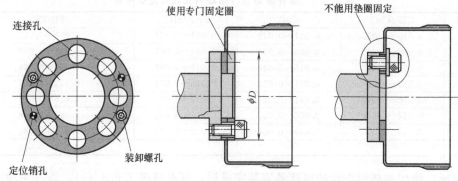

图 4.5.5　水杯形柔轮安装要求

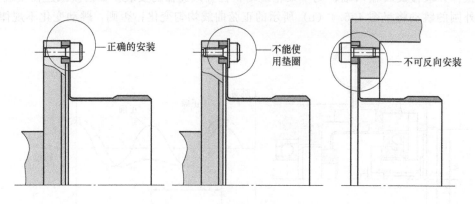

(a) 柔轮固定

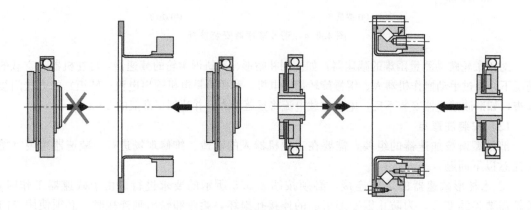

(b) 谐波发生器安装

图 4.5.6　礼帽形柔轮的安装

　　需要注意的是：FB/FR 系列减速器的润滑要求高于其他谐波减速器，它只能在输入转速低于减速器允许的平均输入转速、负载率 ED％不超过 10％、连续运行时间不超过 10min 的低速、断续、短时工作的情况下，才可使用润滑脂润滑；其他情况均需要使用油润滑，并按图 4.5.7（c）所示的要求，保证润滑油浸没轴承内圈的同时，与轴孔保持一定的距离，以防止油液的渗漏和溢出。

　　润滑脂的补充和更换时间与减速器的实际工作转速、环境温度等因素有关，实际工作转速和环境温度越高，补充和更换润滑脂的周期越短。润滑脂型号、注入量、补充时间，在减

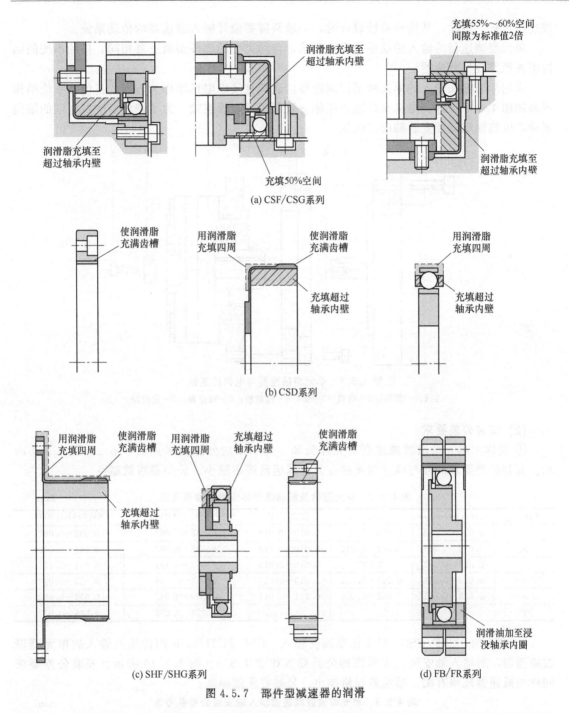

图 4.5.7　部件型减速器的润滑

速器、机器人使用维护手册上，一般都有具体的要求；用户使用时，应可按照生产厂的要求进行。

4.5.2　单元型谐波减速器

(1) 传动系统设计

单元型谐波减速器带有外壳和 CRB 输出轴承，减速器的刚轮、柔轮、谐波发生器、壳体、CRB 轴承被整体设计成统一的单元；减速器输出有高刚性、精密 CRB 轴承支承，可直接连接负载。因此，其传动系统设计时，一般只需要设计输入减速器的传动系统。

单元型减速器的输入传动系统设计要求，与同类型的部件型减速器相同，传动系统的结构可参照部件型减速器。

采用标准轴孔输入的单元型谐波减速器，通常直接以电机轴作为输入，其传动系统结构可参照图 4.5.8 设计。电机和减速器壳体一般利用过渡板连接，为了避免谐波发生器的轴向窜动，电机轴端需要安装轴向定位块。

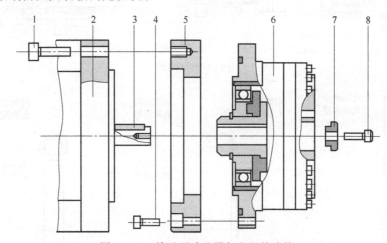

图 4.5.8 单元型减速器与电机的连接

1,4,8—螺钉；2—电机；3—键；5—过渡板；6—减速器；7—定位块

(2) 安装公差要求

① 壳体　单元型谐波减速器对壳体安装、支承面的公差要求如表 4.5.2、图 4.5.9 所示。安装公差要求同样与减速器规格有关，减速器规格越小、公差要求就越高。

表 4.5.2　单元型谐波减速器壳体安装公差参考表　　　　　　　　　mm

参数代号	CSF/CSG-2UH	CSD-2UH	CSD-2UF	SHF/SHG/SHD-2UH	SHF/SHG-2UJ
a	0.010~0.018	0.010~0.018	0.010~0.015	0.033~0.067	0.033~0.067
b	0.010~0.017	0.010~0.015	0.010~0.013	0.035~0.063	0.035~0.063
c	0.024~0.085	0.007	0.010~0.013	0.053~0.131	0.053~0.131
d	0.010~0.015	0.010~0.015	0.010~0.013	0.053~0.089	0.053~0.089
e	0.038~0.075	0.025~0.040	0.031~0.047	0.039~0.082	0.039~0.082
f	—	—	—	0.038~0.072	0.038~0.072

② 输入轴　CSF/CSG-2UH 标准轴孔输入、CSD-2UH/2UF 刚性法兰输入的单元型谐波减速器，对输入轴安装、支承面的公差要求如表 4.5.3、图 4.5.10 所示。安装公差要求同样与减速器规格有关，减速器规格越小、公差要求就越高。

表 4.5.3　单元型谐波减速器输入轴安装公差参考表　　　　　　　　　mm

参数代号	CSF/CSG-2UH	CSD-2UH	CSD-2UF
a	0.011~0.034	0.011~0.028	0.011~0.026
b	0.017~0.032	0.008~0.015	0.008~0.012
c	0.030~0.070	0.016~0.030	0.016~0.024

③ 输出轴　SHF/SHG/SHD-2UH 中空轴输入、SHF/SHG-2UJ 轴输入的单元型谐波减速器，对输出轴安装、支承面的公差要求如图 4.5.11、表 4.5.4 所示。安装公差要求同样与减速器规格有关，减速器规格越小、公差要求就越高。

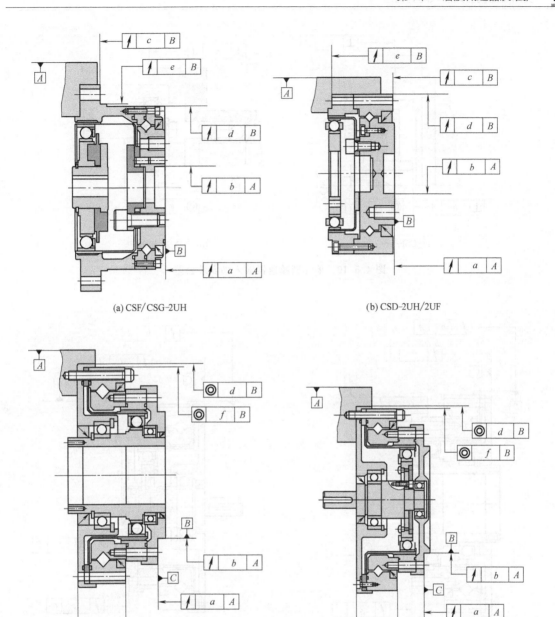

(a) CSF/CSG-2UH

(b) CSD-2UH/2UF

(c) SHF/SHG/SHD-2UH

(d) SHF/SHG-2UJ

图 4.5.9 单元型减速器壳体安装公差

表 4.5.4 单元型谐波减速器输出轴安装公差参考表   mm

参数代号	SHF/SHG/SHD-2UH	SHF/SHG-2UJ
a	0.027~0.076	0.027~0.076
b	0.031~0.054	0.031~0.054
c	0.053~0.131	0.053~0.131
d	0.053~0.089	0.053~0.089

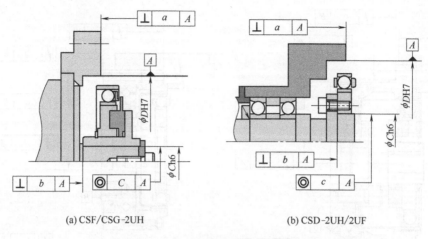

(a) CSF/CSG-2UH   (b) CSD-2UH/2UF

图 4.5.10　单元型减速器输入轴安装公差

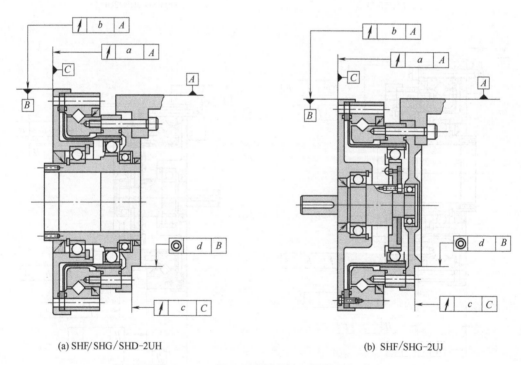

(a) SHF/SHG/SHD-2UH   (b) SHF/SHG-2UJ

图 4.5.11　单元型减速器输入轴安装公差

(3) 润滑要求

单元型谐波减速为整体结构，产品出厂时已充填润滑脂，用户首次使用时无需充填润滑脂。减速器长期使用时，可根据减速器生产厂家的要求，定期补充润滑脂，润滑脂的型号、注入量、补充时间，应按照生产厂的要求进行。

由于 CSF/CSG-2UH 系列、CSD-2UH/2UF 系列减速器的谐波发生器轴承外露，为了防止谐波发生高速运转时的润滑脂飞溅，减速器的输入侧应设计图 4.5.12 所示的防溅挡板，挡板的推荐尺寸如表 4.5.5 所示。SHF/SHG/SHD-2UH 中空轴输入、SHF/SHG-2UJ 轴输入减速器的谐波发生器轴承安装在单元内部，无需防溅挡板。

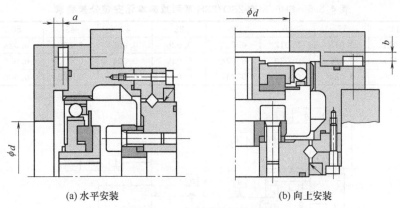

(a) 水平安装　　　　　　　(b) 向上安装

图 4.5.12　防溅挡板的设计

表 4.5.5　单元型减速器防溅挡板尺寸　　　　　　　　mm

规　　格	14	17	20	25	32	40	45	50	58	65
a（水平或向下安装）	1	1	1.5	1.5	1.5	2	2	2	2.5	2.5
b（向上安装）	3	3	4.5	4.5	4.5	6	6	6	7.5	7.5
d	16	26	30	37	37	45	45	45	56	62

4.5.3　简易单元型谐波减速器

(1) 传动系统设计

简易单元型谐波减速器只有刚轮、柔轮、谐波发生器、CRB 轴承 4 个核心部件，无外壳及中空轴支承部件；减速器输出有高刚性、精密 CRB 轴承支承，可直接连接负载。

简易单元型谐波减速器的输入、输出传动系统，一般应参照同类型的单元型谐波减速器进行设计。标准轴孔输入的 SHF/SHG-2SO 系列减速器、刚性法兰输入的 SHD-2SH 系列减速器，其输入传动系统设计要求，与同类型的部件型减速器相同，传动系统的结构可参照部件型减速器。中空轴输入的 SHF/SHG-2SH 系列减速器，其输入传动系统结构，可参照单元型的 SHF/SHG/SHD-2UH 系列减速器设计。

(2) 安装公差要求

标准轴孔输入的 SHF/SHG-2SO 系列、中空轴输入的 SHF/SHG-2SH 系列减速器的安装公差要求相同，减速器对安装支承面、连接轴的公差要求如图 4.5.13、表 4.5.6 所示。

输入采用法兰刚性连接的 SHD-2SH 系列中空轴、超薄型简易谐波减速单元对安装支承面、连接轴的公差要求如图 4.5.14、表 4.5.7 所示。

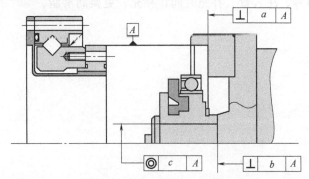

图 4.5.13　SHF/SHG-2SO/2SH 系列减速器安装公差

表 4.5.6 SHF/SHG-2SO/2SH 系列减速单元安装公差要求 mm

规格	14	17	20	25	32	40	45	50	58
a	0.011	0.015	0.017	0.024	0.026	0.026	0.027	0.028	0.031
b	0.017	0.020	0.020	0.024	0.024	0.024	0.032	0.032	0.032
c	0.030	0.034	0.044	0.047	0.047	0.050	0.063	0.066	0.068

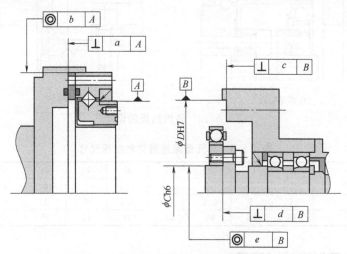

图 4.5.14 SHD-2SH 系列减速器安装公差

表 4.5.7 SHD-2SH 系列减速单元安装公差要求 mm

规格	14	17	20	25	32	40
a	0.016	0.021	0.027	0.035	0.042	0.048
b	0.015	0.018	0.019	0.022	0.022	0.024
c	0.011	0.012	0.013	0.014	0.016	0.016
d	0.008	0.010	0.012	0.012	0.012	0.012
e	0.016	0.018	0.019	0.022	0.022	0.024

(3) 润滑要求

简易单元型谐波减速器的润滑脂需要由机器人生产厂家自行充填,减速单元的润滑脂充填要求可参照同类型的部件型减速器。为了防止谐波发生高速运转时的润滑脂飞溅,减速单元两侧同样需要设计防溅挡板,防溅挡板的尺寸可参照单元型谐波减速器设计。

润滑脂的补充和更换时间与减速器的实际工作转速、环境温度有关,实际工作转速、环境温度越高,补充和更换润滑脂的周期就越短。减速器使用时,必须定期检查润滑情况,并按照生产厂要求的型号、注入量、补充时间,补充、更换润滑脂。

第5章

RV减速器及维护

5.1 变速原理与产品

5.1.1 RV齿轮变速原理

(1) 基本结构

RV减速器是旋转矢量（rotary vector）减速器的简称，它是在传统摆线针轮、行星齿轮传动装置的基础上，发展出来的一种新型传动装置。与谐波减速器一样，RV减速器实际上既可用于减速、也可用于升速，但由于传动比很大（通常为30～260），因此，在工业机器人、数控机床等产品上应用时，一般较少用于升速，故习惯上称RV减速器。本书在一般场合也将使用这一名称。

RV减速器由日本Nabtesco Corporation（纳博特斯克公司）的前身——日本的帝人制机（Teijin Seiki）公司于1985年率先研发，并获得了日本的专利；从1986年开始商品化生产和销售，并成为工业机器人回转减速的核心部件，得到了极为广泛的应用。

纳博特斯克RV减速器的基本结构如图5.1.1所示。减速器由芯轴、端盖、针轮、输出法兰、行星齿轮、曲轴组件、RV齿轮等部件构成，由外向内可分为针轮层、RV齿轮层（包括端盖2、输出法兰5和曲轴7）、芯轴层3层，每一层均可旋转。

① 针轮层 减速器外层的针轮3是一个内侧加工有针齿的内齿圈，外侧加工有法兰和安装孔，可用于减速器固定或输出连接。针轮3和RV齿轮9间一般安装有针齿销10，当RV齿轮9摆动时，针齿销可迫使针轮与输出法兰5产生相对回转。为了简化结构、减少部件，针轮也可加工成与RV齿轮直接啮合的内齿圈、省略针齿销。

② RV齿轮层 RV齿轮层由RV齿轮9、端盖2、输出法兰5和曲轴7等组成，RV齿轮、端盖、输出法兰为中空结构，内孔用来安装芯轴。曲轴7数量与减速器规格有关，小规格减速器一般布置2组，中大规格减速器布置3组。

输出法兰5的内侧有2～3个连接脚，用来固定安装曲轴前支承轴承的端盖2。端盖2和法兰的中间位置安装有2片可摆动的RV齿轮9，它们可在曲轴的驱动下作对称摆动，故又称摆线轮。

曲轴组件由曲轴 7、前后支承轴承 8、滚针 11 等部件组成，通常有 2～3 组，它们对称分布在圆周上，用来驱动 RV 齿轮摆动。

曲轴 7 安装在输出法兰 5 连接脚的缺口位置，前后端分别通过端盖 2、输出法兰 5 上的圆锥滚柱轴承支承；曲轴的后端是一段用来套接行星齿轮 6 的花键轴，曲轴可在行星齿轮 6 的驱动下旋转。曲轴的中间部位为 2 段偏心轴，偏心轴外圆上安装有多个驱动 RV 齿轮 9 摆动的滚针 11；当曲轴旋转时，2 段偏心轴上的滚针可分别驱动 2 片 RV 齿轮 9 进行 180°对称摆动。

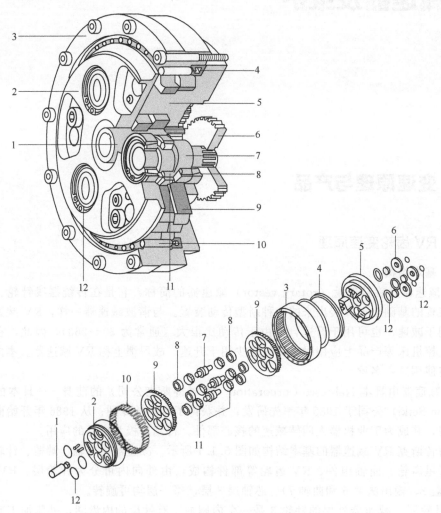

图 5.1.1　RV 减速器的内部结构

1—芯轴；2—端盖；3—针轮；4—密封圈；5—输出法兰；6—行星齿轮；7—曲轴；
8—支承轴承；9—RV 齿轮；10—针齿销；11—滚针；12—卡簧

③ 芯轴层　芯轴 1 安装在 RV 齿轮、端盖、输出法兰的中空内腔，芯轴可为齿轮轴或用来安装齿轮的花键轴。芯轴上的齿轮称太阳轮，它和套在曲轴上的行星齿轮 6 啮合，当芯轴旋转时，可驱动 2～3 组曲轴同步旋转、带动 RV 齿轮摆动。用于减速的 RV 减速器，芯轴通常用来连接输入，故又称输入轴。

因此，RV 减速器具有 2 级变速：芯轴上的太阳轮和套在曲轴上的行星齿轮间的变速是

RV 减速器的第 1 级变速，称正齿轮变速；通过 RV 齿轮 9 的摆动，利用针齿销 10 推动针轮 3 的旋转，是 RV 减速器的第 2 级变速，称差动齿轮变速。

(2) 变速原理

RV 减速器的变速原理如图 5.1.2 所示。

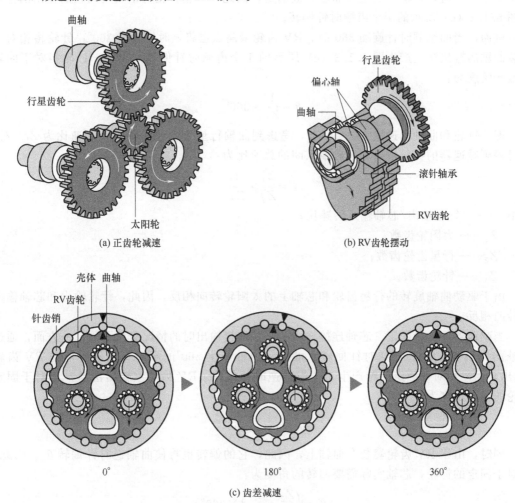

(a) 正齿轮减速　　　　(b) RV齿轮摆动

(c) 齿差减速

图 5.1.2　RV 减速器变速原理

① 正齿轮变速　正齿轮变速原理如图 5.1.2 (a) 所示，它是由行星齿轮和太阳轮实现的齿轮变速。如太阳轮的齿数为 Z_1、行星齿轮的齿数为 Z_2，则行星齿轮输出/芯轴输入的速比为 Z_1/Z_2，且转向相反。

② 差动齿轮变速　当曲轴在行星齿轮驱动下回转时，其偏心段将驱动 RV 齿轮作图 5.1.2 (b) 所示的摆动，由于曲轴上的 2 段偏心轴为对称布置，故 2 片 RV 齿轮可在对称方向同步摆动。

图 5.1.2 (c) 为其中的 1 片 RV 齿轮的摆动情况；另一片 RV 齿轮的摆动过程相同，但相位相差 180°。由于 RV 齿轮和针轮间安装有针齿销，当 RV 齿轮摆动时，针齿销将迫使针轮与输出法兰产生相对回转。

如 RV 减速器的 RV 齿轮齿数为 Z_3，针轮齿数为 Z_4（齿差为 1 时，$Z_4-Z_3=1$），减速器以输出法兰固定、芯轴连接输入、针轮连接负载输出轴的形式安装，并假设在图 5.1.2

（c）所示的曲轴 0°起始点上，RV 齿轮的最高点位于输出法兰−90°位置、其针齿完全啮合，而 90°位置的基准齿则完全脱开。

当曲轴顺时针旋动 180°时，RV 齿轮最高点也将顺时针转过 180°；由于 RV 齿轮的齿数少于针轮 1 个齿，且输出法兰（曲轴）被固定，因此，针轮将相对于安装曲轴的输出法兰产生图 5.1.2（c）所示的半个齿顺时针偏转。

进而，当曲轴顺时针旋动 360°时，RV 齿轮最高点也将顺时针转过 360°，针轮将相对于安装曲轴的输出法兰产生图 5.1.2（c）所示的 1 个齿顺时针偏转。因此，针轮相对于曲轴的偏转角度为：

$$\theta = \frac{1}{Z_4} \times 360°$$

即：针轮和曲轴的速比为 $i = 1/Z_4$，考虑到曲轴行星齿轮和芯轴输入的速比为 Z_1/Z_2，故可得到减速器的针轮输出和芯轴输入间的总速比为：

$$i = \frac{Z_1}{Z_2} \times \frac{1}{Z_4}$$

式中　i——针轮输出/芯轴输入转速比；

　　Z_1——太阳轮齿数；

　　Z_2——行星齿轮齿数；

　　Z_4——针轮齿数。

由于驱动曲轴旋转的行星齿轮和芯轴上的太阳轮转向相反，因此，针轮输出和芯轴输入的转向相反。

当减速器的针轮固定、芯轴连接输入、法兰连接输出时的情况有所不同。一方面，通过芯轴的 $(Z_2/Z_1) \times 360°$ 逆时针回转，可驱动曲轴产生 360°的顺时针回转，使得 RV 齿轮（输出法兰）相对于固定针轮产生 1 个齿的逆时针偏移，RV 齿轮（输出法兰）相对于固定针轮的回转角度为：

$$\theta_o = \frac{1}{Z_4} \times 360°$$

同时，由于 RV 齿轮套装在曲轴上，因此，它的偏转也将使曲轴逆时针偏转 θ_o；因此，相对于固定的针轮，芯轴实际需要回转的角度为：

$$\theta_i = \left(\frac{Z_2}{Z_1} + \frac{1}{Z_4}\right) \times 360°$$

所以，输出法兰与芯轴输入的的转向相同、速比为：

$$i = \frac{\theta_o}{\theta_i} = \frac{1}{1 + \frac{Z_2}{Z_1}Z_4}$$

以上就是 RV 减速器的差动齿轮减速原理。

相反，如减速器的针轮被固定，RV 齿轮（输出法兰）连接输入轴、芯轴连接输出轴，则 RV 齿轮旋转时，将通过曲轴迫使芯轴快速回转，起到增速的作用。同样，当减速器的 RV 齿轮（输出法兰）被固定，针轮连接输入轴、芯轴连接输出轴时，针轮的回转也可迫使芯轴快速回转，起到增速的作用。这就是 RV 减速器的增速原理。

(3) 传动比

RV 减速器采用针轮固定、芯轴输入、法兰输出安装时的传动比（输入转速与输出转速之比），称为基本减速比 R，其值为：

$$R = 1 + \frac{Z_2}{Z_1} Z_4$$

式中　R——RV 减速器基本减速比;

　　Z_1——太阳轮齿数;

　　Z_2——行星齿轮齿数;

　　Z_4——针轮齿数。

这样,通过不同形式的安装,RV 减速器将有表 5.1.1 所示的 6 种不同用途和不同速比。速比 i 为负值时,代表输入轴和输出轴的转向相反。

表 5.1.1　RV 减速器的安装形式与速比

序号	安装形式	安装示意图	用途	输出/输入速比 i
1	针轮固定,芯轴输入、法兰输出	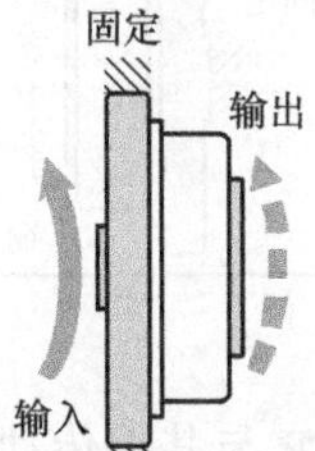 固定　输出　输入	减速,输入、输出轴转向相同	$\dfrac{1}{R}$
2	法兰固定,芯轴输入、针轮输出	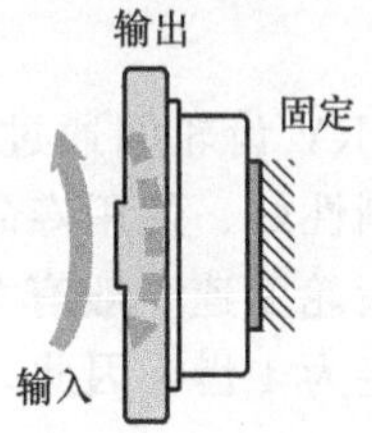 输出　固定　输入	减速,输入、输出轴转向相反	$-\dfrac{1}{R-1}$
3	芯轴固定,针轮输入、法兰输出	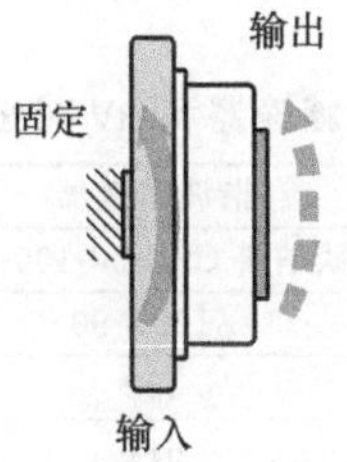 固定　输出　输入	减速,输入、输出轴转向相同	$\dfrac{R-1}{R}$
4	针轮固定,法兰输入、芯轴输出	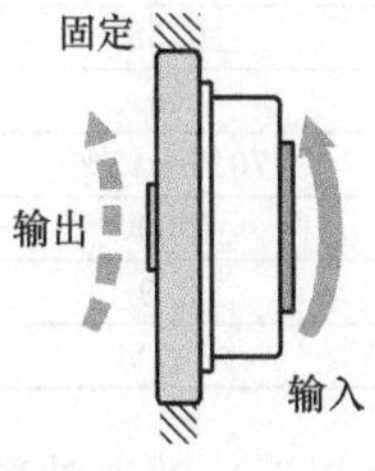 固定　输出　输入	升速,输入、输出轴转向相同	R

序号	安装形式	安装示意图	用途	输出/输入速比 i
5	法兰固定,针轮输入、芯轴输出		升速,输入、输出轴转向相反	$-(R-1)$
6	芯轴固定,法兰输入、针轮输出		升速,输入、输出轴转向相同	$\dfrac{R}{R-1}$

(4) 主要特点

由 RV 减速器的结构和原理可见,它与其他传动装置相比,主要有以下特点。

① 传动比大。RV 减速器设计有正齿轮、差动齿轮 2 级变速,其传动比可达到、甚至超过谐波齿轮传动装置,实现传统的普通齿轮、行星齿轮传动、蜗轮蜗杆、摆线针轮传动装置难以达到的大比例减速。

② 结构刚性好。减速器的针轮和 RV 齿轮间通过直径较大的针齿销传动,曲轴采用的是圆锥滚柱轴承支承;减速器的结构刚性好、使用寿命长。

③ 输出转矩高。RV 减速器的正齿轮变速一般有 2~3 对行星齿轮;差动变速采用的是硬齿面多齿销同时啮合,且其齿差固定为 1 齿,因此,在相同体积下,其齿形可比谐波减速器做得更大、输出转矩更高。

表 5.1.2 为基本减速比相同、外形尺寸相近的哈默纳科谐波减速器和纳博特斯克 RV 减速器的性能比较表。

表 5.1.2　谐波减速器和 RV 减速器性能比较表

主要参数	谐波减速器	RV 减速器
型号与规格(单元型)	哈默纳科 CSG-50-100-2UH	纳博特斯克 RV-80E-101
外形尺寸/mm×mm	$\phi190\times90$	$\phi190\times84$(长度不包括芯轴)
基本减速比	100	101
额定输出转矩/N·m	611	784
最高输入转速/r·min^{-1}	3500	7000
传动精度/×10^{-4}rad	1.5	2.4
空程/×10^{-4}rad	2.9	2.9
间隙/×10^{-4}rad	0.58	2.9
弹性系数/(×10^{4}N·m/rad)	40	67.6
传动效率	70%~85%	80%~95%
额定寿命/h	10000	6000
质量/kg	8.9	13.1
惯量/×10^{-4}kg·m^2	12.5	0.482

由表可见,与同等规格(外形尺寸相近)的谐波减速器相比,RV 减速器具有额定输出转矩大、输入转速高、刚性好(弹性系数大)、传动效率高、惯量小等优点。但是,RV 减

速器的结构复杂、部件多、质量大，且有正齿轮、差动齿轮 2 级变速，齿轮间隙大、传动链长，因此，减速器的传动间隙、传动精度等精度指标低于谐波减速器。此外，RV 减速器的生产制造成本相对较高，安装、维修不及单元型谐波减速器方便。因此，在工业机器人上，它多用于机器人机身的腰、上臂、下臂等大惯量、高转矩输出关节的回转减速，在大型、重型机器人上，有时也用于手腕减速。

5.1.2 产品与结构

日本的 Nabtesco Corporation（纳博特斯克公司）既是 RV 减速器的发明者，又是目前全球最大、技术最领先的 RV 减速器生产企业，其产品占据了全球 60％以上的工业机器人 RV 减速器市场，以及日本 80％以上的数控机床自动换刀（ATC）装置的 RV 减速器市场。Nabtesco Corporation 的产品代表了当前 RV 减速器的最高水平，世界著名的工业机器人几乎都使用该公司生产的 RV 减速器。

(1) 发展简况

纳博特斯克（Nabtesco Corporation）公司是由日本的帝人制机（Teijin Seiki）和 NABCO 公司，于 2003 年合并成立的大型企业集团，除 RV 减速器外，该公司的主要产品还有纺织机械、液压件、自动门及航空、船舶、风电设备等。

帝人制机（Teijin Seiki）成立于 1945 年，公司的前身是日本帝国人造绢丝株式会社的航空工业部，故称"帝人"。二战结束后（1945 年）更名为帝人制机株式会社，开始从事化纤、纺织机械的生产；1955 年后，开始拓展航空产品、包装机械、液压等业务；70 年代起开始研发和生产挖掘机的核心部件——低速、高转矩液压马达和减速器。

20 世纪 80 年代初，该公司应机器人制造商的要求，对摆线针轮减速器进行了结构改进，并取得了 RV 减速器专利；1986 年开始批量生产和销售。从此，RV 减速器开始成为工业机器人回转减速的核心部件，在工业机器人上得到了极为广泛的应用。

帝人制机也是日本著名的纺织机械、液压、包装机械生产企业，公司旗下主要有日本的东洋自动机株式会社、大亚真空株式会社，美国的 Teijin Seiki America Inc.（现名 Nabtesco Aerospace Inc.）、Teijin Seiki Boston Inc.（现名 Harmonic Drive Technologies Nabtesco Inc.）、Teijin Seiki USA Inc.（现名 Nabtesco USA Inc.）、Teijin Seiki Advanced Technologies Inc.（现名 Nabtesco Motion Control Inc.），德国 Teijin Seiki Europe GmbH（现名 Nabtesco Precision Europe GmbH），以及上海帝人制机有限公司（现名纳博特斯克液压有限公司）、上海帝人制机纺机有限公司（现名上海铁美机械有限公司）等多家子公司，目前这些公司均已并入 Nabtesco Corporation（纳博特斯克公司）。

NABCO 公司成立于 1925 年，是日本具有悠久历史的著名制动器、自动门和空压、液压、润滑产品生产企业。NABCO 早期产品以铁路机车、汽车用的空气、液压制动器闻名，公司曾先后使用过日本空气制动器株式会社（1925 年）、日本制动机株式会社（1943 年）等名称；1949 年起，开始生产液压、润滑、自动门、船舶控制装置等产品。NABCO 的液压和气动阀、油泵、液压马达、空压机、油压机、空气干燥器是机电设备制造行业的著名产品；NABCO 自动门是地铁、高铁、建筑行业的名牌。江苏纳博特斯克液压有限公司、江苏纳博特斯克今创轨道设备有限公司、上海纳博特斯克船舶有限公司，都是原 NABCO 在液压机械、铁路车辆机械、船舶机械方面的合资公司。

纳博特斯克 RV 系列基本型减速器是帝人制机（Teijin Seiki）1986 年研发的传统产品；RV A、RV AE 系列产品是该公司在 20 世纪 80 年代末、90 年代初研发的 RV 系列改进型产品；中空轴的 RV C、标准型的 RV E 等系列产品，是该公司在 20 世纪 90 年代中后期研发的产品。

帝人制机和 NABCO 公司合并成立纳博特斯克公司后，又先后推出了目前主要生产和销售的 RV N 紧凑型、GH 高速型、RD2 齿轮箱型、RS 扁平型、回转执行器（rotary actuator，又称伺服执行器 servo actuator）等新产品。

（2）产品结构

纳博特斯克 RV 减速器的基本结构型式有部件型（component type）、单元型（unit type）、齿轮箱型（gear head type）三大类；此外，它也有 RV 减速器/驱动电机集成一体化的伺服执行器（servo actuator）产品，伺服执行器实际就是回转执行器（rotary actuator），这是一种 RV 减速器和驱动电机集成一体的减速单元，产品设计思想与谐波齿轮减速回转执行器相同。

① 部件型。部件型（component type）减速器采用的是 RV 减速器基本结构，故又称基本型（original）。基本型 RV 减速器无外壳和输出轴承，减速器的针轮、输入轴、输出法兰的安装、连接需要机器人生产厂家实现；针轮和输出法兰间的支承轴承等部件需要用户自行设计。

部件型 RV 减速器的芯轴、太阳轮等输入部件可以分离安装，但减速器端盖、针轮、输出法兰、行星齿轮、曲轴组件、RV 齿轮等部件，原则上不能在用户进行分离和组装。纳博特斯克部件型 RV 减速器目前只有 RV 系列产品。

② 单元型。单元型（unit type）减速器简称 RV 减速单元，它设计有安装固定的壳体和输出连接法兰；输出法兰和壳体间安装有可同时承受径向及轴向载荷的高刚性、角接触球轴承，减速器输出法兰可直接连接与驱动负载。

工业机器人用的纳博特斯克单元型 RV 减速器，主要有图 5.1.3 所示的 RV E 标准型、RV N 紧凑型、RV C 中空型三大类产品。

RV E 型减速单元采用单元型 RV 减速器的标准结构，减速单元带有外壳、输出轴承和安装固定法兰、输入轴、输出法兰；输出法兰可直接连接和驱动负载。

RV N 紧凑型减速单元是在 RV E 标准型减速单元的基础上派生的轻量级、紧凑型产品。同规格的紧凑型 RV N 减速单元的体积和重量，分别比 RV E 标准型减少了 8%～20% 和 16%～36%。紧凑型 RV N 减速单元是纳博特斯克当前推荐的新产品。

RV C 中空型减速单元采用了大直径、中空结构，减速器内部可布置管线或传动轴。中空型减速单元的输入轴和太阳轮，一般需要选配或直接由用户自行设计、制造和安装。

(a) RV E   (b) RV N   (c) RV C

图 5.1.3　常用的 RV 减速单元

③ 齿轮箱型。齿轮箱型（gear head type）RV 减速又称 RV 减速箱，它设计有驱动电机的安装法兰和电机轴连接部件，可像齿轮减速箱一样，直接安装和连接驱动电机，实现减速器驱动电机的结构整体化。纳博特斯克 RV 减速箱目前有 RD2 标准型、GH 高速型、RS 扁平型 3 类常用产品。

RD2 标准型 RV 减速箱（简称标准减速箱）是纳博特斯克早期 RD 系列减速箱的改进型产品，它对壳体、电机安装法兰、输入轴连接部件进行了整体设计，使之成了一个可直接安装驱动电机的完整减速器单元。

根据 RV 减速箱的结构与驱动电机的安装形式，RD2 系列标准减速箱有图 5.1.4 所示的轴向输入（RDS 系列）、径向输入（RDR 系列）和轴输入（RDP 系列）三类产品；每类产品又分实心芯轴（图 5.1.4 上部）和中空芯轴（图 5.1.4 下部）两大系列。采用实心芯轴的 RV 减速箱使用的是 RV E 标准型减速器；采用空心芯轴的 RV 减速箱使用的是 RV C 中空轴型减速器。

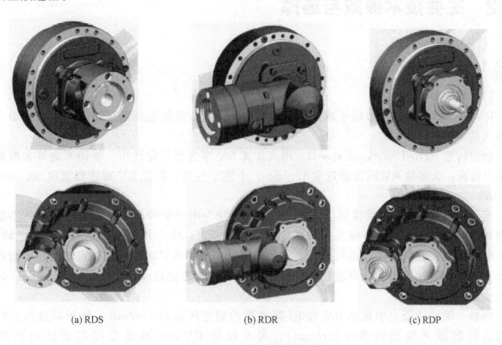

(a) RDS　　　　　　　　(b) RDR　　　　　　　　(c) RDP

图 5.1.4　RD2 系列减速箱

纳博特斯克 GH 高速型 RV 减速箱（简称高速减速箱）如图 5.1.5 所示。这种减速箱的减速比较小、输出转速较高，RV 减速器的第 1 级正齿轮基本不起减速作用，因此，其太阳轮直径较大，故多采用芯轴和太阳轮分离型结构，两者通过花键进行连接。GH 系列高速减速箱的芯轴输入一般为标准轴孔连接；输出可选择法兰、输出轴 2 种连接方式。GH 减速器的减速比一般只有 10~30，其额定输出转速为标准型的 3.3 倍，过载能力为标准型的 1.4 倍，故常用于转速相对较高的工业机器人上臂、手腕等关节驱动。

纳博特斯克 RS 扁平型减速箱（简称扁平减速箱）如图 5.1.6 所示，它是该公司近年开发的新产品。为了减小厚度，扁平减速箱的驱动电机统一采用径向安装，芯轴为中空。RS 系列扁平减速箱的额定输出转矩高（可达 8820N·m）、额定转速低（一般为 10r/min）、承载能力强（载重可达 9000kg）；故可用于大规格搬运、装卸、码垛工业机器人的机身、中型机器人的腰关节驱动，或直接作为回转变位器使用。

图 5.1.5 GH 高速型减速箱

图 5.1.6 RS 扁平型减速箱

5.2 主要技术参数与选择

5.2.1 主要技术参数

(1) 额定参数

RV 减速器的额定参数用于减速器选择与理论计算，参数包括额定转速、额定转矩、额定输入功率等。

额定转速（rated rotational speed） 用来计算 RV 减速器额定转矩、使用寿命等参数的理论输出转速，大多数 RV 减速器选取 15r/min；个别小规格、高速 RV 减速器选取 30r/min 或 50r/min。

需要注意的是：RV 减速器额定转速的定义方法与电动机等产品有所不同，它并不是减速器长时间连续运行时允许输出的最高转速。一般而言，中小规格 RV 减速器的额定转速，通常低于减速器长时间连续运行的最高输出转速；大规格 RV 减速器的额定转速，可能高于减速器长时间连续运行的最高输出转速，但必须低于减速器以 40%工作制、断续工作时的最高输出转速。

例如，纳博特斯克中规格 RV-100N 减速器的额定转速为 15r/min，低于减速器长时间连续运行的最高输出转速（35r/min）；而大规格 RV-500 减速器的额定转速同样为 15r/min，但其长时间连续运行的最高输出转速只能达到 11r/min，而 40%工作制、断续工作时的最高输出转速为 25r/min 等。

额定转矩（rated torque） 额定转矩是假设 RV 减速器以额定输出转速连续工作时的最大输出转矩值。

纳博特斯克 RV 减速器的规格代号，通常以额定输出转矩的近似值（单位 1kgf·m，即 10N·m）表示。例如，纳博特斯克 RV-100 减速器的额定输出转矩约为 1000N·m（100kgf·m）等。

额定输入功率（rated input power） RV 减速器的额定功率又称额定输入容量（rated input capacity），它是根据减速器额定输出转矩、额定输出转速、理论传动效率计算得到的减速器输入功率理论值，其计算式如下：

$$P_i = \frac{NT}{9550\eta} \tag{5-1}$$

式中 P_i——输入功率，kW；

N——输出转速，r/min；

T——输出转矩，N·m；

η——减速器理论传动效率，通常取 $\eta=0.7$。

最大输出转速（permissible max value of output rotational speed）　最大输出转速又称允许（或容许）输出转速，它是减速器在空载状态下，长时间连续运行所允许的最高输出转速值。

RV减速器的最大输出转速主要受温升限制，如减速器断续运行，实际输出转速值可大于最大输出转速，为此，某些产品提供了连续（100％工作制）、断续（40％工作制）两种典型工作状态的最大输出转速值。

(2) 转矩参数

RV减速器的输出转矩参数包括额定输出转矩、启制动峰值转矩、瞬间最大转矩、增速启动转矩、空载运行转矩等。额定输出转矩的含义见前述，其他参数含义如下。

启制动峰值转矩（peak torque for start and stop）　RV减速器加减速时，短时间允许的最大负载转矩。

纳博特斯克RV减速器的启制动峰值转矩，一般按额定输出转矩的2.5倍设计，个别小规格减速器为2倍；故启制动峰值转矩也可直接由额定转矩计算得到。

瞬间最大转矩（maximum momentary torque）　RV减速器工作出现异常（如负载出现碰撞、冲击）时，保证减速器不损坏的瞬间极限转矩。

纳博特斯克RV减速器的瞬间最大转矩，通常按启制动峰值转矩的2倍设计，故也可直接由启制动峰值转矩计算得到，或按减速器额定输出转矩的5倍计算得到，个别小规格减速器为额定输出转矩的4倍。

额定输出转矩、启制动峰值转矩、瞬间最大转矩的含义如图5.2.1所示。

增速启动转矩（on overdrive starting torque）　在环境温度为30℃、采用规定润滑的条件下，RV减速器用于空载、增速运行时，在输出侧（如芯轴）开始运动的瞬间，所测得的输入侧（如输出法兰）需要施加的最大转矩值。

空载运行转矩（On no-load running torque）：RV减速器的基本空载运行转矩是在环境温度为30℃、使用规定润滑的条件下，减速器采用标准安装、减速运行时，所测得的输入转矩折算到输出侧的输出转矩值。

RV减速器实际工作时的空载运行转矩与输出转速、环境温度、减速器减速比有关，输出转速越高、环境温度越低、减速比越小，空载运行转矩就越大。为此，RV减速器生产厂家通常需要提供图5.2.2（a）所示的

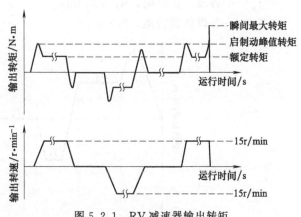

图5.2.1　RV减速器输出转矩

基本空载运行转矩曲线，以及图5.2.2（b）所示的低温工作修整曲线。

RV减速器的低温修整曲线一般是在-10～+20℃环境温度下，以2000r/min输入转速空载运行时的实测值，低温修整曲线中的转矩可能折算到输出侧，也可能直接以输入转矩的形式提供。

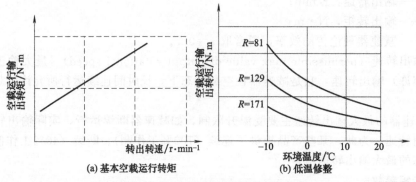

图 5.2.2 RV 减速器空载运行转矩曲线

(3) 负载参数

负载参数是用于 RV 减速器选型的理论计算值，负载参数包括负载平均转矩和负载平均转速 2 项。

负载平均转矩（average load torque）和负载平均转速（average output rotational speed）是减速器实际工作时，输出侧的等效负载转矩和等效负载转速，它需要根据减速器的实际运行状态计算得到。对于图 5.2.3 所示的减速器实际运行曲线，其计算式如下。

$$T_{av} = \sqrt[\frac{10}{3}]{\frac{n_1 t_1 |T_1|^{\frac{10}{3}} + n_2 t_2 |T_2|^{\frac{10}{3}} + \cdots + n_n t_n |T_n|^{\frac{10}{3}}}{n_1 t_1 + n_2 t_2 + \cdots + n_n t_n}}$$

$$N_{av} = \frac{n_1 t_1 + n_2 t_2 + \cdots + n_n t_n}{t_1 + t_2 + \cdots + t_n} \tag{5-2}$$

式中 T_{av}——负载平均转矩，N·m；

         N_{av}——负载平均转速，r/min；

         n_n——各段工作转速，r/min；

         t_n——各段工作时间，h、s 或 min；

         T_n——各段负载转矩，N·m。

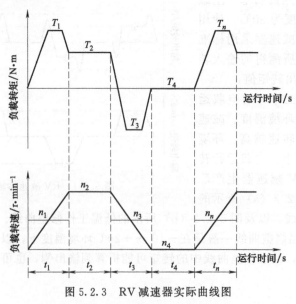

图 5.2.3 RV 减速器实际曲线图

(4) 使用寿命

RV 减速器的使用寿命通常以额定寿命（rated life）参数表示，它是指 RV 减速器在正常使用时，出现 10%产品损坏的理论使用时间。纳博特斯克 RV 减速器的理论使用寿命一般为 6000h。

RV 减速器实际使用寿命与实际工作时的负载转矩、输出转速有关。纳博特斯克 RV 减速器的计算式如下：

$$L_h = L_n \left(\frac{T_0}{T_{av}}\right)^{\frac{10}{3}} \frac{N_0}{N_{av}} \tag{5-3}$$

式中　L_h——减速器实际使用寿命，h；

　　　　L_n——减速器额定寿命，h，通常取 $L_n = 6000$h；

　　　　T_0——减速器额定输出转矩，N·m；

　　　　T_{av}——负载平均转矩，N·m；

　　　　N_0——减速器额定输出转速，r/min；

　　　　N_{av}——负载平均转速，r/min。

式中的负载平均转矩 T_{av}、负载平均转速 N_{av} 应根据图 5.2.3、式（5-2）计算得到。

(5) 强度

强度（intensity）是指 RV 减速器柔轮的耐冲击能力。RV 减速器运行时如果存在超过启制动峰值转矩的负载冲击（如急停等），将使部件的疲劳加剧、使用寿命缩短。冲击负载不能超过减速器的瞬间最大转矩，否则将直接导致减速器损坏。

RV 减速器的疲劳与冲击次数、冲击负载持续时间有关。纳博特斯克 RV 减速器保证额定寿命的最大允许冲击次数，可通过下式计算：

$$C_{em} = \frac{46500}{Z_4 N_{em} t_{em}} \left(\frac{T_{s2}}{T_{em}}\right)^{\frac{10}{3}} \tag{5-4}$$

式中　C_{em}——最大允许冲击次数；

　　　　T_{s2}——减速器瞬间最大转矩，N·m；

　　　　T_{em}——冲击转矩，N·m；

　　　　Z_4——减速器针轮齿数；

　　　　N_{em}——冲击时的输出转速，r/min；

　　　　T_{em}——冲击时间，s。

(6) 扭转刚度、间隙与空程

RV 减速器的扭转刚度通常以间隙（backlash）、空程（lost motion）、弹性系数（spring constants）表示。

RV 减速器在摩擦转矩和负载转矩的作用下，针轮、针齿销、齿轮等都将产生弹性变形，导致实际输出转角与理论转角间存在误差 θ。弹性变形误差 θ 将随着负载转矩的增加而增大，它与负载转矩的关系为图 5.2.4（a）所示的非线性曲线；为了便于工程计算，实际使用时，通常以图 5.2.4（b）所示的直线段等效。

间隙（backlash）　RV 减速器间隙是传动齿轮间隙，以及减速器空载时（负载转矩 $T = 0$）由本身摩擦转矩所产生的弹性变形误差之和。

空程（lost motion）　RV 减速器空程是在负载转矩为 3%额定输出转矩 T_0 时，减速器所产生的弹性变形误差。

弹性系数（spring constants）　RV 减速器的弹性变形误差与输出转矩的关系通常直接用图 5.2.4（b）所示的直线等效，弹性系数（扭转刚度）值为：

$$K = T_0/\theta_m \qquad (5\text{-}5)$$

式中　θ_m——额定转矩的扭转变形误差，rad；

　　　　K——减速器弹性系数，N·m/rad。

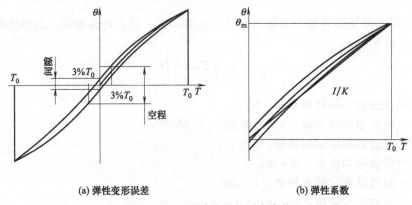

(a) 弹性变形误差　　　　　　　　　(b) 弹性系数

图 5.2.4　RV 减速器的刚度参数

RV 减速器的弹性系数受减速比的影响较小，它原则上只和减速器规格有关，规格越大，弹性系数越高、刚性越好。

(7)　力矩刚度

单元型、齿轮箱型 RV 减速器的输出法兰和针轮间安装有输出轴承，减速器生产厂家需要提供允许最大轴向、负载力矩等力矩刚度参数。基本型减速器无输出轴承，减速器允许的最大轴向、负载力矩等力矩刚度参数，取决于用户传动系统设计及输出轴承选择。

负载力矩（load moment）　当单元型、齿轮箱型 RV 减速器输出法兰承受图 5.2.5 所示的径向载荷 F_1、轴向载荷 F_2，且力臂 $l_3 > b$、$l_2 > c/2$ 时，输出法兰中心线将产生弯曲变形误差 θ_c。

由 F_1、F_2 产生的弯曲转矩称为 RV 减速器的负载力矩，其值为：

$$M_c = (F_1 l_1 + F_2 l_2) \times 10^{-3} \qquad (5\text{-}6)$$

式中　M_c——负载力矩，N·m；

　　　　F_1——径向载荷，N；

　　　　F_2——轴向载荷，N；

　　　　l_1——径向载荷力臂，mm，$l_1 = l + b/2 - a$；

　　　　l_2——轴向载荷力臂，mm。

力矩刚度（moment rigidity）　力矩刚度是衡量 RV 减速器抗弯曲变形能力的参数，计算式如下：

$$K_c = \frac{M_c}{\theta_c} \qquad (5\text{-}7)$$

式中　K_c——减速器力矩刚度，N·m/rad；

　　　　M_c——负载力矩，N·m；

　　　　θ_c——弯曲变形误差，rad。

单元型、齿轮箱型 RV 减速器的径向载荷、轴向载荷受减速器部件结构的限制，生产厂家通常需要提供图 5.2.6 所示的轴向载荷/负载力矩曲线，减速器正常使用时的轴向载荷、负载力矩均不得超出曲线范围。

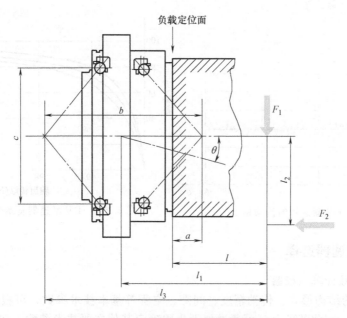

图 5.2.5 RV 减速器的弯曲变形误差

RV 减速器允许的瞬间最大负载力矩通常为正常使用最大负载力矩 M_c 的 2 倍，例如，图 5.2.6 减速器的瞬间最大负载力矩为 2150×2=4300N·m 等。

(8) 传动精度

传动精度（angle transmission accuracy）是指 RV 减速器采用针轮固定、芯轴输入、输出法兰连接负载标准减速安装方式，在图 5.2.7 所示的、任意 360°输出范围上的实际输出转角和理论输出转角间的最大误差值 θ_{er} 衡量，计算式如下：

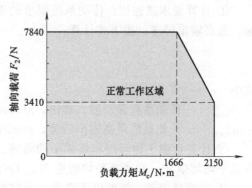

图 5.2.6 RV 减速器允许的负载力矩

$$\theta_{er} = \theta_2 - \frac{\theta_1}{R} \tag{5-8}$$

式中　θ_{er}——传动精度，rad；

　　　θ_2——实际输出转角，rad；

　　　R——基本减速比。

传动精度与传动系统设计、负载条件、环境温度、润滑等诸多因素有关，说明书、手册提供的传动精度通常只是 RV 减速器在特定条件下运行的参考值。

(9) 效率

RV 减速器的传动效率与输出转速、负载转矩、工作温度、润滑条件等诸多因素有关；通常而言，在同样的工作温度和润滑条件下，输出转速越低、输出转矩越大，减速器的效率就越高。RV 减速器生产厂家通常需要提供图 5.2.8 所示的基本传动效率曲线。

RV 减速器的基本传动效率曲线是在环境温度 30℃、使用规定润滑时，减速器在特定输出转速（如 10r/min、30r/min、60r/min）下的传动效率/输出转矩曲线。

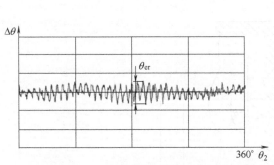

图 5.2.7 RV 减速器的传动精度

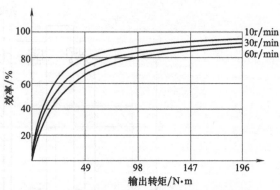

图 5.2.8 RV 减速器基本传动效率曲线

5.2.2 RV 减速器选择

(1) 基本参数计算与校验

RV 减速器的结构形式、传动精度、间隙、空程等基本技术参数,可根据产品的机械传动系统要求确定,在此基础上,可通过如下步骤确定其他主要技术参数、初选产品,并进行主要技术性能的校验。

① 计算要求减速比。传动系统要求的 RV 减速器减速比,可根据传动系统最高输入转速、最高输出转速,按下式计算:

$$r = \frac{n_{imax}}{n_{omax}} \tag{5-9}$$

式中　r——要求减速比;

　　n_{imax}——传动系统最高输入转速,r/min;

　　n_{omax}——传动系统最高输出转速,r/min。

② 计算负载平均转矩和负载平均转速。根据计算式 (5-2),计算减速器实际工作时的负载平均转矩 T_{av} 和负载平均转速 N_{av} (r/min)。

③ 初选减速器。按照以下要求,确定减速器的基本减速比、额定转矩,初步确定减速器型号:

$$R \leqslant r(法兰输出)或 R \leqslant r + 1(针轮输出)$$
$$T_0 \geqslant T_{av} \tag{5-10}$$

式中　R——减速器基本减速比;

　　T_0——减速器额定转矩,N·m;

　　T_{av}——负载平均转矩,N·m。

④ 转速校验。根据以下要求,校验减速器最高输出转速:

$$N_{s0} \geqslant n_{omax} \tag{5-11}$$

式中　N_{s0}——减速器连续工作最高输出转速,r/min;

　　n_{omax}——负载最高转速,r/min。

⑤ 转矩校验。根据以下要求,校验减速器启制动峰值转矩和瞬间最大转矩:

$$T_{s1} \geqslant T_a$$
$$T_{s2} \geqslant T_{em} \tag{5-12}$$

式中　T_{s1}——减速器启制动峰值转矩,N·m;

　　T_a——负载最大启制动转矩,N·m;

T_{s2}——减速器瞬间最大转矩，N·m；

T_{em}——负载最大冲击转矩，N·m。

⑥ 使用寿命校验。根据计算式（5-3），计算减速器实际使用寿命 L_h，校验减速器的使用寿命：

$$L_h \geqslant L_{10} \tag{5-13}$$

式中 L_h——实际使用寿命，h；

L_{10}——额定使用寿命，通常取 6000h。

⑦ 强度校验。根据计算式（5-4）计算减速器最大允许冲击次数 C_{em}，校验减速器的负载冲击次数：

$$C_{em} \geqslant C \tag{5-14}$$

式中 C_{em}——最大允许冲击次数；

C——预期的负载冲击次数。

⑧ 力矩刚度校验。安装有输出轴承的单元型、齿轮箱型 RV 减速器可直接根据生产厂家提供的最大轴向、负载力矩等参数，校验减速器力矩刚度。基本型减速器的最大轴向、负载力矩取决于用户传动系统设计和输出轴承选择，减速器力矩刚度校验在传动系统设计完成后才能进行。

单元型、齿轮箱型 RV 减速器可根据计算式（5-6），计算减速器负载力矩 M_c，并根据减速器的允许力矩曲线，校验减速器的力矩刚度：

$$M_{o1} \geqslant M_c$$

$$F_2 \geqslant F_c \tag{5-15}$$

式中 M_{o1}——减速器允许力矩，N·m；

M_c——负载力矩，N·m。

F_2——减速器允许的轴向载荷，N；

F_c——负载最大轴向力，N。

（2）RV 减速器选择实例

假设减速传动系统的设计要求如下：

① RV 减速器正常运行状态如图 5.2.9 所示。

② 传动系统最高输入转速 n_{imax}：2700r/min。

③ 负载最高输出转速 n_{omax}：20r/min。

④ 设计要求的额定使用寿命：6000h。

⑤ 负载冲击：最大冲击转矩 7000N·m；冲击负载持续时间 0.05s；冲击时的输入转速 20r/min；预期冲击次数 1500 次。

⑥ 载荷：轴向 3000N、力臂 $l = 500$mm；径向 1500N、力臂 $l_2 = 200$mm。

谐波减速器的选择方法如下。

① 要求减速比：$r = \dfrac{2700}{20} = 135$。

② 等效负载转矩和等效输出转速：

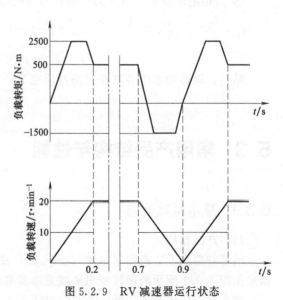

图 5.2.9 RV 减速器运行状态

$$T_{av}=\sqrt[\frac{10}{3}]{\frac{10\times0.2\times|2500|^{\frac{10}{3}}+20\times0.5\times|500|^{\frac{10}{3}}+10\times0.2\times|-1500|^{\frac{10}{3}}}{10\times0.2+20\times0.5+10\times0.2}}=1475(\text{N}\cdot\text{m})$$

$$N_{av}=\frac{10\times0.2+20\times0.5+10\times0.2}{0.2+0.5+0.2}=15.6\ (\text{r/min})$$

③ 初选减速器：初步选择纳博特斯克 RV-160E-129 单元型 RV 减速器，减速器的基本参数如下：

$$R=129\leqslant135$$

$$T_0=1568\text{N}\cdot\text{m}\geqslant1475\text{N}\cdot\text{m}$$

减速器结构参数：针轮齿数 $Z_4=40$；$a=47.8\text{mm}$，$b=210.9\text{mm}$。

④ 转速校验：RV-160E-129 减速器的最高输出转速校验如下：

$$N_{s0}=45\text{r/min}\geqslant20\text{r/min}$$

⑤ 转矩校验：RV-160E-129 启制动峰值转矩和瞬间最大转矩校验如下：

$$T_{s1}=3920\text{N}\cdot\text{m}\geqslant2500\text{N}\cdot\text{m}$$

$$T_{s2}=7840\text{N}\cdot\text{m}\geqslant7000\text{N}\cdot\text{m}$$

⑥ 使用寿命计算与校验：

$$L_h=6000\times\left(\frac{1658}{1457}\right)^{\frac{10}{3}}\times\frac{15}{15.6}=7073\geqslant6000\ (\text{h})$$

⑦ 强度校验：等效负载冲击次数的计算与校验如下：

$$C_{em}=\frac{46500}{40\times20\times0.05}\left(\frac{7840}{7000}\right)^{\frac{10}{3}}=1696\geqslant1500$$

⑧ 力矩刚度校验：负载力矩的计算与校验如下。

$$M_c=\left[3000\times\left(500+\frac{210.9}{2}-47.8\right)+1500\times200\right]\times10^{-3}=2260\ (\text{N}\cdot\text{m})\leqslant3920\text{N}\cdot\text{m}$$

$$F_c=3000\text{N}\leqslant4890\text{N}$$

结论：该传动系统可选择纳博特斯克 RV-160E-129 单元型 RV 减速器。

5.3　常用产品结构与性能

5.3.1　基本型减速器

(1) 产品结构

纳博特斯克 RV 系列基本型（original）减速器是早期工业机器人中的常用产品，减速器采用图 5.3.1 所示的部件型 RV 减速器基本结构，其组成部件及说明可参见 5.1 节。

基本型 RV 减速器的针轮 3 和输出法兰 6 间无输出轴承，因此，减速器使用时，需要用户自行设计、安装输出轴承（如 CRB 轴承）。

RV 系列基本型减速器的产品规格较多，在不同型号的减速器上，其行星齿轮和芯轴结构有如下区别。

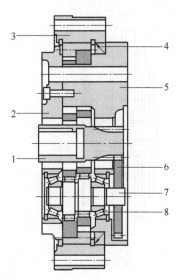

图 5.3.1　RV 系列减速器结构

1—芯轴；2—端盖；3—针轮；4—针齿销；5—RV 齿轮；
6—输出法兰；7—行星齿轮；8—曲轴

① 行星齿轮　增加行星齿轮数量，可减小轮齿单位面积的承载、均化误差，但受减速器结构尺寸的限制。

纳博特斯克 RV 系列减速器的行星齿轮数量与减速器规格有关，RV-30 及以下规格，为图 5.3.2（a）所示的 2 对行星齿轮；RV-60 及以上规格，为图 5.3.2（b）所示的 3 对行星齿轮。

(a) 2对　　　　　　　　　　　　　　　　　　(b) 3对

图 5.3.2　行星齿轮的结构

② 芯轴　RV 减速器的芯轴结构与减速比有关。为了简化结构设计、提高零部件的通用化程度，同规格的 RV 减速器传动比一般通过第 1 级正齿轮速比调整。

减速比 $R \geqslant 70$ 的纳博特斯克 RV 减速器，正齿轮速比大、太阳轮齿数少，减速器采用图 5.3.3（a）所示的结构，太阳轮直接加工在芯轴上，并可从输入侧安装。减速比 $R < 70$ 的纳博特斯克 RV 减速器，正齿轮速比小、太阳轮齿数多，减速器采用图 5.3.3（b）所示的芯轴和太阳轮分离型结构，芯轴和太阳轮通过花键连接，并需要在输出侧安装太阳轮的支承轴承。

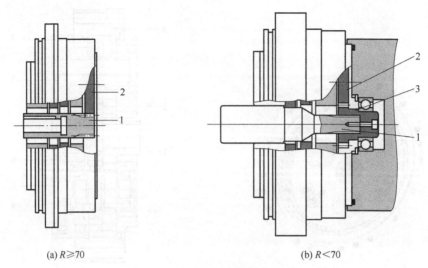

(a) $R \geqslant 70$ (b) $R < 70$

图 5.3.3　芯轴结构

1—芯轴；2—行星齿轮；3—太阳轮

(2) 型号与规格

纳博特斯克 RV 系列基本型减速器的规格、型号如下：

RV - 160   -   101   -   A - B

输出法兰连接方式
B：螺钉连接
T：螺钉、通孔连接

配套芯轴
A：标准芯轴
B：加粗芯轴
Z：无芯轴

规格代号	基本减速比								
15	57	81	105	121	—	141	—	—	—
30	57	81	105	121	—		153	—	—
60	57	81	105	121	—		153	—	—
160	—	81	101		129	145	—	171	—
320	—	81	101	118.5	129	141	—	171	185
450	—	81	101	118.5	129	—	154.8[1]	171	192.4[1]
550	—	—	—	123	—	141	—	163.5	192.4[1]

[1]基本减速比154.8、192.4是实际减速比2013/13、1347/7的近似值。

(3) 主要技术参数

纳博特斯克 RV 系列基本型减速器的主要技术参数如表 5.3.1 所示。

表 5.3.1　RV 系列基本型减速器主要技术参数

规格代号	15	30	60	160	320	450	550
基本减速比	见型号						
额定输出转速/r·min^{-1}	15						
额定输出转矩/N·m	137	333	637	1568	3136	4410	5390
额定输入功率/kW	0.29	0.70	1.33	3.28	6.57	9.24	11.29
启制动峰值转矩/N·m	274	833	1592	3920	7840	11025	15475
瞬间最大转矩/N·m	686	1666	3185	6615	12250	18620	26950
最高输出转速/r·min^{-1}	60	50	40	45	35	25	20
空程、间隙/$\times 10^{-4}$rad	2.9						

续表

传动精度参考值/×10^{-4}rad	2.4～3.4						
弹性系数/(×10^4 N·m/rad)	13.5	33.8	67.6	135	338	406	574
额定寿命/h	6000						
质量/kg	3.6	6.2	9.7	19.5	34	47	72

5.3.2 标准单元型减速器

(1) 产品结构

纳博特斯克 RV E 系列标准单元型减速器的结构如图 5.3.4 所示。

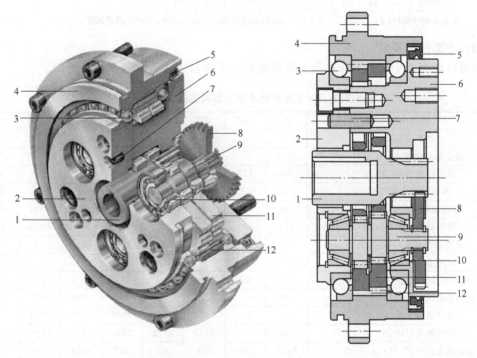

图 5.3.4 RV E 标准单元型减速器结构
1—芯轴；2—端盖；3—输出轴承；4—壳体（针轮）；5—密封圈；6—输出法兰（输出轴）；
7—定位销；8—行星齿轮；9—曲轴组件；10—滚针轴承；11—RV 齿轮；12—针齿销

RV E 系列标准单元型减速器的输出法兰 6 和壳体（针轮）4 间，安装有一对高精度、高刚性的角接触球轴承 3，使得输出法兰 6 可以同时承受径向和双向轴向载荷，且能够直接连接负载。

标准单元型减速器其他部件的结构、作用与 RV 基本减速器相同。减速器的行星齿轮数量与规格有关，RV-40E 及以下规格为 2 对行星齿轮；RV-80E 及以上规格为 3 对行星齿轮。减速器的芯轴结构决定于减速比，减速比 $R \geqslant 70$ 的减速器，太阳轮直接加工在输入芯轴上；减速比 $R < 70$ 的减速器，采用输入芯轴和太阳轮分离型结构，芯轴和太阳轮通过花键连接，并需要在输出侧安装太阳轮的支承轴承。

(2) 型号与规格

纳博特斯克 RV E 系列标准单元型减速器的规格、型号如下：

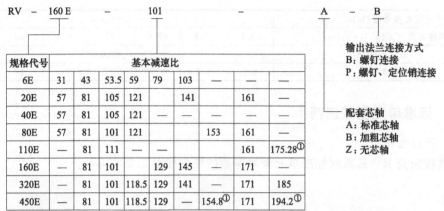

RV — 160E — 101 — A - B

输出法兰连接方式
B：螺钉连接
P：螺钉、定位销连接

配套芯轴
A：标准芯轴
B：加粗芯轴
Z：无芯轴

规格代号	基本减速比								
6E	31	43	53.5	59	79	103	—	—	—
20E	57	81	105	121		141		161	—
40E	57	81	105	121	—	—	—	—	—
80E	57	81	101	121			153	161	—
110E	—	81	111					161	175.28①
160E	—	81	101		129	145		171	—
320E	—	81	101	118.5	129	141	—	171	185
450E	—	81	101	118.5	129	—	154.8①	171	194.2①

①基本减速比154.8、175.28、192.4分别是实际减速比2013/13、1227/7、1347/7的近似值。

(3) 主要技术参数

纳博特斯克 RV E 系列标准单元型减速器的主要技术参数如表 5.3.2 所示。

表 5.3.2 RV E 系列标准单元型减速器主要技术参数

规格代号	6E	20E	40E	80E	110E	160E	320E	450E
基本减速比	见型号							
额定输出转速/r·min⁻¹	30	15						
额定输出转矩/N·m	58	167	412	784	1078	1568	3136	4410
额定输入功率/kW	0.25	0.35	0.86	1.64	2.26	3.28	6.57	9.24
启制动峰值转矩/N·m	117	412	1029	1960	2695	3920	7840	11025
瞬间最大转矩/N·m	294	833	2058	3920	5390	7840	15680	22050
最高输出转速/r·min⁻¹	100	75	70	70	50	45	35	25
空程、间隙/×10⁻⁴rad	4.4	2.9						
传动精度参考值/×10⁻⁴rad	5.1	3.4	2.9	2.4	2.4	2.4	2.4	2.4
弹性系数/(×10⁴ N·m /rad)	6.90	16.9	37.2	67.6	101	135	338	406
允许负载力矩/N·m	196	882	1666	2156	2940	3920	7056	8820
瞬间最大力矩/N·m	392	1764	3332	4312	5880	7840	14112	17640
力矩刚度/(×10⁴ N·m /rad)	40.3	128	321	406	507	1014	1690	2568
最大轴向载荷/N	1470	3920	5194	7840	10780	14700	19600	24500
额定寿命/h	6000							
质量/kg	2.5	4.7	9.3	13.1	17.4	26.4	44.3	66.4

5.3.3 紧凑单元型减速器

(1) 产品结构

纳博特斯克 RV N 系列紧凑单元型减速器是在 RV E 系列标准型减速器的基础上，发展起来的轻量级、紧凑型产品，减速器的结构如图 5.3.5 所示。

RV N 系列紧凑单元型减速器的行星齿轮采用了敞开式安装，芯轴可直接从行星齿轮侧输入、不需要穿越减速器，加上减速器输出法兰轴向长度较短，因此，减速器体积、重量与同规格的标准型减速器相比，分别减少了 8%～20%、16%～36%。

纳博特斯克 RV N 系列紧凑单元型减速器的行星齿轮数量均为 3 对，标准产品仅提供配套的芯轴半成品，用户可根据输入轴的形状、尺寸补充加工轴孔及齿轮。

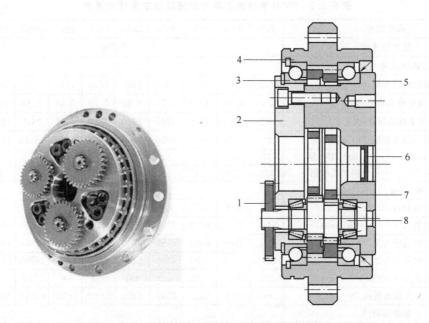

图 5.3.5 RVN 紧凑单元型减速器结构

1—行星齿轮；2—端盖；3—输出轴承；4—壳体（针轮）；5—输出法兰（输出轴）；

6—密封盖；7—RV 齿轮；8—曲轴

RVN 系列紧凑单元型减速器的芯轴安装调整方便、维护容易，使用灵活，目前已逐步替代标准单元型减速器，在工业机器人上得到越来越多的应用。

(2) 型号与规格

纳博特斯克 RVN 系列紧凑单元型减速器的规格、型号如下：

RV – 80N – 101 – A

规格代号	基本减速比						
25N	41	81	107.66	126	137	—	164.07	—
42N	41	81	105	126	141	—	164.07	—
60N	41	81	102.17	121	145.61	—	161	—
80N	41	81	101	129	141	—	171	—
100N	41	81	102.17	121	141	—	161	—
125N	41	81	102.17	121	145.61	—	161	—
160N	41	81	102.81	125.21	—	156	—	201
380N	—	75	93	117	139	—	162	185
500N	—	81	105	123	144	159	—	192.75
700N	—	—	105	118	142.44	159	183	203.52

配套芯轴
A：标准芯轴
B：加粗芯轴
Z：无芯轴

减速比近似值：323/3≈107.66；2133/13≈164.07；1737/17≈102.17；1893/13≈145.61；1131/11≈102.81；2379/19≈125.21；3867/19≈203.52。

(3) 主要技术参数

纳博特斯克 RVN 系列紧凑单元型减速器的主要技术参数如表 5.3.3 所示。

表 5.3.3 RV N 系列紧凑单元型减速器主要技术参数

规格代号		25N	42N	60N	80N	100N	125N	160N	380N	500N	700N
基本减速比		见型号									
额定输出转速/r·min⁻¹		15									
额定输出转矩/N·m		245	412	600	784	1000	1225	1600	3724	4900	7000
额定输入功率/kW		0.55	0.92	1.35	1.76	2.24	2.75	3.59	8.36	11.0	15.71
启制动峰值转矩/N·m		612	1029	1500	1960	2500	3062	4000	9310	12250	17500
瞬间最大转矩/N·m		1225	2058	3000	3920	5000	6125	8000	18620	24500	35000
最高输出转速 /r·min⁻¹	100%工作制	57	52	44	40	35	35	19	11.5	11	7.5
	40%工作制	110	100	94	88	83	79	48	27	25	19
空程、间隙/×10⁻⁴rad		2.9									
传动精度/×10⁻⁴rad		3.4	2.9	2.4	2.4	2.4	2.4	2.4	2.4	2.4	2.4
弹性系数/(×10⁴ N·m /rad)		21.0	39.0	69.0	73.1	108	115	169	327	559	897
允许负载力矩/N·m		784	1660	2000	2150	2700	3430	4000	7050	11000	15000
瞬间最大力矩/N·m		1568	3320	4000	4300	5400	6860	8000	14100	22000	30000
力矩刚度/(×10⁴ N·m /rad)		183	290	393	410	483	552	707	1793	2362	3103
最大轴向载荷/N		2610	5220	5880	6530	9000	13000	14700	25000	32000	44000
额定寿命/h		6000									
质量/kg		3.8	6.3	8.9	9.3	13.0	13.9	22.1	44	57.2	102

5.3.4 中空单元型减速器

(1) 产品结构

纳博特斯克 RV C 系列中空单元型减速器是标准单元型减速器的变形产品，减速器的结构如图 5.3.6 所示。

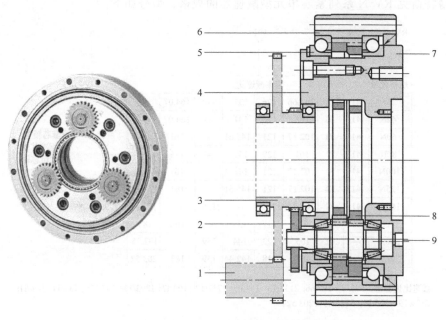

图 5.3.6 RV C 中空单元型减速器结构

1—输入轴；2—行星齿轮；3—双联太阳轮；4—端盖；5—输出轴承；6—壳体（针轮）；

7—输出法兰（输出轴）；8—RV 齿轮；9—曲轴

　　RVC系列中空单元型减速器的RV齿轮、端盖、输出法兰均采用大直径中空结构，行星齿轮采用敞开式安装，芯轴可直接从行星齿轮侧输入、不需要穿越减速器。减速器的行星齿轮数量与规格有关，RV-50C及以下规格为2对行星齿轮；RV-100C及以上规格为3对行星齿轮。

　　中空单元型减速器的内部，通常需要布置管线或其他传动轴，因此，行星齿轮一般采用图5.3.6所示的中空双联太阳轮3输入，输入轴1与减速器为偏心安装。减速器的端盖4、输出法兰7内侧，均加工有安装双联太阳轮支承、输出轴连接的安装定位面、螺孔；双联太阳轮及其支承部件，通常由用户自行设计制造。

　　中空单元型减速器的输入轴和行星齿轮间有2级齿轮传动。由于中空双联太阳轮的直径较大，因此，双联太阳轮和行星齿轮间通常为升速；而输入轴和双联太阳轮则为大比例减速。

　　中空单元型减速器的双联太阳轮和行星齿轮、输入轴和双联太阳轮的速比，需要用户根据实际传动系统结构自行设计，因此，减速器生产厂家只提供基本的RV齿轮减速比及传动精度等参数，减速器的最终减速比、传动精度，取决于用户的输入轴和双联太阳轮结构设计和制造精度。

(2) 型号与规格

纳博特斯克RVC系列中空单元型减速器的规格、型号如下：

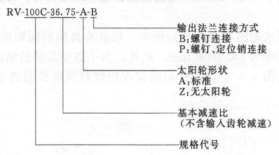

```
RV-100C-36.75-A-B
```

- 输出法兰连接方式
  - B：螺钉连接
  - P：螺钉、定位销连接
- 太阳轮形状
  - A：标准
  - Z：无太阳轮
- 基本减速比（不含输入齿轮减速）
- 规格代号

(3) 主要技术参数

纳博特斯克RVC系列中空单元型减速器的主要技术参数如表5.3.4所示。

表5.3.4　RVC系列中空单元型减速器主要技术参数

规格代号	10C	27C	50C	100C	200C	320C	500C
基本减速比(不含输入轴减速)	27	36.57[1]	32.54[1]	36.75	34.86[1]	35.61[1]	37.34[1]
额定输出转速/r·min⁻¹	15						
额定输出转矩/N·m	98	265	490	980	1960	3136	4900
额定输入功率/kW	0.21	0.55	1.03	2.05	4.11	6.57	10.26
启制动峰值转矩/N·m	245	662	1225	2450	4900	7840	12250
瞬间最大转矩/N·m	490	1323	2450	4900	9800	15680	24500
最高输出转速/r·min⁻¹	80	60	50	40	30	25	20
空程与间隙/×10⁻⁴rad	2.9						
传动精度参考值/×10⁻⁴rad	1.2~2.9						
弹性系数/(×10⁴N·m/rad)	16.2	50.7	87.9	176	338	676	1183
允许负载力矩/N·m	686	980	1764	2450	8820	20580	34300
瞬间最大力矩/N·m	1372	1960	3528	4900	17640	39200	78400
力矩刚度/(×10⁴N·m/rad)	145	368	676	970	3379	4393	8448
最大轴向载荷/N	5880	8820	11760	13720	19600	29400	39200
额定寿命/h	6000						
本体惯量/×10⁻⁴kg·m²	0.138	0.550	1.82	4.75	13.9	51.8	99.6
太阳轮惯量/×10⁻⁴kg·m²	6.78	5.63	36.3	95.3	194	405	1014
本体质量/kg	4.6	8.5	14.6	19.5	55.6	79.5	154

　　① 基本减速比 36.57、32.54、34.86、35.61、37.34 分别是实际减速比 1390/38、1985/61、1499/43、2778/78、3099/83 的近似值。

5.4 RV减速器安装维护

5.4.1 基本安装要求

RV减速器的安装主要包括芯轴（输入轴）连接、减速器（壳体）安装、负载（输出轴）连接等内容。减速器安装、负载连接的要求与减速器结构型式有关，有关内容参见后述；RV减速器芯轴的安装、连接及减速器的固定，是基本型、单元型RV减速器安装的基本要求，统一说明如下。

(1) 芯轴连接

在绝大多数情况下，RV减速器的芯轴都和电机轴连接，两者的连接形式与驱动电机输出轴的形状有关，常用的连接形式有以下2种。

① 平轴连接。中大规格伺服电机的输出轴通常为平轴，且有带键或不带键、带中心孔或无中心孔等形式。由于工业机器人的负载惯量、输出转矩很大，因此，电机轴通常应选配平轴带键结构。

芯轴的加工公差要求如图5.4.1（a）所示，轴孔和外圆的同轴度要求为 $a \leqslant 0.050\text{mm}$，太阳轮对轴孔的跳动要求为 $b \leqslant 0.040\text{mm}$。此外，为了防止芯轴的轴向窜动、避免运行过程中的脱落，芯轴应通过图5.4.1（b）所示的键固定螺钉或电机轴的中心孔螺钉，进行轴向定位与固定。

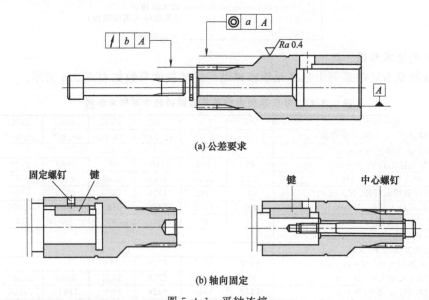

(a) 公差要求

(b) 轴向固定

图5.4.1　平轴连接

② 锥轴连接。小规格伺服电机的输出轴通常为带键锥轴。由于RV减速器的芯轴通常较长，它一般不能用电机轴的前端螺母紧固，为此，需要通过图5.4.2所示的螺杆或转换套，加长电机轴、并对芯轴进行轴向定位、固定。锥孔芯轴的太阳轮对锥孔跳动要求为 $d \leqslant 0.040\text{mm}$；螺杆、转换套的安装间隙要求为 $a \geqslant 0.25\text{mm}$、$b \geqslant 1\text{mm}$、$c \geqslant 0.25\text{mm}$。

图5.4.2（a）为通过螺杆加长电机轴的方法。螺杆的一端通过内螺纹孔与电机轴连接；

另一端可通过外螺纹及螺母、弹簧垫圈，进行轴向定位、固定芯轴。图 5.4.2（b）为通过转换套加长电机轴的方法。转换套的一端通过内螺纹孔与电机轴连接；另一端可通过内螺纹孔及中心螺钉 1，轴向定位、固定芯轴。

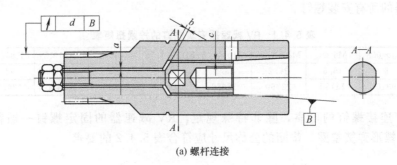

(a) 螺杆连接

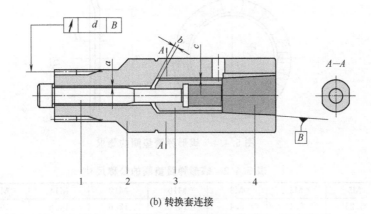

(b) 转换套连接

图 5.4.2 锥轴连接

1—螺钉；2—芯轴；3—转换套；4—电机轴

(2) 芯轴安装

RV 减速器的芯轴一般需要连同电机装入减速器，安装时必须保证太阳轮和行星轮间的啮合良好。特别对于只有 2 对行星齿轮的小规格 RV 减速器，由于太阳轮无法利用行星齿轮进行定位，如芯轴装入时出现偏移或歪斜，就可能导致出现图 5.4.3 所示的错误啮合，从而损坏减速器。

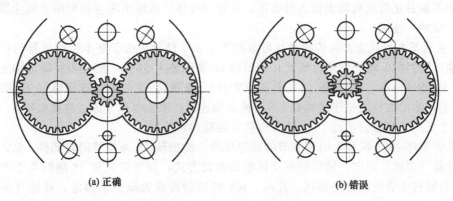

(a) 正确   (b) 错误

图 5.4.3 行星齿轮啮合要求

(3) 减速器固定

为了保证连接螺钉可靠固定，安装 RV 减速器时，应使用拧紧扭矩可调的扭力扳手拧紧连接螺钉。不同规格的减速器安装螺钉，其拧紧扭矩要求如表 5.4.1 所示，表中的扭矩适用于 RV 减速器的所有安装螺钉。

表 5.4.1　RV 减速器安装螺钉的拧紧扭矩表

螺钉规格	M5×0.8	M6×1	M8×1.25	M10×1.5	M12×1.75	M14×2	M16×2	M18×2.5	M20×2.5
扭矩/N·m	9	15.6	37.2	73.5	128	205	319	441	493
锁紧力/N	9310	13180	23960	38080	55100	75860	103410	126720	132155

为了保证连接螺钉的可靠，除非特殊规定，RV 减速器的固定螺钉一般都应选择图 5.4.4 所示的蝶形弹簧垫圈，垫圈的公称尺寸应符合表 5.4.2 的要求。

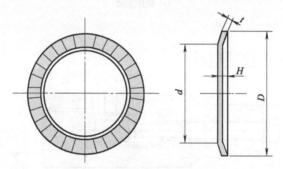

图 5.4.4　蝶形弹簧垫圈的要求

表 5.4.2　蝶形弹簧垫圈的公称尺寸　　　　　　　　　mm

螺钉规格	M5	M6	M8	M10	M12	M14	M16	M20
d	5.25	6.4	8.4	10.6	12.6	14.6	16.9	20.9
D	8.5	10	13	16	18	21	24	30
t	0.6	1.0	1.2	1.5	1.8	2.0	2.3	2.8
H	0.85	1.25	1.55	1.9	2.2	2.5	2.8	3.55

5.4.2　基本型减速器安装维护

(1) 传动系统设计

RV 减速器的安装与传动系统设计有关，工业机器人的 RV 减速器均用于减速，因此，减速器的芯轴总是与电机轴或输入轴连接，针轮（壳体）或输出法兰则可用于减速器固定或输出轴（负载）连接。

RV 系列基本型减速器的传动系统可参照图 5.4.5 设计。由于基本型减速器的针轮（壳体）和输出法兰间无输出轴承，因此，输出轴 15 和安装座 14 间，需要安装输出轴支承轴承 3（通常为 CRB 轴承）。减速器 13 的针轮（壳体）、电机座 12 可通过连接螺钉 7，固定在安装座 14 上；输出法兰通过连接螺钉 1，与输出轴连接；驱动电机 9 通过连接螺钉 8，固定在电机座 12 上；减速器的芯轴 10 直接与电机 9 的输出轴连接。

如果安装座 14 为机器人回转关节的固定部件、输出轴 15 为关节回转部件，RV 减速器将成为针轮（壳体）固定、输出轴驱动负载的安装方式。如果安装座 14 随同关节回转，输出轴 15 与回转关节固定部件连接，此时，RV 减速器将成为输出轴固定、针轮（壳体）驱动负载的安装方式。

为了方便使用、保持环境清洁，工业机器人通常采用润滑脂润滑，因此，RV 减速器的

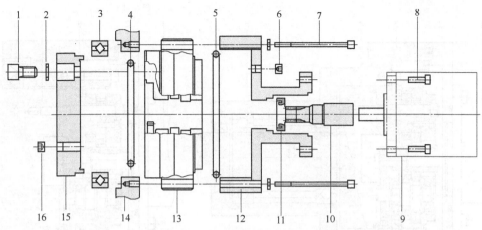

图 5.4.5 RV 系列减速器传动系统

1,7,8—螺钉；2—垫圈；3—CRB 轴承；4,5,11—密封圈；6,16—润滑堵；9—电机；
10—芯轴；12—电机座；13—减速器；14—安装座；15—输出轴

电机座 12 和输出轴 15 上，需要加工润滑脂充填孔；充填完成后，通过润滑堵 6、16，密封润滑脂充填孔。输出轴 15 和输出法兰间、针轮（壳体）和电机座 12 间、输入轴 10 和电机座 12 间，需要通过密封圈 4、5、11 进行可靠密封。

基本型 RV 减速器的安装公差要求如图 5.4.6、表 5.4.3 所示。

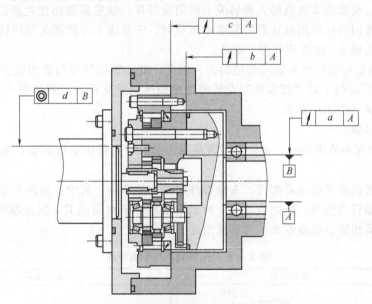

图 5.4.6 RV 系列减速器的安装公差要求

表 5.4.3 RV 系列减速器的安装公差要求   mm

规格	15	30	60	160	320	450	550
a	0.020	0.020	0.050	0.050	0.050	0.050	0.050
b	0.020	0.020	0.030	0.030	0.030	0.030	0.030
c	0.020	0.020	0.030	0.030	0.050	0.050	0.050
d	0.050	0.050	0.050	0.050	0.050	0.050	0.050

(2) 负载连接

基本型 RV 减速器的负载连接要求如图 5.4.7 所示。

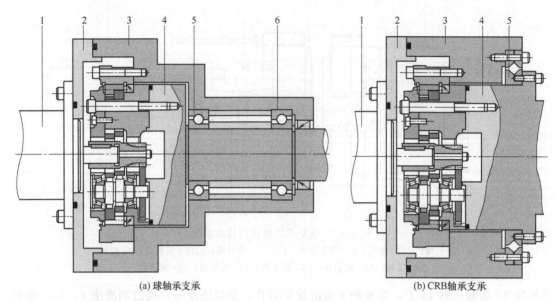

(a) 球轴承支承　　　　　　　　　　(b) CRB轴承支承

图 5.4.7　负载连接要求

1—电机；2—电机座；3—安装座；4—输出轴；5,6—输出轴承

机器人的关节回转部件（负载）可通过 RV 减速器的输出法兰或针轮驱动。利用输出法兰驱动负载时，安装座 3 为机器人回转关节的固定部件，减速器输出法兰通过输出轴 4，驱动关节回转部件回转；利用减速器针轮驱动负载时，安装座 3 可随同关节回转，减速器的输出法兰通过输出轴 4，连接关节固定部件。

RV 减速器运行时将产生轴向和径向力，因此，减速器安装座与输出法兰间，需要采用图 5.4.7（a）所示的 1 对"背靠背"安装的角接触球轴承支承，或利用图 5.4.7（b）所示的交叉滚子轴承（CRB）支承。

（3）安装步骤

RV 减速器安装或更换时，通常应先连接输出负载，再依次进行芯轴、电机座、电机等部件的安装。

减速器安装前必须清洁零部件、去除部件定位面的杂物、灰尘、油污和毛刺；然后，使用规定的安装螺钉及垫圈，按照表 5.4.4 所示的步骤，依次完成 RV 减速器的安装。RV 减速器螺钉的拧紧扭矩、垫圈要求，可参见前述。

表 5.4.4　RV 减速器的安装步骤

序号	安装示意	安装说明
1	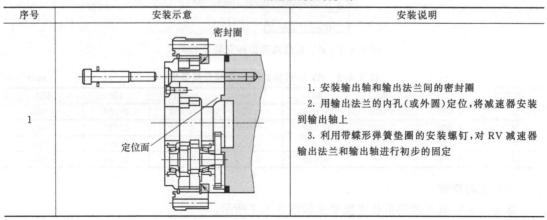	1. 安装输出轴和输出法兰间的密封圈 2. 用输出法兰的内孔（或外圆）定位，将减速器安装到输出轴上 3. 利用带蝶形弹簧垫圈的安装螺钉，对 RV 减速器输出法兰和输出轴进行初步的固定

续表

序号	安装示意	安装说明
2	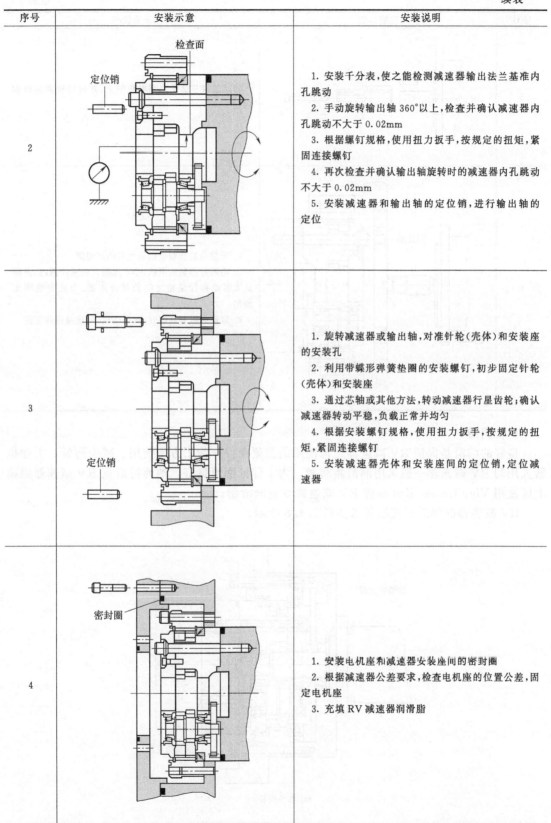	1. 安装千分表，使之能检测减速器输出法兰基准内孔跳动 2. 手动旋转输出轴360°以上，检查并确认减速器内孔跳动不大于0.02mm 3. 根据螺钉规格，使用扭力扳手，按规定的扭矩，紧固连接螺钉 4. 再次检查并确认输出轴旋转时的减速器内孔跳动不大于0.02mm 5. 安装减速器和输出轴的定位销，进行输出轴的定位
3		1. 旋转减速器或输出轴，对准针轮(壳体)和安装座的安装孔 2. 利用带蝶形弹簧垫圈的安装螺钉，初步固定针轮(壳体)和安装座 3. 通过芯轴或其他方法，转动减速器行星齿轮，确认减速器转动平稳，负载正常并均匀 4. 根据安装螺钉规格，使用扭力扳手，按规定的扭矩，紧固连接螺钉 5. 安装减速器壳体和安装座间的定位销，定位减速器
4		1. 安装电机座和减速器安装座间的密封圈 2. 根据减速器公差要求，检查电机座的位置公差，固定电机座 3. 充填RV减速器润滑脂

序号	安装示意	安装说明
5	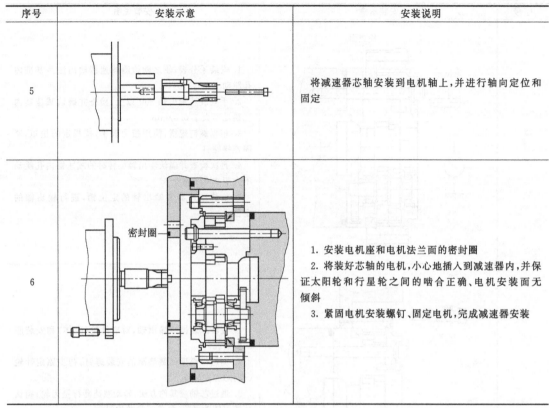	将减速器芯轴安装到电机轴上，并进行轴向定位和固定
6		1. 安装电机座和电机法兰面的密封圈 2. 将装好芯轴的电机，小心地插入到减速器内，并保证太阳轮和行星轮之间的啮合正确、电机安装面无倾斜 3. 紧固电机安装螺钉、固定电机，完成减速器安装

(4) 润滑

良好的润滑是保证 RV 减速器正常使用的重要条件，为了方便使用、减少污染，工业机器人用的 RV 减速器一般采用润滑脂润滑。为了保证润滑良好，纳博特斯克 RV 减速器原则上应使用 Vigo Grease Re0 品牌 RV 减速器专业润滑脂。

RV 减速器的润滑脂充填要求如图 5.4.8 所示。

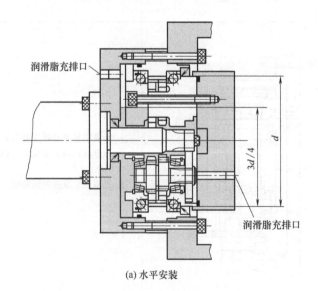

(a) 水平安装

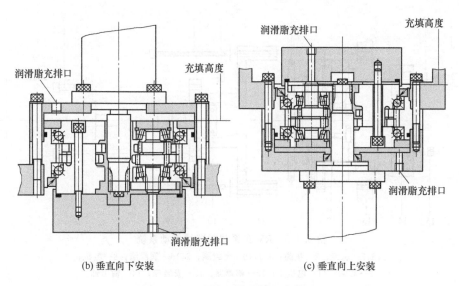

(b) 垂直向下安装　　　　　　　　　(c) 垂直向上安装

图 5.4.8　RV 减速器润滑脂充填要求

水平安装的 RV 减速器应按图 5.4.8（a）充填润滑脂，润滑脂的充填高度应超过输出法兰直径的 3/4，以保证输出轴承、行星齿轮、曲轴、RV 齿轮、输入轴等旋转部件都能得到充分的润滑。

垂直向下安装的 RV 减速器应按图 5.4.8（b）充填润滑脂，润滑脂的充填高度应超过减速器的上端面，使减速器内部充满润滑脂。

垂直向下安装的 RV 减速器应按图 5.4.8（c）充填润滑脂，润滑脂的充填高度应超过减速器的输出法兰面，完全充满减速器的内部空间。

由于润滑脂受热后将出现膨胀，因此，在保证减速器良好润滑的同时，还需要合理设计安装部件，保证有 10% 左右的润滑脂膨胀空间。

润滑脂的补充和更换时间与减速器的工作转速、环境温度有关，转速和环境温度越高，补充和更换润滑脂的周期就越短。对于正常使用，润滑脂更换周期为 20000h，但如果环境温度高于 40℃，或工作转速较高、污染严重时，应缩短更换周期。润滑脂的注入量和补充时间，在机器人说明书上均有明确的规定，用户可按照生产厂的要求进行。

5.4.3　单元型减速器安装维护

(1) RV E 标准单元型

RV E 系列标准单元型减速器为整体单元式结构，其传动系统可参照图 5.4.9 设计。由于单元型减速器的针轮（壳体）和输出法兰间安装有输出轴承，因此，输出轴 15 和安装座 14 间，无需安装输出支承轴承。减速器的其他部件结构与安装要求与 RV 系列基本型减速器相同。

纳博特斯克 RV E 系列标准单元型减速器的安装可参照 RV 系列基本型减速器进行，减速器的安装公差要求如图 5.4.10、表 5.4.5 所示。

表 5.4.5　RV E 系列减速器安装公差要求　　　　　　　　　　　mm

规格	6E	20E	40E	80E	110E	160E	320E	450E
a/b	0.030	0.030	0.030	0.030	0.030	0.050	0.050	0.050

RV E 系列标准单元型减速器的润滑脂充填、更换等要求，均与基本型减速器相同，纳

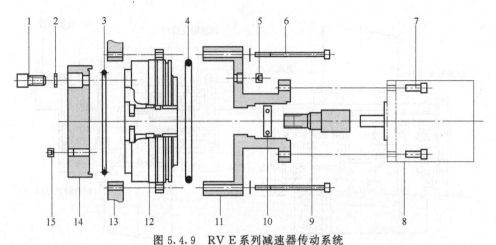

图 5.4.9 RV E 系列减速器传动系统

1,6,7—螺钉；2—垫圈；3,4,10—密封圈；5,15—润滑堵；8—电机；
9—芯轴；11—电机座；12—减速器；13—安装座；14—输出轴

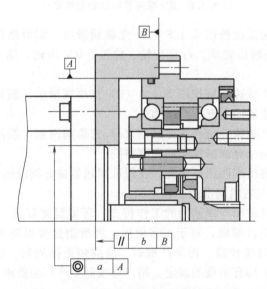

图 5.4.10 RV E 减速单元安装公差要求

博特斯克减速器原则上应使用 Vigo Grease Re0 专业润滑脂，正常使用时的润滑脂更换周期为 20000h。润滑脂的注入量和补充时间，可参照机器人使用说明书进行。

(2) RV N 紧凑单元型

RV N 系列紧凑型单元型减速器的传动系统可参照 RV E 标准单元型减速器设计。纳博特斯克 RV N 系列减速器的安装公差要求如图 5.4.11、表 5.4.6 所示。

表 5.4.6 RV N 系列减速器安装公差要求   mm

规格	25N	42N	60N	80N	100N	125N	160N	380N	500N	700N
a	0.030	0.030	0.030	0.030	0.030	0.030	0.030	0.050	0.050	0.050
b	0.030	0.030	0.030	0.030	0.030	0.030	0.030	0.050	0.050	0.050

RV N 系列紧凑型单元型减速器的润滑脂充填，需要在减速器安装完成后进行，润滑脂的充填要求如图 5.4.12 所示。

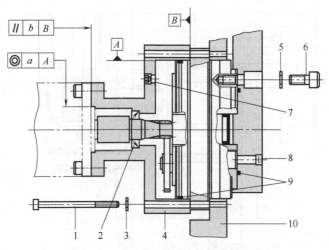

图 5.4.11 RV N 系列减速器安装要求

1,6—螺钉；2,9—密封圈；3,5—碟型弹簧垫圈；4—电机座；7,8—润滑脂充填口；10—安装座

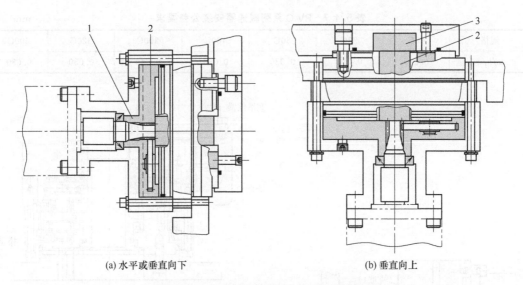

(a) 水平或垂直向下   (b) 垂直向上

图 5.4.12 RV N 系列减速单元润滑要求

1—可充填区；2—必须充填区；3—预留膨胀区

减速器水平安装或垂直向下安装时，润滑脂需要填满行星齿轮至输出法兰端面的全部空间；芯轴周围部分可适当充填，但一般不能超过总空间的 90%，以便润滑脂受热后的膨胀。减速器垂直向上安装时，润滑脂需要充填至输出法兰端面，同时需要在输出轴上预留图膨胀空间，膨胀空间不小于润滑脂充填区域的 10%。

RV N 系列紧凑单元型减速器的润滑脂充填、更换等要求，均与基本型减速器相同，纳博特斯克减速器原则上应使用 Vigo Grease Re0 专业润滑脂，正常使用时的润滑脂更换周期为 20000h。润滑脂的注入量和补充时间，可参照机器人使用说明书进行。

（3）RV C 中空单元型

中空单元型减速器的传动系统需要用户根据机器人结构要求设计，纳博特斯克 RV C 系列减速器的安装公差要求如图 5.4.13、表 5.4.7 所示。

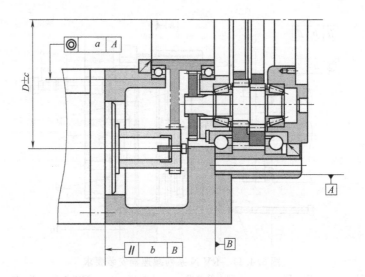

图 5.4.13 RV C 系列减速器安装要求

表 5.4.7 RV C 系列减速器安装公差要求   mm

规格	10C	27C	50C	100C	200C	320C	500C
$a/b/c$	0.030	0.030	0.030	0.030	0.030	0.030	0.030

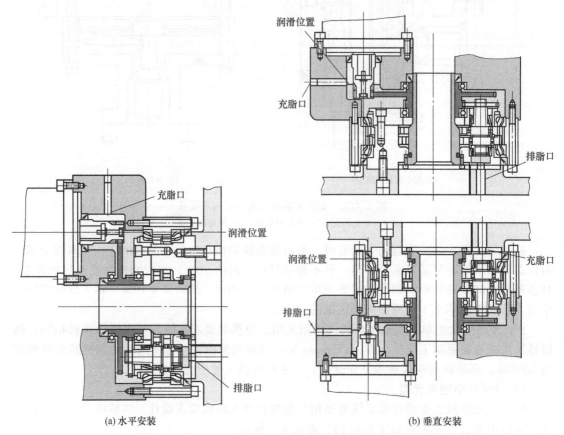

(a) 水平安装   (b) 垂直安装

图 5.4.14 RV C 系列减速器润滑要求

　　中空单元型减速器的芯轴、双联太阳轮需要用户安装，减速器安装时，需要保证双联太阳轮的轴承支承面和壳体的同轴度、减速器和电机轴的中心距要求，防止双联太阳轮啮合间隙过大或过小。

　　RV C 系列中空单元型减速器的润滑脂充填，需要在减速器安装完成后进行，润滑脂的充填要求如图 5.4.14 所示。

　　当减速器采用图 5.4.14（a）所示的水平安装时，润滑脂的充填高度应保证填没输出轴承和部分双联太阳轮驱动齿轮。

　　当减速器采用图 5.4.14（b）所示的垂直安装，垂直向下安装的减速器润滑脂的充填高度应保证填没双联太阳轮驱动齿轮；垂直向上安装的减速器润滑脂的充填高度应保证填没减速器的输出轴承。同样，安装部件设计、润滑脂充填时，应保证有不小于润滑脂充填区域 10% 的润滑脂膨胀空间。

　　RV C 系列中空单元型减速器的润滑脂充填、更换等要求，均与基本型减速器相同，纳博特斯克减速器原则上应使用 Vigo Grease Re0 专业润滑脂，正常使用时的润滑脂更换周期为 20000h。润滑脂的注入量和补充时间，可参照机器人使用说明书进行。

第**6**章

工业机器人编程基础

▶▶▶▶▶▶▶

6.1 控制轴组与坐标系

6.1.1 控制基准与控制轴组

(1) 机器人运动与控制

工业机器人是一种功能完整、可独立运行的自动化设备，机器人系统的运动控制主要包括工具动作、本体移动、工件（工装）移动等。

机器人的工具动作一般比较简单，且以电磁元件通断控制居多，其性质与 PLC 的开关量逻辑控制相似，因此，通常直接利用控制系统的开关量输入/输出（I/O）信号及逻辑处理指令进行控制，有关内容见后述。

机器人本体及工件的移动是工业机器人作业必需的基本运动，所有运动轴一般都需要进行位置、速度、转矩控制，其性质与数控系统的坐标轴相同，因此，通常需要采用伺服驱动系统控制。

物体的空间位置、运动轨迹通常利用三维笛卡儿直角坐标系进行描述。机器人手动操作或程序自动运行时，其目标位置、运动轨迹等都需要有明确的控制对象（控制目标点），然后，再通过相应的坐标系，来描述其位置和运动轨迹。为了确定机器人的控制目标点、建立坐标系，就需要在机器人上选择某些特征点、特征线，作为系统运动控制的基准点、基准线，以便建立运动控制模型。

由于工业机器人的运动轴数量众多、组成形式多样，为了便于操作和控制，在机器人控制系统上，通常需要根据机械运动部件的组成与功能，对伺服驱动轴进行分组管理，将运动轴划分为若干具有独立功能的运动单元，并称之为控制轴组或机械单元。

垂直串联、水平串联和并联是工业机器人常见的结构型式，这样的机器人实际上并不存在真正物理上的笛卡儿坐标系 XYZ 运动轴。因此，利用三维笛卡儿直角坐标系描述的定位位置、运动轨迹，需要通过逆运动学求解后，换算成关节轴的回转、摆动角度，然后，再通过多轴关节运动复合后形成。

利用逆运动学求解出的机器人关节运动，实际上存在多种实现的可能性。为了保证机器人运动准确、可靠，就必须对机器人各关节轴的状态（姿态）进行规定，才能使机器人的位置、运动轨迹唯一和可控。

对于常用的 6 轴垂直串联结构工业机器人，机器人的关节轴状态包括了腰回转轴、上/下臂摆动轴状态，以及手腕回转轴、腕摆动轴、手回转轴状态；前者决定了机器人机身的方向和位置，称为本体姿态；后者决定了作业工具方向和位置，称为工具姿态。

6 轴垂直串联结构工业机器人的基准点、基准线及控制轴组的选择与划分原则通常如下，有关机器人坐标系、姿态的定义方法详见后述。

(2) 机器人控制基准

机器人手动操作或程序自动运行时，其目标位置、运动轨迹等都需要有明确的控制对象（控制目标点），然后，再通过相应的坐标系，来描述其位置和运动轨迹。为了确定机器人的控制目标点、建立坐标系，就需要在机器人上选择某些特征点、特征线，作为系统运动控制的基准点、基准线，以便建立运动控制模型。

机器人的基准点、基准线与机器人结构形态有关，垂直串联机器人基准点与基准线的定义方法一般如下。

① 基准点。垂直串联机器人的运动控制基准点一般有图 6.1.1 所示的工具控制点（TCP）、工具参考点（TRP）、手腕中心点（WCP）3 个。

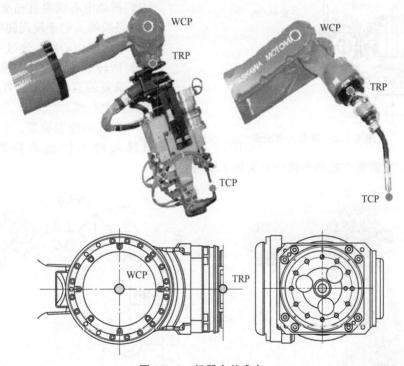

图 6.1.1　机器人基准点

TCP：TCP 是工具控制点（tool control point）的英文简称，又称工具中心点（tool center point）。TCP 点就是机器人末端执行器（工具）的实际作业点，它是机器人运动控制的最终目标，机器人手动操作、程序运行时的位置、轨迹都是针对 TCP 点而言。TCP 点的位置与作业工具的形状、安装方式等密切相关，例如，弧焊机器人的 TCP 点通常为焊枪的枪尖，点焊机器人的 TCP 点一般为焊钳固定电极的端点等。

TRP：TRP 是机器人工具参考点（tool reference point）的英文简称，它是机器人工具安装的基准点，机器人工具坐标系、作业工具的质量和重心位置等数据，都需要以 TRP 点为基准定义。TRP 也是确定 TCP 点的基准，如不安装工具或未定义工具坐标系，系统将默认 TRP 点和 TCP 点重合。TRP 点通常为机器人手腕上的工具安装法兰中心点。

WCP：WCP 是机器人手腕中心点（wrist center point）的英文简称，它是确定机器人姿态、判别机器人奇点（singularity）的基准。垂直串联机器人的 WCP 点一般为手腕摆动轴 J_5 和手回转轴 J_6 的回转中心线交点。

② 基准线。垂直串联机器人的基准线有图 6.1.2 所示的机器人回转中心线、下臂中心线、上臂中心线、手回转中心线 4 条，其定义方法如下。

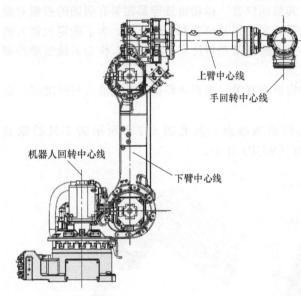

机器人回转中心线：腰回转轴 J_1（S）回转中心线；通常与机器人基座安装面垂直。

下臂中心线：与下臂摆动轴 J_2（L）中心线和上臂摆动轴 J_3（U）摆动中心线垂直相交的直线。

上臂中心线：通过手腕回转轴 J_4（R）回转中心，且与手腕摆动轴 J_5（B）摆动中心线垂直相交的直线；通常就是机器人的手腕回转中心线。

手回转中心线：通过手回转轴 J_6（T）回转中心，且与手腕工具安装法兰面垂直的直线；通常就是机器人的手回转中心线。

③ 运动控制模型。6 轴垂直串联机器人的本体运动控制模型如图 6.1.3 所示，它需要在控制系统中定义如下结构参数。

图 6.1.2　机器人基准线

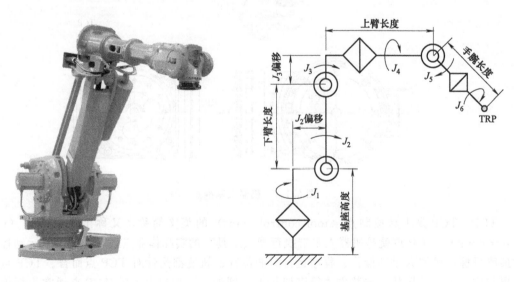

图 6.1.3　机器人控制模型与结构参数

基座高度（height of foot）：下臂摆动中心线离地面的高度。

下臂（J_2）偏移（offset of joint 2）：下臂摆动中心线与机器人回转中心线的距离。

下臂长度（length of lower arm）：下臂摆动中心线与上臂摆动中心线的距离。

上臂（J_3）偏移（offset of joint 3）：上臂摆动中心线与上臂回转中心线的距离。

上臂长度（length of upper arm）：上臂与下臂中心线垂直部分的长度。

手腕长度（length of wrist）：工具参考点 TRP 离手腕摆动轴 J_5（B）摆动中心线的距离。

运动控制模型一旦建立，机器人的工具参考点 TRP 也就被确定；如不安装工具或未定义工具坐标系，系统就将以 TRP 点替代 TCP 点，作为控制目标点控制机器人运动。

(3) 控制轴组

机器人作业需要通过机器人 TCP 点和工件（或基准）的相对运动实现，这一运动，既可通过机器人本体的关节回转实现，也可通过机器人整体移动（基座运动）或工件运动实现。机器人系统的回转、摆动、直线运动轴统称为关节轴，其数量众多、组成形式多样。

例如，对于机器人（基座）和工件固定不动的单机器人简单系统，只能通过控制机器人本体的关节轴运动，才能改变机器人 TCP 点和工件的相对位置；而对于图 6.1.4 所示的有机器人变位器、工件变位器等辅助部件的多机器人复杂系统，则有机器人 1、机器人 2、机器人变位器、工件变位器等运动单元，只要机器人（1 或 2）或其他任何一个单元产生运动，就可改变对应机器人 1 或机器人 2 的 TCP 点与工件的相对位置。

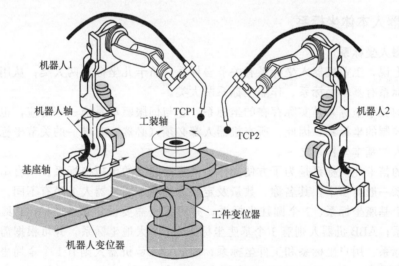

图 6.1.4 双机器人作业系统

为了便于控制与编程，在机器人控制系统上，通常需要根据机械运动部件的组成与功能，对需要控制位置、速度的伺服驱动轴实行分组管理，将其分为若干具有独立功能的单元。

例如，对于图 6.1.4 所示的双机器人作业系统，可将机器人 1 的 6 个运动轴定义为运动单元 1；机器人 2 的 6 个运动轴定义为运动单元 2；机器人 1 基座的 1 个运动轴定义为运动单元 3；工件变位器的 2 个运动轴定义为运动单元 4 等。

运动单元的名称在不同公司生产的机器人上有所不同。例如，安川机器人将其称为"控制轴组（control axis group）"，ABB 机器人称之为"机械单元（mechanical unit）"，FANUC 机器人则之为"运动群组（motion group）"等。

一般而言，工业机器人系统的控制轴组（运动单元）可分如下 3 类。

① 机器人轴组（单元） 机器人轴组（单元）由控制机器人本体运动的关节轴组成，它将使机器人 TCP 点和基座产生相对运动。在多机器人控制系统上，每一机器人都是 1 个相对独立的轴组（单元）；机器人轴组一旦选定，对应机器人就可手动操作或程序自动运行。

② 基座轴组（单元） 基座轴组（单元）由控制机器人基座运动的关节轴组成，它可实现机器人整体变位、使机器人 TCP 点和大地产生相对运动。基座轴组（单元）一旦选定，对应机器人变位器就可进行手动操作或程序自动运行。

③ 工装轴组（单元） 工装轴组（单元）由控制工件运动的关节轴组成，它可实现工件整体变位、使机器人 TCP 点和工件产生相对运动。工装轴组（单元）一旦选定，对应的工件变位器就可进行手动操作或程序自动运行。

机器人轴组（单元）是任何机器人系统必需的基本运动单元，基座、工装轴组（单元）是机器人系统的辅助设备，只有在系统配置有变位器时才具备。由于基座、工装轴组（单元）的控制轴数量通常较少，因此，在大多数机器人上，将基座运动轴、工装运动轴统称为"外部轴"或"外部关节"，并进行集中管理；如果作业工具（如伺服焊钳等）含有系统控制的伺服驱动轴，它也属于外部轴的范畴。

机器人手动操作或程序运行时，运动轴组（单元）可利用控制指令生效或撤销。生效的运动轴组（单元）的全部运动轴都处于实时控制状态；被撤销的运动轴组（单元）将处于相对静止的"伺服锁定"状态，其位置通过伺服驱动系统的闭环调节功能保持不变。

6.1.2 机器人本体坐标系

(1) 机器人坐标系

从形式上说，工业机器人坐标系有关节坐标系、笛卡儿坐标系两大类；从用途上说，工业机器人坐标系有基本坐标系、作业坐标系两大类。

机器人的关节坐标系是实际存在的坐标系，它与伺服驱动系统一一对应，也是控制系统能真正实施控制的坐标系，因此，所有机器人都必须（必然）有唯一的关节坐标系。关节坐标系是机器人的基本坐标系之一。

机器人的笛卡儿坐标系是为了方便操作、编程而建立的虚拟坐标系。垂直串联机器人的笛卡儿坐标系一般有多个，其名称、数量及定义方法在不同机器人上稍有不同。例如，安川机器人有 1 个基座坐标系、1 个圆柱坐标系，并可根据需要设定最大 64 个工具坐标系、63 个用户坐标系；ABB 机器人则有 1 个基座坐标系、1 个大地坐标系，并可根据需要设定任意多个工具坐标系、用户坐标系和工件坐标系；而 FANUC 机器人则有 1 个全局坐标系，并可根据需要设定最大 9 个工具坐标系、9 个用户坐标系、5 个 JOG 坐标系等。

在众多的笛卡儿坐标系中，基座（或全局）坐标系是用来描述机器人 TCP 点空间运动必需的基本坐标系；工具坐标系、工件坐标系等是用来确定作业工具 TCP 位置及安装方位，描述机器人和工件相对运动的操作和编程坐标系；因此，它们是机器人作业所需的坐标系，故称作业坐标系，作业坐标系可根据需要设定、选择。

关节和基座坐标系是建立在机器人本体上的基本坐标系，其定义方法如下；有关作业坐标系的内容详见后述。

(2) 基座坐标系

基座坐标系（base coordinates）用来描述机器人 TCP 点相对于基座进行 3 维空间运动的基本坐标系。垂直串联机器人的基座坐标系通常如图 6.1.5 所示，坐标轴方向、原点的定义方法一般如下。

原点：一般为机器人基座安装底面与机器人回转中心线的交点。

Z 轴：机器人回转中心线，垂直底平面向上方向为 $+Z$ 方向。

X 轴：垂直基座前侧面向外方向为 $+X$ 方向。

Y 轴：右手定则决定。

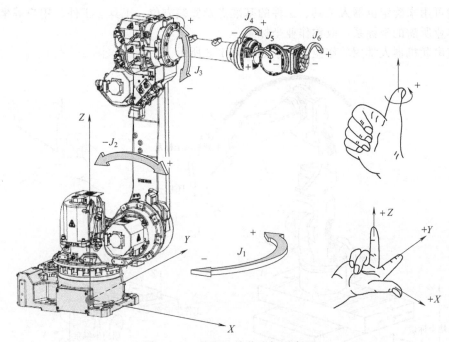

图 6.1.5　基座、关节坐标系定义

(3) 关节坐标系

关节坐标系（joint coordinates）用于机器人关节轴的实际运动控制，它用来规定机器人各关节的最大回转速度、最大回转范围等基本参数。6 轴垂直串联机器人的关节坐标轴名称、方向、零点的一般定义方法如下。

腰回转轴：以 j_1、J_1 或 S 等表示；以基座坐标系 $+Z$ 轴为基准，按右手定则确定的方向为正向；上臂前伸中心线与基座坐标系 $+XZ$ 平面平行的位置，为 J_1 轴 0°位置。

下臂摆动轴：以 j_2、J_2 或 L 等表示；当 $j_1=0$°时，以基座坐标系 $+Y$ 为基准、按右手定则确定的方向为正向；下臂中心线与基座坐标系 $+Z$ 轴平行的位置，为 J_2 轴 0°位置。

上臂摆动轴：以 j_3、J_3 或 U 等表示；当 J_1、$J_2=0$°时，以基座坐标系 $-Y$ 为基准、按右手定则确定的方向为正向；上臂中心线与基座坐标系 $+X$ 轴平行的位置，为 J_3 轴 0°位置。

腕回转轴：以 j_4、J_4 或 R 等表示；当 J_1、J_2、J_3 均为 0°时，以基座坐标系 $-X$ 为基准、按右手定则确定的方向为正向；手回转中心线与基座坐标系 $+XZ$ 平面平行的位置，为 J_4 轴 0°位置。

腕弯曲轴：以 j_5、J_5 或 B 等表示；当 J_1～J_4 均为 0°时，以基座坐标系 $-Y$ 为基准、按右手定则确定的方向为正向；手回转中心线与基座坐标系 $+X$ 轴平行的位置，为 J_5 轴 0°位置。

手回转轴：以 J_6、J_6 或 T 等表示；J_1～J_5 均为 0°时，以基座坐标系 $-X$ 为基准、按右手定则确定的方向为正向；J_6 轴通常可无限回转，其零点位置一般需要通过工具安装法兰的基准孔确定。

6.1.3 机器人作业坐标系

(1) 作业坐标系

在工业机器人上，工具、工件、用户等坐标系是用来描述机器人工具、工件运动的坐标系，它们可用来确定机器人工具、工件的基准点及安装方位。工具、工件、用户等坐标系是机器人作业所需的坐标系，故称作业坐标系。

垂直串联机器人常用的作业坐标系如图 6.1.6 所示。

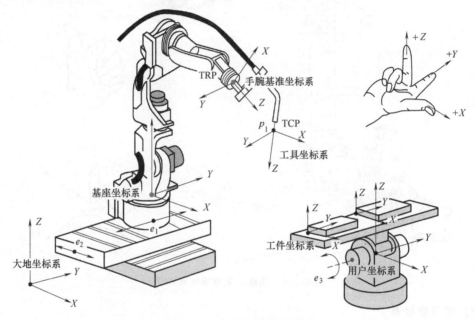

图 6.1.6 机器人作业坐标系

在以上坐标系中，工具坐标系具有定义工具姿态、确定 TCP 点位置两方面作用，是任何机器人作业必需的坐标系。大地坐标系、用户坐标系、工件坐标系等是用来描述机器人基座、工件运动，确定机器人、工件基准点及安装方位的坐标系，它们可根据机器人系统结构及实际作业要求，有选择地定义。

(2) 工具坐标系与设定

工具坐标系（tool coordinates）用来定义工具控制点 TCP 位置和工具方向（姿态），每一工具都需要设定工具坐标系。工具坐标系一旦设定，当机器人用不同工具、进行相同作业时，操作者只需要改变工具坐标系，就能保证所有工具的 TCP 点都按程序轨迹运动，而无须对程序进行其他修改。

在垂直串联等结构的工业机器人上，工具控制点 TCP 的 3 维空间位置，需要用逆运动学求解、通过多个关节轴的回转运动合成，并可通过多种方式实现。例如，图 6.1.7 所示的弧焊焊枪、点焊焊钳，对于工具控制点 TCP 同样的空间位置，关节轴可以通过多种方式定位工具。因此，机器人的工具坐标系不仅需要定义工具控制点 TCP 的位置，而且还需要规定工具的方向（姿态）。

机器人工具坐标系需要通过图 6.1.8 所示的手腕基准坐标系变换来进行定义。手腕基准坐标系是以机器人手腕上的工具参考点 TRP 为原点，以手回转中心线为 Z 轴，以工具安装法兰面为 XY 平面的虚拟笛卡儿直角坐标系。通常而言，垂直工具安装法兰面向外的方向为

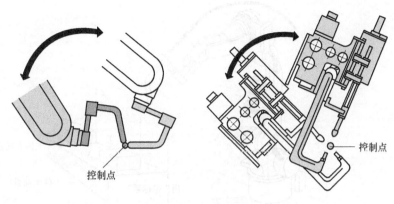

图 6.1.7　工具姿态

手腕基准坐标系的 $+Z$ 方向；腕弯曲轴 J_5 正向回转时，TRP 的切线方向为 $+X$ 向；$+Y$ 方向用右手定则确定。手腕基准坐标系是工具坐标系设定与变换的基准，如不设定工具坐标系，控制系统将默认手腕基准坐标系为工具坐标系。

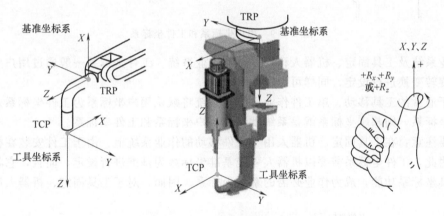

图 6.1.8　工具坐标系及设定

工具坐标系是以 TCP 为原点、以工具中心线为 Z 轴、工具接近工件的方向为 $+Z$ 向的虚拟笛卡儿直角坐标系，点焊、弧焊机器人的工具坐标系一般如图 6.1.8 所示。

工具坐标系需要通过手腕基准坐标系的偏移、旋转进行定义。TCP 点在手腕基准坐标系上的位置，就是工具坐标系的原点偏离量；坐标旋转可用旋转角 $R_z/R_x/R_y$、四元数法、欧拉角等方法定义。

(3) 用户坐标系和工件坐标系

用户坐标系（user coordinates）和工件坐标系（object coordinates）如图 6.1.9 所示，它们是用来描述工装运动、定义工件安装位置，确定机器人作业区域的虚拟笛卡儿直角坐标系，一般用于使用工件变位器的多工位、多工件作业系统。用户坐标系、工件坐标系一旦设定，机器人进行多工位、多工件相同作业时，只需要改变坐标系，就能保证机器人在不同的作业区域，按同一程序所指令的轨迹运动，而无须对作业程序进行其他修改。

用户坐标系一般通过基座坐标系的偏移、旋转变换来进行设定，它可根据实际需要设定多个，对于不使用工件变位器的单机器人作业系统，控制系统默认基座坐标系为用户坐标系，无须设定用户坐标系。

工件坐标系是以工件为基准，描述机器人 TCP 点运动的虚拟笛卡儿坐标系，多用于多

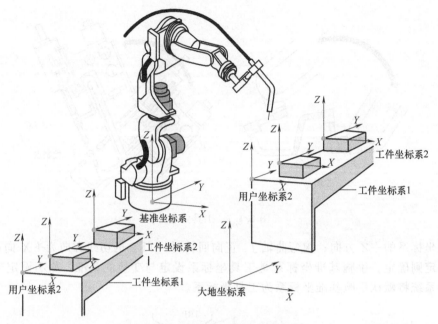

图 6.1.9　用户坐标系和工件坐标系

工件作业系统及工具固定、机器人移动工件的作业系统。工件坐标系一般通过用户坐标系的偏移、旋转变换进行设定，同样可设定多个。

对于通常的工具移动、单工件作业系统，系统将默认用户坐标系为工件坐标系；如不设定用户坐标系，则基座坐标系就是系统默认的用户坐标系和工件坐标系。

需要注意：在工具固定、机器人用于工件移动的作业系统上，由于工件安装在机器人手腕上，因此，工件坐标系需要以机器人手腕基准坐标系为基准进行设定，而且，它将代替通常的工具坐标系功能，成为作业必需的基本坐标系。因而，对于工具固定、机器人用于工件

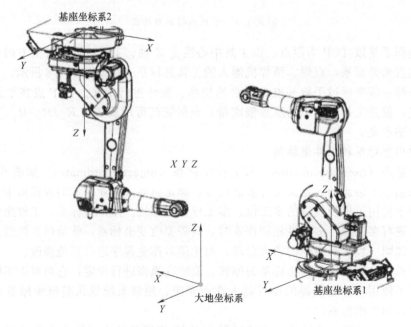

图 6.1.10　大地坐标系

移动的作业系统必须设定工件坐标系。

（4）大地坐标系和 JOG 坐标系

大地坐标系（world coordinates）有时译作"世界坐标系"，它是以地面为基准、Z 轴向上的 3 维笛卡儿直角坐标系。在使用机器人变位器或多机器人协同作业的系统上，为了确定机器人的基座位置和运动状态，需要建立大地坐标系。此外，在图 6.1.10 所示的倒置或倾斜安装的机器人上，也需要通过大地坐标系来确定基座坐标系的原点及方向。对于垂直地面安装、不使用机器人变位器的单机器人系统，控制系统将默认基座坐标系为大地坐标系，无须进行大地坐标系设定。

FANUC 等机器人可以设定 JOG 坐标系。JOG 坐标系仅仅是为了在 3 维空间进行机器人手动 X、Y、Z 轴运动，而建立的临时坐标系，对机器人的程序运行无效，因此，操作者可根据自己的需要，任意设定。JOG 坐标系通常以机器人基座坐标系为基准设定，如不设定 JOG 坐标系，控制系统将以基座坐标系作为默认的 JOG 坐标系。

6.2 机器人与工具姿态

6.2.1 机身姿态定义

（1）TCP 位置与姿态

机器人的工具控制点 TCP 在 3 维空间位置可通过两种方式描述：一是直接利用关节坐标系位置描述；二是利用虚拟笛卡儿直角坐标系（如基座坐标系）的 XYZ 值描述。

机器人的关节坐标位置（简称关节位置）实际就是伺服电机所转过的绝对角度，它一般通过伺服电机内置的脉冲编码器进行检测，并利用编码器的输出脉冲计数来计算、确定，因此，关节位置又称"脉冲型位置"。工业机器人伺服电机所采用的编码器，通常都具有断电保持功能（称绝对编码器），其计数基准（零点）一旦设定，在任何时刻，电机所转过的脉冲数都是一个确定值。因此，机器人的关节位置是与结构、笛卡儿坐标系设定无关的唯一位置，也不存在奇点（singularity，见下述）。

利用基座等虚拟笛卡儿直角坐标系（x，y，z）定义的 TCP 位置，称为"XYZ 型位置"。由于机器人采用的逆运动学，对于垂直串联等结构的机器人，坐标值为（x，y，z）的 TCP 位置，可通过多种形式的关节运动来实现。例如，对于图 6.2.1 所示的 TCP 位置 p_1，即便手腕轴 J_4（R）、J_6（T）的位置不变，也可通过如下 3 种本体姿态实现定位。

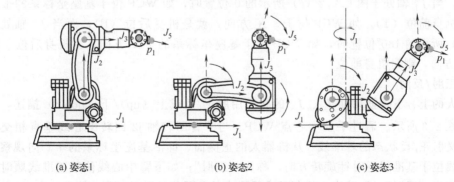

(a) 姿态1　　　　　　　(b) 姿态2　　　　　　　(c) 姿态3

图 6.2.1　机器人姿态

图 6.2.1 (a) 采用 J_1 轴向前、J_2 轴直立、J_3 轴前伸、J_5 轴下俯姿态，机器人直立。

图 6.2.1 (b) 采用 J_1 轴向前、J_2 轴前倾、J_3 轴后仰、J_5 轴下俯姿态，机器人俯卧。

图 6.2.1 (c) 采用 J_1 轴向后、J_2 轴后倾、J_3 轴后仰、J_5 轴上仰姿态，机器人仰卧。

因此，利用笛卡儿坐标系指定机器人运动时，不仅需要规定 XYZ 坐标值，而且还必须规定机器人的姿态。

机器人姿态又称机器人形态或机器人配置（robot configuration）、关节配置（joint placement），在不同公司的机器人上，其表示方法也有所不同。例如，安川公司用机身前/后、正肘/反肘、手腕俯仰，以及腰回转轴 S、手腕回转轴 R、手回转轴 T 的位置（范围）表示；ABB 公司利用表示机身前/后、正肘/反肘、手腕俯仰状态的姿态号，以及腰回转轴 j_1、手腕回转轴 j_4、手回转轴 j_6 的位置（区间）表示；而 FANUC 公司则用机身前/后、肘上/下、手腕俯仰，以及腰回转轴 J_1、手腕回转轴 J_4、手回转轴 J_6 的位置（区间）表示等。

以上定义方法虽然形式有所不同，但实质一致，说明如下。

(2) 机身前/后

机器人的机身状态用前（front）/后（back）描述，定义方法如图 6.2.2 所示。通过基座坐标系 Z 轴、且与 J_1 轴当前位置（角度线）垂直的平面，是定义机身前后状态的基准面，如机器人手腕中心点 WCP 位于基准平面的前侧，称为"前（front）"；如 WCP 位于基准平面后侧，称为"后（back）"。WCP 位于基准平面时，为机器人"臂奇点"。

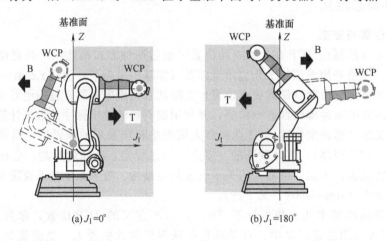

图 6.2.2　机身前/后

例如，当 J_1 轴处于图 6.2.2 (a) 所示的 0°位置时，如 WCP 位于基座坐标系的 $+X$ 方向，就是机身前位（T），如 WCP 位于 $-X$ 方向，就是机身后位（B）；而当 J_1 轴处于图 6.2.2 (b) 所示的 180°位置时，如 WCP 位于基座坐标系的 $+X$ 方向，为机身后位，WCP 位于 $-X$ 方向，则为机身前位。

(3) 正肘/反肘

机器人的上、下臂摆动轴 J_2、J_3 的状态用肘正/反或上（up）/下（down）描述，定义方法如图 6.2.3 所示。通过手腕中心点 WCP、与下臂回转轴 j2 回转中心线垂直相交的直线，是定义肘正/反状态的基准线。从机器人的正侧面、即沿基座坐标系的 $+Y$ 向观察，如下臂中心线位于基准线逆时针旋转方向，称为"正肘"；如下臂中心线位于基准线顺时针旋转方向，称为"反肘"；下臂中心线与基准线重合的位置为特殊的"肘奇点"。

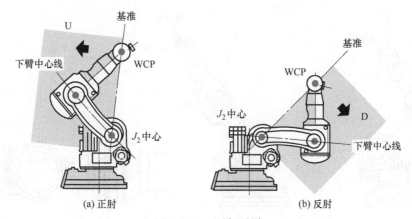

图 6.2.3　正肘/反肘

（4）手腕俯/仰

机器人腕弯曲轴 J_5 的状态用俯（no flip)/仰（flip）描述，定义方法如图 6.2.4 所示。腕弯曲轴 J_5 俯仰，以上臂中心线（通常为 $J_5=0°$）为基准，如手回转中心线位于上臂中心线的顺时针旋转方向（J_5 轴角度为负），称为"俯（no flip)"；如手回转中心线位于上臂中心线的逆时针旋转方向（J_5 轴角度为正），称为"仰（flip)"。手回转中心线与上臂中心线重合的位置，为特殊的"腕奇点"。

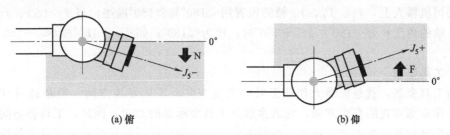

图 6.2.4　手腕俯/仰

6.2.2　区间及工具姿态

（1）$J_1/J_4/J_6$ 区间定义

定义 $J_1/J_4/J_6$ 区间的目的是规避机器人奇点。奇点（singularity）又称奇异点，其数学意义是不满足整体性质的个别点。

在工业机器人上，按 RIA 标准定义，奇点是"由两个或多个机器人轴共线对准所引起的、机器人运动状态和速度不可预测的点"。6 轴垂直串联机器人工作范围内的奇点主要有图 6.2.5 所示的臂奇点、肘奇点、腕奇点 3 类。

臂奇点如图 6.2.5（a）所示，它是机器人手腕中心点 WCP 正好处于机身前后判别基准平面上的所有情况。在臂奇点上，机器人的 J_1、J_4 轴存在瞬间旋转 180° 的危险。

肘奇点如图 6.2.5（b）所示，它是下臂中心线正好与正/反肘的判别基准线重合的所有位置。在肘奇点上，机器人手臂的伸长已到达极限，可能会导致机器人运动的不可控。

腕奇点如图 6.2.5（c）所示，它是手回转中心线与上臂中心线重合的所有位置（通常为 $J_5=0°$）。在腕奇点上，由于回转轴 J_4、J_6 的中心线重合，机器人存在 J_4、J_6 轴瞬间旋转 180° 的危险。

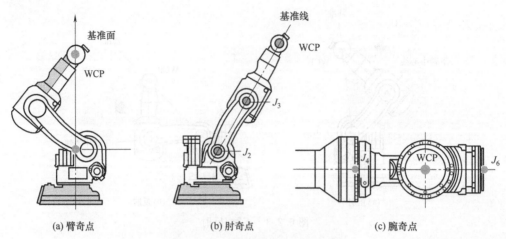

图 6.2.5　垂直串联机器人的奇点

因此，为了防止机器人在以上的奇点出现不可预见的运动，就必须在机器人姿态参数中，进一步明确 J_1、J_4、J_6 轴的位置。机器人 J_1、J_4、J_6 轴的实际位置定义方法在不同机器人上稍有不同，例如，ABB 公司以象限代号表示角度范围、以正/负号表示转向；FANUC 机器人则划分为 $(-539.999° \sim -180°)$、$(-179.999° \sim +179.999°)$、$(+180° \sim +539.999°)$ 3 个区间等。

在安川机器人上，J_1、J_4、J_6 轴的位置用 $<180°$ 与 $\geqslant 180°$ 描述；当 J_1（S）、J_4（R）、J_6（T）轴的角度 θ 为 $-180° < \theta \leqslant +180°$ 时，称为 $<180°$；如 $\theta > +180°$ 或 $\theta \leqslant -180°$，则称为 $\geqslant 180°$。

(2) 工具姿态

所谓工具姿态，就是机器人作业工具的安装方向。工具安装方向一般是通过 TCP 点、且与工件作业面垂直的直线方向，它通常就是工具坐标系的方向，因此，工具姿态同样可通过手腕基准坐标系变换的方式定义。机器人的手腕基准坐标系是以机器人工具安装法兰中心点（TRP）为原点；以 J_6（T）轴回转中心线为 Z 轴、垂直工具安装法兰面向外的方向为 $+Z$ 向，J_5（B）轴正向回转时的 TRP 切线运动方向为 $+X$ 向的虚拟笛卡儿直角坐标系。

在安川机器人上，工具坐标系一般以 TCP 点为原点，以工具作业时接近工件的方向为 $+Z$ 向；X、Y 轴方向可通过坐标系旋转参数 $R_x / R_y / R_z$ 设定，参数含义如图 6.2.6 所示。

R_x：工具坐标系绕手腕基准坐标系 X 轴回转的角度。

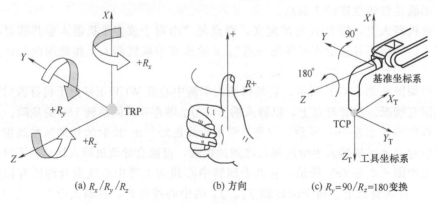

图 6.2.6　工具姿态定义

R_y：工具坐标系绕手腕基准坐标系 Y 轴回转的角度。

R_z：工具坐标系绕手腕基准坐标系 Z 轴回转的角度。

$R_x/R_y/R_z$ 符号：按右手螺旋定则确定。

例如，对图 6.2.6 (c) 所示的工具姿态，其工具坐标系为绕基准坐标系 Y 轴旋转 90°、Z 轴旋转 180°后的结果，故其坐标变换参数为 $R_x=0$、$R_y=90$、$R_z=180$。

6.3 移动要素及定义

6.3.1 机器人移动要素

机器人程序自动运动时，需要通过移动指令来控制机器人、外部轴运动，实现 TCP 点的移动与定位。对于图 6.3.1 所示的 TCP 从 P_0 到 P_1 点的运动，在移动指令上，需要定义图示的目标位置（P_1）与到位区间（e）、移动轨迹及移动速度（V）等基本要素。

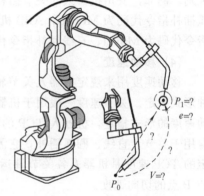

(1) 目标位置

机器人移动指令执行的是从当前位置到目标位置的运动，运动起点总是执行指令时机器人 TCP 点的当前实际位置（P_0）；目标位置则用来定义移动指令执行完成后的 TCP 点终点位置。

工业机器人的移动目标位置既可直接在程序中定义，也可通过示教操作设定，故又称程序点、示教点。

移动目标位置可以是利用关节坐标系定义的机器人、外部轴绝对位置（关节位置）；也可为 TCP 点在基

图 6.3.1 基本移动要素

座、用户、工件等虚拟笛卡儿直角坐标系上的三维空间位置 XYZ（TCP 位置）。以关节坐标系定义时，机器人 TCP 点的位置唯一，无须规定机器人、工具姿态。以笛卡儿直角坐标系的 XYZ 值定义 TCP 目标位置时，机器人存在多种实现的可能，必须在指定 XYZ 值的同时，定义机器人、工具姿态。

(2) 到位区间

到位区间又称定位等级（positioning level）、定位类型（continuous termination）等，它是控制系统用来判断移动指令是否执行完成的依据。机器人执行移动指令时，如果 TCP 点已到达目标位置的到位区间范围内，控制系统便认为当前的移动指令已执行完成，接着执行下一指令。

需要注意的是：由于工业机器人的伺服驱动系统通常采用闭环位置控制，因此，到位区间并不是运动轴（TCP 点）的最终定位误差。这是因为，当运动轴（TCP 点）到达到位区间时，虽然系统已开始执行下一指令，但伺服系统仍能通过闭环位置自动调节功能消除误差，直至到达闭环系统可能的最小误差值。

(3) 移动轨迹

移动轨迹就是机器人 TCP 点在 3 维空间的运动路线。工业机器人的运动方式主要有绝对位置定位、关节插补、直线插补、圆弧插补等。

绝对位置定位又称点定位，它通常是机器人的关节轴或外部轴（基座轴、工装轴），由当前位置到指定位置的快速定位运动。绝对位置定位的目标位置需要以关节位置的形式给定，控制系统对各运动轴进行的是独立的定位控制、无须进行插补运算，机器人 TCP 点的移动轨迹由各运动轴的定位运动合成、无规定的形状。

关节插补是机器人 TCP 从当前位置到指定点的插补运动，目标位置需要以 TCP 位置的形式给定。进行关节插补运动时，控制系统需要通过插补运算，分配各运动轴的指令脉冲，以保证各运动轴同时启动、同时到达终点，机器人 TCP 点的移动轨迹将由各轴的同步运动合成，但通常不为直线。

直线插补、圆弧插补是机器人 TCP 从当前位置到指定点的直线、圆弧插补运动，目标位置同样需要以 TCP 位置的形式给定。进行直线、圆弧插补运动时，控制系统不但需要通过插补运算，保证各运动轴同时启动、同时到达终点，而且，还需要保证机器人 TCP 点的移动轨迹为直线或圆弧。

机器人的运动方式、移动轨迹需要利用指令代码来选择，指令代码在不同机器人上稍有区别。例如，安川机器人的关节插补指令代码为 MOVJ、直线插补指令代码为 MOVL、圆弧插补指令代码为 MOVC；ABB 机器人的绝对位置定位指令代码为 MoveAbsJ、关节插补指令代码为 MoveJ、直线插补指令代码为 MoveL、圆弧插补指令代码为 MoveC 等。

(4) 移动速度

移动速度用来规定机器人关节轴、外部轴的运动速度，它可用关节速度、TCP 速度两种形式指定。关节速度一般用于机器人绝对位置定位运动，它直接以各关节轴回转或直线运动速度的形式指定，机器人 TCP 的实际运动速度为各关节轴定位速度的合成。TCP 速度通常用于关节、直线、圆弧插补，它需要以机器人 TCP 空间运动速度的形式指定，指令中规定的 TCP 速度是机器人各关节轴运动合成后的 TCP 实际移动速度；对于圆弧插补，它是 TCP 点的切向速度。

6.3.2 目标位置定义

工业机器人的移动目标位置，有关节位置、TCP 位置 2 种定义方式。

(1) 关节位置及定义

关节位置又称绝对位置，它是以各关节轴自身的计数零位（原点）为基准，直接用回转角度或直线位置描述的机器人关节轴、外部轴位置，在工业机器人上，关节位置通常是机器人、外部轴绝对位置定位指令的目标位置。

以关节位置形式指定的移动目标位置，无需考虑机器人、工具的姿态。例如，对于图 6.3.2 所示的机器人系统，机器人关节轴的绝对位置为：J_1（S）、J_2（L）、J_3（U）、J_4（R）、J_6（T）$=0°$，J_5（B）$=-30°$。外部轴的绝对位置为：$e_1=682$mm，$e_2=45°$等。

关节位置（绝对位置）是真正由伺服驱动系统控制的位置。在机器人控制系统上，关节位置一般通过位置检测编码器的脉冲计数得到，故又称"脉冲型位置"。机器人的位置检测编码器一般直接安装在伺服电机内（称内置编码器）、并与电机输出轴同轴，因此，编码器的输出脉冲数直接反映了电机轴的回转角度。

现代机器人所使用的位置编码器都有带后备电池，它可以在断电状态下保持脉冲计数值，因此，编码器的计数零位（原点）一经设定，在任何时刻，电机轴所转过的脉冲计数值都是一个确定的值，它既不受机器人、工具、工件等坐标系设定的影响，也与机器人、工具的姿态无关（不存在奇点）。

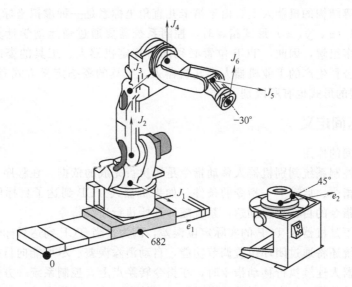

图 6.3.2 关节位置

(2) TCP 位置及定义

利用虚拟笛卡儿直角坐标系定义的机器人 TCP 位置，是以指定坐标系的原点为基准，通过 3 维空间的位置值（x，y，z）描述的 TCP 位置，故又称 XYZ 位置。在工业机器人上，TCP 位置通常用来指定关节、直线、圆弧插补运动的移动目标位置。

机器人的 TCP 位置与所选择的坐标系有关。如选择基座坐标系，它就是机器人 TCP 相对于基座坐标系原点的位置值；如果选择工件坐标系，它就是机器人 TCP 相对于工件坐标系原点的位置值等。

例如，对于图 6.3.3 所示的机器人系统，选择基座坐标系时，其 TCP 位置值为（800，0，1000）；选择大地坐标系时，其 TCP 位置值为（600，682，1200）；选择工件坐标系时，其 TCP 位置值为（300，200，500）等。

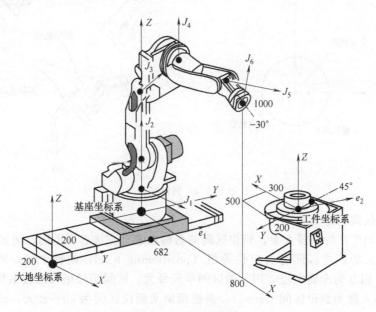

图 6.3.3 TCP 位置

在垂直串联等结构的机器人上，由于笛卡儿直角坐标系是一种虚拟坐标系，因此，当机器人 TCP 位置以（x，y，z）形式指定时，控制系统需要通过逆运动学计算、求解关节轴的位置，且存在多组解，因此，TCP 位置必须同时规定机器人、工具的姿态，以便获得唯一解。由于不同公司生产的工业机器人，其机器人、工具的姿态定义方式有所不同，因此，其 TCP 位置数据的形式也有所区别。

6.3.3 到位区间定义

（1）到位区间的作用

到位区间是控制系统判别机器人移动指令是否执行完成的依据。在程序自动运行时，它是系统结束当前指令、启动下一指令的条件：如果机器人 TCP 到达了目标位置的到位区间范围内，就认为指令的目标位置到达，系统随即开始执行后续指令。

到位区间并不是机器人 TCP 的实际定位误差，因为，当 TCP 到达目标位置的到位区间后，伺服驱动系统还将通过闭环位置调节功能，自动消除误差、尽可能向目标位置接近。正因为如此，当机器人连续执行移动指令时，在指令转换点上，控制系统一方面通过闭环调节功能，消除上一移动指令的定位误差；同时，又开始了下一移动指令的运动；这样，在两指令的运动轨迹连接处，将产生图 6.3.4 （a）所示的抛物线轨迹，由于轨迹近似圆弧，故俗称圆拐角。

机器人 TCP 的目标位置定位是一个减速运动过程，为保证定位准确，目标位置定位误差越小，机器人定位时间就越长。因此，扩大到位区间，可缩短机器人移动指令的执行时间，提高运动的连续性；但是，机器人 TCP 偏移目标位置也越远，实际运动轨迹与程序轨迹的误差也越大。

例如，当到位区间足够大时，机器人执行图 6.3.4 （b）所示的 $P_1 \rightarrow P_2 \rightarrow P_3$ 移动指令时，机器人可能直接从 P_1 连续运动至 P_3，而不再经过 P_2 点。

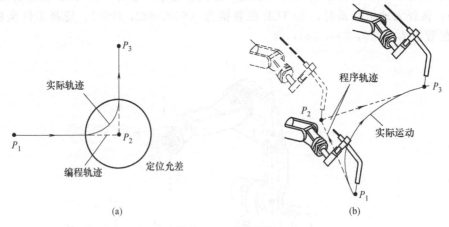

图 6.3.4 到位区间

（2）到位区间的定义

在不同公司生产的机器人上，到位区间的名称和定义方法有所不同。例如：

安川机器人的到位区间称为定位等级（positioning level，简称 PL），到位区间分 PL0～8 共 9 级，PL0 为准确定位，PL8 的区间半径最大；区间半径值可通过系统参数设定。

ABB 机器人称为到位区间（zone），系统预定义到位区间为 z0～z200，z0 为准确定位，z200 的到位区间半径为 200mm；如需要，也可通过程序数据 zonedata，直接在程序指令自行中自行定义。

FANUC 机器人的到位区间，需要通过移动指令中的 CNT 参数（定位类型 CNT0～100）定义。CNT 参数实际用来定义图 6.3.5 所示的拐角减速倍率，CNT0 为减速停止，机器人在移动指令终点减速停止后，才能启动下一指令；CNT100 为不减速连续运动。

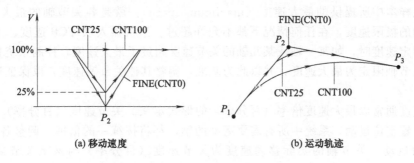

图 6.3.5　CNT 与拐角自动减速

(3) 准确定位

通过定位区间 zone 或定位等级 PL、定位类型 CNT 的设定，机器人连续移动时的拐角半径得到了有效控制，但是，即使将定位区间定义为 z0 或 PL＝0、CNT＝0，由于伺服系统存在位置跟随误差，轨迹转换处实际还会产生圆角。

图 6.3.6 为伺服系统的实际停止过程。运动轴定位停止时，控制系统的指令速度将按系统的加减速要求下降，指令速度为 0 的点，就是定位区间为 0 的停止位置。然而，由于伺服系统存在惯性，关节轴的实际运动必然滞后于系统指令（称为伺服延时），因此，如果在指令速度为 0 的点上，立即启动下一移动指令，拐角轨迹仍有一定的圆角。

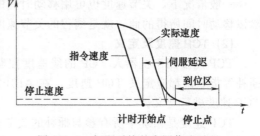

伺服延时所产生的圆角可通过程序暂停、到位判别两种方法消除。

图 6.3.6　伺服系统的实际停止过程

一般而言，交流伺服驱动系统的伺服延时大致在 100ms 左右，因此，如果在连续移动的指令中添加一个大于 100ms 的程序暂停动作，就基本上能消除伺服延时误差，保证机器人准确到达指令目标位置。

在 ABB、FANUC 机器人上，目标位置的准确定位还可通过到位判别的方式实现。当移动指令的到位区间定义为"fine"（准确定位）时，机器人到达目标位置、停止运动后，控制系统还需要对运动轴的实际位置进行检测，只有所有运动轴的实际位置均到达目标位置的准确定位允差范围，才能启动下一指令的移动。

利用到位区间 fine 自动实现的机器人准确定位，是由控制系统自动完成、确保实际位置到达的定位方式，与使用程序暂停指令比较，其定位精度、终点暂停时间的控制更加准确、合理。在 ABB、FANUC 机器人上，目标位置的到位检测还可进一步增加移动速度、停顿时间、拐角半径等更多的判断条件。

6.3.4　移动速度定义

机器人的运动可分为绝对位置定位，关节、直线、圆弧插补，以及 TCP 点保持不变的工具定向运动 3 类。3 类运动的速度定义方式有所区别，具体如下。

(1) 关节速度及定义

关节速度通常用于机器人手动操作，以及关节位置绝对定位、关节插补时的移动速度控制。机器人系统的关节速度是各关节轴独立的回转或直线运动速度，回转/摆动轴的速度基本单位为 deg/sec（°/s）；直线运动轴的速度基本单位为 mm/sec（mm/s）。

机器人样本中所提供的最大速度（maximum speed），就是各关节轴的最大移动速度；它是关节轴的极限速度，在任何情况下都不允许超过。当机器人以 TCP 速度、工具定向速度等方式指定速度时，如某一轴或某几轴的关节速度超过了最大速度，控制系统自将超过最大速度的关节轴限定为最大速度，并以此为基准，调整其他关节轴速度，以保证运动轨迹的准确。

关节速度通常以最大速度倍率（百分率）的形式定义。关节速度（百分率）一旦定义，对于绝对位置定位运动，系统中所有需要运动的轴，都将按统一的倍率，调整各自的速度、进行独立的运动；关节轴的实际移动速度为关节速度（百分率）与该轴关节最大速度的乘积。

关节速度不能用于机器人 TCP 点运动速度的定义。机器人进行多轴同时运动的手动操作或执行关节位置绝对定位指令时，其 TCP 点的速度为各关节轴运动的合成。

例如，假设机器人腰回转轴 J_1、下臂摆动轴 J_2 的最大速度分别为 250°/s、150°/s，如定义关节速度为 80%，则 J_1、J_2 轴的实际速度将分别为 200°/s、120°/s；当 J_1、J_2 轴同时进行定位运动时，机器人 TCP 点的最大线速度将为：

$$V_{\text{tcp}} = \sqrt{200^2 + 120^2} = 233(°/s)$$

一般情况下，关节速度也可用移动时间的方式在程序上定义，此时，关节轴的移动距离除以移动时间所得的商，就是编程的关节速度。

(2) TCP 速度及定义

TCP 速度用于机器人 TCP 的线速度控制，对于需要控制 TCP 运动轨迹的直线、圆弧插补等指令，都应定义 TCP 速度。在 ABB 机器人上，关节插补指令的速度，同样需要用 TCP 速度进行定义。

TCP 速度是系统中所有参与插补的关节轴运动合成后的机器人 TCP 运动速度，它需要通过控制系统的多轴同时控制（联动）功能实现，TCP 速度的基本单位一般为 mm/sec（mm/s）。在机器人程序上，TCP 速度不但可用速度值（如 800mm/s 等）直接定义，而且，还可用移动时间的形式间接定义（如 5s 等）。利用移动时间定义 TCP 速度时，机器人 TCP 的空间移动距离（轨迹长度）除以移动时间所得的商，就是 TCP 速度。

机器人的 TCP 速度是多关节轴运动合成的速度，参与运动的各关节轴的实际关节速度，需要通过 TCP 速度的逆向求解得到，但是，由 TCP 速度求解得到的关节轴回转速度，均不能超过系统规定的关节轴最大速度，否则，控制系统将自动限制 TCP 速度，以保证 TCP 运动轨迹准确。

(3) 工具定向速度

工具定向速度用于图 6.3.7 所示的、机器人工具方向调整运动的速度控制，运动速度的基本单位为 deg/sec（°/s）。

工具定向运动多用于机器人作业开始、作业结束或轨迹转换处。在这些作业部位，为了避免机器人运动过程可能出现的运动部件干涉，经常需要改变工具方向，才能接近、离开工件或转换轨迹。在这种情况下，就需要对作业工具进行 TCP 点位置保持不变的工具方向调整运动，这样的运动称为工具定向运动。

工具定向运动一般需要通过机器人工具参考点 TRP 绕 TCP 的回转运动实现，因此，工具定向速度实际上用来定义机器人 TRP 点的回转速度。

工具定向速度同样是系统中所有参与运动的关节轴运动合成后的机器人 TRP 回转速度，它也需要通过控制系统的多轴同时控制（联动）功能实现，由于工具定向是 TRP 绕 TCP 的回转运动，故其速度基本单位为 deg/sec（°/s）。由工具定向速度求解得到的各关节轴回转速度，同样不能超过系统规定的关节轴最大速度，否则，控制系统将自动限制工具定向速度，以保证 TRP 运动轨迹的准确。

机器人的工具定向速度，同样可采用速度值（°/s）或移动时间（s）2 种定义形式。利用移动时间定义工具定向速度时，机器人 TRP 的空间移动距离（轨迹长度）除以移动时间所得的商，就是工具定向速度。

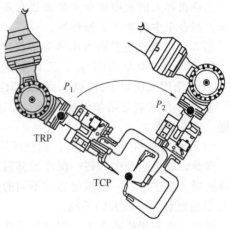

图 6.3.7　工具定向运动

6.4　程序结构与程序命令

6.4.1　程序与编程

(1) 程序与指令

工业机器人的工作环境多数为已知，因此，以第一代示教再现机器人居多。示教再现机器人一般不具备分析、推理能力和智能性，机器人的全部行为需要由人对其进行控制。

工业机器人是一种有自身控制系统、可独立运行的自动化设备，为了使其能自动执行作业任务，操作者就必须将全部作业要求，编制成控制系统能够识别的命令，并输入到控制系统；控制系统通过连续执行命令，使机器人完成所需要的动作。这些命令的集合就是机器人的作业程序（简称程序），编写程序的过程称为编程。

命令又称指令（instruction），它是程序最重要的组成部分。作为一般概念，工业自动化设备的程序控制指令都由如下指令码和操作数 2 部分组成：

$$\underline{\text{MOVJ}} \quad \underline{\text{VJ} = 50.00 \text{ PL} = 2}$$

指令码━━━━━━━━━━━━━━━━━━━━━━━━操作数

指令码又称操作码，它用来规定控制系统需要执行的操作；操作数又称操作对象，它用来定义执行这一操作的对象。简单地说，指令码告诉控制系统需要做什么，操作数告诉控制系统由谁去做。

指令码、操作数的格式需要由控制系统生产厂家规定，在不同控制系统上有所不同。例如，对于机器人的关节插补、直线插补、圆弧插补，安川机器人的指令码为 MOVJ、MOVL、MOVC，ABB 机器人的指令码为 MoveJ、MoveL、MoveC 等。操作数的种类繁多，它既可以是具体的数值、文本（字符串），也可以是表达式、函数，还可以是规定格式的程序数据或程序文件等。

工业机器人的程序指令大多需要有多个操作数，例如，对于 6 轴垂直串联机器人的焊接作业，指令至少需要如下操作数。

① 6 个用来确定机器人本体关节位置或 TCP 位置的位置数据。

② 多个用来确定 TCP 点、工具安装方式、工具质量和重心等的数据（工具数据）。

③ 多个用来确定工件形状、作业部位、安装方式等的数据（工件数据）。

④ 多个用来确定诸如焊接机器人焊接电流、电压、引弧、熄弧要求等内容的作业工艺数据（作业参数）。

⑤ 其他用来指定移动速度、到位区间等其他移动要素的参数。

因此，如果指令中的每一操作数都需要指定具体的值，指令将变得十分冗长，为此，在工业机器人程序中，一般需要通过不同的方法，来一次性定义多个操作数，这一点与数控、PLC 等控制装置有较大的不同。

例如，在安川机器人上，用规定格式的文件（file）来一次性定义多个操作数；在 ABB 机器人程序上，则可用规定格式的程序数据（program data），来一次性定义多个操作数等。

指令码、操作数的表示方法称为编程语言（programming language），它在不同的控制系统、不同的设备上有较大的不同，截至目前，工业机器人还没有统一的编程语言。

例如，安川公司机器人的编程语言为 INFORM III，而 ABB 机器人采用的是 RAPID 编程语言，FANUC 机器人的编程语言为 KAREL，KUKA 公司机器人的编程语言为 KRL 等。工业机器人程序目前还不具备通用性。

采用不同编程语言所编制的程序，其程序结构、指令格式、操作数的定义方法均有较大的不同。但是，如操作者掌握了一种编程语言，其他机器人的编程就相对容易。

(2) 编程方法

第一代机器人的程序编制方法一般有示教编程和虚拟仿真编程两种。

① 示教编程。示教编程是通过作业现场的人机对话操作，完成程序编制的一种方法。所谓示教就是操作者对机器人所进行的作业引导，它需要由操作者按实际作业要求，通过人机对话操作，一步一步地告知机器人需要完成的动作；这些动作可由控制系统以命令的形式记录与保存；示教操作完成后，程序也就被生成。如果控制系统自动运行示教操作所生成的程序，机器人便可重复全部示教动作，这一过程称为"再现"。

示教编程需要有专业经验的操作者在机器人作业现场完成。示教编程简单易行，所编制的程序正确性高，机器人的动作安全可靠，它是目前工业机器人最为常用的编程方法，特别适合于自动生产线等重复作业机器人的编程。

示教编程的不足是程序编制需要通过机器人的实际操作完成，编程需要在作业现场进行，其时间较长，特别是对于高精度、复杂轨迹运动，很难利用操作者的操作示教，故而，对于作业要求变更频繁、运动轨迹复杂的机器人，一般使用离线编程。

② 虚拟仿真编程。虚拟仿真编程是通过编程软件直接编制程序的一种方法，它不仅可编制程序，而且还可进行运动轨迹的模拟与仿真，以验证程序的正确性。

虚拟仿真编程可在计算机上进行，其编程效率高，且不影响现场机器人的作业，故适用于作业要求变更频繁、运动轨迹复杂的机器人编程。虚拟仿真编程需要配备机器人生产厂家提供的专门编程软件，如安川公司的 MotoSim EG、ABB 公司的 RobotStudio、FANUC 公司的 ROBOGUIDE、KUKA 公司的 Sim Pro 等。

虚拟仿真编程一般包括几何建模、空间布局、运动规划、动画仿真等步骤，所生成的程序需要经过编译，下载到机器人，并通过试运行确认。离线编程涉及编程软件安装、操作和使用等问题，不同的软件差异较大。

值得一提的是，示教、虚拟仿真是两种不同的编程方式，但在部分书籍中，工业机器人的编程方法还有现场、离线、在线等多种提法。从中文意义上说，所谓现场、非现场，只是反映编程地点是否在机器人现场；而所谓离线、在线，也只是反映编程设备与机器人控制系统之间是否存在通信连接；简言之，现场编程并不意味着它必须采用示教方式，而编程设备在线时，同样也可采用虚拟仿真软件编程，因此，以上说法似不够准确。

6.4.2 程序结构

所谓程序结构，实际就是程序的编写方法、格式，以及控制系统对程序进行的组织、管理方式。现阶段，工业机器人的应用程序通常有模块式和线性两种基本结构。

(1) 模块式结构

模块式结构的程序设计灵活、使用方便，它是欧美工业机器人常用的程序结构形式。模块式结构的程序由多个程序模块组成，其中的一个模块负责对其他模块的组织与调度，这一模块称为主模块或主程序，其他模块称为子模块或子程序。对于一个控制任务，主模块或主程序一般只能有一个，而子模块或子程序则可以有多个。子模块、子程序通常都有相对独立的功能，它可根据实际控制的需要，通过主模块或主程序调用、选择，并且可通过参数化程序设计，使子模块或子程序能用于不同的控制需要。

模块式结构程序的模块名称、功能，在不同的控制系统上有所不同。例如，ABB 工业机器人的 RAPID 应用程序包括了图 6.4.1 所示的多种模块。

RAPID 应用程序

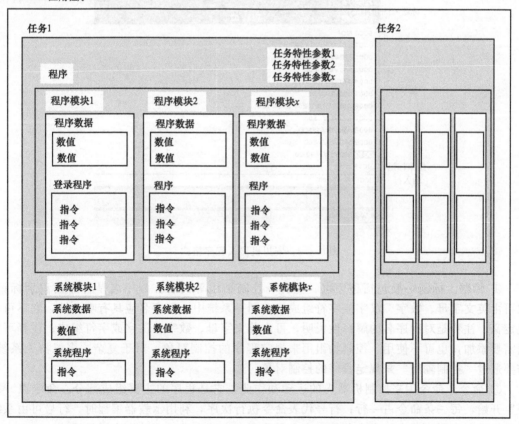

图 6.4.1 RAPID 应用程序结构

　　RAPID任务（task）包含了工业机器人完成一项特定作业（如点焊、弧焊、搬运等）所需要的全部程序指令和数据，它是一个完整的 RAPID 应用程序。

　　RAPID 系统模块（system module）用来定义工业机器人的功能和系统参数，它由工业机器人的生产厂家，根据机器人的功能与要求编制、安装，用户一般不可以更改、删除。

　　程序模块（program module）是 RAPID 应用程序的主体，它需要编程人员根据作业的要求编制。程序模块由程序数据（program data）、作业程序（routine）组成，程序数据则用来定义指令的操作数；作业程序是用来控制机器人系统的指令（instruction）集合，包含了机器人作业时所需要进行的全部动作。

　　一个 RAPID 任务可以有多个程序模块，一个程序模块可以有多个作业程序。其中，具有程序组织、管理和调度的作业程序，称为主程序（main program）；含有主程序的模块，称为主模块（main module）。

(2) 线性结构

　　线性结构是日本等国工业机器人常用的程序结构形式，程序一般由标题、命令、结束标记3部分组成，一个程序的全部内容都编写在同一个程序块中。线性结构的程序相对简单，程序编制时，只需要按机器人的动作次序，将相应的指令从上至下依次排列，机器人便可按指令次序执行相应的动作。

　　安川机器人的程序格式如图 6.4.2 所示，程序由标题、命令、结束标记3部分组成。

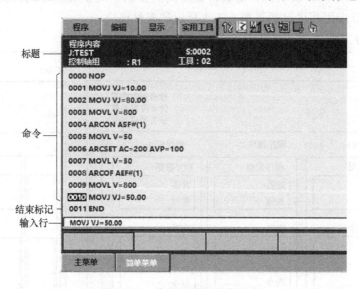

图 6.4.2　安川机器人程序格式

　　① 标题　标题一般包括程序名、注释、控制轴组等内容。程序名是程序的识别标记，它可由英文字母、数字、汉字或字符组成；在同一系统中，程序名应具有唯一性，它不可重复定义。注释是对程序名的解释性说明，可由英文字母、数字、汉字或字符组成；注释可根据需要添加，也可不使用。控制轴组用来规定程序的控制对象，对于复杂、多机器人系统，需要通过"控制轴组"来规定程序的控制对象。

　　② 命令　命令用来控制机器人的运动和作业，它是程序的主要组成部分。命令以"行号"开始，每一条命令占一行；行号代表命令执行次序，利用示教器编程时，行号可由系统自动生成。安川机器人的命令分基本命令和作业命令两大类，有关内容详见后述。

　　③ 结束标记　表示程序的结束，结束标记通常为控制命令 END。

6.4.3　安川机器人命令

工业机器人的程序命令一般分基本命令和作业命令两大类，每类又根据功能与用途，分若干小类。安川机器人程序的基本命令和作业命令如下。

(1) 基本命令

机器人控制系统的基本命令用来控制机器人本体的动作，如机器人所采用的控制系统相同，基本命令便可通用。

安川机器人的基本命令分移动命令、输入/输出命令、程序控制命令、平移命令、运算命令5类，其作用与功能如表6.4.1所示，有关基本命令的编程方法可参见后述章节。

表6.4.1　安川机器人基本命令表

类别		命令	作用与功能	简要说明
移动命令		MOVJ	机器人定位	关节坐标系运动命令
		MOVL	直线插补	移动轨迹为直线
		MOVC	圆弧插补	移动轨迹为圆弧
		MOVS	自由曲线插补	移动轨迹为自由曲线
		IMOV	增量进给	直线插补、增量移动
		REFP	作业参考点设定	设定作业参考位置
		SPEED	再现速度设定	设定程序再现运行的运动速度
输入/输出命令		DOUT	DO信号输出	系统通用DO信号的ON/OFF控制
		PULSE	DO信号脉冲输出	DO信号的输出脉冲控制
		DIN	DI信号读入	读入DI信号状态
		WAIT	条件等待	在条件满足前，程序处于暂停状态
		AOUT	模拟量输出	输出模拟量
		ARATION	速度模拟量输出	输出移动速度模拟量
		ARATIOF	速度模拟量关闭	关闭移动速度模拟量输出
程序控制命令	程序执行控制	END	程序结束	程序结束
		NOP	空操作	无任何操作
		NWAIT	连续执行（移动命令添加项）	移动的同时，执行后续非移动命令
		CWAIT	执行等待	等待移动命令完成（与NWAIT配对用）
		ADVINIT	命令预读	预读下一命令，提前初始化变量
		ADVSTOP	停止预读	撤销命令预读功能
		COMMENT	注释（即'）	仅在示教器上显示注释
		TIMER	程序暂停	暂停指定时间
		IF	条件判断（命令添加项）	作为其他命令添加项，判断执行条件
		PAUSE	条件暂停	IF条件满足时，程序进入暂停状态
		UNTIL	跳步（移动命令添加项）	条件满足时，直接结束当前命令
	程序转移	JUMP	程序跳转	程序跳转到指定位置
		LABEL	跳转目标（即*）	指定程序跳转的目标位置
		CALL	子程序调用	调用子程序
		RET	子程序返回	子程序结束返回
平移命令		SFTON	平移启动	程序点平移功能生效
		SFTOF	平移停止	结束程序点平移
		MSHIFT	平移量计算	计算平移量
运算命令	算术运算	ADD	加法运算	变量相加
		SUB	减法运算	变量相减
		MUL	乘法运算	变量相乘
		DIV	除法运算	变量相除
		INC	变量加1	指定变量加1
		DEC	变量减1	指定变量减1

续表

类别		命令	作用与功能	简要说明
运算命令	函数运算	SIN	正弦运算	计算变量的正弦值
		COS	余弦运算	计算变量的余弦值
		ATAN	反正切运算	计算变量的反正切值
		SQRT	平方根运算	计算变量的平方根
	矩阵运算	MULMAT	矩阵乘法	进行矩阵变量的乘法运算
		INVMAT	矩阵求逆	求矩阵变量的逆矩阵
	逻辑运算	AND	与运算	变量进行逻辑与运算
		OR	或运算	变量进行逻辑或运算
		NOT	非运算	指定变量进行逻辑非运算
		XOR	异或运算	变量进行逻辑异或运算
	变量读写	SET	变量设定	设定指定变量
		SETE	位置变量设定	设定指定位置变量
		SETFILE	文件数据设定	设定文件数据
		GETE	位置变量读入	读入位置变量
		GETS	系统变量读入	读入系统变量
		GETFILE	文件数据读入	读入指定的文件数据
		GETPOS	程序点读入	读入程序点的位置数据
		CLEAR	变量批量清除	清除指定位置、指定数量的变量
	坐标变换	CNVRT	坐标系变换	转换位置变量的坐标系
		MFRAME	坐标系定义	定义用户坐标系
	字符操作	VAL	数值变换	将 ASCII 数字转换为数值
		ASC	编码读入	读入首字符 ASCII 编码
		CHR $	代码转换	转换为 ASCII 字符
		MID $	字符读入	读入指定位置的 ASCII 字符
		LEN	长度计算	计算 ASCII 字符长度
		CAT $	字符合并	合并 ASCII 字符

(2) 作业命令

作业命令用来控制执行器（工具）的动作，它随着机器人用途的不同而不同，原则上说，每类机器人只能使用其中的一类命令。安川机器人的作业命令分类如表 6.4.2 所示。

表 6.4.2 安川机器人作业命令表

类别	命令	作用与功能	简要说明
弧焊作业	ARCON	引弧	输出引弧条件和引弧命令
	ARCOF	息弧	输出息弧条件和息弧命令
	ARCSET	焊接条件设定	设定部分焊接条件
	ARCCTS	逐步改变焊接条件	以起始点为基准,逐步改变焊接条件
	ARCCTE	逐步改变焊接条件	以目标点为基准,逐步改变焊接条件
	AWELD	焊接电流设定	设定焊接电流
	VWELD	焊接电压设定	设定焊接电压
	WVON	摆焊启动	启动摆焊作业
	WVOF	摆焊停止	停止摆焊作业
	ARCMONON	焊接监控启动	启动焊接监控
	ARCMONOF	焊接监控停止	结束焊接监控
	GETFILE	焊接监控数据读入	读入焊接监控数据
点焊作业	SVSPOT	焊接启动	焊钳加压、启动焊接
	SVGUNCL	焊钳加压	焊钳加压
	GUNCHG	焊钳装卸	安装或分离焊钳
通用作业	TOOLON	工具启动	启动作业工具
	TOOLOF	工具停止	作业工具停止

类别	命令	作用与功能	简要说明
通用作业	WVON	摆焊启动	启动摆焊作业
	WVOF	摆焊停止	停止摆焊作业
搬运作业	HAND	抓手控制	接通或断开抓手控制输出信号
	HSEN	传感器控制	接通或断开传感器输入信号

机器人作业命令同样需要利用添加项，来定义作业参数。由于机器人的用途不同，作业命令所需要的作业参数差别也很大。例如，对于弧焊机器人，需要有焊接保护气体种类、焊丝种类、焊接电流、焊接电压、引弧时间、息弧时间，以及摆焊作业需要的摆动方式、摆动速度、摆动频率、摆动距离等。由于机器人作业命令所需要的参数众多，因此，通常需要以"文件"的形式来进行统一定义，这一文件称为"作业文件"或"条件文件"。作业文件可由作业命令调用，文件一经调用，全部作业参数将被一次性定义；如需要，也可通过命令添加项，对个别参数进行单独修改。有关作业文件的编制及编程方法可参见后述章节。

第**7**章

▶▶▶▶▶▶▶

基本命令编程

7.1 移动命令编程

7.1.1 命令格式与功能

(1) 命令格式

移动命令用来控制机器人本体或基座、工装的运动，在程序中使用最广。安川机器人的移动命令可用来控制机器人本体坐标轴、基座轴、工装轴运动，以及规定机器人的作业参考点、再现运行速度等。

安川机器人的移动命令格式如下。

$$\underset{\text{命令符}}{\underline{\text{MOVJ}}} \qquad \underset{\text{添加项}}{\underline{\text{VJ} = 50.00 \quad \text{PL} = 2 \quad \text{NWAIT} \quad \text{UNITL} \quad \text{IN} \# (16) = \text{ON}}}$$

① 命令符 指令码在安川机器人上用命令符表示，命令符用来定义命令的功能，如点定位、直线插补、增量进给、圆弧插补、自由曲线插补，设定作业参考点，规定再现速度等。程序中的每一条命令都必须、且只能有一个命令符。

② 添加项 操作数在安川机器人上称为添加项，它用来指定命令的操作对象、执行条件，例如，规定再现运行时的速度、加速度、定位精度，程序跳步、直接执行非移动命令等。添加项可根据需要选择，也可采用后述的变量编程，变量的单位可由系统自动转换。

移动命令的起点为机器人执行命令时的当前位置，目标位置是移动命令需要到达的程序点，运动轨迹可通过命令符区分。在安川机器人上，移动命令的目标位置通常用示教操作定义，因此，一般不在移动命令上指定、显示。

安川机器人可使用的移动命令及编程格式如表 7.1.1 所示。

(2) MOVJ 命令

MOVJ 命令是以命令执行时的当前位置作为起点、以示教编程操作指定的目标位置为终点的"点到点"定位命令。执行 MOVJ 命令时，机器人轴、基座轴、工装轴，均可直接

表 7.1.1　移动命令编程说明表

命令	名称	编程格式与示例	
MOVJ	点定位 （关节插补）	基本添加项	VJ
		可选添加项	PL、NWAIT、UNTIL、ACC、DEC
		编程示例	MOVJ VJ＝50.00 PL＝2 NWAIT UNTIL IN＃(16)＝ON
MOVL	直线插补	基本添加项	V 或 VR、VE
		可选添加项	PL、CR、NWAIT、UNTIL、ACC、DEC
		编程示例	MOVL V＝138 PL＝0 NWAIT UNTIL IN＃(16)＝ON
MOVC	圆弧插补	基本添加项	V 或 VR、VE
		可选添加项	PL、NWAIT、ACC、DEC、FPT
		编程示例	MOVC V＝138 PL＝0
MOVS	自由曲线插补	基本添加项	V 或 VR、VE
		可选添加项	PL、NWAIT、ACC、DEC
		编程示例	MOVS V＝120 PL＝0
IMOV	增量进给	基本添加项	P＊＊ 或 BP＊＊、EX＊＊； V 或 VR、VE； RF 或 BF、TF、UF＃(＊＊)
		可选添加项	PL、NWAIT、UNTIL、ACC、DEC
		编程示例	IMOV P000 V＝120 PL＝1 RF
REFP	作业参考点设定	基本添加项	参考点编号
		可选添加项	——
		编程示例	REFP 1
SPEED	再现速度设定	基本添加项	VJ 或 V、VR、VE
		可选添加项	——
		编程示例	SPEED VJ＝50.00

从起点移动到终点，MOVJ 命令的控制点定位直接通过关节的运动实现，故又称关节插补。

MOVJ 命令对机器人运动轨迹无要求，它可用于图 7.1.1 所示的无干涉自由运动空间的快速定位。MOVJ 命令的实际运动轨迹还与定位精度等级 PL 的设定有关，对于图 7.1.1 (b) 所示的 $P_1 \rightarrow P_2 \rightarrow P_3$ 连续点定位，如果 PL 的值设定较大，机器人实际将不会到达定位点 P_2，而是直接从 P_1 点连续运动至 P_3 点。

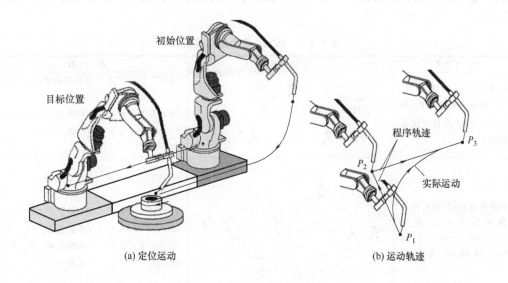

(a) 定位运动　　　　　　　　(b) 运动轨迹

图 7.1.1　MOVJ 命令功能

执行 MOVJ 命令时，各关节轴的运动速度、加速度，均由机器人生产厂家在系统设定参数上设置，也在程序中利用添加项 VJ、ACC/DEC，以倍率的形式调整；添加项 VJ 的允许调节范围为 0.01%～100.00%、ACC/DEC 的允许调节范围均为 20%～100%。如需要，MOVJ 命令还可增加后述的连续执行添加项"NWAIT"、条件判断"UNTIL IN♯（＊＊）＝＊＊"等。

（3）MOVL 命令

执行直线插补命令 MOVL 时，机器人 TCP 将以执行命令前的位置作为起点、以命令目标位置为终点进行直线移动，TCP 的运动轨迹为连接起点和终点的直线。

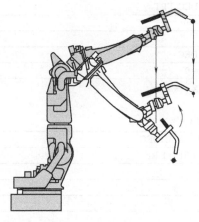

MOVL 命令多用于焊接、切割作业的机器人。为了保证机器人移动时的工具姿态不变，机器人执行 MOVL 命令时，系统通常还需要同时控制工具定向运动，对工具的姿态进行图 7.1.2 所示的自动调整。

为了提高效率，命令 MOVL 也可通过定位精度等级添加项 PL，使运动变为连续。对于连续的 MOVL 命令，还可通过添加项 CR（单位 0.1mm），直接指定 2 条直线相交处的拐角半径，实现直线相交处的圆弧过渡连接；添加项 CR 的允许编程范围为 1.0～6553.5mm。

图 7.1.2　MOVL 命令功能

MOVL 命令的移动速度为各关节轴运动的合成速度，它可通过添加项 V 指定，速度单位通常为 0.1mm/s，但也可通过系统参数的设定，选择 cm/min、mm/min 或 inch/min。如需要，还可通过 ACC/DEC、NWAIT、UNTIL IN♯（＊＊）等添加项，改变加速度和执行条件。

（4）MOVC 命令

圆弧插补命令 MOVC 可使机器人 TCP 沿圆弧轨迹移动，通过系统参数的设定，也可自动调整工具姿态。工业机器人的圆弧插补一般利用 3 点法定义，移动速度为切向速度。MOVC 命令的编程要求如表 7.1.2 所示，添加项 PL、V、ACC/DEC 的使用方法与 MOVL 指令同。

表 7.1.2　MOVC 命令编程说明表

动作与要求	运动轨迹	程　序
如 MOVC 命令起点 P_1 和上一移动命令终点 P_0 不重合，$P_0 \rightarrow P_1$ 点自动成为直线插补	MOVL 自动　P_2　P_0　P_1　P_3　P_4	MOVJ VJ＝＊＊　//示教点 P_0 ... MOVC V＝＊＊　//示教点 P_1、P_2、P_3 MOVL V＝＊＊　//示教点 P_4 ...
两圆弧连接时，如连接处的曲率发生改变，应在 MOVC 命令间，添加 MOVL（或 MOVJ）命令	P_2　P_3　P_7　P_8　P_0　P_1　P_4　P_5　P_6	MOVJ VJ＝＊＊　//示教点 P_0 ... MOVC V＝＊＊　//示教点 P_1、P_2、P_3 MOVL V＝＊＊　//示教点 P_4 MOVC V＝＊＊　//示教点 P_5、P_6、P_7 MOVL V＝＊＊　//示教点 P_8 ...

续表

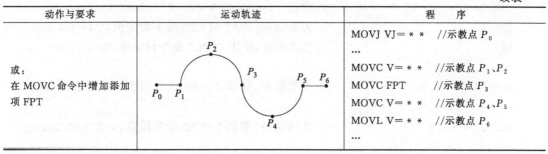

动作与要求	运动轨迹	程 序
或： 在 MOVC 命令中增加添加项 FPT		MOVJ VJ=＊＊ //示教点 P_0 … MOVC V=＊＊ //示教点 P_1、P_2 MOVC FPT //示教点 P_3 MOVC V=＊＊ //示教点 P_4、P_5 MOVL V=＊＊ //示教点 P_6 …

(5) MOVS 命令

MOVS 命令可控制机器人 TCP 沿自由曲线移动。安川机器人的自由曲线为 3 点定义的抛物线。进行自由曲线插补时，3 个示教点的间距应尽可能均匀，否则，再现运行时可能出现错误的运作。MOVS 命令的编程要求如表 7.1.3 所示，添加项 PL、V、ACC/DEC 的使用方法同 MOVL。

表 7.1.3　MOVS 命令编程说明表

动作与要求	运动轨迹	程 序
如 MOVS 命令起点 P_1 和上一移动命令终点 P_0 不重合，$P_0 \rightarrow P_1$ 点自动成为直线插补		MOVJ VJ=＊＊ //示教点 P_0 … MOVS V=＊＊ //示教点 P_1、P_2、P_3 MOVL V=＊＊ //示教点 P_4 …
两自由曲线可以直接连接，不需要插入 MOVL（或 MOVJ）、FPT 命令		MOVJ VJ=＊＊ //示教点 P_0 … MOVS V=＊＊ //示教点 $P_1 \sim P_5$ MOVL V=＊＊ //示教点 P_6 …

(6) IMOV 命令

增量进给 IMOV 命令可使机器人 TCP 以直线插补的方式移动指定的距离。IMOV 命令的移动距离、运动方向需要通过后述的位置变量 P（机器人轴）或 BP（基座轴）、EX（工装轴）指定；此外，还需要通过添加项 BF（基座坐标系）、RF（机器人坐标系）、TF（工具坐标系）UF＃（用户坐标系）规定坐标系。

(7) REEP 和 SPEED 命令

命令 REEP 通常只用于弧焊机器人，在其他机器人上一般不能使用。REEP 命令可将机器人的当前位置设定为焊接参考点（如摆焊作业的开始点等）。焊接参考点一经设定，示教操作时便可直接通过示教器操作面板上的"【参考点】+【前进】"键，使机器人自动定位到参考点，从而简化示教编程与操作。

再现速度设定命令 SPEED 可直接规定程序再现运行时的移动速度 VJ、V、VR、VE。SPEED 命令一旦执行，后续的移动命令便可省略对应的添加项，直至新的移动速度被指定。此外，SPEED 命令所设定的速度，不能通过速度调整操作改变。SPEED 命令的功能如下。

```
…
MOVJ VJ= 80.00          //关节插补,速度倍率为 80.00%
MOVL V= 138.0           //直线插补,速度为 138.0mm/s
```

```
SPEED VJ= 50.00 V= 276.0    //设定 VJ= 50.00% ,V= 276.0mm/s
MOVJ                        //关节插补,使用 SPEED 命令设定值,VJ= 50.00%
MOVL                        //直线插补,使用 SPEED 命令设定值,V= 276.0mm/s
...
MOVJ VJ= 30.00             //关节插补,撤销 SPEED 命令设定,VJ 为 30.00%
...
MOVL V= 66.0               //直线插补,撤销 SPEED 命令设定,V 为 138.0mm/s
...
```

7.1.2 添加项及使用

移动命令可根据需要增加添加项,以调整速度、加速度、移动轨迹或增加执行控制条件。添加项在不同的命令中有所区别,编程时,需要对照表 7.1.1 添加。命令添加项的说明如下。

(1) 速度、加速度调整

程序自动运行(再现)时的移动速度称再现速度。再现速度、加速度可通过添加项 VJ、V、VR、VE、ACC、DEC 指定,不同添加项的含义如下。

VJ:命令 MOVJ 的再现速度,以关节轴最大速度倍率的形式指定,单位为 0.01%,允许编程范围为 0.01%~100.00%。关节轴最大移动速度,可通过系统参数进行设定。

V:直线插补 MOVL、圆弧插补 MOVC、自由曲线插补 MOVS、增量进给 IMOV 命令的机器人 TCP 再现速度,可直接以数值的形式指定。V 的单位可通过系统参数设定为 mm/s、cm/min 等。

VR:直线插补 MOVL、圆弧插补 MOVC、自由曲线插补 MOVS、增量进给 IMOV 命令的工具定向再现速度,可直接以数值的形式指定。VR 的单位为 $0.1°/s$,允许编程范围为 0.1~180.0 (°/s)。

VE:直线插补 MOVL、圆弧插补 MOVC、自由曲线插补 MOVS、增量进给 IMOV 命令的外部轴(基座或工装轴)再现速度,以最大移动速度倍率的形式指定,单位为 0.01%,允许编程范围为 0.01%~100.00%。外部轴的最大移动速度,可通过系统参数进行设定。

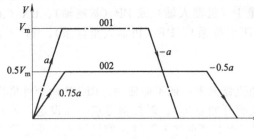

图 7.1.3 速度/加速度编程

ACC:再现运行时的启动加速度,以轴最大加速度倍率的形式指定,单位为 1%,允许编程范围为 20%~100%。最大加速度可通过系统参数进行设定。

DEC:再现运行时的停止加速度,指定方法同 ACC。

例如,对于如下移动命令,其再现运行时的运动过程如图 7.1.3 所示。

```
001 MOVJ VJ= 100.00
002 MOVJ VJ= 50.00 ACC= 75.00 DEC= 50.00
...
```

(2) 轨迹调整

程序再现运行时的运动轨迹,可通过添加项 PL、CR 及 FPT、P＊＊/BP＊＊/EX＊＊、BF/RF/TF/UF♯(＊＊)调整,添加项 CR 只能用于 MOVL 命令;FPT 只能用于 MOVC

命令；添加项 P＊＊/BP＊＊/EX＊＊、BF/RF/TF/UF♯（＊＊）只能用于 IMOV 命令；添加项 PL 则可用于命令 MOVJ、MOVL、MOVC、MOVS、IMOV。添加项的含义分别如下。

PL：目标位置的定位等级（positioning level），即到位区间。降低定位等级，可使机器人运动变为图 7.1.4 所示的平滑、连续运动。

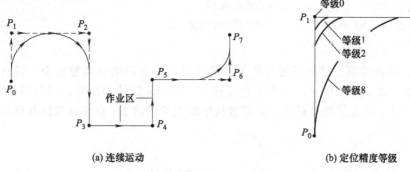

(a) 连续运动　　　　　　(b) 定位精度等级

图 7.1.4　定位等级

定位等级可通过 PL 值指定，允许编程范围为 0～8，0 级为最高、可实现准确定位（FINE）；PL 值越大，定位等级就越低，运动连续性就越好；1～8 级允差可通过系统参数设定。使用 PL 添加项时，相邻移动命令的轨迹夹角应在 25°～155°范围内。

CR：相邻直线连接处的拐角半径，只能用于直线插补命令 MOVL，单位为 0.1mm，允许编程范围为 1.0～6553.5mm。

FPT：连续圆弧插补点定义，FPT 可将指定程序点，定义为 2 条圆弧插补命令共用的程序点（参见表 7.1.2）。

P/BP/EX：增量进给命令 IMOV 的距离和方向定义变量，P＊＊、BP＊＊、EX＊＊分别为机器人轴、基座轴、工装轴的位置变量号。

BF/RF/TF/UF♯（＊＊）：增量进给命令 IMOV 的坐标系选择，BF、RF、TF、UF♯（＊＊）分别为基座坐标系、机器人坐标系、工具坐标系、用户坐标系。

(3) 执行控制

移动命令的执行过程可通过添加项 NWAIT 和 UNTIL 控制，NWAIT 可用于 MOVJ、MOVL、MOVC、MOVS、IMOV 命令；UNTIL 通常只用于 MOVJ、MOVL、IMOV 命令，并且需要增加判别条件。

NWAIT：连续执行。增加添加项 NWAIT 后，机器人可在执行移动命令的同时，执行后续的非移动命令，以提高作业效率。

例如，对于如下程序，机器人在执行移动命令 MOVL V＝800.0 的同时，可连续执行后续的命令 DOUT OT（♯12）ON、接通系统开关量输出 OUT12。

```
...
MOVL V= 800.0 NWAIT
DOUT OT (# 12) ON
...
```

如果后续的非移动命令中，包含了不能连续执行的命令，则可添加命令 CWAIT（执行等待），禁止连续执行。

例如，如需要在执行移动命令 MOVL V＝800.0 时，接通开关量输出 OUT12；在移动命令执行完成后，断开 OUT12 的程序如下：

```
...
MOVL V= 800.0 NWAIT        //连续执行
DOUT OT (# 12) ON          //OUT12 接通
CWAIT                       //禁止连续
DOUT OT (# 12) OFF         //断开 OUT12
...
```

UNTIL：跳步控制。添加项后续的条件满足时，可立即结束当前命令、转入后续命令的执行。例如，对于如下程序，当系统通用输入 IN♯16 信号 ON 时，可如图 7.1.5 所示，立即中断 $P_1 \to P_2$ 的直线插补移动，并直接从中断点开始向 P_3 点作直线插补移动。

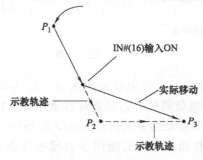

图 7.1.5 跳步控制功能

```
...
MOVJ V= 50.00                           //P₁ 点定位
MOVL V= 100.0 UNTIL IN# (16)= ON        //P₁→P₂ 直线插补（跳步控制）
MOVL V= 800.0                           //P₂→P₃ 直线插补
...
```

7.2 输入/输出命令编程

7.2.1 I/O 信号及功能

输入/输出命令一般用来控制辅助部件动作。例如，通过开关量输入（data input，简称 DI）、开关量输出（data output，简称 DO）信号，可检查检测开关的状态、控制电磁元件的通断；通过模拟量输入（analog input，简称 AI）、模拟量输出（analog output，简称 AO）信号，可检查、控制电压、电流、转速等连续变化量。

机器人的输入/输出信号，通常分为控制系统内部信号和外部信号两类，其作用分别如下。

(1) 系统内部信号

系统内部信号只能用于状态监控，而不能检测、执行元件。安川机器人的内部信号主要有系统通用 DI/DO、系统专用 DI/DO 及内部继电器 3 类。

系统通用 DI/DO、内部继电器通常用于 PLC 程序设计,其功能可由用户定义。系统通用 DI/DO 的编程地址为 0 * * * */1 * * * *;PLC 内部继电器的编程地址为 7 * * * *。

系统专用 DI/DO 信号既可用于 PLC 程序,也可用于作业程序;但其地址、功能由系统生产厂家规定、输出状态由系统自动生成,用户不能通过 PLC 程序或作业程序改变其状态。系统专用 DI/DO 的编程地址为 4 * * * */5 * * * *;在机器人作业程序中,其编程地址为 SIN#(*)/SOUT#(*)。

(2) 系统外部信号

系统外部信号可连接外部检测、执行元件,其功能、状态均可改变。安川机器人的外部信号主要分驱动器输入、机器人专用 DI/DO、外部通用 DI/DO、模拟量输入/输出(AI/AO)4 类。驱动器输入信号用于碰撞检测,它需要连接到驱动器控制板上,每 1 轴可连接一个 DI 信号,信号地址为 RIN#(1)~RIN#(6)。AI/AO 多用于弧焊机器人,它们需要连接到弧焊控制板,AI 为 2 通道、DC±5V 输入,AO 为 2 通道、DC±14V 输出,信号在机器人作业程序中的编程地址为 AI#(1)/AI#(2)、AO#(1)/AO#(2)。

机器人专用 DI/DO、外部通用 DI/DO 信号可通过系统的 I/O 单元、弧焊控制板等部件连接;每一 I/O 单元最大可连接 40/40 点 DI/DO;弧焊控制板可连接 4/6 点 DI/DO。信号的功能与使用方法如下。

① 机器人专用 DI/DO 机器人专用 DI/DO 信号的功能由机器人生产厂家规定,在机器人作业程序中,用户可直接通过机器人作业命令 ARCON/ARCOF、TOOLON/TOOLOF 等进行控制。

机器人专用 DI 信号有 2 类,一是来自操作面板、上级控制器的系统控制信号,如操作模式选择、程序调用、报警清除等;二是来自机器人的检测信号,如干涉、碰撞检测信号等。安川机器人的专用 DI 为 16 点,PLC 编程地址为#20010~#20017、#20020~#20027。

机器人专用 DO 信号也有 2 类,一是系统工作状态输出,如系统报警、伺服 ON、现行操作模式等;二是机器人状态输出,如当前加工区、作业原点等。安川机器人的专用 DO 为 16 点,PLC 编程地址为#30010~#30017、#30020~#30027。

安川弧焊机器人的弧焊控制板可连接 4/6 点专用 DI/DO。DI 信号用于断气、断弧、断丝等检测,PLC 编程地址为#22550~#22553;DO 信号用于送气、送丝、起弧、粘丝等控制,PLC 编程地址为#32551~#32555、#32557。

② 外部通用 DI/DO 信号 外部通用 DI/DO 可用于辅助部件状态检测、电磁元件通断控制,其功能可由用户自由定义,信号连接端和 PLC 编程地址在不同机器人上稍有区别。外部通用 DI/DO 不但可通过 PLC 程序控制,且还可利用机器人作业程序的输入/输出命令直接控制。

机器人的 DI/DO 数量与控制系统的 I/O 单元配置有关,系统标准配置为 1 个 I/O 单元、40/40 点,其中,16/16 点为机器人专用 DI/DO 信号,剩余的 24/24 点为外部通用 DI/DO。外部通用 DI/DO 信号的代号为 IN01~IN24/OUT01~OUT24;IN01~IN24 的 PLC 编程地址为#20030~#20037、#20040~#20047、#20050~#20057,在作业程序中的地址为 IN#(1)~IN#(24);OUT01~OUT24 的 PLC 编程地址为#30030~#30037、#30040~#30047、#30050~#50057,在作业程序的地址为 OUT#(1)~OUT#(24)。

7.2.2 命令格式与功能

(1) 命令格式

安川机器人的输入/输出命令同样由命令符和添加项两部分组成,其基本格式如下。

$$\underset{\text{命令符}}{\underline{\text{PULSE}}} \qquad \underset{\text{添加项}}{\underline{\text{OT}\# (12)\text{T} = 0.60}}$$

命令符用来定义输入/输出功能，如 DI 状态读入、DO 输出等；添加项用来指定 DI/DO 地址及执行条件。安川机器人可使用的输入/输出命令及编程格式如表 7.2.1 所示。

表 7.2.1　输入/输出命令编程说明表

命令	名称	编程格式与示例	
DOUT	DO 信号输出	基本添加项	OT#(*)或 OGH#(*)、OG#(*)
		可选添加项	ON、OFF、B*
		编程示例	DOUT OT#(12)ON
PULSE	DO 信号脉冲输出	基本添加项	OT#(*)或 OGH#(*)、OG#(*)
		可选添加项	T=*
		编程示例	PULSE OT#(10)T=0.60
DIN	DI 信号读入	基本添加项	B*、IN#(*)或 IGH#(*)、IG#(*)、OT#(*)、OGH#(*)、OG#(*)、SIN#(*)、SOUT#(*)
		可选添加项	—
		编程示例	DIN B016 IN#(16)； DIN B002 IG#(2)
AOUT	模拟量输出	基本添加项	AO#(*)**
		可选添加项	—
		编程示例	AO#(1)12.7
ARATION	速度模拟量输出	基本添加项	AO#(*)、BV=*、V=*
		可选添加项	OFV=*
		编程示例	ARATION AO#(1)BV=10.00 V=200.0 OFV=2.00
ARATIOF	速度模拟量关闭	基本添加项	AO#(*)
		可选添加项	—
		编程示例	ARATIOF AO#(1)

(2) 添加项功能

输入/输出命令可根据表 7.2.1 的规定，增加添加项 IN、IGH、IG、OT、OGH、OG、SIN、SOUT、AO 等，添加项主要用来确定信号地址、数量及处理方式，其功能如下。

① 信号地址、数量。添加项中的地址（字母）IN 代表外部通用 DI、SIN 代表系统内部专用 DI，地址 OUT 代表外部通用 DO、SOUT 代表系统内部专用 DO 信号；地址 AO 代表模拟量输出。

外部通用 DI/DO 不仅能以二进制位的形式独立处理，且还可用 4 位（IGH#/OGH#）或 8 位（IG#/OG#）二进制的形式，进行成组处理。DI/DO 组号的规定如表 7.2.2 所示。

表 7.2.2　通用 DI/DO 分组一览表

	信号代号	IN01	IN02	IN03	IN04	IN05	IN06	IN07	IN08
通用输入	IN 号	IN#(1)	IN#(2)	IN#(3)	IN#(4)	IN#(5)	IN#(6)	IN#(7)	IN#(8)
	IGH 组号	IGH#(1)				IGH#(2)			
	IG 组号	IG#(1)							
	信号代号	IN09	IN10	IN11	IN12	IN13	IN14	IN15	IN16
	IN 号	IN#(9)	IN#(10)	IN#(11)	IN#(12)	IN#(13)	IN#(14)	IN#(15)	IN#(16)
	IGH 组号	IGH#(3)				IGH#(4)			
	IG 组号	IG#(2)							
	信号代号	IN17	IN18	IN19	IN20	IN21	IN22	IN3	IN24
	IN 号	IN#(17)	IN#(18)	IN#(19)	IN#(20)	IN#(21)	IN#(22)	IN#(23)	IN#(24)
	IGH 组号	IGH#(5)				IGH#(6)			
	IG 组号	IG#(3)							

续表

	信号代号	OUT01	OUT02	OUT03	OUT04	OUT05	OUT06	OUT07	OUT08
	OT 号	OT#(1)	OT#(2)	OT#(3)	OT#(4)	OT#(5)	OT#(6)	OT#(7)	OT#(8)
	OGH 组号	OGH#(1)				OGH#(2)			
	OG 组号	OG#(1)							
	信号代号	OUT09	OUT10	OUT11	OUT12	OUT13	OUT14	OUT15	OUT16
通用输出	OT 号	OT#(9)	OT#(10)	OT#(11)	OT#(12)	OT#(13)	OT#(14)	OT#(15)	OT#(16)
	OGH 组号	OGH#(3)				OGH#(4)			
	OG 组号	OG#(2)							
	信号代号	OUT17	OUT18	OUT19	OUT20	OUT21	OUT22	OUT3	OUT24
	OT 号	OT#(17)	OT#(18)	OT#(19)	OT#(20)	OT#(21)	OT#(22)	OT#(23)	OT#(24)
	OGH 组号	OGH#(5)				OGH#(6)			
	OG 组号	OG#(3)							

② 信号处理方式。安川机器人输入/输出的处理方式，可通过添加项选择如下 3 种。

IN/OT/SIN/SOUT/AO#(n)：二进制位操作，可用于所有 I/O 信号处理。其中，IN/OT/SIN/SOUT/AO 用来选择信号类别；n 为 I/O 地址编号，外部通用 DI/DO 的 n 编程范围为 1~24。

DI/DO 进行二进制位操作时，其状态可用 ON 或 OFF 表示；例如，命令"DOUT OT#(12) ON"，可接通 OUT12；命令"WAIT IN#(12)＝ON"，可等待 IN12 的接通状态等。AO 的状态可直接用数值表示，如命令"AO#(1) 10.0"，可在 AO 通道 1 上输出 DC10V 电压等。

IGH/OGH#(n)、IG/OG#(n)：4 点、8 点 DI/DO 成组操作。IGH/OGH#(n) 为 4 点 DI/DO 操作，n 为 IGH/OGH 号，编程范围为 1~6。IG/OG#(n) 为 8 点 DI/DO 操作，n 为 IG/OG 号，其编程范围为 1~3。

添加项 IN/OT/SIN/SOUT/AO#(n)、IGH/OGH#(n)、IG/OG#(n) 中的 n 值及成组处理的 DI/DO 状态，可使用后述的变量 B 进行编程。例如，利用变量 B000 定义 DO 地址，接通 OUT24 的程序如下：

```
...
SET B000 24              //变量 B000 设定为十进制 24(二进制 0001 1000)
DOUT OT#(B000)ON         //地址号自动转换为十进制 n= 24,OUT24 接通
...
```

7.2.3 编程说明

(1) DOUT 命令

命令 DOUT 可用来控制外部通用 DO 信号通断，命令可通过添加项 OGH、OG 及变量 B，进行成组控制。例如：

```
...
DOUT OT#(1)ON           //OUT01 接通
DOUT OT#(2)OFF          //OUT02 断开
SET B000 24             //设定变量 B000 为 24(0001 1000)
DOUT OG#(3)B000         //OG#(3)组 OUT24~17 输出 0001 1000
...
```

(2) PULSE 命令

命令 PULSE 可在外部通用 DO 上输出脉冲信号；脉冲宽度可通过添加项 T 定义，单位为 0.01s，允许编程范围为 0.01～655.35s；省略添加项 T 时，系统默认 T=0.3s。

PULSE 命令可通过添加项 OGH、OG，同时输出多个相同脉冲，例如：

```
...
PULSE OT# (5) T= 1.00    //OUT5 输出宽度 1.0s 的脉冲信号
SET B000 24              //设定变量 B000 为 24(0001 1000)
PULSE OG# (3) B000       //OG# (3) 组的 OUT20、OUT21 输出宽度 0.3s 的脉冲信号
...
```

(3) DIN 命令

命令 DIN 可将指定 DI 信号的状态读入到 1 字节变量 B 中；如果使用添加项 IGH/IG、OGH/OG，DI/DO 状态可成组读入；ON 信号的读入状态为 "1"、OFF 信号的读入状态为 "0"。例如：

```
...
DIN B001 IN# (1)         //  IN01 状态读入到变量 B001 中
DIN B002 IG# (1)         //  IN01～08 状态成组读入到变量 B002 中
...
```

(4) AOUT 命令

安川机器人的弧焊控制板 JANCD-YEW01-E 上，安装有 2 通道、DC±14V 模拟量输出接口 CH1、CH2；其中，CH1 为焊接电压输出，CH2 为焊接电流输出。接口 CH1、CH2 的模拟量输出值可通过命令 AOUT、直接以电压值的形式给定，命令添加项中的地址也可用变量的形式给定。例如：

```
...
AOUT AO# (1) 10.0         //CH1 输出 DC10V 电压
```

(5) ARATION/ARATIOF 命令

ARATION 命令是速度模拟量输出命令，利用该命令，可在弧焊控制板的模拟量输出接口 CH1、CH2 上，输出与机器人移动速度对应的模拟电压。ARATIOF 命令是速度模拟量输出关闭命令，它可取消接口 CH1、CH2 上的速度模拟量输出。

速度模拟量输出的电压值，可通过 ARATION 命令的添加项 BV、V 及 OFV 定义。其中，BV 为基准速度所对应的输出电压，单位为 0.01V，允许输入范围为 −14.00～14.00；V 为基准速度值，单位通常为 0.1mm/s，允许输入范围为 0.1～1500.0mm/s；OFV 为偏移调节值，单位为 0.01V，允许输入范围为 −14.00～14.00。

例如，对于如下程序：

```
...
ARATION AO# (1) BV= 10.00 V= 1000.0 OFV= 0.20
                          //设定 CH1 速度模拟量输出
MOVL V= 800.0             //接口 CH1 输出 DC8.2V 电压
MOVL V= 500.0             //接口 CH1 输出 DC5.2V 电压
ARATIOF AO# (1)           //CH1 输出速度模拟量关闭
...
```

因命令 ARATION 设定了基准速度 V=1000.0mm/s 所对应的输出电压为 10V、电压偏移为 0.2V,因此,当移动速度为 V=800.0mm/s 时,CH1 的输出电压为:

$$u = \frac{800}{1000} \times 10 + 0.2 = 8.2 \text{ (V)}$$

当移动速度为 V=500.0mm/s 时,CH1 的输出电压为:

$$u = \frac{500}{1000} \times 10 + 0.2 = 5.2 \text{ (V)}$$

7.3 程序控制命令编程

7.3.1 执行控制命令

(1) 命令格式

程序控制命令包括程序执行控制和程序转移两类。程序执行控制命令用来控制当前程序的结束、暂停、命令预读、跳步等;程序转移命令可实现当前执行程序的跨区域跳转或直接调用其他程序等。

安川机器人可使用的程序执行控制命令及编程格式如表 7.3.1 所示,部分命令(如 END、NOP 等)的操作对象为系统本身,故无需添加项。

表 7.3.1 程序执行控制命令编程说明表

命令	名称	编程格式与示例	
END	程序结束	无添加项,结束程序	
NOP	空操作	无添加项,命令无任何动作	
COMMENT 或'	注释	仅显示字符	
ADVINIT	命令预读	无添加项,预读下一命令,提前初始化变量	
ADVSTOP	停止预读	无添加项,撤销命令预读功能	
NWAIT	连续执行	移动命令的添加项,移动的同时,执行后续非移动命令	
CWAIT	执行等待	无添加项,与带 NWAIT 添加项的移动命令配对使用,撤销 NWAIT 的连续执行功能。	
WAIT	条件等待	基本添加项	T=*
		可选添加项	IN#(*)=*、IGH#(*)=*、IG#(*)=*、OT#(*)= *、OGH#(*)=*、OG#(*)=*、SIN#(*)=*、SOUT# (*)=*、B*=*
		编程示例	WAIT T=1.00; WAIT IN#(12)=ON T=5.00
TIMER	程序暂停	基本添加项	T=*
		可选添加项	—
		编程示例	TIMER T=2.00
IF	条件比较 (添加项)	基本添加项	*=*、
		可选添加项	*>*、*<*、*<>*、*<=*、*>=*
		编程示例	PAUSE IF IN#(12)=OFF
PAUSE	条件暂停	基本添加项	IF*
		可选添加项	—
		编程示例	PAUSE IF IN#(12)=OFF
UNTIL	跳步	基本添加项	IN#(*),移动命令的添加项
		可选添加项	—
		编程示例	MOVL V=300.0 UNTIL IN#(10)=ON

在程序执行控制命令中，END、NOP、ADVINIT、ADVSTOP 等命令无添加项，其含义明确、编程简单；NWAIT、UNITIL 命令通常只作移动命令的添加项使用，CWAIT 命令需要与 NWAIT 命令配合使用，命令功能和编程方法可参见前述移动命令的添加项编程说明。其他程序控制命令的功能和编程方法如下。

(2) 注释命令

注释命令可对需要解释或说明的命令行或程序段，添加相关的文本说明，以方便程序阅读。在实际程序中，注释命令 COMMENT 一般用单引号（'）代替。

安川机器人注释文本允许的最大字符数为 32 个；执行注释命令，系统可在示教器上显示注释文本，但系统和机器人不会产生任何动作。例如，以下程序便是利用注释，添加了作业流程说明的程序例。

```
NOP
'Go to Waiting Position      //显示注释 Go to Waiting Position(移动到待机位置)
MOVJ VJ= 100.00
'Welding Start               //显示注释 Welding Start(焊接开始)
MOVL V= 800.00
ASCON ASF# (1)
MOVL V= 138.0
'Welding End                 //显示注释 Welding End(焊接结束)
ASCOF AEF# (1)
MOVL V= 800.00
'Go back Waiting Position    //显示注释 Go back Waiting Position(回到待机位置)
MOVJ VJ= 100.00
END
```

(3) WAIT 命令

WAIT 为条件等待命令，如命令条件满足，系统可继续执行后续命令；否则，将处于暂停状态。命令的等待条件可以是判别式，也可用添加项 T 规定等待时间，或两者同时指定。当条件判别式和等待时间被同时指定时，只要满足其中的一项（条件满足或时间到达），便可继续执行后续的命令。例如：

```
...
WAIT T= 1.00               //等待 1s 后执行后续命令
...
WAIT IN# (1)= ON           //等待到 IN01 信号 ON 后,执行后续命令
...
WAIT IN# (1)= OFF T= 1.00  //IN01 信号 OFF 或 1s 延时到达后,执行后续命令
...
```

WAIT 命令的判别条件既可为外部通用 DI/DO 信号，也可为系统内部专用 DI/DO 信号 SIN/SOUT；命令添加项中的地址也可用变量给定；如需要，还可通过添加项 IGH/IG、OGH/OG，一次性对多个信号的状态进行成组判断。

例如，利用如下程序，可同时判断 DI 信号 IN04、1N05 状态。

```
...
SET B000 1                 //变量 B000 设定为 1(组号 1)
```

```
    SET B002 24              //变量 B002 设定为 24(0001 1000)
    WAIT IG# (B000)= B002    //等待 IN04、1N05 的状态同时为 ON
    …
```

(4) TIMER 命令

程序暂停命令，TIMER 命令的暂停时间可通过添加项 T 规定，时间 T 的单位为 0.01s，允许编程范围为 0.01～655.35s。命令 TIMER 的应用示例如下。

```
    …
    MOVL V= 800.0 NWAIT     //机器人移动的同时,执行后述的非移动命令
    DOUT OT (# 12)ON        //接通外部通用 DO 信号 OUT12
    CWAIT                   //禁止连续执行后述的非移动命令
    TIMER T= 1.00           //暂停 1s
    DOUT OT (# 12)OFF       //断开外部通用 DO 信号 OUT12 输出
    DOUT OT (# 11)ON        //接通外部通用 DO 信号 OUT11
    …
```

(5) PAUSE 命令

条件暂停命令，如 IF 项条件满足，程序进入暂停状态；否则，将继续执行后续命令。命令 PAUSE 的应用示例如下。

```
    …
    MOVL V= 800.0
    PAUSE IF IN# (12)= OFF      //如外部通用 DI 信号 IN12 输入 OFF,程序暂停
    ASCON ASF# (1)
    MOVL V= 138.0
    …
```

7.3.2 程序转移命令

(1) 命令格式

程序转移命令可实现当前执行程序的跨区域跳转、程序跳转及子程序调用等功能。安川机器人的程序转移命令的功能和编程格式如表 7.3.2 所示。

表 7.3.2 程序转移命令编程说明表

命令	名称	编程格式与示例	
JUMP	程序跳转	基本添加项	*(字符)
		可选添加项	JOB:(*)、IG#(*)、B*、I*、D*、UF#*、IF
		编程示例	JUMP JOB:TEST1 IF IN#(14)=OFF
LABEL 或 *	跳转目标	基本添加项	字符(1~8 个)
		可选添加项	—
		编程示例	*123
CALL	子程序调用	基本添加项	JOB:(*)
		可选添加项	IG#(*)、B*、I*、D*、UF#*、IF
		编程示例	CALL JOB:TEST1 IF IN#(24)=ON
RET	子程序返回	基本添加项	—
		可选添加项	IF
		编程示例	RET IF IN#(12)=ON

(2) JUMP 命令

程序跳转命令 JUMP 可用于当前程序跳转和程序转移。

JUMP 命令用于程序跳转时，跳转目标应通过添加项"＊＋字符"指定。目标标记最大允许使用 8 个字符，在同一程序中不能重复使用。

JUMP 命令用于程序转移时，目标程序以添加项"JOB：（程序名）"的形式指定。如目标的程序名为纯数字（不能为 0），跳转目标也可用变量 B（二进制变量）、变量 I（整数变量）、变量 D（双字长整数变量）、1 字节 DI 信号状态 IG＃（＊）等方式指定。

JUMP 命令还可通过添加项 IF 规定跳转的条件，以条件跳转、循环执行等功能。命令的应用示例如下。

① 程序跳转　程序跳转通常用于分支控制，例如：

```
...
MOVJ VJ= 80.00
JUMP * A001 IF IN# (14)= ON    //IN14 输入 ON,跳转至＊A001,否则继续执行后续命令
MOVJ VJ= 50.00                 //IN14 输入 OFF 时继续执行的程序
...
JUMP * pro_end                 //无条件跳转至＊pro_end,程序结束
* A001                         //IN14 输入 ON 的跳转目标
MOVL V= 138.0                  //IN14 输入 ON 时执行的程序
...
* pro_end                      //无条件跳转目标
END
```

② 程序转移　JUMP 命令可通过添加项"JOB：（程序名）"，实现程序转移功能，例如：

```
...
JUMP JOB:TEST1IF IN# (14)= ON   //IN14 输入 ON,转移至 TEST1 程序,否则继续
MOVL V= 138.0
...
JUMP JOB:TEST2                  //无条件转移至程序 TEST2
END
```

如转移目标的程序名称为纯数字（不能为 0），JUMP 命令可用变量、DI 信号状态 IG＃（＊）等指定跳转目标。

```
...
MOVJ VJ= 80.00
SET I001 1000                  //定义变量 I000= 1000
JUMP I001 IF IN# (17)= ON       //IN17 输入 ON 时,转移到程序 1000;否则继续
MOVJ VJ= 50.00                  //IN17 输入 OFF 时执行
...
DIN B002 IG# (2)                //输入 IN09~IN16 的状态读入到变量 B002 中
JUMP * pro_end IF B002= 0       //如 B002 为 0,跳转到＊pro_end 结束
JUMP IG# (2)                    //B002 不为 0,转移到 IG# (2)指定的程序
```

```
* pro_end
END
```

③ 循环运行 如程序跳转目标位于跳转命令之前的位置,可实现程序的循环运行功能。

```
NOP
* cycle                              //跳转目标标记
JUMP JOB:TEST1 IF IN# (1)= ON        //IN01 输入 ON,调用程序 TEST1
JUMP JOB:TEST2 IF IN# (2)= ON        //IN02 输入 ON,调用程序 TEST2
JUMP * cycle                         //IN01/N02 均 OFF,跳转至* cycle、程
                                       序无限循环
END
```

(3) CALL/RET 命令

子程序调用命令 CALL 用于子程序调用,命令需要调用的子程序名称可通过添加项 "JOB:(程序名)"指定;如目标程序名使用的是纯数字(不能为 0),跳转目标也可用变量 B(二进制变量)、变量 I(整数变量)、变量 D(双字长整数变量)或 1 字节通用 DI 信号组 状态 IG# (*)等方式指定。

子程序应使用返回命令 RET 结束,以便返回到原程序、继续执行后续命令。CALL、 RET 命令还可通过添加项 IF,规定子程序调用条件和返回条件。

CALL/RET 命令的应用示例如下。

主程序:

```
NOP
CALL JOB:TEST1 IF IN# (1)= ON    //IN01 输入 ON,调用程序 TEST1
CALL JOB:TEST2 IF IN# (2)= ON    //IN02 输入 ON,调用程序 TEST2
CALL IG# (2)IF IN# (3)= ON       //IN03 输入 ON,调用输入 IN09~IN16 选定的
                                   程序
END
```

子程序 TEST1:

```
NOP
MOVJ VJ= 80.00
...
RET                              //返回到主程序
END
```

子程序 TEST2:

```
NOP
RET IF IN# (03)= ON             //IN03 输入 ON,返回主程序
MOVJ VJ= 50.00
...
RET                             //返回到主程序
END
```

7.4 变量编程

7.4.1 变量分类与使用

变量（variable）不仅可代替添加项的数值，而且也是运算、平移控制等命令必需的基本操作数。安川机器人的程序变量分为系统变量和用户变量两大类。

系统变量是反映控制系统本身状态的量，如机器人当前位置、报警号等；系统变量的前缀字符为"$"，如$B＊＊、$PX＊＊、$ERRNO等。系统变量的功能由控制系统生产厂家定义，用户可在程序中使用，但不能改变功能。使用系统变量需要编程人员对控制系统有全面、深入的了解，因此，在普通的机器人作业程序中一般较少使用。

用户变量是可供用户自由使用的程序变量，它用于十进制数值、二进制逻辑状态等的设定和保存，其分类、功能和编程方法如下。

(1) 用户变量分类

用户变量分为公共变量和局部变量两类。

① 公共变量 公共变量有时直接称用户变量或变量，它是系统中所有程序可共同使用的变量。公共变量在系统中具有唯一性，并具有断电保持功能。根据变量存储格式，公共变量可分数值型（包括字节型、整数型、双整数型、实数型）、字符型、位置型3类，安川机器人可使用的公共变量数量、变量号及主要用途如表7.4.1所示。

表 7.4.1 安川机器人公共变量表

变量种类		数量	变量号	数据范围	用途
数值型	字节型	100	B000～B099	0～255	十进制正整数、二进制逻辑状态
	整数型	100	I000～I099	−32768～+32767	十进制整数、速度、时间等
	双整数型	100	D000～D099	$-2^{31}～+2^{31}-1$	十进制整数
	实数型	100	R000～R099	−3.4E38～+3.4E38	实数
字符型		100	S000～S099	16 个字符	ASCII 字符
位置型		128	P000～P127	复合数据	机器人轴位置
		128	BP000～BP127	复合数据	基座轴位置
		128	EX000～EX127	复合数据	工装轴位置

② 局部变量 局部变量（local variable）是供某一程序使用的临时变量，它只对本程序有效，程序一旦执行完成，变量将自动无效；但对于使用子程序调用命令 CALL 的主程序来说，主程序中的局部变量可在子程序执行完成、RET 命令返回后，继续生效。

局部变量同样可分数值型（包括字节型、整数型、双整数型、实数型）、字符型、位置型3类，数据存储范围、用途都与同类公共变量一致。局部变量需要加前缀"L"，即：字节型为LB＊＊、整数型变量为LI＊＊、双整数型变量为LD＊＊、实数型变量为LR＊＊、字符型变量为LS＊＊、机器人轴/基座轴/工装轴的位置型变量分别为LP＊＊/LBP＊＊/LEX＊＊等。

程序所使用的局部变量的数量，应在程序标题编辑页面上事先设定。所有局部变量的起始编号均为0，利用编辑页面设定的LB、LI等值，为程序允许使用的最大值。例如，当程序需要使用20个字节型局部变量LB、10个整数型局部变量LI时，应在程序标题编辑页面设定LB=10、LI=20，这时，程序便可使用局部变量LB000～LB019、LI000～LI009等。

(2) 用户变量编程

在机器人程序中,用户变量值既可通过设定命令 SET 直接设定,或利用运算式计算生成。变量值一经赋值,便可直接替代命令添加项中的数值。变量编程需要注意以下问题。

① 格式 在安川机器人中,变量以二进制格式存储,但程序中利用命令 SET 设定变量值时,其数值以十进制格式编程;如变量用来代替以十进制数据,它仍可自动转换为十进制数。例如:

```
0000 NOP
0001 SET B000 3                //设定 B000= 3(0000 0011)
0002 DOUT OT# (B000)ON         //OUT03 输出 ON
0003 DOUT OG# (B000)= B000     //OUT17、OUT18 输出 ON
...
```

② 单位 变量用来定义位置、速度、时间等添加项时,其单位为该添加项的系统默认单位。例如:

```
0000 NOP
0001 SET I000 2000             //设定 I000= 2000
0002 MOVJ VJ= I000             //关节插补速度 20%(单位 0.01% )
0003 MOV V= I000               //直线插补速度 200mm/s(单位 0.1mm/s)
0004 TIMER T= I000             //暂停 20s(单位 0.01s)
```

7.4.2 变量读写命令

(1) 命令格式与功能

安川机器人的运算命令主要包括变量读写、变量运算和变量转换 3 类。读写命令用于变量设定和清除;运算命令用于算术、函数、矩阵运算和逻辑运算处理;转换命令用于坐标变换和 ASCII 字符操作。

变量读写命令的格式、功能和编程示例如表 7.4.2 所示。

表 7.4.2 变量读写命令编程说明表

类别	命令	名 称	编程格式、功能与示例	
变量设定	SET	变量设定	命令格式	SET(添加项 1)(添加项 2)
			命令功能	添加项 1=添加项 2
			添加项 1	B＊、I＊、D＊、R＊、S＊、P＊、BP＊、EX＊
			添加项 2	B＊、I＊、D＊、R＊、S＊、常数
			编程示例	SET I012 I020
	SETE	位置变量设定	命令格式	SETE(添加项 1)(添加项 2)
			命令功能	添加项 1=添加项 2
			添加项 1	P＊(＊)、BP＊(＊)、EX＊(＊)
			添加项 2	D＊
			编程示例	SETE P012(3)D005
	SETFILE	文件数据设定	命令格式	SETFILE(添加项 1)(添加项 2)
			命令功能	添加项 1=添加项 2
			添加项 1	WEV#(＊)(＊)
			添加项 2	常数、D＊
			编程示例	SETFILE WEV#(1)(1)D000

类别	命令	名　称	编程格式、功能与示例	
变量设定	CLEAR	变量批量清除	命令格式	CLEAR(添加项 1)(添加项 2)
				CLEAR STACK(清除堆栈)
			命令功能	清除部分变量或全部堆栈
			添加项 1	B＊、I＊、D＊、R＊、＄B＊、＄I＊、＄D＊、＄R＊
			添加项 2	(＊)、ALL
			编程示例	CLEAR B000 ALL
变量读入	GETE	位置变量读入	命令格式	GETE(添加项 1)(添加项 2)
			命令功能	添加项 1＝添加项 2
			添加项 1	D＊
			添加项 2	P＊(＊)、BP＊(＊)、EX＊(＊)
			编程示例	GETE D006 P012(4)
	GETS	系统变量读入	命令格式	GETS(添加项 1)(添加项 2)
			命令功能	添加项 1＝添加项 2
			添加项 1	B＊、I＊、D＊、R＊、PX＊
			添加项 2	＄B＊、＄I＊、＄D＊、＄R＊、＄PX＊、＄ERRNO＊
			编程示例	GETS B000 ＄B000
	GETFILE	文件数据读入	命令格式	GETFILE(添加项 1)(添加项 2)
			命令功能	添加项 1＝添加项 2
			添加项 1	D＊
			添加项 2	WEV＃(＊)(＊)
			编程示例	GETFILE D000 WEV＃(1)(1)
	GETPOS	程序点读入	命令格式	GETPOS(添加项 1)(添加项 2)
			命令功能	添加项 1＝添加项 2
			添加项 1	PX＊
			添加项 2	STEP＃(＊)
			编程示例	GETPOS PX000 SETP＃(1)

(2) 变量设定命令

安川机器人变量分为字节型、整数型、双整数型、实数型、字符型、位置型等，由于存储格式不同，设定时的数据格式、范围应与变量要求一致。变量设定命令的编程格式与要求如下。

① SET 命令　SET 命令可直接用于变量赋值，例如：

```
SET B000 12            //设定 B000＝12(正整数)
SET I000 1200          //设定 I000＝1200(整数)
SET B000 B001          //设定 B000＝B001(正整数)
SET I012 I011          //设定 I012＝I011(整数)
…
```

② SETE 命令　SETE 命令用于位置变量的设定。位置变量包含有多个轴的位置，设定时需要通过变量号、轴序号，选定变量、坐标轴；位置数据为双字长整数，故需要用双整数变量 D 赋值。位置变量的轴序号规定如下。

P＊(0)：所有轴。

P＊(1)/P＊(2)/P＊(3)：$X/Y/Z$ 轴坐标值。

P＊(4)/P＊(5)/P＊(6)：$R_x/R_y/R_z$ 坐标值。

SETE 命令的编程示例如下。

```
SET D000 0                      //设定 D000= 0
SET D001 100000                 //设定 D001= 100000
SETE P012(1) D000               //设定位置变量 P012 的 X 轴坐标为 0
SETE P012(2) D001               //设定位置变量 P012 的 Y 轴坐标为 100.000
...
```

③ SETFILE 命令　SETFILE 命令用于作业文件数据设定。作业文件同样包含有多个数据，因此，设定时需要通过文件号、数据序号，选定作业文件、数据；文件数据的值应以双整数变量 D 或常数的形式指定。例如：

```
SET D000 15                     //设定 D000= 15
SETFILE WEN# (1) (1) D000       //设定作业文件(1)的数据 1 为 15
SETFILE WEN# (1) (2) 2          //设定作业文件(1)的数据 2 为 2
...
```

④ CLEAR 命令　CLEAR 命令用于变量成批清除，它既可用于指定类别、指定数量的变量清除，也可用于程序堆栈的清除。

当 CLEAR 命令用于指定类别、指定数量的变量清除时，命令添加项 1 用来指定变量类别、起始变量号；添加项 2 用来指定需要清除的变量数，如定义为"ALL"，将清除起始变量号后的全部变量。例如：

```
CLEAR B000 1                    //仅清除变量 B000(数量为 1)
CLEAR I010 10                   //清除 I010~I019(数量为 10)
CLEAR D010 ALL                  //清除 D010 以后的全部变量(D010~D099)
...
```

当 CLEAR 命令用于程序堆栈清除时，需要使用添加项"STACK"。程序堆栈是用来临时保存程序调用数据的存储器，这些数据可用于程序返回时的状态恢复。在正常情况下，程序堆栈可通过程序结束命令 END、子程序返回命令 RET 清除；如程序中使用了"CLEAR STACK"命令清除堆栈，将不能执行程序返回操作。CLEAR STACK 命令的功能如图 7.4.1 所示。

(3) 变量读入命令

变量读入命令主要用于系统数据的读取，它可将系统的坐标轴位置、系统变量、作业文件数据、程序点等转换为变量值。变量读入命令的编程格式与要求如下。

① GETE 命令　GETE 命令可将指定的坐标轴位置读入到变量中。读入位置时，同样需要指定变量号、轴序号，选定需要读入的变量、坐标轴。例如：

```
GETE D000 P012(1)               //位置变量 P12 的 X 坐标读入到 D000
GETE D001 P012(2)               //位置变量 P12 的 Y 坐标读入到 D001
...
```

② GETS 命令　GETS 命令用于系统变量的读取。系统变量读入时，添加项的变量类型应统一。例如：

```
GETS B000 $B000                 //字节变量$B000 读入
GETS I000 $I[1]                 //整数变量$I[1]读入
GETS PX001 $PX000               //机器人当前位置读入
...
```

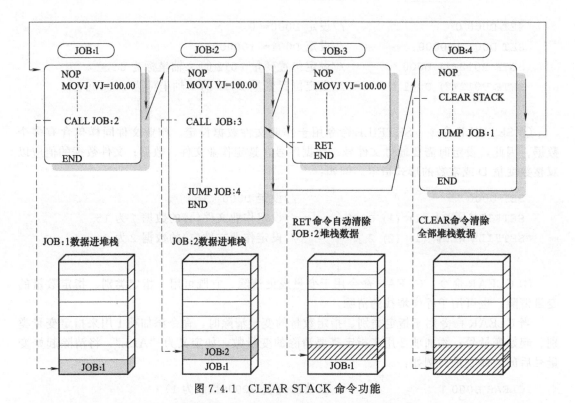

图 7.4.1　CLEAR STACK 命令功能

③ GETFILE 命令　GETFILE 命令可将指定的作业文件数据读入到变量中。读入文件数据时，需要通过文件号、数据号，选定作业文件、数据。例如：

```
GETFILE D000 WEN# (1) (1)        //作业文件(1)的数据 1 读入到 D000
GETFILE D001 WEN# (1) (2)        //作业文件(1)的数据 2 读入到 D001
…
```

④ GETPOS 命令　GETPOS 命令可将指定的程序点读入到位置变量 PX 中。例如：

```
GETPOS PX001 STEP# (1)          //程序点 1 读入到变量 PX001
GETPOS PX002 STEP# (10)         //程序点 10 读入到变量 PX002
…
```

7.4.3　变量运算命令

(1) 命令格式与功能

变量运算命令可用于算术、函数、矩阵和逻辑运算处理，命令的格式、功能和编程示例如表 7.4.3 所示。

表 7.4.3　变量运算命令编程说明表

类别	命令	名称	编程格式、功能与示例	
算术运算	ADD	加法运算	命令格式	ADD(添加项 1)(添加项 2)
			命令功能	添加项 1＝(添加项 1)＋(添加项 2)
			添加项 1	B＊、I＊、D＊、R＊、P＊、BP＊、EX＊
			添加项 2	常数、B＊、I＊、D＊、R＊、P＊、BP＊、EX＊
			编程示例	ADD I012 100

续表

类别	命令	名称	编程格式、功能与示例	
算术运算	SUB	减法运算	命令格式	SUB(添加项1)(添加项2)
			命令功能	添加项1=(添加项1)−(添加项2)
			添加项1	B＊、I＊、D＊、R＊、P＊、BP＊、EX＊
			添加项2	常数、B＊、I＊、D＊、R＊、P＊、BP＊、EX＊
			编程示例	SUB I012 I013
	MUL	乘法运算	命令格式	MUL(添加项1)(添加项2)
			命令功能	添加项1=(添加项1)×(添加项2)
			添加项1	B＊、I＊、D＊、R＊、P＊(＊)、BP＊(＊)、EX＊(＊)
			添加项2	常数、B＊、I＊、D＊、R＊
			编程示例	MUL P000(3) 2
	DIV	除法运算	命令格式	DIV(添加项1)(添加项2)
			命令功能	添加项1=(添加项1)÷(添加项2)
			添加项1	B＊、I＊、D＊、R＊、P＊(＊)、BP＊(＊)、EX＊(＊)
			添加项2	常数、B＊、I＊、D＊、R＊
			编程示例	DIV P000(3) 2
	INC	变量加1	命令格式	INC(添加项)
			命令功能	添加项=(添加项)+1
			添加项	B＊、I＊、D＊
			编程示例	INC I043
	DEC	变量减1	命令格式	DEC(添加项)
			命令功能	添加项=(添加项)−1
			添加项	B＊、I＊、D＊
			编程示例	DEC I043
函数运算	SIN	正弦运算	命令格式	SIN(添加项1)(添加项2)
			命令功能	添加项1=sin(添加项2)
			添加项1	R＊
			添加项2	常数、R＊
			编程示例	SIN R000 R001
	COS	余弦运算	命令格式	COS(添加项1)(添加项2)
			命令功能	添加项1=cos(添加项2)
			添加项1	R＊
			添加项2	常数、R＊
			编程示例	COS R000 R001
	ATAN	反正切运算	命令格式	ATAN(添加项1)(添加项2)
			命令功能	添加项1=tg^{-1}(添加项2)
			添加项1	R＊
			添加项2	常数、R＊
			编程示例	ATAN R000 R001
	SQRT	平方根	命令格式	SQRT(添加项1)(添加项2)
			命令功能	添加项1=$\sqrt{(添加项2)}$
			添加项1	R＊
			添加项2	常数、R＊
			编程示例	SQRT R000 R001
矩阵运算	MULMAT	矩阵乘法	命令格式	MULMAT(添加项1)(添加项2)(添加项3)
			命令功能	添加项1=(添加项2)×(添加项3)
			添加项1	P＊
			添加项2	P＊
			添加项3	P＊
			编程示例	MULMAT P000 P001 P002
	INVMAT	矩阵求逆	命令格式	INVMAT(添加项1)(添加项2)

类别	命令	名称	编程格式、功能与示例	
矩阵 运算	INVMAT	矩阵求逆	命令功能	添加项1=(添加项2)$^{-1}$
			添加项1	P*
			添加项2	P*
			编程示例	INVMAT P000 P001
逻辑 运算	AND	与运算	命令格式	AND(添加项1)(添加项2)
			命令功能	添加项1=(添加项1)&(添加项2)
			添加项1	B*
			添加项2	B*、常数
			编程示例	AND B000 B001
	OR	或运算	命令格式	OR(添加项1)(添加项2)
			命令功能	添加项1=(添加项1)or(添加项2)
			添加项1	B*
			添加项2	B*、常数
			编程示例	OR B000 B001
	NOT	非运算	命令格式	NOT(添加项1)(添加项2)
			命令功能	添加项1=(添加项2)
			添加项1	B*
			添加项2	B*、常数
			编程示例	NOT B000 B001
	XOR	异或运算	命令格式	XOR(添加项1)(添加项2)
			命令功能	添加项1=(添加项1)xor(添加项2)
			添加项1	B*
			添加项2	B*、常数
			编程示例	XOR B000 B001

(2) 算术运算命令

算术运算命令可进行加、减、乘、除、加1、减1运算。作为被加数、被减数、被乘数、被除数的添加项1，需要用来保存运算结果，故必须为变量；加数、减数、乘数、除数则可以是变量或常数。

① 加减运算　加减运算可用于字节型变量B、整数型变量I、双整数型变量D、实数型变量R和位置型变量P/BP/EP；加数、减数可使用常数。例如：

```
SET I012 2000        //定义 I012= 2000
SET I013 1000        //定义 I013= 1000
ADD I012 I013        //I012= 3000
SUB I012 1600        //I012= 1400
…
```

② 加1/减1运算　加1/减1运算只能用于字节型变量B、整数型变量I或双整数型变量D。例如：

```
SET B000 0           //定义 B000= 0
SET B001 10          //定义 B001= 10
INC B000             //B000= 1
DEC B001             //B000= 9
…
```

③ 乘除运算　被乘数、被除数可以是变量B、变量I、变量D、变量R、变量P/BP/

EP/P＊（＊）；乘数、除数只能是常数或变量 B/I/D/R；位置型变量的乘除运算，需要矩阵运算命令实现。当被乘数、被除数为 P＊（＊）形位置变量时，乘除运算将对指定坐标值进行。例如：

```
SET I000 12          //定义 I000= 12
SET I001 4           //定义 I001= 4
MUL I000 I001        //I000= 48
DIV I001 2           //I001= 2
MUL P000(0) 2:       //P000 的所有坐标值乘以 2
DIV P000(3) I001:    //P000 的 Z 坐标值除以 2
...
```

(3) 函数运算命令

函数运算命令可对指定的常数或实数进行三角函数或求平方根运算。函数运算的结果通常带小数，故命令添加项 1 必须为实数型变量 R；求平方根的运算数必须大于等于 0；命令添加项 2 可为实数型变量 R 或常数。例如：

```
ATAN R001 1          //R001= 45
SIN R002 30          //R002= 0.5
COS R003 R001        //R003= 0.707
SQRT R004 R002       //R004= 0.707
...
```

(4) 矩阵运算命令

位置型变量包含有多个坐标值，变量乘除运算需要通过矩阵运算命令实现。矩阵运算命令中的所有添加项都必须为位置型变量 P。例如：

```
MULMAT P002 P000 P001      //P002= (P000)×(P001)
INVMAT P003 P001           //P003= (P001)⁻¹
MULMAT P004 P000 P003      //P004= (P000)×(P001)⁻¹
...
```

(5) 逻辑运算命令

逻辑运算命令可用于字节型变量的"与""或""非""异或"等逻辑运算处理。例如：

```
DIN B000 IN# (1)           //IN01 状态读入 B000
DIN B001 IN# (2)           //IN02 状态读入 B001
AND B000 B001              //B000= IN01&IN02
DOUT OT# (1) ON IF B000= 1 //B000 为 1,OUT01 输出 ON
DOUT OT# (1) OFF IF B000= 0 //B000 为 0,OUT01 输出 OFF
...
DIN B000 IG# (1)           //IN08～IN01 状态读入变量 B000
DIN B001 IG# (2)           //IN16～IN09 状态读入变量 B001
NOT B002 B001              //IN16～IN09 状态取反保存到变量 B002
AND B001 B000              //B001= (IN16～IN09)&(IN08～IN01)
DOUT OG# (1)= B001         //OUT08～OUT01= (IN16～IN09)&(IN08～IN01)
```

```
OR B002 B000                   //B002= IN16～IN09or (IN08～IN01)
DOUT OG# (2)= B002             //OUT16～OUT09= IN16～IN09or(IN08～IN01)
...
```

7.4.4 变量转换命令

(1) 命令格式与功能

变量转换命令可用于 ASCII 字符变换处理，其编程格式、功能和示例如表 7.4.4 所示。

表 7.4.4 变量转换命令编程说明表

命令	名称	编程格式、功能与示例	
VAL	数值变换	命令格式	VAL(添加项 1)(添加项 2)
		命令功能	将添加项 2 的 ASCII 数字转换为数值
		添加项 1	B＊、I＊、D＊、R＊
		添加项 2	ASCII 字符、S＊
		编程示例	VAL B000"123"
ASC	编码读入	命令格式	ASC(添加项 1)(添加项 2)
		命令功能	读取添加项 2 的首字符 ASCII 编码
		添加项 1	B＊、I＊、D＊
		添加项 2	ASCII 字符、S＊
		编程示例	ASC B000"ABC"
CHR＄	代码转换	命令格式	CHR＄(添加项 1)(添加项 2)
		命令功能	将添加项 2 的编码转换为 ASCII 字符
		添加项 1	S＊
		添加项 2	常数、B＊
		编程示例	CHR＄ S000 65
MID＄	字符读入	命令格式	MID＄(添加项 1)(添加项 2)(添加项 3)(添加项 4)
		命令功能	读入添加项 2 中指定位置的 ASCII 字符
		添加项 1	S＊
		添加项 2	ASCII 字符串
		添加项 3	常数、B＊、I＊、D＊;指定起始字符
		添加项 4	常数、B＊、I＊、D＊;指定字符数
		编程示例	MID＄ S000 "123ABC456" 4 3
LEN	长度计算	命令格式	LEN(添加项 1)(添加项 2)
		命令功能	计算添加项 2 的 ASCII 字符编码的长度
		添加项 1	B＊、I＊、D＊
		添加项 2	S＊、ASCII 字符串
		编程示例	LEN B000 "ABCDEF"
CAT＄	字符合并	命令格式	CAT＄(添加项 1)(添加项 2)(添加项 3)
		命令功能	将添加项 2、3 的 ASCII 字符合并,保存到添加项 1
		添加项 1	S＊
		添加项 2	S＊、ASCII 字符串
		添加项 3	S＊、ASCII 字符串
		编程示例	CAT＄ S000 "ABC" "DEF"

工业机器人字符一般采用美国标准信息交换码（American Strand Code for Information Interchange，简称 ASCII 码）。ASCII 码是利用 7 位二进制数据（00～7F）来代表不同字符的编码方式，字符的表示方法如表 7.4.5 所示。

表 7.4.5 ASCII 编码表

十六进制代码	0	1	2	3	4	5	6	7
0		DLE	SP	0	@	P		p
1	SOH	DC1	!	1	A	Q	a	q
2	STX	DC2	"	2	B	R	b	r
3	ETX	DC3	#	3	C	S	c	s
4	EOT	DC4	$	4	D	T	d	t
5	ENQ	NAK	%	5	E	U	e	u
6	ACK	SYN	&	6	F	V	f	v
7	BEL	ETB	'	7	G	W	g	w
8	BS	CAN	(	8	H	X	h	x
9	HT	EM	)	9	I	Y	i	y
A	LF	SUB	*	:	J	Z	j	z
B	VT	ESC	+	;	K	[	k	{
C	FF	FS	,	<	L	\	l	|
D	CR	GS	-	=	M	]	m	}
E	SO	RS	.	>	N	^	n	~
F	SI	US	/	?	O	_	o	DEL

表中的水平方向数字为 ASCII 码的高 3 位二进制值 0～7，垂直方向数字为 ASCII 码的低 4 位二进制值（0～F）。例如，字符"A"的 ASCII 编码为十六进制"41"；字符串"one"对应的 ASCII 编码为十六进制数"6F 6E 65"等。

(2) 编程说明

VAL 命令可将以 ASCII 字符数字转换为数值；ASC 命令可将首字符的 ASCII 编码读入到指定变量上；CHR$ 命令可将常数、变量 B 指定的字符编码转换为 ASCII 字符；MID$ 命令可在字符串中截取部分字符，将其保存到指定的字符变量 S 上；LEN 命令可计算字符串的 ASCII 编码长度，并将其保存到指定的变量上；CAT$ 命令可将指定的字符串或字符型变量合并，并保存到指定的文字变量 S 上。编程示例如下。

```
VAL B000 "123"                 //字符"123"转换为数值 123,B000= 123
VAL B000 "ABC"                 //首字符为 A,执行结果 B000= 65(十进制)
CHR$ S000 65                   //S000 结果为"A"
MID$ S000 "123ABC456" 4 3      //字符 ABC 保存在 S000 上
LEN B000 "123ABC456"           //ASCII 字符为 6 个, B000= 6
CAT$ S000 "123A" "BC456"       //合并 S000 为"123ABC456"
…
```

7.5 坐标平移及设定、变换

7.5.1 坐标平移命令编程

(1) 命令与功能

平移命令是将机器人程序中的程序点进行整体偏移的功能，它可简化示教编程操作、提

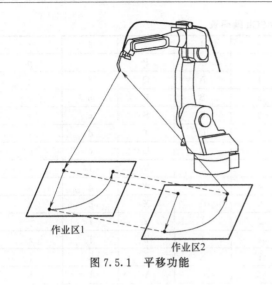

作业区1

作业区2

图 7.5.1　平移功能

高编程效率和程序可靠性。

例如，在图 7.5.1 所示的多工件作业的机器人上，通过对作业区 1 的程序点平移，便可直接在作业区 2 上完成与作业区 1 相同的作业，而无须再进行作业区 2 的示教编程操作。

如果平移功能和程序跳转、子程序调用等命令同时使用，还可实现程序中所有程序点的整体平移功能，这一功能称程序平移转换功能。

安川机器人用于平移的命令有平移启动、平移停止及平移量计算 3 条，编程格式、功能和示例如表 7.5.1 所示。

表 7.5.1　坐标平移命令说明表

命令	名称	编程格式、功能与示例	
SFTON	平移启动	命令格式	SFTON(添加项 1)(添加项 2)
		命令功能	启动平移
		添加项 1	P＊、BP＊、EX＊
		添加项 2	BF、RF、TF、UF＃(＊)
		编程示例	SFTON P000 UF＃(1)
SFTOF	平移停止	命令格式	SFTOF
		命令功能	结束平移
		添加项	—
		编程示例	SFTOF
MSHIFT	平移量计算	命令格式	SFTON(添加项 1)(添加项 2)(添加项 3)(添加项 4)
		命令功能	添加项 1＝(添加项 4)－(添加项 3)
		添加项 1	PX＊
		添加项 2	BF、RF、TF、UF＃(＊)、MTF
		添加项 3	PX＊
		添加项 4	PX＊
		编程示例	MSHIFT PX000 RF PX001 PX002

命令 SFTON 用来启动平移功能，它可将后续移动命令中的程序点位置，在指定的坐标系上整体偏移指定的距离；命令 SFTOF 为平移停止命令，它可撤销 SFTON 命令的平移功能；命令 MSHFIT 用于平移量计算，它可通过目标点、基准点自动计算平移距离。

(2) 编程示例

命令 MSHIFT 用于平移量的计算，它可通过目标位置的程序点变量和基准位置的程序点变量，自动计算需要平移的距离。程序点变量可直接在程序中设定，或通过示教操作确定。例如：

```
MSHIFT PX010 UF# (1) PX000 PX001    //平移量 PX010= PX001- PX000
...
MOVJ VJ= 20.00                       //利用示教操作,将机器人移动到基准点
GETS PX002 $ PX000                   //当前位置(系统变量$ PX000)读入 PX002
MOVJ VJ= 20.00                       //利用示教操作,将机器人移动到目标点
GETS PX003 $ PX000                   //当前位置(系统变量$ PX000)读入 PX003
```

```
MSHIFT PX020 UF# (1) PX002 PX003   //平移量 PX020= PX003- PX002
...
```

平移命令对于简化编程有很大的帮助。例如，对于图 7.5.2 所示的机器人码垛作业，假设堆垛高度为 6 个工件；工件的实际高度已在变量 D000 上设定；工件抓手的夹紧/松开采用气动控制，电磁阀由输出 OUT01 控制，OUT01 输出 OFF 时为工件夹紧，OUT01 输出 ON 时为工件松开；抓手夹紧/松开状态的检测输入为 IN01/IN02。编程时，可利用平移命令 SFTON/SFTOF，通过以下程序，使 P_5 点在 Z 轴方向、向上平移 6 次，便可方便地实现坐标的计算。

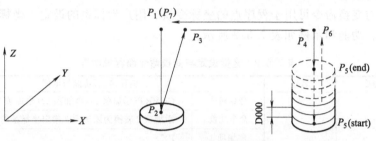

图 7.5.2　码垛作业程序示例

```
NOP
MOVJ VJ= 50. 00                  //机器人定位到作业起点 P₁ 点
SET B000 0                       //设定堆垛计数器 B000 的初始值为 0
SET P001 (3) D000                //在 P001 的 Z 轴上设定平移量
SUB P000 P000                    //将平移变量 P000 的初始值设定 0
* A001                           //程序跳转标记
JUMP * A002 IF IT# (2) ON        //如抓手已松开（IN02 输入 ON），跳至* A002
DOUT OT# (1) ON                  //接通 OUT01、松开抓手
WAIT IT# (2) ON                  //等待抓手松开 IN02 信号 ON
* A002                           //跳转标记
MOVL V= 300. 0                   //P₁→P₂ 直线运动
TIMER T= 0. 50                   //暂停 0.5s
DOUT OT# (1) OFF                 //断开 OUT01，抓手夹紧、抓取工件
WAIT IT# (1) ON                  //等待抓手夹紧检测 IN01 信号 ON
MOVL V= 500. 0                   //P₂→P₃ 直线运动
MOVL V= 800. 0                   //P₃→P₄ 直线运动
SFTON P000 UF# (1)               //启动平移
MOVL V= 300. 0                   //P₄→P₅ 直线运动
SFTOF                            //平移停止
TIMER T= 0. 50                   //暂停 0.5s
DOUT OT# (1) ON                  //接通 OUT01，抓手松开、放下工件
WAIT IT# (2) ON                  //等待抓手松开检测 IN02 信号 ON
ADD P000 P001                    //平移变量 P000 增加平移量 P001（D000）
```

```
MOVL V= 800.0              //P₅→P₆ 直线运动
MOVL V= 800.0              //P₆→P₁ 直线运动(P₇ 和 P₁ 点重合)
INC B000                   //堆垛计数器 B000 加 1
JUMP * A001 IF B000< 6     //如 B000< 6,跳转至 * A001 继续
END
```

7.5.2 坐标设定与变换命令

(1) 命令与功能

坐标设定与变换命令可用于程序点的坐标变换、用户坐标系的设定。坐标设定与变换命令的编程格式、功能和示例如表 7.5.2 所示。

表 7.5.2 坐标设定与变换命令编程说明表

类别	命令	名称	编程格式、功能与示例	
坐标变换	CNVRT	坐标系变换	命令格式	CNVRT(添加项 1)(添加项 2)(添加项 3)
			命令功能	添加项 2 转换为添加项 3 指定坐标系的添加项 1
			添加项 1	PX *
			添加项 2	PX *
			添加项 3	BF、RF、TF、UF # (*)、MTF
			编程示例	CNVRT PX000 PX001 BF
	MFRAME	用户坐标系定义	命令格式	MFRAME(添加项 1)(添加项 2)(添加项 3)(添加项 4)
			命令功能	3 点定义用户坐标系
			添加项 1	UF # (n)
			添加项 2~4	PX *
			编程示例	MFRAMEUF # (1) PX000 PX001 PX002

(2) 编程说明

① CNVRT 命令 CNVRT 命令可将指定程序点的位置数据转换为指定坐标系的位置数据。例如：

```
CNVRT PX010 PX000 TF     //程序点 PX000 转换为工具坐标系位置 PX010
CNVRT PX020 PX001 UF     //程序点 PX001 转换为用户坐标系位置 PX020
…
```

② MFRAME 命令 MFRAME 命令可用 3 点法建立用户坐标系。用户坐标系编号 UF # (n) 中 n 的允许范围为 1~24；用来定义用户坐标系的 3 个程序点应依次为坐标原点 (ORG)、+X 轴上的点 (XX)、XY 平面第 I 象限上的一点 (XY)。通过 ORG、XX、XY 三点所建立的用户坐标系如图 7.5.3 所示。

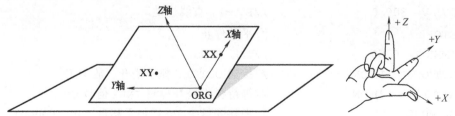

图 7.5.3 用户坐标系的定义

MFRAME 命令编程示例如下。

MFRAME UF# (1) PX000 PX001 PX002　//创建用户坐标系 1
MFRAME UF# (2) PX010 PX011 PX012　//创建用户坐标系 2
...

当 PX000/PX001/PX002、PX010/PX011/PX012 的位置选择如图 7.5.4 所示时，所创建的用户坐标系 UF♯(1) 和 UF♯(2) 分别如图 7.5.4 (a) 和图 7.5.4 (b) 所示。

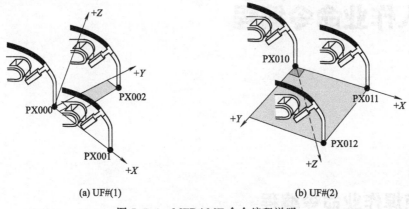

(a) UF#(1)　　　　　　　　　　(b) UF#(2)

图 7.5.4　MFRAME 命令编程说明

第**8**章

机器人作业命令编程

8.1 点焊作业命令编程

8.1.1 机器人点焊系统

(1) 焊接的基本方法

焊接是一种以高温、高压方式，接合金属或其他热塑性材料的制造工艺与技术，是制造业的重要生产方式之一。焊接加工的环境恶劣，加工时产生的强弧光、高温、烟尘、飞溅、电磁干扰等，不仅有害于人体健康，甚至可能带来烧伤、触电、视力损害、有毒气体吸入、紫外线过度照射等伤害。焊接对位置精度的要求远低于金属切削加工，因此，它是最适合使用工业机器人的领域。据统计，焊接机器人在工业机器人中所占的比例高达 50％左右。

金属焊接是工业上使用最广、最重要的制造工艺，常用的方法有钎焊、熔焊和压焊3 类。

① 钎焊　钎焊是用比工件熔点低的金属材料作填充料（钎料），将钎料加热至熔化、但低于焊件熔点的温度，然后利用液态钎料填充间隙，使钎料与焊件相互扩散、实现焊接的方法。电子元器件焊接是最典型的钎焊，其作业方式有烙铁焊、波峰焊及表面安装（SMT）等，钎焊一般较少使用机器人焊接。

② 熔焊　熔焊是通过加热，使工件（母材）、焊件及熔填物（焊丝焊条等）局部熔化、形成熔池，冷却凝固后接合为一体的焊接方法，它不需要对焊接部位施加压力。熔化金属材料的方法有很多，如使用电弧、气体火焰、等离子、激光等，电弧熔化焊接（arc welding，简称弧焊）是目前金属熔焊中使用最广的方法，有关内容可参见本章后述。

③ 压焊　压焊是在加压条件下，使工件和焊件在固态下实现原子间结合的焊接方法。压焊的加热时间短、温度低，热影响小，作业简单、安全、卫生，是目前广泛使用的焊接工艺。电阻焊是现代压焊最常用的方法，点焊工业机器人一般都采用电阻焊。

(2) 点焊机器人

点焊机器人如图 8.1.1 所示，它是焊接机器人中研发最早的产品，可用于点焊（spot

welding）和滚焊（缝焊）作业。

(a) 点焊   (b) 缝焊

图 8.1.1 点焊机器人

点焊机器人通常采用电阻压焊工艺，其作业工具为焊钳。焊钳需要有电极张开、闭合、加压等动作，因此，需要有相应的控制设备。根据焊钳的开/合控制方式，机器人目前使用的焊钳主要有图 8.1.2 所示的气动焊钳和伺服焊钳 2 种。

(a) 气动焊钳   (b) 伺服焊钳

图 8.1.2 机器人焊钳

气动焊钳是传统的自动焊接工具，它的电极开/合位置、开/合速度、压力均由气缸进行控制，焊钳结构简单、制造成本低；但是，气动焊钳的开/合位置、速度、压力需要通过气缸调节，参数一旦调定，就不能随意改变，其作业灵活性较差。

伺服焊钳是先进的自动焊接工具，其开/合位置、开/合速度、压力均可由伺服电机进行控制，参数可随时改变，焊钳动作快速、运动平稳、作业效率高、适应性强、焊接质量好，是目前点焊机器人使用最广泛的作业工具。

焊钳及控制部件（阻焊变压器等）的体积较大，质量大致为 30～100kg，而且对作业灵活性的要求较高，因此，点焊机器人通常以中、大型垂直串联机器人为主。

（3）电阻焊原理

电阻焊（resistance welding）属于压焊的一种，常用的有点焊和滚焊两种，其原理如图

8.1.3所示。

工件2和焊件3需要进行焊接的部位，一般被加工成相互搭接的接头，焊接时，它们可通过电极1、4压紧。电阻焊的工件和焊件都必须是导电材料，当两者被电极压紧后，其接触面的接触电阻将大大超过导电材料本身的电阻，因此，当电极上施加大电流时，接触面的温度将急剧升高、并迅速达到塑性状态；工件和焊件便可在电极轴向压力的作用下形成焊核，冷却后两者便可连为一体。

如果电极与工件、焊件为固定点接触，电阻焊所产生的焊核为"点"状，这样的焊接称为"点焊（spot welding）"；如电极在工件和焊件上连续滚动，所形成的焊核便成为一条连续的焊缝，称为"缝焊"或"滚焊"。

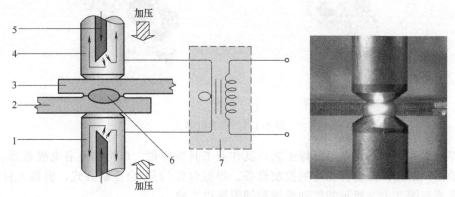

图 8.1.3　电阻焊原理

1,4—电极；2—工件；3—焊件；5—冷却水；6—焊核；7—阻焊变压器

电阻焊所产生的热量与接触面电阻、通电时间及电流平方成正比。为了使焊接部位迅速升温，电极上的电流必须足够大，为此，需要通过变压器，将高电压、小电流电源，变换成低电压、大电流的焊接电源，这一变压器称为"阻焊变压器"。

阻焊变压器可安装在机器人机身上，也可直接安装在焊钳上，前者称分离型焊钳，后者称一体型焊钳。阻焊变压器输出侧用来连接电极的导线需要承载数千、甚至数万安培的大电流，其截面积很大、并需要水冷却；如导线过长，不仅损耗大，而且拉伸和扭转也较困难，因此，点焊机器人一般宜采用一体型焊钳。

(4) 系统组成

点焊机器人系统的一般组成如图8.1.4所示，机器人、控制柜、示教器是工业机器人的基本部件，其他部件的作用如下。

① 焊机　电阻点焊的焊机简称阻焊机，其外观如图8.1.5所示，它主要用于焊接电流、焊接时间等焊接参数及焊机冷却等的自动控制与调整。

阻焊机主要有单相工频焊机、三相整流焊机、中频逆变焊机、交流变频焊机几类，机器人使用的焊机多为中频逆变焊机、交流变频焊机。

中频逆变焊机、交流变频焊机的原理类似，它们通常采用的是图8.1.6所示的"交—直—交—直"逆变电路，首先将来自电网的交流电源转换为脉宽可调的1000～3000Hz中频、高压脉冲，然后利用阻焊变压器变换为低压、大电流信号后，再整流成直流焊接电流、加入电极。

② 焊钳　焊钳是点焊作业的基本工具，伺服焊钳的开合位置、速度、压力等均可利用伺服电机进行控制，故通常作为机器人的辅助轴（工装轴），由机器人控制系统直接控制。

③ 附件　点焊系统的常用附件有变位器、电极修磨器、焊钳自动更换装置等，附件可

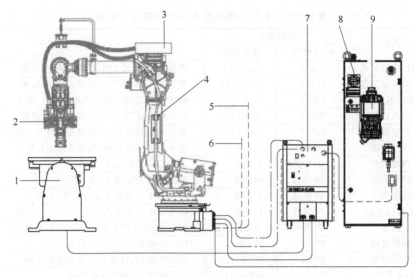

图 8.1.4　点焊机器人系统组成

1—变位器；2—焊钳；3—控制部件；4—机器人；5,6—水、气管；7—焊机；8—控制柜；9—示教器

图 8.1.5　电阻点焊机

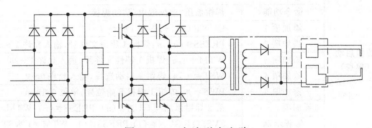

图 8.1.6　交流逆变电路

根据系统的实际需要选配。电极修磨器用来修磨电极表面的氧化层，以改善焊接效果、提高焊接质量。焊钳自动更换装置用于焊钳的自动更换。

8.1.2　控制信号与命令

(1) 焊接控制信号

点焊机器人除了机器人、变位器运动外，还需要有控制焊机、焊钳的 DI/DO 信号。例如，焊机需要有启动/停止、焊接电流通/断，焊钳、焊接电流、焊接时间选择等控制信号；焊钳需要有电极开合、速度及压力调节、冷却启/停等控制信号等。安川点焊机器人标准配置的焊机、伺服焊钳控制信号及编程地址如表 8.1.1 所示。

表 8.1.1 安川点焊机器人 DI/DO 信号一览表

代号	名称	编程地址		信号说明
		PLC 程序	作业程序	
IN09	焊机冷却异常	20050	IN#(9)	焊机输入,信号 ON,机器人停止、报警
IN10	焊钳冷却异常	20051	IN#(10)	焊钳输入,信号 ON,机器人停止、报警
IN11	变压器过热	20052	IN#(11)	焊钳输入,信号 OFF,机器人停止、报警
IN12	压力过低	20053	IN#(12)	焊机输入,信号 ON,机器人停止、报警
IN13	焊接结束	20054	IN#(13)	输入 ON,焊接完成,机器人执行下一命令
—	焊接故障	外部通用 DI,自定义		输入 ON,焊接故障,机器人停止并报警
—	焊钳大开	外部通用 DI,自定义		输入 ON,焊钳处于"大开"位置
—	焊钳小开	外部通用 DI,自定义		输入 ON,焊钳处于"小开"位置
—	电极加压	外部通用 DI,自定义		输入 ON,电极处于加压位置(夹紧)
—	电极已更换	外部通用 DI,自定义		输入 ON,电极更换完成,清除打点次数
—	其他	外部通用 DI,自定义		焊钳编号、焊钳夹紧/松开(安装/分离)等
OUT09	焊机启动	30050	OT#(9)	DX100 输出,信号 ON,启动焊机
OUT10	故障清除	30051	OT#(10)	DX100 输出,信号 ON,清除焊机故障
OUT11	焊接条件 1	30052	OT#(11)	DX100 输出,焊接条件选择
…	…	…	…	…
OUT15	焊接条件 5	30056	OT#(15)	DX100 输出,焊接条件选择
OUT16	电极修磨或更换	30057	OT#(16)	DX100 输出,需要修磨或更换电极
—	焊接条件	外部通用 DO	OG#(1 或 3)	二进制格式,最大 255 个焊接条件选择信号
—	焊接启动	外部通用 DO,自定义		输出 ON,电极通电(也可从焊接条件输出)
—	其他	外部通用 DO,自定义		焊钳夹紧/松开(安装/分离)、单行程/双行程切换、防护罩打开/关闭等

(2) 作业命令

使用伺服焊钳的安川点焊机器人可使用的作业命令及编程格式如表 8.1.2 所示。

表 8.1.2 安川机器人点焊作业命令编程说明表

命令	名称	编程格式、功能与示例	
SVSPOT	焊接启动(单点)	命令格式	SVSPOT(添加项 1)…(添加项 10)
		命令功能	焊钳加压、电极通电、启动焊接
		添加项 1	GUN#(n),n:焊钳 1 特性文件号,输入允许 1～12
		添加项 2	PRESS#(n),n:焊钳 1 压力文件号,输入允许 1～255
		添加项 3	WTM=n,n:焊机 1 特性文件号,输入允许 1～255
		添加项 4	WST=n ,n:焊钳 1 启动选择,输入允许 0～2
		添加项 5	BWS=*:焊钳 1 焊接开始位置,单位 0.1mm
		添加项 6～10	第 2 焊钳添加项 GUN#(n)、PRESS#(n)、WTMn、WSTn、BWS
		编程示例	SVSPOT GUN#(1) PRESS#(1) WTM=1 WST=2 BWS=10.0
SVSPOTMOV	间隙焊接(连续)	命令格式	SVSPOTMOV(添加项 1)…(添加项 9)
		命令功能	按照规定的间隙,进行多点连续焊接
		添加项 1	V=*,指定直线移动速度
		添加项 2	PLIN-*,指定焊接启动点定位精度等级
		添加项 3	PLOUT=*,指定焊接完成退出点定位精度等级
		添加项 4	CLF#(n) 为间隙文件号,输入允许 1～32
		添加项 5	GUN#(n),n:焊钳特性文件号,输入允许 1～12
		添加项 6	PRESS#(n),n:焊钳压力文件号,输入允许 1～255
		添加项 7	WTM=n,n:焊机特性文件号,输入允许 1～255
		添加项 8	WST=n,n:焊接启动信号输出选择,输入允许 0～2
		添加项 9	WGO=n,n:焊接组输出,输入 0～15 或 1～16
		编程示例	SVSPOTMOV V=1000 PLIN=0 PLOUT=1 CLF#(1) GUN#(1) PRESS#(1) MTW=1 WST=1 WGO=1

续表

命令	名称	编程格式、功能与示例	
SVGUNCL	焊钳夹紧 (空打)	命令格式	SVGUNCL(添加项1)(添加项2)(添加项3)
		命令功能	焊钳夹紧、电极加压(不通电空打)
		添加项1	GUN#(n),n:焊钳特性文件号,输入允许1~12
		添加项2	PRESSCL#(n),n:空打压力文件号,输入允许1~15
		添加项3	磨损量检测/电极安装误差功能设定 TWC-A:检测 OFF,固定极空打接触电极磨损检测 TWC-B:检测 OFF,移动极传感器电极磨损检测 TWC-AE:检测 ON,固定极空打接触电极安装误差检测 TWC-BE:检测 ON,移动极传感器电极安装误差检测 TWC-C:固定焊钳空打接触电极磨损检测 ON:焊钳夹紧,用于工件搬运模式的工件夹持 OFF:焊钳松开,用于工件搬运模式的工件松开
		编程示例	SVGUNCL GUN#(1) PRESSCL#(1)
GUNCHG	焊钳更换	命令格式	SVGUNCL(添加项1)(添加项2)
		命令功能	焊钳自动装卸
		添加项1	GUN#(n),n:焊钳特性文件号,输入允许1~12
		添加项2	伺服控制设定:PICK,伺服接通;PLACE,伺服断开
		编程示例	GUNCHG GUN#(1) PICK

8.1.3 焊接启动命令编程

(1) 命令格式

命令 SVSPOT 是点焊机器人的焊接启动命令,单焊钳机器人的命令编程格式为:

$$\underset{命令符}{SVSPOT} \quad \underset{焊钳选择}{GUN\#(1)} \quad \underset{压力选择}{PRESS\#(1)} \quad \underset{焊机选择}{WTM=1} \quad \underset{启动选择}{WST=2} \quad \underset{焊接开始点}{BWS=10.0}$$

使用双焊钳的机器人,可在上述命令后,再添加第2焊钳的添加项。添加项的含义如下,相关作业文件的编制方法,详见后述的机器人操作章节。

① 焊钳选择 以焊钳特性文件 GUN#(n) 的形式指定,n 的范围可以是1~12。

② 压力选择 以焊钳压力条件文件 PRESS#(n) 的形式指定,n 的范围可以是 1~255。

③ 焊机选择 以焊机特性文件 WTM=n 的形式指定,n 为系统焊机特性文件号,n 的范围可以是 1~255。

④ 启动选择 电阻点焊的焊接在电极通电后才正式启动,电极通电时刻可通过 WST 选择。WST=0 或 1、2 的含义如图 8.1.7 所示,电极可以在接触工件或第 1 次、第 2 次加压

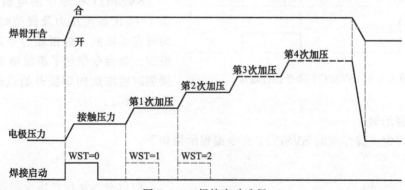

图 8.1.7 焊接启动选择

时通电启动；WST 信号的形式可在焊机特性文件中设定。

⑤ 焊接开始点　焊接开始点 BWS 为可选添加项，其作用如图 8.1.8 所示。

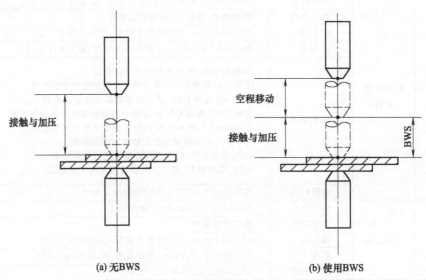

图 8.1.8　BWS 选项功能

不使用添加项 BWS 时，SVSPOT 命令可直接启动焊钳、立即进行"接触→加压"的焊接动作，电极动作如图 8.1.8（a）所示；使用添加项 BWS 时，焊钳需要先向 BWS 指定的焊接开始点进行"空程"运动，到达焊接开始点后，再进行"接触→加压"的焊接动作，电极动作如图 8.1.8（b）所示，电极的空程运动速度可单独设定。

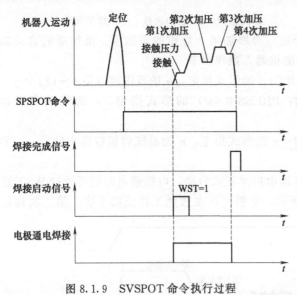

图 8.1.9　SVSPOT 命令执行过程

（2）机器人动作

执行 SVSPOT 命令的机器人动作过程如图 8.1.9 所示。当机器人完成焊点定位后，执行 SVSPOT 命令，首先需要闭合焊钳、使电极接触工件，当电极压力到达接触压力后，依次进行第 1～4 次加压；在此过程中，将根据添加项 WST 的设定，输出焊接启动信号、对电极通电、启动焊接；直到焊接结束信号输入 ON，结束焊接动作。

SVSPOT 命令中的电极接触压力、第 1～4 次加压压力及保持时间等参数，均可在系统的"焊钳压力条件文件"上设定。如命令使用了添加项 BWS，电极接触时将增加向焊接开始点运动的空程移动动作。

（3）编程示例

单行程焊钳点焊作业的 SVSPOT 命令编程示例如下。

```
  ...
  MOVJ VJ= 80.0                                      //机器人定位到作业起始点 P₁
```

```
MOVL V= 800.0                            //P₁→P₂ 直线移动,接近作业点
MOVL V= 200.0                            //P₂→P₃ 直线移动,到达作业点
SVSPOT GUN# (1) PRESS# (1) WTM= 1 WST= 1  //在 P₃ 点启动焊接
MOVL V= 800.0                            //P₃→P₄ 直线移动,退出焊钳
MOVL V= 800.0                            //P₄→P₅ 直线移动,回到起始点
...
```

以上程序的示教点应按图 8.1.10 所示的要求选择。

P_1：作业起始点，在该点上应保证焊钳为打开状态，同时，需要调整工具姿态，使电极中心线和工件表面垂直。

P_2：接近作业点，P_2 点应位于焊点的下方（工具坐标系的 Z 负向），并且保证机器人从 P_1 到 P_2 点移动、电极进入工件作业面时，不会产生运动干涉。

P_3：焊接作业点，应保证 P_3 点位于工具坐标系 P_2 点的 Z 轴正方向、固定电极到达工件的焊接位置。

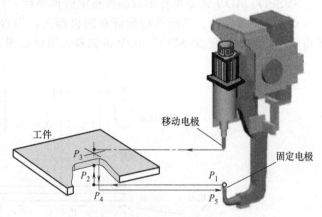

图 8.1.10 点焊作业程序点位置

P_4：焊钳退出点，一般应通过程序点重合操作，使之与程序点 P_2 重合。

P_5：作业完成退出点，为了便于循环作业，一般应通过程序点重合操作，使之与程序点 P_1 重合。

8.1.4 连续焊接命令编程

(1) 命令格式

命令 SVSPOTMOV 是点焊机器人的多点连续焊接命令，它可按照系统"间隙文件"所规定的间隙要求，自动确定焊钳在焊接点定位移动时的位置，完成多点连续焊接作业，命令的编程格式为：

SVSPOTMOV　　V = 1000　　PLIN = 0　　PLOUT = 1　　CLF#(1)　　GUN#(1)
命令符　　　　移动速度　　起点精度　　终点精度　　　间隙文件　　焊钳选择
　　　　　　PRESS#(1)　　WTM = 1　　WST = 2　　WGO = 10
　　　　　　压力选择　　焊机选择　　启动选择　　输出组

命令添加项的含义如下。

V：基本添加项，指定间隙焊接时的机器人移动速度。

PLIN：指定间隙焊接开始点的定位精度等级，输入允许 0～8。

PLOUT：指定间隙焊接退出点的定位精度等级，输入允许 0～8。

CLF#(n)：选择间隙焊接的间隙文件，n 为间隙文件号，输入允许 1～32。

GUN#(n)：焊钳选择，n 为焊钳特性文件号，输入允许 1～12。

PRESS#(n)：焊钳压力选择，n 为焊钳压力文件号，输入允许 1～255。

WTM：焊机选择，n 为焊机特性文件号，输入允许 $1\sim255$

WST：焊接启动信号输出选择，n 输入允许 $0\sim2$

WGO：焊接组输出选择信号，输入允许 $0\sim15$ 或 $1\sim16$。

以上添加项中，定位等级 PLIN、PLOUT 的含义与移动命令相同；CLF♯(n) 为间隙焊接文件号，文件的编制方法详见后述的机器人操作章节；添加项 GUN♯(n)$\sim$WST 的含义同焊接启动命令 SVSPOT；添加项 WGO 为焊接组输出信号，如需要，可利用该组信号选择焊机。

(2) 机器人动作

SVSPOTMOV 命令可将示教编程指定的程序点，自动转换成间隙文件的程序点，并进行多点连续焊接作业。采用单行程焊钳的机器人，当程序点 $P_1\sim P_n$ 用"下电极示教"方式指定时，执行命令 SVSPOTMOV 的机器人运动如图 8.1.11 所示。

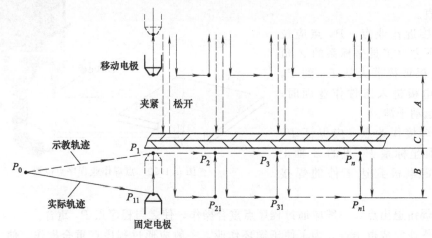

图 8.1.11　SVSPOTMOV 命令执行过程

进行间隙焊接作业时，机器人首先将 TCP 点（固定电极的中心点）定位到焊接示教点 P_1 所对应的间隙焊接开始点 P_{11} 上，使电极和工件保持间隙文件规定的间隙；然后，再移动到焊接示教点 P_1，闭合移动电极、进行 P_1 点的焊钳加压和焊接作业。P_1 点焊接完成后，先松开移动电极，接着，将焊钳退至焊接开始点 P_{11} 点，然后，机器人在定位到焊接示教点 P_2 所对应的焊接开始点 P_{21} 上，再移动到焊接示教点 P_2、重复焊接动作；如此循环、以实现多点连续焊接作业。

为了提高作业效率、加快焊点定位速度，机器人进行间隙焊接时的定位轨迹，可通过图

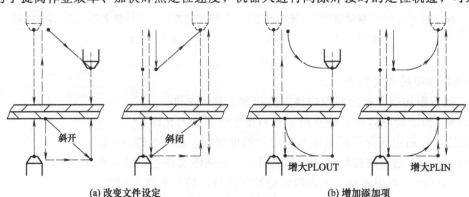

(a) 改变文件设定　　　　　　　(b) 增加添加项

图 8.1.12　定位轨迹的改变

8.1.12 所示的两种方式改变。

① 在间隙文件上,将"动作方式"设定为"斜开"或"斜闭",间隙焊接的定位运动轨迹将成为图 8.1.12(a)所示的斜线运动。

② 利用添加项 PLOUT、PLIN,增大焊接完成退出点、焊接开始点的定位精度等级(positioning level),使间隙焊接的运动轨迹变成图 8.1.12(b)所示的连续运动。

(3) 编程示例

单行程焊钳进行如图 8.1.13 所示,多点连续间隙焊接作业的程序如下。

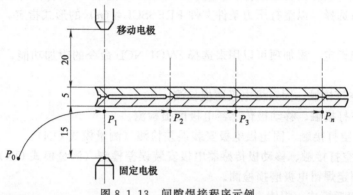

图 8.1.13 间隙焊接程序示例

```
...
MOVJ VJ= 80.0                                              //定位到作业起始点 P₀
SVSPOTMOV V= 1000 CLF# (1) GUN# (1) PRESS# (1) WTM= 1 WST= 1
                                                          //P₁ 点焊接
SVSPOTMOV V= 1000 CLF# (1) GUN# (1) PRESS# (1) WTM= 1 WST= 1
                                                          //P₂ 点焊接
SVSPOTMOV V= 1000 CLF# (1) GUN# (1) PRESS# (1) WTM= 1 WST= 1
                                                          //P₃ 点焊接
...
SVSPOTMOV V= 1000 CLF# (1) GUN# (1) PRESS# (1) WTM= 1 WST= 1
                                                          //Pₙ 点焊接
MOVL V= 1000                                              //回到作业起始点 P₀
...
```

在执行程序前,应完成工具坐标系、控制轴组等的设定与选择,并将间隙文件 1 的参数设定如下。

动作方式:矩形。

距上电极距离:20.0mm。

距下电极距离:15.0mm。

板厚:5.0mm。

8.1.5 空打命令编程

(1) 命令格式

命令 SVGUNCL 是点焊机器人的焊钳夹紧命令,焊钳夹紧是只对电极加压、而不进行通电焊接的操作，故又称"空打"。SVGUNCL 命令的编程格式如下：

SVGUNCL　　　　GUN♯(1)　　　PRESSCL♯(1)　　　TWC-AE
命令符　　　焊钳选择　　　空打压力选择　　　附加功能设定

SVGUNCL 命令不但可用于电极锻压整形、电极修磨，而且，还可通过附加功能添加项的选择，进行电极磨损检测、电极安装误差检测、小型轻量工件的搬运等操作。命令添加项的含义如下。

① 焊钳选择　以焊钳特性文件 GUN♯(n) 的形式指定，n 的范围可以是 1～12。

② 空打压力选择　以空打压力条件文件 PRESSCL♯(n) 的形式指定，n 的范围可以是 1～15。

③ 附加功能设定　添加项可以用来选择 SVGUNCL 命令的附加功能，可使用的添加项如下。

TWC-A：空打接触、固定极电极磨损检测。

TWC-B：空打接触、移动极传感器电极磨损检测。

TWC-AE：空打接触、固定极电极安装误差检测（测量模式 ON）。

TWC-BE：空打接触、移动极传感器电极安装误差检测（测量模式 ON）。

TWC-C：固定焊钳电极磨损检测。

ON：工件搬运模式、焊钳夹紧。

OFF：工件搬运模式、焊钳松开。

(2) 机器人动作

SVGUNCL 命令的基本用途是用于电极锻压整形和电极修磨，机器人执行该命令的动作过程如图 8.1.14 所示。

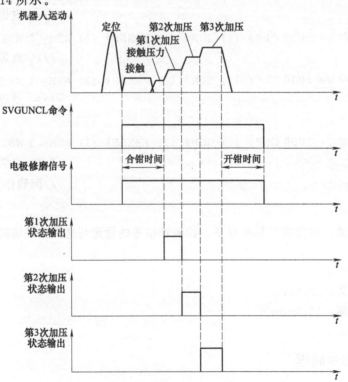

图 8.1.14　SVGUNCL 命令执行过程

SVGUNCL 命令的机器人动作与 SVSPOT 类似，执行命令时，首先闭合焊钳（合钳）、使电极接触工件；当电极压力到达接触压力后，依次进行第 1～4 次加压，并输出第 1～4 次加压状态信号；加压结束后，焊钳自动打开（开钳）。电极的接触压力、第 1～4 次加压压力、保持时间、输出信号地址等参数，均可在系统的"空打压力条件文件"上设定。

在焊钳闭合到打开的整个执行过程中，电极修磨信号将一直保持输出 ON 状态，以控制修磨器进行电极修磨。

如果命令使用了附加添加项，系统还可以启动电极磨损检测或电极安装误差检测功能，或者进行小型、轻量工件的搬运作业。

(3) 编程示例

SVGUNCL 命令用于电极锻压整形和电极修磨时，只需要将机器人移动到指定位置，直接执行 SVGUNCL 命令便可。当命令用于电极安装误差检测和电极磨损检测时，对于图 8.1.15 所示的单行程焊钳，SVGUNCL 命令的编程示例如下。

① **电极安装误差检测**　在新电极安装完成后，执行以下程序，系统可自动进行电极安装误差的检测和设定，并清除电极磨损量。

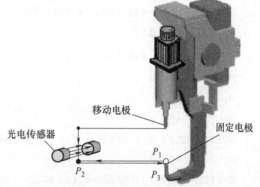

图 8.1.15　电极安装误差和磨损检测

```
...
MOVJ VJ= 80.0                         //机器人定位到起始点 P₁
SVGUNCL GUN# (1) PRESSCL# (1) TWC-AE  //在 P₁ 点空打,检测固定极安装误
                                         差
MOVL V= 800.0                         //直线移动到传感器检测位置 P₂
SVGUNCL GUN# (1) PRESSCL# (1) TWC-BE  //在 P₂ 点空打,检测移动极安装误
                                         差
MOVL V= 800.0                         //在 P₂→P₁,回到起始位置
...
```

以上程序中的 P_1 点可任意选择，P_2 点由传感器的实际安装位置确定，检测时应保证执行焊钳夹紧时，移动侧电极能通过传感器的全部检测区域。

如系统"电极安装管理"显示页面中的"检测模式"选项设定为"开"，以上程序中的命令添加项 TWC-AE、TWC-BE 可直接用 TWC-A、TWC-B 替代；由于电极安装误差检测将自动清除磨损量，因此，安装误差检测完成后，必须将"检测模式"选项重新设定为"关"，否则，系统就无法进行电极磨损检测和补偿。

如需要，控制系统还可以通过系统参数 A1P56～A1P58 的设置，生效电极安装误差超差报警功能，参数 A1P56～A1P56 的含义如下。

A1P56：电极安装误差超差报警信号输出地址（系统外部通用 DO 点号）。

A1P57：移动侧电极安装允差，单位 0.001mm。

A1P58：固定侧电极安装允差，单位 0.001mm。

例如，设定 A1P56＝5、A1P57＝1500、A1P58＝2000 时，如检测的移动侧电极安装误差大于 1.5mm，或者固定侧电极安装误差大于 2mm，系统的电极安装误差超差报警信号输出 OUT05 将 ON。

②电极磨损检测　在进行电极修磨后，必须进行电极磨损检测操作，以补偿电极修磨量。电极磨损检测可在焊接作业过程中进行，进行电极磨损检测时，必须确认"电极安装管理"显示页面中的"检测模式"选项设定为"关"的状态。

执行以下程序，系统可自动进行电极磨损检测和电极磨损补偿；电极磨损的补偿量在焊接启动命令 SVSPOT 前的移动命令定位点上加入。

```
...
MOVJ VJ= 80.0                              //机器人定位到起始点 P₁
SVGUNCL GUN# (1) PRESS# (1) TWC-A          //在 P₁ 点空打,检测固定极磨损
MOVL V= 800.0                              //直线移动到传感器检测位置 P₂
SVGUNCL GUN# (1) PRESS# (1) TWC-B          //在 P₂ 点空打,检测移动极磨损
MOVL V= 800.0                              //在 P₂→P₁,回到起始位置
...
MOVL V= 800.0                              //磨损补偿功能生效
SVSPOT GUN# (1) PRESS# (1) WTM= 1 WST= 1   //焊接作业程序
MOVL V= 800.0
SVSPOT GUN# (1) PRESS# (1) WTM= 1 WST= 1
...
GETS D000 $D030                            //移动侧电极磨损量读入到变
                                             量 D000
GETS D001 $D031                            //移动侧电极磨损量读入到变
                                             量 D001
...
```

利用 SVGUNCL 命令检测的电极磨损量保存在系统变量 $D030～$D053 上，其中，$D030/$D031 分别为焊钳 1 的移动侧（上侧）/固定侧（下侧）电极磨损量；$D032/$D033 分别为焊钳 2 的移动侧（上侧）/固定侧（下侧）电极磨损量……$D052/$D053 分别为焊钳 12 的移动侧（上侧）/固定侧（下侧）电极磨损量。如果需要，磨损量可通过基本命令 GETS，读入到用户变量上，在程序中进行相关运算处理。

③工件搬运作业　利用 SVGUNCL 命令的焊钳夹紧/松开功能，也可进行轻量、小型工件的搬运作业。此时，焊钳上的电极最好更换为相应的工件夹持工具，同时，应根据工件夹紧/松开的压力要求，正确设定 SVGUNCL 命令的空打压力文件。

例如，对于图 8.1.16 所示的单行程焊钳为例，利用 SVGUNCL 命令进行工件搬运的编程示例如下。

```
...
MOVJ VJ= 80.0                              //机器人定位到作业起始点 P₁
MOVL V= 800.0                              //P₁→P₂ 直线移动,接近夹紧点
MOVL V= 200.0                              //P₂→P₃ 直线移动,到达夹紧点
SVGUNCL GUN# (1) PRESSCL# (1) ON           //在 P₃ 点空打、夹持工件
MOVJ VJ= 50.0                              //P₃→P₄ 移动,搬运工件
SVGUNCL GUN# (1) PRESSCL# (1) OFF          //在 P₄ 点空打、放开工件
...
```

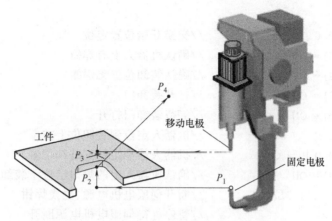

图 8.1.16 工件搬运作业

以上程序在示教编程时，定位点 P_1、P_2、P_3 的位置选择可参见焊接启动命令 SVS-POT 的编程示例。程序中的添加项 ON、OFF 为工件夹持、松开命令，该添加项可以通过示教操作编辑。

8.1.6 焊钳更换命令编程

(1) 命令格式

命令 GUNCHG 是点焊机器人的焊钳更换命令，该命令通常只用于带焊钳自动交换功能的机器人，命令的编程格式如下：

GUNCHG GUN♯(1) PICK(或 PLACE)

命令添加项 GUN♯(n) 为焊钳号，n 的范围可以是 1~12。

命令添加项 PICK 或 PLACE 为焊钳伺服电机控制选项，选择"PICK"为焊钳伺服电机电源接通，选择"PLACE"为焊钳伺服电机电源关闭。

焊钳自动交换功能需配套焊钳自动交换装置，并利用系统通用 DI/DO，连接相关的控制信号。安川机器人焊钳自动交换装置控制信号一般如表 8.1.3 所示。

表 8.1.3 焊钳自动交换装置的控制信号表

类 别	信号名称	信号连接地址	功 能
通用 DI	焊钳夹紧	IN01	1:机器人上的焊钳已夹紧
	焊钳松开	IN02	1:机器人上的焊钳已松开
	焊钳安装检测	IN03	1:机器人上已安装焊钳
	装卸位焊钳检测	IN04	1:焊钳位于装卸位上
	装卸门打开	IN05	1:装卸门已打开
	装卸门关闭	IN06	1:装卸门已关闭
	焊钳识别信号	IN23~IN21	二进制编码 001~110 对应焊钳编号 1~6
通用 DO	焊钳松开	OUT01	ON,松开焊钳;OFF,焊钳夹紧
	装卸门打开	OUT02	ON,打开装卸门;OFF,关闭装卸门

(2) 编程示例

焊钳更换命令可用来取出机器人上的焊钳，或将焊钳安装到机器人上，其程序示例分别如下。

① 焊钳取出 将焊钳 1 从机器人上分离的程序示例如下。

```
NOP
MOVJ VJ= 30.0                    //交换开始位置定位
WAIT IN# (3)= ON                 //确认机器人上有焊钳
WAIT IN# (4)= OFF                //确认装卸位置无焊钳
DOUT OT# (2)= ON                 //打开装卸门
WAIT IN# (5)= ON                 //等待装卸门打开
MOVL V= 500.0                    //机器人定位到装卸位上方
MOVL V= 100.0 PL= 0              //机器人精准定位到装卸位置
WAIT IN# (4)= ON                 //确认机器人上的焊钳已位于装卸位置
GUNCHG GUN# (1) PLACE            //断开伺服电机电源、更换焊钳
TIMER T= 0.2                     //暂停等待伺服电机电源断开
DOUT OT# (1)= ON                 //机器人上的焊钳松开
WAIT IN# (2)= ON                 //确认机器人上的焊钳已经松开
MOVL V= 1000                     //机器人离开装卸位
WAIT IN# (4)= ON                 //确认焊钳已留在装卸位
DOUT OT# (2)= OFF                //关闭装卸门
WAIT IN# (6)= ON                 //确认装卸门已关闭
MOVJ VJ= 30.0                    //回到交换开始位置
END
```

② 焊钳安装 将焊钳 2 从装卸位置安装到机器人上的程序示例如下。

```
NOP
MOVJ VJ= 30.0                    //交换开始位置定位
WAIT IN# (3)= OFF                //确认机器人上无焊钳
WAIT IN# (2)= ON                 //确认机器人为焊钳松开状态
WAIT IN# (4)= ON                 //确认装卸位置上有焊钳
DOUT OT# (2)= ON                 //打开装卸门
WAIT IN# (5)= ON                 //等待装卸门打开
MOVL V= 500.0                    //机器人定位到装卸位上方
MOVL V= 100.0 PL= 0              //机器人精准定位到装卸位置
WAIT IN# (3)= ON                 //确认焊钳已安装到机器人上
DOUT OT# (1)= OFF                //机器人夹紧焊钳
WAIT IN# (1)= ON                 //确认机器人上的焊钳已经夹紧
GUNCHG GUN# (2) PICK             //接通伺服电机电源、更换焊钳
TIMER T= 0.2                     //暂停等待伺服电机电源接通
MOVL V= 1000                     //机器人离开装卸位
WAIT IN# (4)= OFF                //确认装卸位的焊钳已被机器人取走
DOUT OT# (2)= OFF                //关闭装卸门
WAIT IN# (6)= ON                 //确认装卸门已关闭
MOVJ VJ= 30.0                    //回到交换开始位置
END
```

8.2 弧焊作业命令编程

8.2.1 机器人弧焊系统

(1) 气体保护焊原理

电弧熔化焊接简称弧焊（arc welding）是熔焊的一种，它是通过电极和焊接件间的电弧产生高温，使工件（母材）、焊件及熔填物局部熔化、形成熔池，冷却凝固后接合为一体的焊接方法。

由于大气中存在氧、氮、水蒸气，高温熔池如果与大气直接接触，金属或合金就会氧化或产生气孔、夹渣、裂纹等缺陷，因此，通常需要用图8.2.1所示的方法，通过焊枪的导电嘴将氩、氦气、二氧化碳或混合气体连续喷到焊接区，来隔绝大气、保护熔池，这种焊接方式称为气体保护电弧焊。

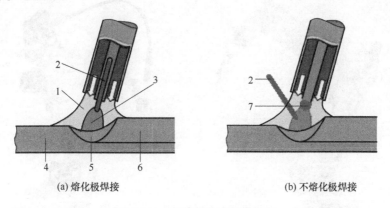

(a) 熔化极焊接　　　　　　　　　　(b) 不熔化极焊接

图 8.2.1　气体保护电弧焊原理
1—保护气体；2—焊丝；3—电弧；4—工件；5—熔池；6—焊件；7—钨极

弧焊的熔填物既可如图8.2.1（a）所示、直接作为电极熔化，也可如图8.2.1（b）所示、由熔点极高的电极（一般为钨）加热后，随同工件、焊接件一起熔化；前者称为"熔化极气体保护电弧焊"，后者称为"不熔化极气体保护电弧焊"；两种焊接方式电极极性相反。

熔化极气体保护电弧焊需要以连续送进的可熔焊丝为电极，产生电弧、熔化焊丝、工件及焊件，实现金属熔合。根据保护气体种类，主要分MIG焊、MAG焊、CO_2焊3种。

① MIG焊　MIG焊是惰性气体保护电弧焊（metal inert gas welding）的简称，保护气体为氩气（Ar）、氦气（He）等惰性气体，使用氩气的MIG焊俗称"氩弧焊"。MIG焊几乎可用于所有金属的焊接，对铝及合金、铜及合金、不锈钢等材料尤为适合。

② MAG焊　MAG焊是活性气体保护电弧焊（metal active gas welding）的简称，保护气体为惰性和氧化性气体的混合物，如在氩气（Ar）中加入氧气（O_2）、二氧化碳（CO_2）或两者的混合物，由于混合气体以氩气为主，故又称"富氩混合气体保护电弧焊"。MAG焊主要适用于碳钢、合金钢和不锈钢等黑色金属的焊接，在不锈钢焊接中应用十分广泛。

③ CO_2焊　CO_2焊是二氧化碳（CO_2）气体保护电弧焊的简称，保护气体为二氧化碳（CO_2）或二氧化碳（CO_2）、氩气（Ar）混合气体。二氧化碳的价格低廉、焊缝成形良好，

它是目前碳钢、合金钢等黑色金属材料最主要的焊接方法之一。

不熔化极气体保护电弧焊主要有 TIG 焊、原子氢焊及等离子弧焊（Plasma）等，TIG 焊是最常用的方法。

TIG 焊是钨极惰性气体保护电弧焊（tungsten inert gas welding）的简称。TIG 焊以钨为电极，产生电弧、熔化工件、焊件和焊丝，实现金属熔合，保护气体一般为惰性气体氩气（Ar）、氦气（He）或氩氦混合气体。用氩气（Ar）作保护气体的 TIG 焊称为"钨极氩弧焊"，用氦气（He）作保护气体的 TIG 焊称为"钨极氦弧焊"，由于氦气价格贵，目前工业上以钨极氩弧焊为主。钨极氩弧焊多用于铝、镁、钛、铜等有色金属及不锈钢、耐热钢等材料的薄板焊接，对铅、锡、锌等低熔点、易蒸发金属的焊接较困难。

(2) 机器人与工具

弧焊机器人如图 8.2.2 所示。弧焊机器人需要进行焊缝的连续焊接作业，需要具备直线、圆弧等连续轨迹控制能力，对运动灵活性、速度平稳性和定位精度的要求较高；但作业工具（焊枪）的质量较小，对承载能力要求不高；因此，弧焊机器人通常以 20kg 以下的小型 6 轴或 7 轴垂直串联机器人为主，机器人的重复定位精度通常应为 0.1～0.2mm。

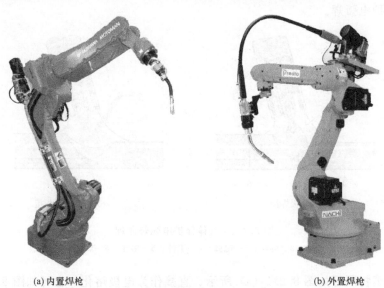

(a) 内置焊枪　　　　　　　　　　(b) 外置焊枪

图 8.2.2　弧焊机器人与工具

弧焊机器人的作业工具焊枪，其形式有内置式、外置式 2 类。

外置焊枪所使用的气管、电缆、焊丝等，均从机器人手腕的外部引入焊枪，焊枪通过支架安装在机器人手腕上。外置焊枪的安装简单、维护容易，但其结构松散、外形较大，气管、电缆、焊丝等部件对对手腕运动会产生一定的干涉，故通常用于作业面敞开的零件或设备外部焊接作业。

内置焊枪所使用的气管、电缆、焊丝直接从机器人手腕、手臂的内部引入焊枪，焊枪直接安装在机器人手腕上。内置焊枪的结构紧凑、外形简洁，手腕运动灵活，但其安装、维护较为困难，故通常用于作业空间受限制的设备内部焊接作业。

焊枪的质量较轻，对机器人的承载能力的要求并不高，因此，通常以 20kg 以下的小型机器人为主。

(3) 其他部件

单机器人弧焊系统的组成如图 8.2.3 所示，除了机器人基本部件外，系统还需要有焊接设备与其他部件。

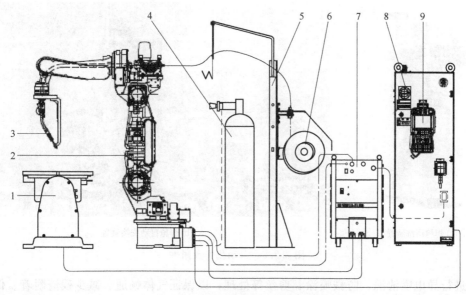

图 8.2.3　弧焊机器人系统组成

1—变位器；2—机器人；3—焊枪；4—气体；5—焊丝架；6—焊丝盘；7—焊机；8—控制柜；9—示教器

　　① 焊接设备　焊接设备是焊接作业的基本部件，除了焊枪外，还需要有焊机、保护气体、送丝机构等辅助装置及管路。保护气体一般通过气瓶、气管向导电嘴连续提供。MIG焊、MAG焊、CO_2焊以焊丝作为填充料，在焊接过程中焊丝将不断熔化，故需要有焊丝盘、送丝机构来保证焊丝的连续输送。

　　弧焊机是用于焊接电压、电流等焊接参数自动控制与调整的电源设备，常用的有交流弧焊机和逆变弧焊机两类。

　　交流弧焊机只是一种把电网电压转换为弧焊低压、大电流的特殊变压器，故又称弧焊变压器。交流弧焊机结构简单、制造成本低、维修容易、空载损耗小、效率较高，但焊接电流为正弦波，电弧稳定性较差、功率因数低，故一般用于简单的手动弧焊设备。

　　逆变弧焊机的外观如图 8.2.4 所示，它是采用脉宽调制（pulse width modulated，简称PWM）逆变技术的先进焊机，是工业机器人广泛使用的焊接设备。

　　在逆变弧焊机上，电网输入的工频50Hz交流电首先经过整流、滤波转换为直流电，然后再逆变成 10～500kHz 的中频交流电，最后通过变压、二次整流和滤波，得到焊接所需的低电压、大电流直流焊接电流或脉冲电流。逆变弧焊机体积小、重量轻、功率因数高、空载损耗小，而且焊接电流、升降过程均可控制，故可获得理想的电弧特性。

图 8.2.4　逆变弧焊机

　　② 附件　除变位器外，高效、自动化弧焊作业生产线或工作站通常还配套有图 8.2.5所示的焊枪清洗装置、焊枪自动交换装置等。

　　焊枪经过长时间焊接，会产生电极磨损、导电嘴焊渣残留等问题，焊枪自动清洗装置可

(a) 焊枪清洗装置

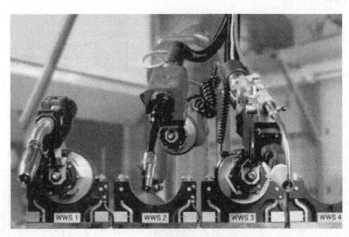

(b) 焊枪自动交换装置

图 8.2.5 自动化作业附件

对焊枪进行导电嘴清洗、防溅喷涂、剪丝等处理,以保证气体畅通、减少残渣附着、保证焊丝干伸长度不变。焊枪自动交换装置用来实现焊枪的自动更换,以改变焊接工艺、提高机器人作业柔性和作业效率。

8.2.2 控制信号与命令

(1) 弧焊控制信号

弧焊机的控制较为复杂,它不但需要有引弧/熄弧、送丝/退丝等开关量控制信号及断气、断丝、弧焊启动、粘丝等状态输出信号,而且还需要有焊接电流、电压等参数连续调节和监控的模拟量输入/输出信号,因此,在机器人控制系统中一般需要选配专门的控制板。

安川机器人标准弧焊控制板的 DI/DO 信号及 PLC 编程地址如表 8.2.1 所示。

表 8.2.1 弧焊控制信号及地址表

代 号	名 称	PLC 地址	信号说明
GASOF	气压不足	22550	焊机输入,信号 ON,保护气体压力不足
WIRCUT	焊丝断	22551	焊机输入,信号 ON,焊丝断
ARCOFF	弧焊关闭	22552	焊机输入,信号 ON,弧焊关闭
ARCACT	弧焊启动	22553	焊机输入,信号 ON,弧焊已启动
STICK	粘丝	22554	焊机输入,信号 ON,粘丝
AI-CH1	焊接电压输入	—	焊接电压检测输入
AI-CH2	焊接电流输入	—	焊接电流检测输入
ARCON	弧焊启动(引弧)	32551	系统输出,信号 ON,启动弧焊
WIRINCH	送丝	32552	系统输出,信号 ON,送丝
WIRBACK	退丝	32553	系统输出,信号 ON,退丝
SEARCH	搜寻	32555	系统输出,信号 ON,焊缝搜寻
GASON	气体输出	32567	系统输出,信号 ON,输出保护气体
AO-CH1	焊接电压输出	—	系统输出,焊接电压指令
AO-CH2	焊接电流输出	—	系统输出,焊接电流指令

弧焊机器人的 DI/DO 信号一般由机器人作业命令、PLC 程序控制,而不在作业程序中用输入/输出命令编程。

(2) 弧焊作业命令

安川弧焊机器人可使用的作业命令及编程格式如表 8.2.2 所示。

表 8.2.2　弧焊作业命令编程说明表

命令	名称	编程格式、功能与示例	
ARCON	引弧	命令功能	弧焊启动
		命令格式 1	ARCON(添加项 1)(添加项 2)
		添加项 1	WELDn,n:焊机号,输入允许 1~8(仅用于多焊机系统)
		添加项 2	ASF♯(n),n:引弧文件号,输入允许 1~48,可使用变量
		编程示例 1	ARCONASF♯(1)
		命令格式 2	ARCON(添加项 1)(添加项 2)…(添加项 7)
		添加项 1	WELDn,n:焊机号,输入允许 1~8(仅用于多焊机系统)
		添加项 2	AC=＊＊,焊接电流给定,输入允许 1~999A,可使用变量
		添加项 3	AV=＊＊,焊接电压给定,可使用变量,输入允许 0.1~50.0,或: AVP=＊＊,焊接电压百分率给定,可使用变量,输入允许 50~150
		添加项 4	T=＊＊,引弧时间,可使用变量,输入允许 0.01~655.35s
		添加项 5	V=＊＊,焊接速度,可使用变量,输入允许 0.1~1500.0mm/s
		添加项 6	RETRY,生效再引弧功能
		添加项 7	REPLAY,使用 RETRY 添加时,指定再引弧启动模式
		编程示例 2	ARCONAC=200 AVP=100 T=0.30 RETRY REPLAY
ARCOF	熄弧	命令功能	弧焊关闭
		命令格式 1	ARCOF(添加项 1)(添加项 2)
		添加项 1	WELDn,n:焊机号,输入允许 1~8(仅用于多焊机系统)
		添加项 2	AEF♯(n),n:熄弧文件号,输入允许 1~12,可使用变量
		编程示例 1	ARCOFAEF♯(1)
		命令格式 2	ARCOF(添加项 1)(添加项 2)…(添加项 5)
		添加项 1	WELDn,n:焊机号,输入允许 1~8(仅用于多焊机系统)
		添加项 2	AC=＊＊,焊接电流给定,输入允许 1~999A,可使用变量
		添加项 3	AV=＊＊,焊接电压给定,可使用变量,输入允许 0.1~50.0,或: AVP=＊＊,焊接电压百分率给定,可使用变量,输入允许 50~150
		添加项 4	T=＊＊,引弧时间,可使用变量,输入允许 0.01~655.35s
		添加项 5	ANTSTK,生效自动粘丝解除功能
		编程示例 2	ARCOFAC=180 AVP=80 T=0.30 ANTSTK
ARCSET	焊接条件设定	命令功能	设定焊接条件
		命令格式 1	ARCSET(添加项 1)(添加项 2)(添加项 3)
		添加项 1	WELDn,n:焊机号,输入允许 1~8(仅用于多焊机系统)
		添加项 2	ASF♯(n),n:引弧文件号,输入允许 1~48,可使用变量
		添加项 3	ACOND=0:按照引弧文件的引弧条件更改参数; ACOND=1:按照引弧文件的正常焊接条件更改参数
		编程示例 1	ARCSETASF♯(1) ACOND=0
		命令格式 2	ARCSET(添加项 1)(添加项 2)…(添加项 6)
		添加项 1	WELDn,n:焊机号,输入允许 1~8(仅用于多焊机系统)
		添加项 2	AC=＊＊,焊接电流给定,输入允许 1~999A,可使用变量
		添加项 3	AV=＊＊,焊接电压给定,可使用变量,输入允许 0.1~50.0,或: AVP=＊＊,焊接电压百分率给定,可使用变量,输入允许 50~150
		添加项 4	V=＊＊,焊接速度,可使用变量,输入允许 0.1~1500.0mm/s
		添加项 5	AN3=＊＊,模拟量输出 3,输入允许 −14.00~14.00V,可使用变量
		添加项 6	AN4=＊＊,模拟量输出 4,输入允许 −14.00~14.00V,可使用变量
		编程示例 2	ARCSETAC=200 V=80.0 AN3=10.00
AWELD	焊接电流设定	命令功能	设定焊接电流
		命令格式	AWELD(添加项 1)(添加项 2)
		添加项 1	WELDn,n:焊机号,输入允许 1~8(仅用于多焊机系统)
		添加项 2	常数−14.00~14.00V,直接设定焊接电流模拟量输出值
		编程示例	AWELD 12.00

命令	名称	编程格式、功能与示例	
VWELD	焊接电压设定	命令功能	设定焊接电压
		命令格式	VWELD(添加项1)(添加项2)
		添加项1	WELD*n*,*n*:焊机号,输入允许1~8(仅用于多焊机系统)
		添加项2	常数-14.00~14.00V,直接设定焊接电压模拟量输出值
		编程示例	VWELD2.50
ARCCTS	起始区间渐变	命令功能	在焊接过程中逐渐改变焊接条件
		命令格式	ARCCTS(添加项1)(添加项2)…(添加项6)
		添加项1	WELD*n*,*n*:焊机号,输入允许1~4(仅用于多焊机系统)
		添加项2	AC=＊＊,焊接电流给定,输入允许1~999A,可使用变量
		添加项3	AV=＊＊,焊接电压给定,可使用变量,输入允许0.1~50.0,或: AVP=＊＊,焊接电压百分率给定,可使用变量,输入允许50~150
		添加项4	AN3=＊＊,模拟量输出3,输入允许-14.00~14.00V,可使用变量
		添加项5	AN4=＊＊,模拟量输出4,输入允许-14.00~14.00V,可使用变量
		添加项6	DIS=＊＊,渐变区间,渐变开始点离起点距离,可使用变量
		编程示例	ARCCTSAC=150 AV=16.0 DIS=100.0
ARCCTE	结束区间渐变	命令功能	在焊接过程中逐渐改变焊接条件
		命令格式	ARCCTE(添加项1)(添加项2)…(添加项6)
		添加项1	WELD*n*,*n*:焊机号,输入允许1~4(仅用于多焊机系统)
		添加项2	AC=＊＊,焊接电流给定,输入允许1~999A,可使用变量
		添加项3	AV=＊＊,焊接电压给定,可使用变量,输入允许0.1~50.0,或: AVP=＊＊,焊接电压百分率给定,可使用变量,输入允许50~150
		添加项4	AN3=＊＊,模拟量输出3,输入允许-14.00~14.00V,可使用变量
		添加项5	AN4=＊＊,模拟量输出4,输入允许-14.00~14.00V,可使用变量
		添加项6	DIS=＊＊,渐变区间,渐变开始点离终点距离,可使用变量
		编程示例	ARCCTEAC=150 AV=16.0 DIS=100.0
ARCMONON	弧焊监控启动	命令功能	当前焊接参数读入到焊接监视文件
		命令格式	ARCMONON(添加项1)(添加项2)
		添加项1	WELD*n*,*n*:焊机号,输入允许1~4(仅用于多焊机系统)
		添加项2	AMF♯(*n*),*n*:监视文件号,输入允许1~100,可使用变量
		编程示例	ARCMONONAMF♯(1)
ARCMONOF	弧焊监控关闭	命令功能	结束焊接参数采样
		命令格式	ARCMONOF(添加项)
		添加项	WELD*n*,*n*:焊机号,输入允许1~4(仅用于多焊机系统)
		编程示例	ARCMONOF
GETFILE	焊接参数读入	命令功能	焊接监视文件中的数据读入到变量中
		命令格式	GETFLIE(添加项1)(添加项2)…(添加项6)
		添加项1	变量号,D或LD
		添加项2	WEV♯(*n*),*n*:摆焊文件号,输入允许1~16,可使用变量;或: AMF♯(*n*),*n*:焊接监视文件号,输入允许1~50,可使用变量
		添加项3	(*n*),数据号,n可为常数1~255或变量B/LB
		编程示例	GETFILE D000 AMF♯(1) 2
MVON	摆焊启动	命令功能	启动摆焊作业
		命令格式1	MVON(添加项1)(添加项2)
		添加项1	RB*n*,*n*:机器人号,输入允许1~8(仅用于多机器人系统)
		添加项2	WEV♯(*n*),*n*:摆焊文件号,输入允许1~16,可使用变量
		编程示例1	MVONWEV♯(1)
		命令格式2	MVON(添加项1)(添加项2)…(添加项6)
		添加项1	RB*n*,*n*:机器人号,输入允许1~8(仅用于多机器人系统)
		添加项2	AMP=＊＊,摆动幅度,允许输入0.1~99.9mm,可使用变量
		添加项3	FREQ=＊＊,摆动频率,允许输入1.0~5.0Hz,可使用变量

续表

命令	名称	编程格式、功能与示例	
MVON	摆焊启动	添加项 4	ANGL＝＊＊，摆动角度，允许输入 0.1°～180.0°，可使用变量
		添加项 5	DIR＝＊＊，摆动方向，0 为正向，1 为负向，可使用变量
		编程示例 2	MVON AMP＝5.0 FREQ＝2.0 ANGL＝60 DIR＝0
MVOF	摆焊结束	命令功能	结束摆焊作业
		命令格式	MVOF(添加项 1)
		添加项 1	RB*n*,*n*；机器人号，输入允许 1～8(仅用于多机器人系统)
		编程示例	MVOF

8.2.3 焊接启动与关闭命令编程

(1) 焊接启动命令

ARCON 命令可向焊机输出引弧信号、启动焊接。在多焊机系统上，命令可通过添加项 WELD1～WELD8 选择不同的焊机；单焊机系统，添加项 WELD*n* 可省略。

弧焊启动命令 ARCON 既可单独编程，也可通过添加项或引弧条件文件指定焊接条件。ARCON 单独编程时，命令前需要利用 ARCSET 命令设定焊接条件，有关内容见后述。

利用添加项指定焊接条件时，ARCON 命令的编程格式为：

```
ARCON AC= 200 AV= 16.0 T= 0.50 V= 60 RETRY REPLAY
```

命令添加项含义见下，添加项可用常数、用户变量 B/I/D、局部变量的方式赋值。

AC＝＊＊：焊接电流设定，单位为 A，允许编程范围为 1～999。

AV＝＊＊或 AVP＝＊＊：焊接电压设定，AV 直接指定电压值、AVP 指定电压倍率；电压单位为 0.1V，允许编程范围 0.1～50.0。

T＝＊＊：引弧时间。设定机器人在引弧点暂停的时间，单位为 0.01s，允许编程范围为 0～655.35s；不需要暂停时，可省略添加项。

V＝＊＊：焊接速度。设定焊接时的机器人移动速度，单位通常为 0.1mm/s，允许编程范围 0.1～1500.0。焊接速度也可通过移动命令设定，此时，可以省略添加项；如两者被同时设定，实际移动速度可通过系统参数的设定，选择其中之一。

RETRY：再引弧功能。该添加项被编程时，可在引弧失败或焊接过程中出现断弧时，进行重新引弧或再启动。

REPLAY：再启动模式。当添加项 RETRY 被编程时，必须指定再启动模式。

ARCON 命令的编程示例如下。

```
...
MOVJ VJ= 80.0                    //机器人定位到焊接起始点
ARCON AC= 200 AV= 16.0 T= 0.50   //焊接启动(引弧,不使用再引弧功能)
MOVL V- 100.0                    //焊接作业,焊接速度为 100mm/s
...
ARCOF                            //焊接关闭(熄弧)
...
```

当 ARCON 命令使用引弧条件文件时，全部焊接参数均可通过引弧条件文件一次性定义，命令的编程格式如下：

```
ARCON ASF# (n)
```

命令中的 ASF♯(*n*) 为引弧条件文件号，*n* 的范围为 1～48。引弧条件文件可通过示教操作设定，有关内容详见后述的操作章节。

（2）焊接关闭命令

ARCOF 命令是弧焊机器人焊接结束的关闭命令，执行命令，系统可向焊机输出熄弧信号、关闭焊接，故又称熄弧命令。

ARCOF 命令的编程格式与 ARCON 命令类似，在使用多焊机的系统上，命令可通过添加项 WELD1~WELD8，选择不同的焊机；单焊机系统可省略添加项 WELDn。

弧焊关闭命令 ARCOF 既可单独编程，也可通过添加项或熄弧条件文件指定焊接条件。ARCOF 单独编程时，命令前需要利用 ARCSET 命令设定焊接条件，有关内容见后述。

利用添加项指定焊接条件时，ARCOF 命令的编程格式如下：

```
ARCOF AC= 160 AVP= 70 T= 0.50 ANASTK
```

命令添加项 AC、AV 或 AVP 的含义同 ARCON 命令，其他添加项的含义如下，添加项可用常数、用户变量 B/I/D、局部变量的方式赋值。

T=＊＊：熄弧时间。设定机器人在熄弧点暂停的时间，单位为 0.01s，允许编程范围为 0~655.35s；不需要暂停时，可省略添加项。

ANTSTK：粘丝自动解除功能。该添加项被编程时，可在出现粘丝时，自动按照弧焊辅助条件文件中的自动粘丝解除功能设定参数，重新引弧、熔化焊丝、解除粘丝。

ARCOF 命令的编程示例如下。

```
...
MOVJ VJ= 80.0                    //机器人定位到焊接起始点
ARCON AC= 200 AV= 16.0 T= 0.50   //焊接启动(引弧)
MOVL V= 100.0                    //焊接作业
...
ARCOF AC= 160 AV= 12.0 T= 0.50 ANTSTK   //焊接关闭(熄弧,粘丝自动解除)
...
```

当 ARCOF 命令使用熄弧条件文件时，焊接结束时的全部焊接参数均可通过熄弧条件文件一次性定义，命令的编程格式如下：

```
ARCOF AEF# (n)
```

命令中的 AEF♯(n) 为熄弧条件文件号，n 的范围为 1~12。熄弧条件文件可通过示教操作设定，有关内容详见后述的操作章节。

8.2.4　焊接设定与弧焊监控命令编程

（1）焊接设定命令

安川弧焊机器人的焊接设定命令有 ARCSET、AWELD、VWELD 共 3 条。ARCSET命令可用于焊接电压、焊接电流、焊接速度、模拟量输出等参数的设定，也能直接使用焊接条件文件。AWELD、VWELD 是专门用于焊接电流、焊接电压设定的命令。

ARCSET 命令可根据需要，使用添加项或引弧条件文件指定焊接参数。在使用多焊机的系统上，命令可通过添加项 WELD1~WELD8，选择不同的焊机；单焊机系统可省略添加项 WELDn。

ARCSET 命令使用添加项编程格式时的编程格式为：

```
ARCSET AC= 200 AVP= 100 V= 80 AN3= 12.00 AN4= 2.50
```

命令添加项 AC、AV 或 AVP、V 的含义同 ARCON 命令，其他添加项的含义见下，添加项可用常数、用户变量 B/I/D、局部变量的方式赋值。

AN3＝＊＊/AN4＝＊＊：在使用增强型弧焊控制的机器人上，用来设定焊接时的 AO 通道 CH3/CH4 的输出电压值，编程范围为−14.00～14.00V。

ARCSET 命令使用引弧条件文件编程格式时，可对全部焊接参数进行一次性设定，命令的编程格式为：

```
ARCSET ASF# (1) ACOND= 0
```

命令中的添加项 ASF#(n) 为引弧条件文件号；添加项 ACOND 用来选择焊接参数组。ARCSET 命令的编程示例如下。

```
...
MOVJ VJ= 80.0                //机器人定位到焊接起始点
ARCSET ASF# (1) ACOND= 1     //焊接条件设定,使用引弧文件 ASF# (1)的焊接
                               条件
ARCON                        //焊接启动
MOVL V= 100.0                //焊接作业,焊接速度为 100mm/s
...
ARCSET AC= 180 AVP= 80       //焊接条件设定,改变焊接电流、电压
MOVL V= 80.0                 //焊接作业,焊接速度为 80mm/s
...
ARCOF                        //焊接关闭(熄弧)
...
```

AWELD 命令用于焊接电流的设定，VWELD 命令用于焊接电压的设定，命令的编程格式如下：

```
AWELD 12.00
VWELD 2.50
```

AWELD/VWELD 命令可用常数的形式，直接设定机器人控制系统的焊接电流、焊接电压的模拟量输出值（系统命令值），其编程范围为−14.00～14.00。命令值所对应的实际焊接电流/电压决定于"焊机特性"文件的设定。

(2) 弧焊监控命令

弧焊监控是对指定焊接区间的实际焊接电流和电压，进行监视、分析、管理的功能。进行弧焊监控的焊接作业区间，可通过弧焊监控启动命令 ARCMONON、关闭命令 ARC-MONOF 选定；作业区的实际焊接电流、电压值，可由系统软件自动分析、计算平均值和偏差；计算结果可保存到弧焊监视文件中，并通过文件数据读入命令 GETFILE，在程序中读取，或在示教器上显示。

弧焊监控需要配置焊接电流、电压测量反馈输入接口板。接口板一般为 2 通道、DC0～5V 电压输入，分辨率为 0.01V；对于最大焊接电流、电压为 500A、50V 的焊机，电流分辨率为 1A、电压分辨率为 0.1V。焊接电流、电压的测量值可通过系统参数调整增益和偏移。

弧焊监控启动/关闭命令 ARCMONON/ARCMONOF 的编程格式如下，在使用多焊机的系统上，可通过添加项 WELD1～WELD8，选择不同的焊机；单焊机系统可省略添加项 WELDn。

```
ARCMONON  AMF# (1)       //启动监控
ARCMONOF                 //关闭监控
```

命令添加项 AMF♯(n) 为弧焊监视文件号。

ARCMONON/ARCMONOF 命令的编程示例如下。

```
...
MOVJ VJ= 80.0                    //机器人定位到焊接起始点
ARCON ASF# (1)                   //焊接启动
ARCMOON AMF# (1)                 //启动弧焊监控
MOVL V= 100.0                    //焊接作业
ARCMOOF                          //关闭弧焊监控
ARCOF                            //焊接关闭(熄弧)
...
```

弧焊监视文件中的数据可以通过文件数据读入命令 GETFILE，读入程序，监视数据读入的命令编程格式如下。

```
GETFILE D000 AMF# (1) (2)
```

命令添加项 D＊＊＊ 为变量号，监视数据为 32 位整数，需要使用双整数型变量 D 或 LD。AMF♯(n) (m) 中的 n 为弧焊监视文件号，编程范围为 1~50；m 为数据号，编程范围为 1~9，数据号 m 和监视文件数据的对应关系如表 8.2.3 所示。

表 8.2.3 弧焊监视数据编号

弧焊监视文件数据名称		GETFILE 命令元素号 m
<结果>	状态	1
	电流	2
	电压	3
<统计数据>	电流(平均)	4
	电流(偏差)	5
	电压(平均)	6
	电压(偏差)	7
	数据数(正常)	8
	数据数(异常)	9

GETFILE 命令的编程示例如下。

```
...
GETFILE D000 AMF# (1) (4)        //焊接电流平均值读入变量 D000
GETFILE D001 AMF# (1) (5)        //焊接电流偏差值读入变量 D001
SET D002 D000                    //设定 D002= D000
ADD D002 D001                    //D002= D002+ D001(计算最大平均电流)
SET D003 D000                    //设定 D003= D000
SUB D003 D001                    //D003= D003- D001(计算最小平均电流)
...
```

8.2.5 渐变焊接命令编程

(1) 命令功能

所谓"渐变焊接"就是在焊接作业的同时，逐步改变焊接电流、焊接电压。对于导热性好的薄板类零件焊接，可防止焊接结束阶段出现工件烧穿、断裂等现象。

安川机器人渐变命令有起始区间渐变 ARCCTS 命令、结束区间渐变 ARCCTE 命令 2 条，渐变命令功能如图 8.2.6 所示。

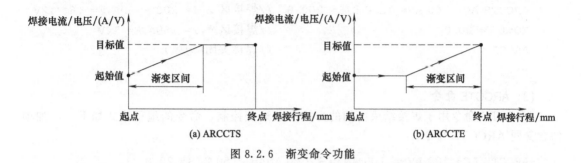

图 8.2.6　渐变命令功能

ARCCTS 命令可控制焊接电流、电压在焊接移动的起始区间线性增减；ARCCTE 命令可控制焊接电流、电压在焊接移动的结束区间线性增减。命令使用需要注意以下问题。

① 渐变命令只对当前命令有效。

② 渐变区间可通过添加项定义，当实际行程小于渐变区设定或渐变区设定为"0"时，系统将以实际行程作为渐变区。

③ ARCCTS、ARCCTE 命令允许在同一命令行编程，此时，首先执行 ARCCTS 命令，然后在剩余区间执行 ARCCTE 命令。如移动行程小于等于 ARCCTS 渐变区，ARCCTE 命令将无效，系统将按 ARCCTE 命令改变焊接参数。

④ 渐变命令优先于焊接设定命令 ARCSET、AWELD、VWELD，ARCCTS、ARC-CTE 命令后续的焊接设定命令无效。

(2) ARCCTS 命令

ARCCTS 命令用于焊接起始区的渐变控制，命令的编程格式如下，在使用多焊机的系统上，可通过添加项 WELD1～WELD8，选择不同的焊机；单焊机系统可省略添加项 WELDn。

```
ARCCTS AC= 200 AVP= 100 AN3= 12.00 AN4= 2.50 DIS= 20.0
```

命令添加项 AC、AV 或 AVP、AN3＝＊＊/AN4＝＊＊的含义同 ARCSET 命令，添加项 DIS＝＊＊用来定义渐变区间，单位为 0.1mm。添加项可用常数、用户变量 B/I/D、局部变量的方式赋值。

例如，对于图 8.2.7 所示的渐变焊接，其编程示例如下。

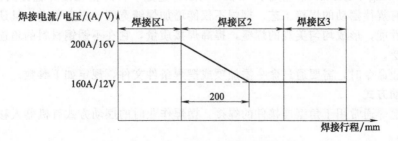

图 8.2.7　ARCCTS 命令示例

```
…
MOVJ VJ= 80. 0                              //机器人定位到焊接起始点
ARCON AC= 200 AV= 16. 0 T= 0. 50            //焊接启动
MOVL V= 100. 0                              //焊接区 1,I= 200A,E= 16V
ARCCTS AC= 160 AV= 12. 0 DIS= 200. 0        //焊接区 2,I= 200~160A,E= 16~12V
MOVL V= 80. 0                               //焊接区 3,I= 160A,E= 12V
ARCOF                                       //焊接关闭(熄弧)
…
```

(3) ARCCTE 命令

ARCCTE 命令用于焊接结束区间的焊接参数渐变控制，命令的编程格式如下，添加项的含义同 ARCCTS 命令。

```
ARCCTE AC= 200 AVP= 100 AN3= 12. 00 AN4= 2. 50 DIS= 20. 0
```

例如，对于图 8.2.8 所示的焊接，其编程示例如下。

```
…
MOVJ VJ= 80. 0                              //机器人定位到焊接起始点
ARCON AC= 200 AV= 16. 0 T= 0. 50            //焊接启动
MOVL V= 100. 0                              //焊接区 1,I= 200A,E= 16V
ARCCTE AC= 160 AV= 12. 0 DIS= 200. 0        //焊接区 2,I= 200~160A,E= 16~12V
MOVL V= 80. 0                               //焊接区 3,(I= 160A,E= 12V)
ARCOF                                       //焊接关闭(熄弧)
…
```

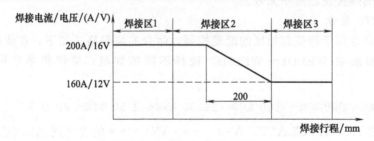

图 8.2.8　ARCCTE 命令编程

8.2.6　摆焊命令编程

摆焊（swing welding）作业如图 8.2.9 所示，这是一种焊枪在沿焊缝方向前进的同时，进行横向、有规律摆动的焊接工艺。摆焊不仅能增加焊缝宽度、提高强度，且还能改善根部透度和结晶性能，形成均匀美观的焊缝，提高焊接质量，它在不锈钢材料的角连接焊接作业时使用较广泛。

摆焊作业命令时，需要通过命令添加项或摆焊条件文件，规定如下参数。

(1) 摆动方式

机器人摆焊通常用于角型连接件的焊接，摆焊作业时的摆动方式有机器人移动摆动和定点摆动两类。

① 机器人移动摆动　机器人移动摆动是指机器人在摆动时，需要同时进行焊接方向移

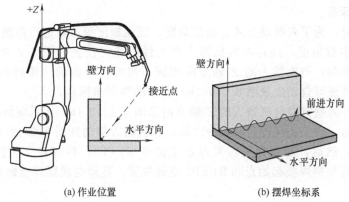

(a) 作业位置　　(b) 摆焊坐标系

图 8.2.9　摆焊作业

动的摆焊作业，它可分图 8.2.10 所示的单摆、三角摆、L 形摆 3 种。

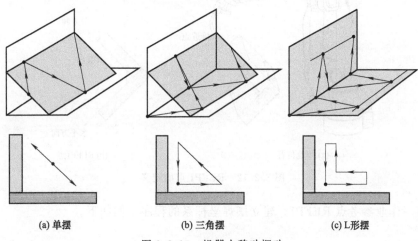

(a) 单摆　　　　(b) 三角摆　　　　(c) L 形摆

图 8.2.10　机器人移动摆动

采用单摆焊接时，焊枪在焊枪在沿焊缝方向前进的同时，可在指定的倾斜平面内横向摆动，焊枪的运动轨迹为倾斜平面上的三角波。单摆的倾斜角度（摆动角度）、摆动幅度和频率等参数可通过命令添加项或摆焊条件文件进行定义。

采用三角摆焊接时，焊枪在焊枪在沿焊缝方向前进的同时，先沿水平（或垂直）方向运动，接着在指定的倾斜平面内运动，然后沿垂直（或水平）方向回到基准线，焊枪的运动轨迹为三角形螺旋线。三角摆焊接的倾斜角度（摆动角度）、纵向摆动距离、横向摆动距离和频率等参数可通过摆焊条件文件进行定义。

采用 L 形摆焊接时，焊枪在焊枪在沿焊缝方向前进的同时，先沿水平（或垂直）方向运动，回到基准线后，接着沿垂直（或水平）方向摆动，焊枪运动轨迹在截面上的投影为 L 形。L 形摆焊的纵向摆动距离、横向摆动距离和频率等参数可通过摆焊条件文件进行定义。

② 定点摆动　定点摆动如图 8.2.11 所示，这是一种通过工件运动实现摆动焊接的作业方式。定点摆焊作业时，机器人只进行摆动，其摆动起点与终点重合；焊接移动需要通过工件和焊枪的相对运动实现。

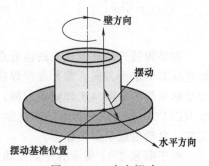

图 8.2.11　定点摆动

(2) 摆焊坐标系

机器人摆焊时，为了对摆动方式、摆焊角度、摆动幅度等参数进行控制，需要建立摆焊坐标系。对于大多数情况，摆焊时的机器人和工件的相对位置如图 8.2.9（a）所示，即：焊件的壁方向（纵向）与机器人的 Z 轴方向相同，摆焊作业前的"接近点"位于作业侧，在这种情况下，系统可自动生成图 8.2.9（b）所示的摆焊坐标系。

但是，当工件的壁方向与机器人的 Z 轴方向呈图 8.2.12（a）所示倾斜时，为了确定摆焊坐标系的壁方向，需要在摆焊启动命令之前，将机器人移动到图 8.2.12（b）所示、壁平面上的任意一点；然后，利用第一参考点设定命令 REFP1，将其定义为第一作业参考点 REFP1；系统便可根据焊接起始点和 REFP1 点的位置，自动生成摆焊坐标系。

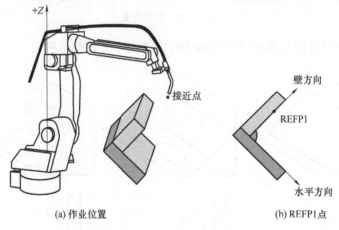

(a) 作业位置   (b) REFP1 点

图 8.2.12 REFP1 点的定义

利用第一作业参考点 REFP1，建立摆焊坐标系的程序示例如下。

```
...
MOVJ VJ= 80.0          //机器人定位到接近点
MOVL V= 800            //机器人移动到 REFP1 点
REFP1                  //设定第一作业参考点,建立摆焊坐标系
ARCON ASF# (1)         //引弧、启动焊接
MVON WEV# (1)          //摆焊启动
MOVL V= 50             //摆焊作业
...
MVOF                   //摆焊结束
ARCOF AEF# (1)         //息弧、关闭焊接
...
```

如果焊接开始前机器人的接近点位于图 8.2.13（a）所示、工件壁的后侧，为了确定摆焊坐标系的水平方向，需要在摆焊启动命令之前，将机器人移动到图 8.2.13（b）所示、摆焊坐标系第 I 象限（工件壁的前侧）上的任意一点；然后，利用程序中的第二参考点设定命令 REFP2，将其定义为第二作业参考点 REFP2；系统便可根据焊接起始点和 REFP2 点的位置，自动生成摆焊坐标系。

对于图 8.2.14 所示的定点摆动，由于摆动起点与终点重合，故需要在摆焊启动命令之

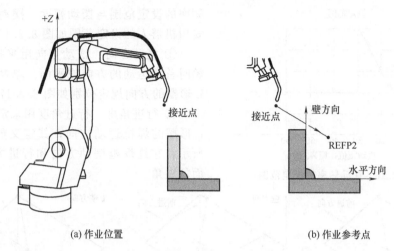

图 8.2.13　REFP2 点的定义

前，将机器人移动到相对运动方向上的任意一点；然后，利用程序中的第三参考点设定命令 REFP3，将其定义为第三作业参考点 REFP3；系统便可根据焊接基准位置和 REFP3 点的位置，自动生成摆焊坐标系。

利用第二、三作业参考点 REFP2、REFP3 建立摆焊坐标系的编程方法与 REFP1 相同，程序中只需要将命令 REFP1 改为 REFP2、REFP3。

(3) 摆动参数

摆焊作业的主要参数有摆动幅度、摆动频率、摆动角度、摆动方向等。

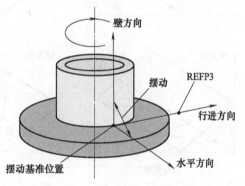

图 8.2.14　REFP3 点的定义

① 摆动幅度和距离　摆动幅度用来定义单摆方式的单侧摆动幅值，参数如图 8.2.15 (a) 所示，允许编程范围为 0.1～99.9mm，编程值受后述的摆动频率限制。三角摆和 L 形摆需要通过图 8.2.15 (b)、图 8.2.15 (c) 所示纵向距离、横向距离分别定义壁方向、水平方向的摆动幅值，纵/横向距离为 1.0～25.0mm。

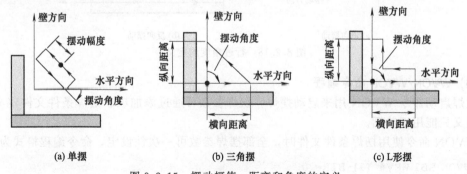

图 8.2.15　摆动幅值、距离和角度的定义

② 摆动角度　摆动角度用来定义单摆摆动平面的倾斜角度或三角摆、L 形摆的壁与水平方向的夹角，允许编程范围为 0.1°～180.0°；角度定义如图 8.2.15 所示，顺时针为正。

③ 摆动频率　摆动频率用来设定每秒所执行的摆动次数。由于运动速度的限制，摆动

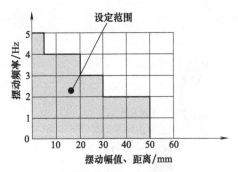

图 8.2.16 摆动频率的设定范围

频率的设定范围与摆动幅度、摆动距离有关，安川机器人的设定范围如图 8.2.16 所示。

④ 摆动方向　摆动方向用来指定摆动开始时首摆运动的方向或平面。单摆、三角摆、L 形摆的方向规定分别如图 8.2.17 所示。

⑤ 行进角度　行进角度用来定义三角摆、L 形摆的焊枪运动方向，其定义如图 8.2.18 所示，它是焊枪摆动方向和行进方向垂直平面的夹角。

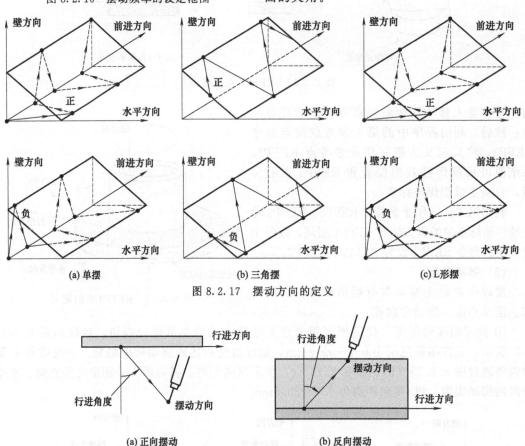

图 8.2.17　摆动方向的定义

图 8.2.18　行进角度的定义

(4) WVON/WVOF 命令编程

摆焊启动命令 WVON 用来启动摆焊，摆焊参数可通过添加项、摆焊条件文件定义，添加项定义只能用于单摆。

WVON 命令使用摆焊条件文件时，全部摆焊参数可一次性设定，命令编程格式为：

```
WVON RB1 WEV# (1) DIR= 0
```

命令添加项的含义如下。

RBn：机器人控制轴组，多机器人系统可为 1～8，单机器人系统不需要该添加项。

WEV#(n)：n 为摆焊条件文件号，摆焊条件文件可通过示教操作编制，有关内容详见后述的操作章节。

DIR=＊：摆动方向设定，"0"为正、"1"为负。

单摆 WVON 命令可使用添加项定义摆焊参数，命令编程格式如下，添加项可用常数、用户变量 B/I/D、局部变量的方式赋值。

```
WVON RB1 AMP= 5.0 FREQ= 2.0 ANGL= 60 DIR= 0
```

命令添加项的含义如下。

RBn：机器人控制轴组，多机器人系统可为 1～8，单机器人系统不需要该添加项。

AMP＝＊＊：单摆焊接的摆动幅度设定，允许编程范围为 0.1～99.9mm。

FREQ－＊＊：单摆焊接的摆动频率设定，允许编程范围为 1.0～5.0Hz。

ANGL＝＊＊：单摆焊接的摆动角度设定，允许编程范围为 0.1°～180°。

DIR＝＊：摆动方向设定，"0"为正、"1"为负。

摆焊结束命令 WVOF 用来关闭摆焊功能，命令的编程格式如下，添加项 RBn 为控制轴组，多机器人系统可为 1～8，单机器人系统不需要该添加项。

```
WVOF RB1,或:
WVOF
```

摆焊命令的编程示例如下。

```
...
MOVJ VJ= 80.00              //机器人定位
MOVL V= 800                 //移动到摆焊开始点
ARCON ASF# (1)              //引弧、启动焊接
MVON WEV# (1)               //摆焊启动
MOVL V= 50                  //摆焊作业
...
MVOF                        //摆焊结束
ARCOF AEF# (1)              //息弧、关闭焊接
MOVL V= 800                 //退出机器人
...
```

8.3 搬运作业命令编程

8.3.1 机器人搬运系统

(1) 搬运机器人

搬运机器人（transfer robot）是从事物体移载作业的工业机器人的总称，主要用于物体的输送和装卸。从功能上说，装配、分拣、码垛等机器人，实际也属于物体移载的范畴，其作业程序与搬运机器人并无区别，因此，可使用相同的作业命令编程。

搬运机器人的用途广泛，其应用涵盖机械、电子、化工、饮料、食品、药品及仓储、物流等行业，因此，各种结构形态、各种规格的机器人都有应用。一般而言，承载能力 20kg 以下、作业空间在 2m 以内的小型搬运机器人，可采用垂直串联、SCARA、Delta 等结构；承载能力 20～100kg 的中型搬运机器人以垂直串联为主，但液晶屏、太阳能电池板安装等

平面搬运作业场合，也有采用中型 SCARA 机器人的情况；承载能力大于100kg 的大型、重型搬运机器人，则基本上都采用垂直串联结构。

(2) 作业工具

搬运机器人用来抓取物品的工具统称夹持器。夹持器的结构形式与作业对象有关，吸盘和手爪是机器人常用的夹持器。

① 吸盘　工业机器人所使用的吸盘可分为电磁吸盘和真空吸盘 2 类。

电磁吸盘可通过电磁吸力抓取金属零件，其结构简单、控制方便，夹持力大、对夹持面的要求不高，夹持时也不会损伤工件，且还可根据需要制成各种形状，它是金属材料搬运机器人常用的夹持器。但是，电磁吸盘只能用于导磁材料的抓取，被夹持的零件上也容易留下剩磁，故大多用于原材料、集装箱类物品的搬运作业。

真空吸盘如图 8.3.1 所示，这是一种利用吸盘内部和大气压力间的压力差来吸持物品的夹持器。吸盘压力差既可利用伯努利（Bernoulli）原理产生（称为伯努利吸盘），也可直接利用真空发生器将吸盘内部抽真空产生。真空吸盘对所夹持的材料无要求，其适用范围广、无污染，但它要求吸持面光滑、平整、不透气，且吸持力受大气压力的限制，故多用于玻璃、金属、塑料或木材等轻量平板类物品，或小型密封包装的袋状物品夹持。

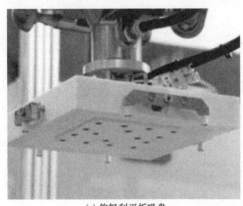 

(a) 伯努利平板吸盘　　　　　　　　　　(b) 真空袋物吸盘

图 8.3.1　真空吸盘

② 手爪　手爪是利用机械锁紧力或摩擦力来夹持物品的夹持器。手爪可根据作业对象的外形、重量和夹持要求，设计成各种各样的形状；夹持力可根据要求设计并随时调整，其适用范围广、夹持可靠、使用灵活方便、定位精度高，它是搬运类机器人使用最广泛的夹持器。根据机器人的用途与规格，常用的手爪主要有图 8.3.2 所示的几类。

图 8.3.2（a）所示的指形手爪一般利用牵引丝或凸轮带动关节运动、控制指状夹持器的开合，以实现工件的松夹动作，其动作灵活、适用面广，但结构较为复杂、夹持力较小，故常用于机械、电子、食品、药品等行业的小型装卸、分拣机器人的夹持作业。

图 8.3.2（b）、图 8.3.2（c）所示的手爪可利用气缸、电磁铁控制开合，其夹持可靠、定位精度高，且具有自动定心的功能，因此，在机械加工行业的棒料、圆盘类、法兰类物品搬运场合使用广泛。

图 8.3.2（d）、图 8.3.2（e）所示的铲形、夹板式夹持器是搬运、码垛机器人常用的夹持器，其动作灵活、夹持可靠、对物品的外形要求不高，故多用于仓储、物流等行业的大宗货物搬运和码垛作业。

(3) 附件

搬运机器人的附件与夹持器有关。使用电磁吸盘的机器人，需要配套相应的电源及控制

(a) 指形   (b) 棒料   (c) 三爪

(d) 铲形   (e) 夹板形

图 8.3.2 手爪

装置；使用真空吸盘的机器人，需要配套真空泵、气动阀等部件；使用手爪夹持器的机器人，则需要配套气泵、气动元件或液压泵、液压元件等部件。以上配套部件一般均采用通用工业制品，对性能无其他特殊要求。

8.3.2 控制信号与命令编程

(1) 搬运控制信号

标准配置的安川搬运机器人，出厂时已定义 10/8 点 DI/DO 作为搬运机器人的夹持器控制信号，其中，2 点 DI 为故障检测信号、需要连接系统专用 DI；其他 8/8 点 DI/DO 可连接夹持器检测开关、电磁控制元件。

安川机器人标准配置的搬运控制信号及编程地址如表 8.3.1 所示。

表 8.3.1 搬运机器人 DI/DO 信号及编程地址表

代号	名称	编程地址		信号说明
		PLC 程序	作业程序	
HSEN1	传感器输入 1	20050	HSEN1	来自夹持器或控制装置的检测信号输入，标准配置为 8 点 DI，信号功能可由用户定义
…	…	…	…	
HSEN8	传感器输入 8	20057	HSEN8	
HAND1-1	抓手 1 夹紧输出	30050	HAND1 ON	夹持器夹紧、松开电磁阀通断控制信号输出，标准配置为 8 点 DO，信号功能可由用户定义
HAND1-2	抓手 1 松开输出	30051	HAND1 OFF	
	…	…	…	
HAND4-1	抓手 4 夹紧输出	30056	HAND4 ON	
HAND4-2	抓手 4 松开输出	30057	HAND4 OFF	
—	碰撞检测(常闭)	20026	—	碰撞检测信号，OFF：机器人停止、报警
—	压力不足(常开)	20027	—	欠压检测信号，ON：机器人停止、报警

(2) 作业命令

安川搬运机器人可使用的作业命令及编程格式如表 8.3.2 所示。

表 8.3.2　搬运作业命令编程说明表

命令	名称		编程格式、功能与示例
HAND	抓手松夹	命令格式	HAND(添加项1)…(添加项4)
		命令功能	抓手夹紧、松开
		添加项1	♯*n*,*m*：机器人号，输入允许1～2，仅用于多机器人系统
		添加项2	*m*：抓手号，输入允许1～4，指定夹紧/松开控制对象
		添加项3	ON或OFF：控制夹紧/松开电磁阀通断
		添加项4	ALL：同时控制功能选择，夹紧/松开电磁阀输出同时通断
		编程示例	HAND ♯1 1 OFF ALL
HSEN	状态检测	命令格式	HSEN(添加项1)…(添加项4)
		命令功能	状态检测
		添加项1	♯*n*,*m*：机器人号，输入允许1～2，仅用于多机器人系统
		添加项2	*m*：传感器号，输入允许1～8，指定传感器输入
		添加项3	ON或OFF：传感器状态判断
		添加项4	T=＊＊：等待时间，可使用变量，输入允许0.01～655.35s。或FOREVER：无限等待
		编程示例	HSEN ♯1 1 OFF T=2.00

(3) TCP 点定义

搬运类机器人的 TCP 点选择与夹持器的形状有关，常用夹持器的 TCP 点定义如图 8.3.3 所示。

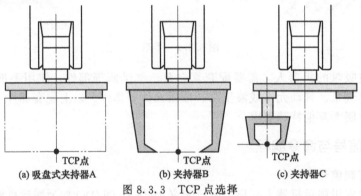

(a) 吸盘式夹持器A　　(b) 夹持器B　　(c) 夹持器C

图 8.3.3　TCP 点选择

吸盘式夹持器 A 的 TCP 点一般选择在图 8.3.3（a）所示的机器人手腕中心线和工件底平面的交点上；中心定位手爪夹持器 B 的 TCP 点一般应选择在图 8.3.3（b）所示的机器人手腕中心线和手爪夹紧后的底平面交点上；手爪中心线偏移机器人手腕中心线的夹持器 C 的 TCP 点一般应选择在图 8.3.3（c）所示的手爪中心线和手爪夹紧后的底平面交点上。

(4) HAND/HSEN 命令编程

① 抓手控制　命令 HAND 可直接控制 DO 信号 HAND1-1～HAND4-2 的通断，功能与 DOUT 命令类似，命令编程格式及添加项的含义如下。

```
HAND ♯ n m OFF ALL
```

♯*n*：机器人控制轴组，对于多机器人搬运系统，可通过 *n* 选择机器人，单机器人搬运系统可省略添加项。

m：抓手编号，1～4 与 DO 信号 HAND1～HAND4 对应。例如，抓手编号 1 时，可控制夹紧/松开信号 HAND1-1、HAND1-2 通断等。

ON 或 OFF：抓手 1～4 夹紧/松开信号的输出状态设定。例如，抓手编号 1 时，如选择"ON"，DO 信号 HAND1-1 将接通、HAND1-2 将断开；如选择"OFF"，则 HAND1-1 断开、HAND1-2 接通等。

ALL：同时通断功能，增加添加项，可使夹紧、松开信号同时通断。例如，命令

"HAND 1 ON ALL"，可使抓手 1 的 DO 信号 HAND1-1、HAND1-2 同时接通等。

② 抓手检测　命令 HSEN 可读取夹持器检测信号 HSEN1～HSEN8 的状态，功能与 DIN 命令类似，命令编程格式及添加项的含义如下。

```
HSEN # n m ON T= 2.00
```

#n：机器人控制轴组，对于多机器人搬运系统，可通过 n 选择机器人，单机器人搬运系统可省略添加项。

m：传感器编号，1～8 与 DI 信号 HSEN1～HSEN8 对应，例如，传感器编号为 1 时，可读入 DI 信号 IISEN1 的状态等。

ON 或 OFF：状态判断，满足判断条件时可执行下一命令，否则程序暂停。例如，对于传感器 1，如添加项为"ON"，则需要等待 DI 信号 HSEN1 的 ON 状态；如 HSEN1 输入 ON，继续执行下一命令；如 HSEN1 输入 OFF，则程序暂停等待。

T＝＊＊ 或 FOREVER：T 为系统等待抓手检测信号的暂停时间，暂停时间一旦到达，不论检测信号的状态如何，系统都将继续执行下一命令，T 的编程范围为 0.01～655.35s。FOREVER 为无限等待，必须在等待检测信号满足判断条件，才能继续后续命令。不使用添加项时，暂停时间为 0。

命令 HSEN 的执行结果保存在系统变量 $B014 中，如 DI 信号 HSEN1～HSEN8 的状态与命令要求相符，$B014 为"1"，否则，$B014 为"0"。系统变量 $B014 的状态可通过命令 GETS，在程序中读取。

HAND/HSEN 命令的编程示例如下。

```
...
MOVJ VJ= 50.00              //机器人移动
HSEN 2 ON FOREVER           //等待抓手松开信号 HSEN2 输入 ON
...
MOVL V= 500.0               //机器人移动
TIMER T= 0.50               //暂停 0.5s
HAND 1 ON                   //抓手夹紧、抓取工件
HSEN 1 ON FOREVER           //等待抓手夹紧信号 HSEN1 输入 ON
MOVL V= 300.0               //机器人移动
TIMER T= 0.50               //暂停 0.5s
HAND 1 OFF                  //抓手松开、放下工件
HSEN 2 ON FOREVER           //等待抓手松开信号 HSEN2 输入 ON
MOVL V= 500.0               //机器人移动
...
```

8.4　通用作业程序编制

8.4.1　通用机器人与应用

(1) 通用机器人

除点焊、弧焊、搬运外的其他机器人统称通用机器人（universal robot）。通用机器人可

用于切割、雕刻、研磨、抛光等加工作业，其面向广泛、控制要求各异、生产批量较小，很难使用专门的作业命令，也很难对其进行一一细分，因此，机器人生产厂家一般统一使用简单的作业命令编程。

由于机器人的结构刚性、加工精度、定位精度、切削能力远低于数控机床等高精度加工设备，因此，通常只用于图 8.4.1 所示的木材、塑料、石材等装饰、家居制品的切割、雕刻、修磨、抛光等简单粗加工作业。

(a) 修边   (b) 雕刻

图 8.4.1 加工机器人的应用

通用机器人通常以垂直串联结构为主，机器人承载能力决定于作业要求，一般以中小型机器人为主。

(2) 作业工具

通用机器人的作业工具与作业要求有关，雕刻、切割通常使用图 8.4.2 所示的刀具，以及相关的除尘设备。

图 8.4.2 机器人刀具

涂装类机器人则需要使用图 8.4.3 所示的喷枪，以及喷机、气泵、油漆输送系统、清洗装置等辅助设备。

8.4.2 控制信号与命令编程

(1) 控制信号

通用机器人的作业工具同样需要程序命令进行控制，由于通用机器人的作业面广，控制要求各异，在安川机器人上，作业工具可通过系统专用 DI/DO 信号、通用 DI/DO 信号联合

图 8.4.3 机器人喷枪

控制。

在标准配置的安川通用机器人上，用于作业工具控制的系统专用 DI/DO 为 3/2 点，2 点 DO 用于工具启动、停止控制，3 点 DI 用来禁止工具启动、作为工具启动/停止的检测信号。工具启动禁止信号 ON 时，可禁止系统的工具启动专用 DO 信号输出，工具启动/停止检测信号可作为工具启动、停止命令的执行完成信号。

安川通用机器人的通用 DI/DO 信号为 24/24 点，DI/DO 功能可由用户自由定义，DI 信号状态可通过 DIN 命令读取，DO 信号通断可通过命令 DOUT 控制。

安川标准配置的通用机器人控制信号及编程地址如表 8.4.1 所示。

表 8.4.1 通用机器人 DI/DO 信号及编程地址表

代号	名称	编程地址		信号说明
		PLC 程序	作业程序	
IN01	通用输入 1	20030	IN#(1)	来自作业工具或控制装置的检测信号输入,标准配置为 24 点 DI,信号功能可由用户定义。
…	…	…	…	
IN24	通用输入 24	20057	HSEN8	
OUT01	通用输出 1	30030	OT#(1)	作业工具电磁元件通断控制信号输出,标准配置为 24 点 DO,信号功能可由用户定义。
…	…	…	…	
OUT24	通用输出 24	30057	OT#(24)	
—	工具禁止	20022	—	禁止作业工具启动
—	工具已启动	41530	TOOLON	工具启动时输入 ON
—	工具已停止	41531	TOOLOF	工具停止时输入 ON
—	工具启动	51530	TOOLON	工具启动,输出 ON 启动工具作业
—	工具停止	51531	TOOLOF	工具停止,输出 ON 停止工具作业

(2) 作业命令

安川通用机器人可使用的作业命令及编程格式如表 8.4.2 所示。

表 8.4.2 通用作业命令编程说明表

命令	名称	编程格式、功能与示例	
TOOLON	工具启动	命令格式	TOOLON(添加项)
		命令功能	输出工具启动信号,启动作业工具
		添加项	TOOL1 或 TOOL2,仅用于多机器人系统的工具 1、2 选择
		编程示例	TOOLON
TOOLOF	工具停止	命令格式	TOOLOF(添加项)
		命令功能	输出工具停止信号,停止作业工具
		添加项	TOOL1 或 TOOL2,仅用于多机器人系统的工具 1、2 选择
		编程示例	TOOLOF
MVON	摆动启动	命令功能	启动摆动作业
		命令格式 1	MVON (添加项 1)(添加项 2)

续表

命令	名称	编程格式、功能与示例	
MVON	摆动启动	添加项1	RB*n*,*n*:机器人号,输入允许1~8(仅用于多机器人系统)
		添加项2	WEV#(*n*),*n*:摆动文件号,输入允许1~16,可使用变量
		编程示例1	MVON WEV#(1)
		命令格式2	MVON (添加项1)(添加项2)…(添加项6)
		添加项1	RB*n*,*n*:机器人号,输入允许1~8(仅用于多机器人系统)
		添加项2	AMP=＊＊,摆动幅度,允许输入0.1~99.9mm,可使用变量
		添加项3	FREQ=＊＊,摆动频率,允许输入1.0~5.0Hz,可使用变量
		添加项4	ANGL=＊＊,摆动角度,允许输入0.1°~180.0°,可使用变量
		添加项5	DIR=＊＊,摆动方向,0为正向,1为负向,可使用变量
		编程示例2	MVON AMP=5.0 FREQ=2.0 ANGL=60 DIR=0
MVOF	摆动结束	命令功能	结束摆动作业
		命令格式	MVOF(添加项1)
		添加项	RB*n*,*n*:机器人号,输入允许1~8(仅用于多机器人系统)
		编程示例	MVOF

通用机器人的作业命令有工具启动/停止、摆动启动/停止2类。摆动启动/停止命令多用于花纹雕刻、倒角、修边机器人,WVON/WVOF命令的编程格式、编程要求与弧焊机器人完全一致,有关内容可参见前述。

(3) TCP点定义

通用机器人的TCP点与作业工具有关。加工机器人所使用的雕刻、铣削加工刀具,其TCP点通常选择在图8.4.4(a)所示的刀具顶端的中心点上;对于锯片、砂轮等盘片类加工刀具,TCP点通常选择在图8.4.4(b)所示的刀具加工侧圆柱面的中心点上;对于喷枪类工具,TCP点通常选择在图8.4.4(c)所示的喷枪中心点上。

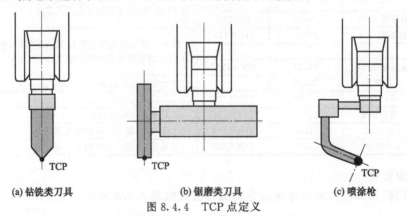

(a) 钻铣类刀具　　　(b) 锯磨类刀具　　　(c) 喷涂枪

图8.4.4　TCP点定义

(4) TOOLON/TOOLOF命令编程

工具启动/停止命令TOOLON/TOOLOF是控制工具启动/停止专用输出TOOLON/TOOLOFF通断的命令,功能与DOUT命令类似,命令编程格式如下。

```
TOOLON
或:TOOLOF
```

执行TOOLON命令,系统DO信号TOOLON接通、TOOLOFF断开;执行TOOLOF命令,系统DO信号TOOLON断开、TOOLOFF接通。

例如,对于图8.4.5所示的零件周边铣削加工,TOOLON/TOOLOF命令的编程示例如下。

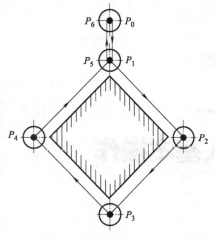

图8.4.5　TOOLON/TOOLOF命令编程示例

```
NOP
MOVJ VJ= 50.00              //机器人定位到作业起点 P₀
TOOLON                      //工具启动,铣刀旋转
MOVL V= 800.0              //直线移动到 P₁
MOVL V= 500.0              //直线移动到 P₂
MOVL V= 500.0              //直线移动到 P₃
MOVL V= 500.0              //直线移动到 P₄
MOVL V= 500.0              //直线移动到 P₅
MOVL V= 800.0              //直线移动到 P₆(P₀)点
TOOLOF                      //工具停止,铣刀停止旋转
END
```

第**9**章

▶▶▶▶▶▶▶

机器人基本操作

9.1 示教器说明

9.1.1 操作部件及功能

(1) 示教器结构

工业机器人的笛卡儿坐标系运动需要关节轴的回转摆动合成，运动存在干涉、碰撞的危险，为此，程序点一般需要通过操作者的现场示教生成，操作单元需要有良好的移动性能，故多采用可移动手持式操作单元。

工业机器人的操作单元称示教器，其常见结构有图9.1.1所示的2种。传统型示教器由显示器、按键组成，这种示教器使用简单、操作方便，

(a) 按键式

(b) 触摸型

图 9.1.1　示教器结构

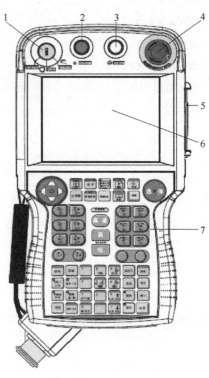

图 9.1.2　安川机器人示教器
1—模式选择；2—启动；3—停止；4—急停；
5—CF卡插槽；6—显示器；7—操作面板

是工业机器人常用的部件；触摸型示教器类似智能手机，它利用触摸键、图标操作，示教器按键少、显示器大，先进的示教器还可使用 Wi-Fi 连接，示教器移动性能好，适合网络环境使用。

安川机器人示教器如图 9.1.2 所示。

安川示教器采用的是传统按键式结构，上方设计有操作模式转换、启动、停止和急停 4 个基本按钮；中间为显示器和 CF 卡插槽；下部为操作按键，背面为伺服 ON/OFF 手握开关。

基本按钮的功能如表 9.1.1 所示。

表 9.1.1　基本按钮功能表

操作按钮	名称与功能	备　注
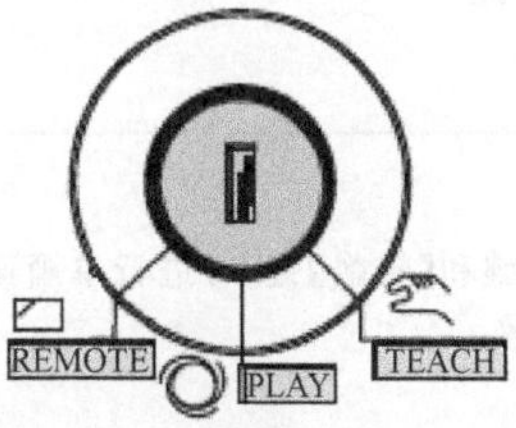 REMOTE PLAY TEACH	操作模式转换开关 1. TEACH：示教，可进行手动、示教编程操作 2. PLAY：再现，程序自动（再现）运行 3. REMOTE：远程操作；可通过 DI 信号选择操作模式、启动程序运行	远程操作模式的控制信号来自 DI，操作功能可通过系统参数 S2C230 设定选择
 ◇ START	程序启动按钮及指示灯 按钮：启动程序自动（再现）运行 指示灯：亮，程序运行中；灭，程序停止或暂停运行	指示灯也用于远程操作模式的程序启动
 △ HOLD	程序暂停按钮及指示灯 按钮：程序暂停 指示灯：亮，程序暂停	程序暂停操作对任何模式均有效
 EMERGENCY STOP	急停按钮 紧急停止机器人运动；分断伺服驱动器主电源	所有急停按钮、外部急停信号功能相同
 （伺服开关图）	伺服 ON/OFF 手握开关 选择示教模式时，轻握开关可启动伺服、松开或用力握开关则关闭伺服	示教模式必须握住开关，才能启动伺服、移动机器人

安川示教器下部为按键式操作面板，从上至下依次分显示操作、手动操作、数据输入及运行控制操作 3 个区，按键与功能分别见下。为了便于说明，在本书后述的内容中，将以如下形式来表示不同的操作键。

【××】：示教器操作面板上的实际按键，如【选择】、【回车】等。

［××］：显示器的操作提示键，如［程序内容］、［编辑］、［执行］、［取消］等。

(2) 显示操作键

示教器显示操作键的功能如表9.1.2所示。同时按【主菜单】键和光标上/下键，可调整显示器亮度。同时按【区域】键和【转换】键，可切换显示语言。

表9.1.2　显示操作键功能表

按键	名称与功能	说　明
光标移动键	光标移动键 移动显示器上的光标位置	多用途键，详见下述。同时按【转换】键，可滚动页面或改变设定
选择键	选择键 选定光标所在的项目	多用途键，详见下述
多画面显示键	多画面显示键 多画面显示时，可切换活动画面	同时按【多画面】键和【转换】键，可进行单画面和多画面的显示切换
坐标	坐标系或工具选择键 可进行坐标或工具切换	同时按【转换】键，可变更工具、用户坐标系序号
直接打开键	直接打开键 切换到当前命令的详细显示页。直接打开有效时，按键指示灯亮，再次按该键，可返回至原显示页	直接打开的内容可为CALL命令调用程序、光标行命令的详细内容、I/O命令的信号状态、作业命令的作业文件等
选页键	选页键 按键指示灯亮时，按该键，可显示下一页面	同时按【翻页】键和【转换】键，可逐一显示上一页面
区域选择键	区域选择键 按该键，可使使光标在菜单区、通用显示区、信息显示区、主菜单区移动	同时按【区域】键和【转换】键，可切换语言同时按【区域】键和光标上下键，可进行通用显示区/操作键区切换
主菜单	主菜单选择键 选择或关闭主菜单	同时按【主菜单】键和光标上下键，可改变显示器亮度
简单菜单	简单菜单选择 选择或关闭简单菜单	简单菜单显示时，主菜单显示区隐藏、通用显示区扩大至满屏

续表

按键	名称与功能	说 明
伺服准备	伺服准备键 接通驱动器主电源。用于开机、急停或超程后的伺服主电源接通	示教模式:可直接接通伺服主电源 再现模式:在安全单元输入 SAF F 信号 ON 时,可接通伺服主电源
!? 帮助	帮助键 显示当前页面的帮助操作菜单	同时按【转换】键,可显示转换操作功能一览表。同时按【联锁】键,可显示联锁操作功能一览表
清除	清除键 撤销当前操作,清除系统一般报警和操作错误	撤销子菜单、清除数据输入、多行信息显示和系统一般报警

光标移动键和【区域】、【选择】键是最常用的键,其功能如下。

① 操作菜单选择。当操作者需要选择图 9.1.3 所示的操作菜单时,可先用【区域】键,将光标移动到显示器的指定区域,然后,用光标移动键,将光标移动到指定的操作菜单或提示键显示上,按【选择】键,便可选定该操作菜单。

例如,在图 9.1.3 (a) 中,用【区域】键将光标定位到主菜单区后,移动光标到主菜单[程序内容]上、按【选择】键,便可选定并打开主菜单[程序内容];在此基础上,可再将光标移动到子菜单[新建程序]上、按【选择】键,便可在示教器上显示新建程序的编辑页面。

在图 9.1.3 (b) 中,当新建程序的程序名称输入完成后,可用【区域】键,移动光标到操作提示键[执行]上、按【选择】键,便可完成新建程序的程序名称输入操作。

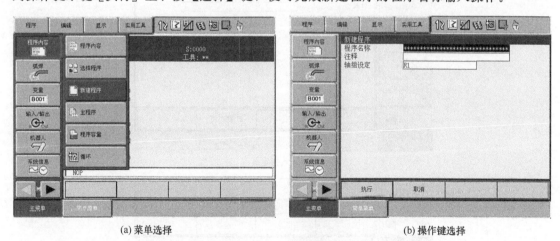

(a) 菜单选择   (b) 操作键选择

图 9.1.3 操作菜单选择

② 数据输入操作。进行数据输入操作时,可将光标定位到需要输入项目上,然后,按【选择】键,该显示项便可成为输入状态。

如所选择的项目为图 9.1.4 (a) 所示的数值或字符输入项,显示区将变为数据输入框,此时,便可用数字、字符输入软键盘(见后述),输入数据,完成后,用【回车】键确认。

如所选择的项目是系统规定的选项，按【选择】键后，示教器将自动显示图 9.1.4 (b) 所示的允许输入项；此时，可用光标选定所需要的输入项，然后，再按【选择】键，该选项就可被选定。

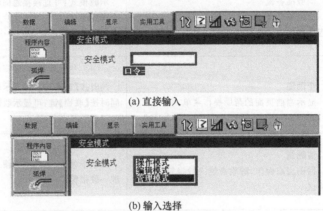

(a) 直接输入

(b) 输入选择

图 9.1.4　数据输入操作

③ 显示页面选择。当所选内容有多个显示页时，可通过直接通过操作键【翻页】逐页显示其他内容；或者，用光标和【选择】键，选定图 9.1.5 (a) 所示的［进入指定页］操作提示键、显示图 9.1.5 (b) 所示的页面输入框；然后，在输入框内输入所需要的页面序号、按【回车】键，便可切换为指定页面。

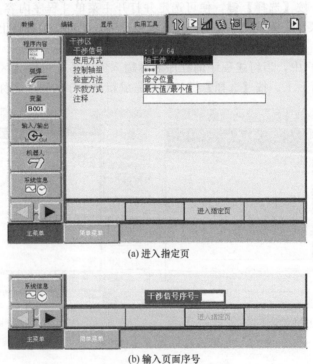

(a) 进入指定页

(b) 输入页面序号

图 9.1.5　显示页面选择

(3) 手动操作键

手动（点动）操作键用于机器人手动移动，按键的功能如表 9.1.3 所示；运动轴名称及方向规定详见后述。

表 9.1.3 手动操作键功能表

操作按键	名称与功能	备　注
伺服接通	伺服 ON 指示灯 亮:驱动器主电源接通、伺服启动 闪烁:主电源接通、伺服未启动	指示灯闪烁时,可通过示教器背面的伺服 ON/OFF 开关启动伺服
高 低 手动速度	手动(点动)速度调节键 选择微动(增量进给)、低/中/高速点动 2 种方式、3 种速度	增量进给距离、点动速度可通过系统参数设定
高速	手动快速键 同时按轴运动方向键,可选择手动快速运动	手动快速速度通过系统参数设定
X- S-　X+ S+ Y- L-　Y+ L+ Z- U-　Z+ U+ E-　E+	定位方向键 选择机器人定位的坐标轴和方向;可同时选择 2 轴进行点动运动 在 6 轴机器人上,【E-】、【E+】用于辅助轴点动操作;在 7 轴机器人上,【E-】、【E+】用于第 7 轴定向	运动速度由手动速度调节键选择;同时按【高速】键,选择手动快速运动
X- R-　X+ R+ Y- B-　Y+ B+ Z- T-　Z+ T+ 8-　8+	定向方向键 选择工具定向运动的坐标轴和方向;可同时选择 2 轴进行点动运动 【8-】、【8+】用于第 2 辅助轴的点动操作	运动速度由手动速度调节键选择;同时按【高速】键,选择手动快速运动

(4) 数据输入与运行控制键

数据输入与运行控制键可用于机器人程序及参数的输入与编辑、显示页与语言切换、程序试运行及前进/后退控制。部分按键还可能定义有专门功能,如弧焊机器人为焊接通/断、引弧、息弧、送丝、退丝控制,焊接电压、电流调整等。

安川示教器的数据输入与程序运行控制键功能如表 9.1.4 所示。

表 9.1.4 数据输入与程序运行控制键功能表

操作按键	名称与主要功能	备　注
转换	和其他键同时操作,可以切换示教器的控制轴组、显示页面、语言等	同时按【转换】键和【帮助】键,可显示转换操作功能一览表
联锁	和【前进】键同时操作,可执行机器人的非移动命令	同时按【联锁】键和【帮助】键,可显示联锁操作功能一览表
命令一览	命令显示键,程序编辑时可显示控制命令菜单	

续表

操作按键	名称与主要功能	备　注
 机器人切换　外部轴切换	控制轴组切换键,可选定机器人、外部轴组轴	仅用于多机器人系统,或带辅助轴的复杂系统
 辅助	辅助键	用于移动命令的恢复等操作
 插补方式	插补方式选择键,可进行 MOVJ、MOVL、MOVC、MOVS 的切换	同时按【转换】键,可切换插补方式
 试运行	同时按【联锁】键,可沿示教点连续运动;松开【试运行】键,运动停止	可选择连续、单循环、单步 3 种循环方式运行
 前进　后退	可使机器人沿示教轨迹向前(正向)、向后(逆向)运动	前进时可同时按【联锁】键执行其他命令,后退时只能执行移动命令
 删除　插入　修改	删除、插入、修改命令或数据	灯亮时,按【回车】键,完成删除、插入、修改操作
 回车	回车键确认所选的操作	
 数字键 7 8 9 4 5 6 1 2 3 0	数字键数字 0～9 及小数点、负号输入键	部分数字键可能定义有专门的功能与用途,可以直接用来输入作业命令

9.1.2　示教器显示

　　安川机器人的示教器一般为 6.5in(1in=0.0254m)、640×480 分辨率彩色液晶显示器,显示器分图 9.1.6(a)所示的主菜单、下拉菜单、状态、通用显示和信息显示 5 个基本区域,显示区可通过【区域】键选定;如选择［简单菜单］,可将通用显示区扩大至图 9.1.6(b)所示的满屏。

　　显示器的窗口布局以及操作功能键、字符尺寸、字体,可通过系统的"显示设置"改变,有关内容可参见后述的章节。由于系统软件版本、系统设定有所不同,示教器的显示在不同机器人上可能存在区别,但其操作方法基本相同。

　　(1) 主菜单、下拉菜单显示

　　主菜单显示区位于显示器左侧,它可通过示教器【主菜单】键选定。主菜单选定后,可通过扩展/隐藏键 ［▶］/［◀］,显示或隐藏扩展主菜单(图 9.1.6 中的 7 区)。主菜单的显示与示教器的安全模式选择有关，部分项目只能在"编辑模式"或"管理模式"下显示或编辑（详见附录）。常用示教模式的主要主菜单及功能如表 9.1.5 所示。

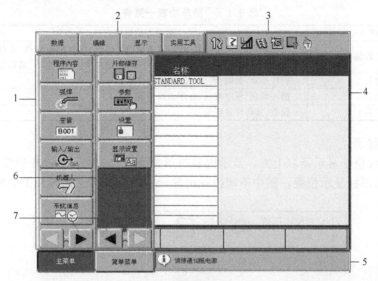

(a) 标准显示

(b) 简单菜单显示

图 9.1.6　示教器显示

1—主菜单；2—下拉菜单；3—状态；4—通用显示区；5—信息；6—扩展菜单；7—菜单扩展/隐藏键

表 9.1.5　常用主菜单功能一览表

主菜单键	显示与编辑的内容（子菜单）
［程序内容］或［程序］	程序选择、程序编辑、新建程序、程序容量、作业预约状态等
［弧焊］	本项目用于工具状态显示与控制，与机器人的用途有关，子菜单随之改变
［变量］	字节型、整数型、双整数（双精度）型、实数型、位置型变量等
［输入/输出］	DI/DO 信号状态、梯形图程序、I/O 报警、I/O 信息等
［机器人］	机器人当前位置、命令位置、偏移量、作业原点、干涉区等
［系统信息］	版本、安全模式、监视时间、报警履历、I/O 信息记录等
［外部储存］	安装、保存、系统恢复、对象装置等
［设置］	示教条件、预约程序、用户口令、轴操作键分配等
［显示设置］	字体、按钮、初始化、窗口格式等

下拉菜单位于显示器左上方，4 个菜单键功能与所选择的操作有关，常用示教操作的主要功能如表 9.1.6 所示。

表 9.1.6　菜单功能一览表

菜单键	显示与编辑的内容（子菜单）
［程序］或［数据］	与主菜单、子菜单选择有关，下拉菜单［程序］包含程序选择、主程序调用、新建程序、程序重命名、复制程序、删除程序等；下拉菜单［数据］包含［清除数据］等
［编辑］	程序检索、复制、剪切、粘贴、速度修改等
［显示］	循环周期、程序堆栈、程序点编号等
［实用工具］	校验、重心位置测量等

(2) 状态显示

状态显示区位于显示器右上方，显示内容与所选操作有关，示教操作通常有图 9.1.7 所示的 10 个状态图标显示位置，图中不同位置可显示的图标及含义如表 9.1.7 所示。

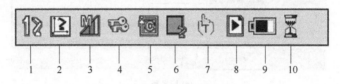

1　2　3　4　5　6　7　8　9　10

图 9.1.7　状态显示

表 9.1.7　状态显示及图标含义表

位置	显示内容	状态图标及含义				
1	现行控制轴组	机器人 1～8		基座轴 1～8		工装轴 1～24
2	当前坐标系	关节坐标系	直角坐标系	圆柱坐标系	工具坐标系	用户坐标系
3	点动速度选择	微动	低速	中速	高速	
4	安全模式选择	操作模式	编辑模式	管理模式		
5	当前动作循环	单步	单循环	连续循环		
6	机器人状态	停止	暂停	急停	报警	运动

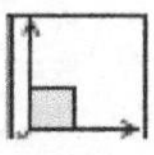

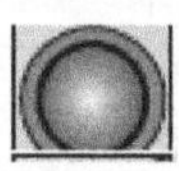

续表

位置	显示内容	状态图标及含义	
7	操作模式选择	示教	再现
8	页面显示模式	可切换页面	多画面显示
9	存储器电池	电池剩余电量显示	
10	数据保存	正在进行数据保存	

(3) 通用显示与信息显示

通用显示区分图9.1.8所示的显示区、输入行、操作键3个区域。同时按【区域】键和光标键，可进行显示区与操作键区的切换。

通用显示区可显示所选择的程序、参数、文件等内容。在程序编辑时，按操作面板的【命令一览】键，可在显示区的右侧显示相关的编辑命令键；显示区所选择或需要输入的内容，可在输入行显示和编辑。

操作键显示与所选的操作有关，常用操作键及功能如表9.1.8所示。操作键通过光标左右移动键选定后，按【选择】键便可执行指定操作。

表9.1.8　操作键功能一览表

操作键	操作键功能
[执行]	执行当前显示区所选择的操作
[取消]	放弃当前显示区所选择的操作
[结束]	结束当前显示区所选择的操作
[中断]	中断外部存储器安装、保持、校验等操作
[解除]	解除超程、碰撞等报警功能
[清除]或[复位]	清除报警
[页面]	对于多页面显示，可输入页面号、按【回车】键，直接显示指定页面

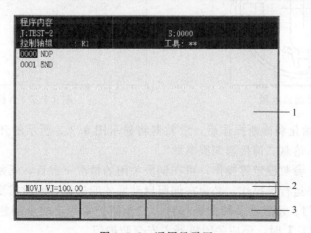

图9.1.8　通用显示区
1—显示区；2—输入行；3—操作键

信息显示区位于显示器的右下方，可用来显示操作、报警提示信息。在进行正确的操作或排除故障后，可通过操作面板上的【清除】键，清除操作、报警提示信息。

当系统有多条信息显示时，可用【区域】键选定信息显示区，然后按【选择】键显示多行提示信息及详细内容。

9.2　机器人安全操作

9.2.1　开/关机与系统检查

(1) 开机操作

机器人控制系统开机前应检查以下事项。

① 确认控制柜与示教器、机器人的连接电缆已正确连接并固定。

② 确认系统电源进线（L1/L2/L3）及接地保护线（PE）已按规定正确连接，电源进线的电缆固定接头已拧紧。输入电源满足如下要求：

额定输入电压：3 相 AC200V/50Hz 或 AC220V/60Hz。

允许范围：电压+10%～−15%，频率±2%。

③ 确认控制柜门已关闭、电源总开关置于 OFF 位置；机器人运动范围内无操作人员及可能影响机器人正常运动的其他无关器件。

当系统开机条件符合时，可按照以下步骤完成开机操作。

① 将控制柜门上的电源总开关，按图 9.2.1 所示旋转到 ON 位置，接通控制系统控制电源，系统将进入初始化和诊断操作，示教器显示图 9.2.2 所示的开机画面。

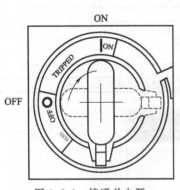

图 9.2.1　接通总电源

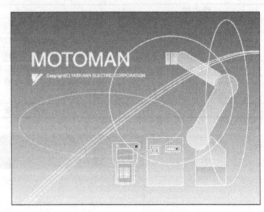

图 9.2.2　开机画面

② 系统完成初始化和诊断操作后，示教器将显示图 9.2.3 所示的开机初始页面，信息显示区显示操作提示信息"请接通伺服电源"。

控制系统设置、参数设定等操作，可在伺服关闭的情况下进行，无须启动伺服。但机器人手动、示教、程序运行等操作，必须在伺服启动后才能进行，此时需要继续如下操作。

③ 复位控制柜门、示教器及辅助操作台、安全防护罩等上的全部急停按钮；操作模式选择【再现（PLAY）】时，还应关闭机器人安全防护门。

④ 按【伺服准备】键，接通伺服驱动器主电源。

图 9.2.3 开机初始页面

⑤ 如操作模式选择【示教（TEACH）】，伺服驱动器主电源接通后，需要握住【伺服 ON/OFF】开关（轻握），才能启动伺服、移动机器人。

伺服启动完成后，示教器上的【伺服接通】指示灯亮，机器人成为可运动状态。

（2）系统信息显示

在图 9.2.3 所示的初始页面上，如选择主菜单［系统信息］，示教器可显示图 9.2.4 所示的系统信息显示子菜单。

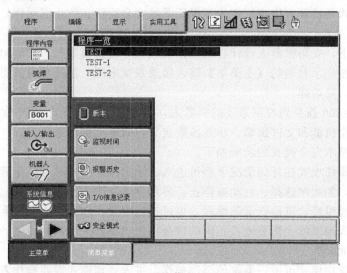

图 9.2.4 系统信息显示子菜单

选择子菜单［版本］，示教器可显示图 9.2.5 所示的页面，显示控制系统软件版本、机器人型号与用途、示教器显示语言，以及机器人控制器的 CPU 模块（YCP01-E）、示教器（YPP01）、驱动器（EAXA＊♯0）的版本等信息。如需要，还可选择主菜单［机器人］、子菜单［机器人轴配置］，进一步确认机器人的控制轴数。

（3）关机

关机前应确认机器人的程序运行已结束、运动已完全停止，然后，按下述步骤关机。如果运行过程中出现紧急情况，也可直接通过急停按钮关机。

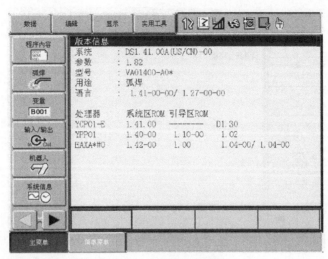

图 9.2.5　系统信息显示

① 如操作模式选择【示教（TEACH）】，可用力握伺服 ON/OFF 开关关闭伺服，或者，直接按急停按钮，关闭伺服。

② 将控制柜门上的电源总开关，旋转到 OFF 位置，关闭系统总电源。

9.2.2　安全模式及设定

（1）安全模式

所谓安全模式是机器人生产厂家为了保证系统安全运行、防止误操作，而对操作者权限所进行的规定。

在正常情况下，安川机器人设计有"操作模式"、"编辑模式"和"管理模式"3 种基本安全模式；如果按住示教器的【主菜单】键、接通系统电源，系统可进入更高一级的管理模式（称维护模式，见后述）。

采用安川 DX200 新系列控制系统的机器人，增加了"安全模式""一次管理模式"两种模式，可用于安全机能和文件编辑、功能参数定义与数据批量传送操作。

安川机器人基本安全模式的功能如下。

操作模式：操作模式在任何情况下都可进入。选择操作模式时，操作者只能对机器人进行最基本的操作，如程序选择、启动或停止，显示位置及输入/输出信号等。

编辑模式：编辑模式可进行示教编程，也可进行变量、DO 信号、作业原点、用户坐标系设定操作。进入编辑模式需要输入正确的口令，安川机器人出厂时设定的编辑模式初始口令一般为"00000000"。

管理模式：管理模式可进行系统的全部操作，进入管理模式需要操作者输入更高一级的口令，安川机器人出厂时设定的管理模式初始口令一般为"99999999"。

安全模式将直接影响机器人操作功能，并改变示教器主菜单、子菜单，有关内容可参见附录；由于软件版本的不同，部分子菜单只能在特定系统上使用。

（2）安全模式设定

安全模式可限定操作者权限，避免误操作，它可通过如下操作设定。

① 选择［系统信息］主菜单，使示教器显示系统信息子菜单（参见图 9.2.4）。

② 选定［安全模式］子菜单，示教器可显示安全模式设定框。

③ 光标定位于安全模式输入框、按【选择】键，输入框可显示图 9.2.6 所示的输入选

项、选择安全模式。

④ 如果安全模式选择了编辑模式或管理模式，示教器将显示图 9.2.7 所示的"用户口令"输入页面。

⑤ 在用户口令输入页面，根据所选的安全模式，输入用户口令后，用【回车】键确认。安川机器人出厂设置的编辑模式初始口令为"00000000"、管理模式初始口令为"99999999"，口令正确时，系统可进入所选的安全模式。

图 9.2.6　安全模式选择

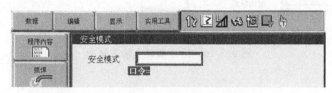

图 9.2.7　用户口令输入

(3) 口令更改

为了保护程序和参数、防止误操作，调试维修人员可对安全模式口令进行重新设定。用户口令设定可在主菜单［设置］下进行，其操作步骤如下。

① 用主菜单扩展键［▶］显示扩展主菜单［设置］、并选定，示教器可显示图 9.2.8 所示的设置子菜单。

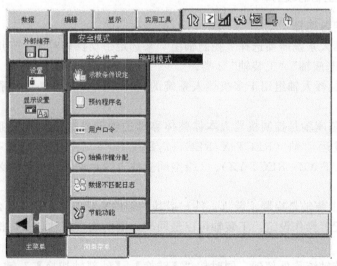

图 9.2.8　设置子菜单

② 用光标选定子菜单［用户口令］，示教器可显示图 9.2.9 所示的用户口令设定页面。

③ 用光标移动键，选定需要修改口令的安全模式，信息显示框将显示"输入当前口令（4 到 8 位）"。

④ 输入安全模式原口令后，按【回车】键。如口令输入准确，示教器将显示图 9.2.10

所示的新口令设定页面，信息显示框将显示"输入新口令（4 到 8 位）"。

⑤ 输入安全模式新的口令，按【回车】键确认后，新用户口令将生效。

图 9.2.9 用户口令设定页面

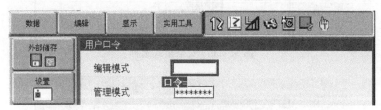

图 9.2.10 用户新口令输入页面

9.3 机器人手动操作

9.3.1 轴组与坐标系选择

（1）控制轴组与选择

复杂工业机器人系统需要选择"控制轴组"来选定手动操作对象。安川机器人的控制轴组分"机器人""基座轴""工装轴"3 类。

① 机器人　机器人轴组用于多机器人系统的机器人选择，单机器人系统可选择"机器人 1"。

② 基座轴　基座轴是控制机器人本体整体移动的辅助坐标轴。安川机器人可选择平行 $X/Y/Z$ 轴的直线运动轴（RECT-X/RECT-Y/RECT-Z）、$XY/XZ/YZ$ 平面 2 维运动轴（RECT-XY/ RECT-XZ/ RECT-YZ）、3 维空间上的直线运动轴（RECT-XYZ）3 类；基座轴最大为 8 轴。

③ 工装轴　工装轴是控制工装（工件）运动的辅助坐标轴，最大为 24 轴。工装轴需要通过系统的硬件配置操作设定，工装轴可以是回转、摆动或直线轴，点焊机器人的伺服焊钳属于工装轴。

基座轴、工装轴统称外部轴，同时按"【转换】+【外部轴切换】"键，可选定外部轴；同时按"【转换】+【机器人切换】"键，可选定机器人。

（2）坐标系与选择

安川机器人可使用的坐标系有图 9.3.1 所示的 5 种。关节、工具、用户坐标系的含义与其他机器人相同，详见第 6 章；安川机器人的直角坐标系就是机器人基座坐标系；圆柱坐标系是以极坐标形式表示的机器人基座坐标系。

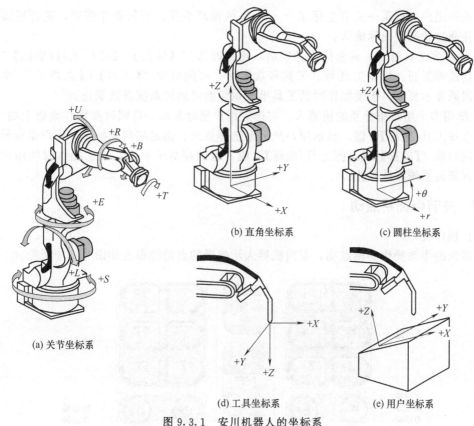

图 9.3.1 安川机器人的坐标系

坐标系选择方法如图 9.3.2 所示，操作步骤如下。

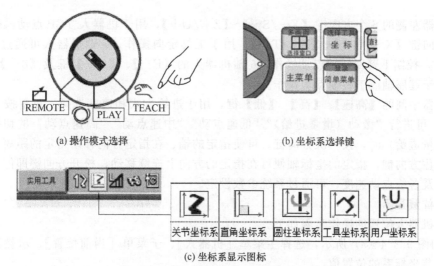

图 9.3.2 坐标系的选择操作

① 操作模式选择【示教（TEACH）】。

② 多机器人或带外部轴系统，同时按"【转换】+【机器人切换】或【外部轴切换】"键，选定控制轴组。

③ 重复按【选择工具/坐标】键，可进行"关节坐标系→直角坐标系→圆柱坐标系→工

具坐标系→用户坐标系→关节坐标系→……"的循环变换。根据操作需要，选择所需的坐标系，并通过状态栏图标确认。

④ 使用多工具时，工具坐标系选定后，可同时按"【转换】＋【选择工具/坐标】"键，显示工具选择页面、选定工具号。工具号选定后，可同时按"【转换】＋【选择工具/坐标】"键，返回原显示页面。手动操作时的工具坐标系切换可通过系统参数禁止。

⑤ 使用多个用户坐标系的机器人，在选定用户坐标系后，可同时按操作面板上的"【转换】＋【选择工具/坐标】"键，显示用户坐标系选择页面、选定用户坐标号。用户坐标号选定后，可同时按"【转换】＋【选择工具/坐标】"键，返回原显示页面。手动操作时的用户坐标系切换可通过系统参数禁止。

9.3.2 关节坐标系点动

(1) 操作键

机器人的手动操作亦称点动，安川机器人示教器的点动键布置如图 9.3.3 所示。

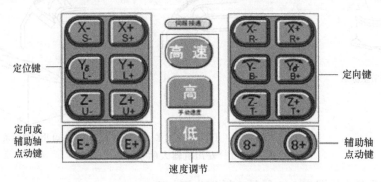

图 9.3.3 点动操作键

示教器左侧的 6 个方向键【X－/S－】～【Z＋/U＋】，用于机器人 TCP 点动操作；右侧的 6 个方向键【X－/R－】～【Z＋/T＋】，用于工具定向操作；7 轴机器人可通过【E－】、【E＋】键，控制下臂回转轴点动操作；6 轴机器人的【E－】、【E＋】键及【8－】、【8＋】键，可用于基座轴或工装轴点动操作。

示教器中间的【高速】、【高】、【低】键，用于进给方式和速度选择。重复按【高】或【低】键，可进行"微动（增量进给）""低速点动""中速点动""高速点动"的切换。选择微动（增量进给）时，按一次方向键，可使指定的轴、在指定方向移动指定的距离；选择点动时，按住方向键，指定的坐标轴便可在指定的方向上连续移动，松开方向键即停止。增量进给距离及各级点动速度，可通过系统参数设定。

(2) 位置显示

显示机器人位置的操作步骤如下。

① 如图 9.3.4 (a) 所示，选择主菜单［机器人］、子菜单［当前位置］，示教器可显示机器人关节坐标系的位置值。

② 光标选定设定框，按【选择】键，便可用图 9.3.4 (b) 所示的输入选项选定坐标系；坐标系选定后，示教器便可显示图 9.3.4 (c) 所示的坐标系位置。

(3) 机器人点动

关节点动可对机器人所有关节轴进行直观操作，无须考虑定位、定向运动。安川机器人的关节轴及方向规定如图 9.3.5 所示，点动操作的步骤如下。

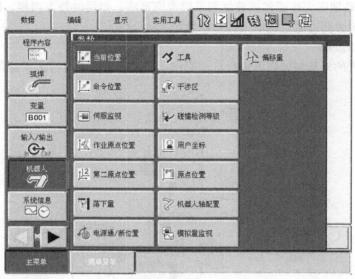

(a) 菜单选择

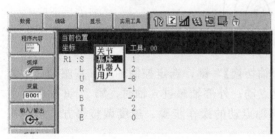

(b) 坐标系选择

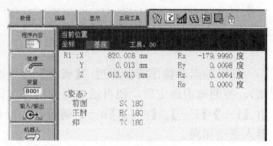

(c) 位置显示

图 9.3.4 机器人位置的显示

① 操作模式选择【示教（TEACH）】。

② 同时按"【转换】+【机器人切换】"键，选定机器人轴组。

③ 重复按【选择工具/坐标】键，选择关节坐标系。

④ 按【高】或【低】键，选定移动速度。

⑤ 确认运动范围内无操作人员及可能影响运动的其他器件。

⑥ 按【伺服准备】键，接通伺服驱动器主电源；主电源接通后，【伺服接通】指示灯闪烁。

⑦ 轻握【伺服 ON/OFF】手握开关并保持，启动伺服，【伺服接通】指示灯亮。

⑧ 按方向键，所选的坐标轴即可进行指定方向的运动。如果多个方向键被同时按下，多个关节轴可同时运动。

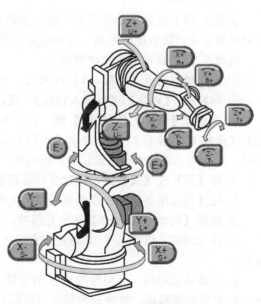

图 9.3.5 机器人关节点动

⑨ 点动运动期间，可通过按速度调节键改变速度；如同时按方向键、【高速】键，轴将快速移动，快速速度可通过机器人的参数设定。

（4）外部轴点动

安川机器人的外部轴同样可进行点动操作，点动键与轴的对应关系如图 9.3.6 所示。

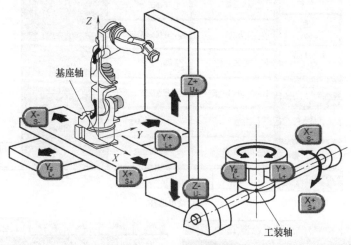

图 9.3.6　外部轴点动

外部轴点动操作需要通过"【转换】+【外部轴切换】"键，选定控制轴组（基座轴、工装轴），控制轴组选定后，便可通过对应的方向键点动；外部轴超过 6 轴时，第 7、8 轴的点动由【E+】/【E−】、【8+】/【8−】键控制。外部轴点动的操作步骤、速度调整等方法均与机器人点动相同。

9.3.3　机器人 TCP 点动

（1）基本操作

机器人 TCP 在笛卡儿坐标系、圆柱坐标系的点动操作，同样可选择增量进给（微动）、点动两种方式，增量进给距离、点动速度可通过系统参数设定。

机器人 TCP 点动的操作步骤如下。

① 操作模式选择【示教（TEACH）】。

② 同时按"【转换】+【机器人切换】"键，选定机器人轴组。

③ 重复按【选择工具/坐标】键，选定坐标系。选择工具、用户坐标系时，同时"【转换】+【选择工具/坐标】"键，在所显示的工具、用户坐标系选择页上，选定工具号或用户坐标号；工具号、用户坐标系选定后，同时按"【转换】+【选择工具/坐标】"键返回。

④ 按【高】或【低】键，选定点动运行方式或速度。

⑤ 按【伺服准备】键，接通驱动器主电源，【伺服接通】灯闪烁。

⑥ 轻握【伺服 ON/OFF】开关并保持，启动伺服，【伺服接通】指示灯亮。

⑦ 按方向键，机器人 TCP 即进行指定方向的运动。同时按多个方向键，多个轴可同时运动。

⑧ 点动运动期间，可同时按速度调节键，改变点动速度；如同时按方向键和【高速】键，TCP 将快速移动，快速速度可通过控制系统参数设定。

（2）运动方向

TCP 点动时，对于不同坐标系，方向键【X−/S−】~【Z+/U+】的规定如下。

① 直角（基座）坐标系　基座坐标系的操作键及 TCP 运动方向如图 9.3.7 所示。

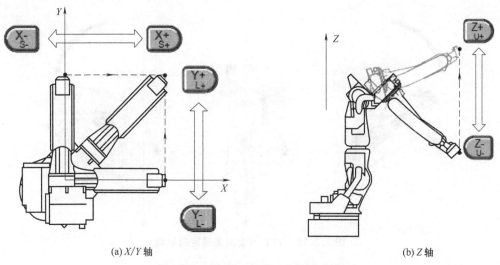

(a) X/Y 轴　　　　　　　　　(b) Z 轴

图 9.3.7　直角（基座）坐标系点动

② 圆柱坐标系　圆柱坐标系的操作键及 TCP 运动方向如图 9.3.8 所示。

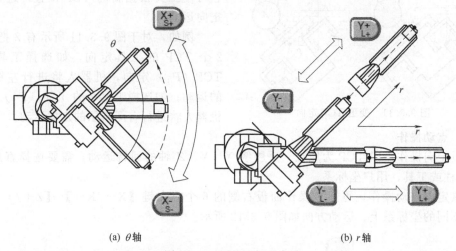

(a) θ 轴　　　　　　　　　(b) r 轴

图 9.3.8　圆柱坐标系点动

③ 工具坐标系、用户坐标系　工具坐标系、用户坐标系的方向可由用户定义，利用方向键【X−/S−】～【Z＋/U＋】，可控制机器人 TCP 在工具坐标系、用户坐标系的 X、Y、Z 方向运动。

9.3.4　工具定向点动

(1) 定向方式

工具定向点动可用来改变工具方向。工具定向有"TCP 不变"和"变更 TCP"两种运动方式。

① TCP 不变定向　TCP 不变定向运动如图 9.3.9 所示，它可使工具回绕 TCP 点进行回转运动。在 7 轴机器人上，还可通过下臂回转轴 E（第 7 轴）的运动，进一步实

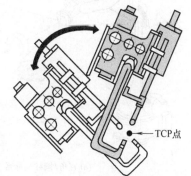

图 9.3.9　TCP 不变定向

现图 9.3.10 所示的 TCP 不变的工具定向运动。

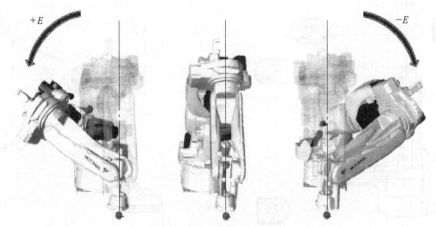

图 9.3.10　TCP 不变的工具定向运动

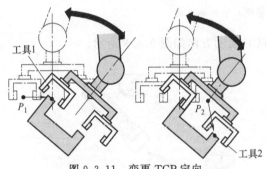

图 9.3.11　变更 TCP 定向

② 变更 TCP 定向　变更 TCP 工具定向是一种同时改变 TCP 点和工具方向的操作，它可使工具根据新的 TCP 位置，进行工具定向运动。

例如，对于图 9.3.11 所示有 2 把工具、2 个 TCP 的工具定向，如选择工具 1 的 TCP（P_1）定向，机器人将进行左图所示的运动；如选择工具 2 的 TCP（P_2）定向，机器人将进行右图所示的定向运动。

(2) 点动操作

工具定向操作是以 TCP 为原点、手腕绕 X、Y、Z 轴的回转运动，需要选择直角（基座）、圆柱或工具、用户坐标系。

工具定向点动操作，可通过操作面板右侧的 6 个方向键【X－/R－】~【Z＋/T＋】控制，在不同的坐标系上，运动方向如图 9.3.12 所示。

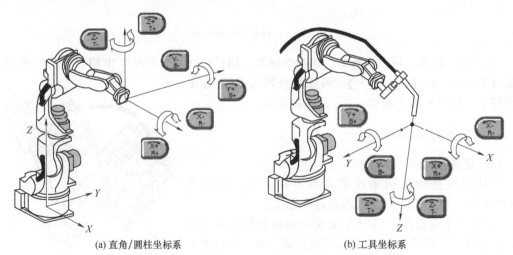

(a) 直角/圆柱坐标系　　　　　　　　　(b) 工具坐标系

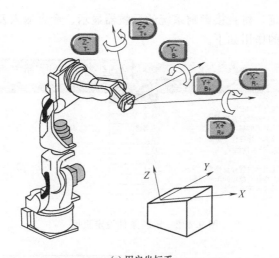

(c) 用户坐标系

图 9.3.12　不同坐标系的定向操作

工具点动定向同样可选择微动（增量进给）、点动两种方式，其操作步骤和 TCP 点动相同，TCP 的变更可通过同时按"【转换】+【坐标】"键，在所显示的工具选择页面上进行。

9.4　示教编程操作

9.4.1　示教条件及设定

(1) 示教条件设定

示教编程是通过作业现场的人机对话操作、操作者对机器人进行作业引导、由控制系统生成和记录命令、从而产生程序的方法，编程简单易行，编制的程序正确、可靠，它是目前工业机器人最常用的编程方法。

进行示教编程前，首先需要按以下步骤设定示教编程条件。

① 按 9.2 节的操作步骤，将安全模式设定为"编辑模式"或"管理模式"。

② 操作模式选择"【示教（TEACH）】"。

③ 按【主菜单】键，显示主菜单页面。

④ 选择主菜单扩展键 [▶]，显示扩展主菜单，并选定 [设置]（见图 9.4.1）。

⑤ 在扩展主菜单 [设置] 中选择 [示教条件设定] 子菜单，示教器便可显示图 9.4.2 所示的示教条件设定页面。

⑥ 光标定位至相应的输入框，按【选择】键，输入框可显示图 9.4.3 所示的输入选项，选择不同选项，便可进行示教条件的切换。

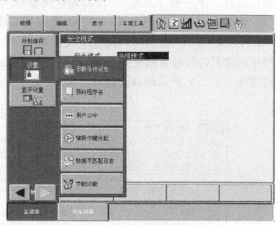

图 9.4.1　扩展主菜单的显示

示教条件的不同设定，将直接影响系统的示教器显示、命令输入及程序编辑功能，安川机器人示教条件设定项的作用如下。

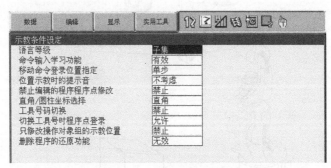

图 9.4.2　示教条件设定页面

图 9.4.3　输入选项显示

(2) 示教条件

① 语言等级　可选择"子集""标准""扩展"。"子集"用于简单程序编辑，命令一览表只显示常用命令；"标准"可显示、编辑全部命令，但不能设定局部变量、使用变量编程；"扩展"可显示、编辑全部命令和变量。语言等级只影响程序输入和编辑操作、不影响程序运行，即不能显示的命令仍能正常执行。

② 命令输入学习功能　可选择"有效""无效"。选择"有效"时，系统具有添加项记忆功能，下次输入同一命令时，可在输入行显示相同的添加项。选择"无效"时，输入行只显示命令，添加项需要通过命令的"详细编辑"页面编辑。

③ 移动命令登录位置指定　选项用于移动命令插入操作时的插入位置选择，有"下一行""下一程序点前"2个选项。选择"下一行"，所输入的移动命令插入在光标选定行之后；选择"下一程序点前"，移动命令将被插入到光标行之后的下一条移动命令之前。

例如，对于图 9.4.4（a）所示的程序，如光标定位于命令行 0006，进行移动命令"MOVL V＝558"插入时，当选项设定为"下一行"，MOVL V＝558 被插入在图 9.4.4（b）所示的位置，行号自动变为 0007；当选项设定为"下一程序点前"时，MOVL V＝558 被插入到图 9.4.4（c）所示的移动命令"0009 MOVJ VJ＝100.0"之前，行号自动变为 0009。

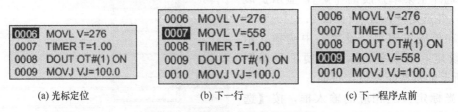

(a) 光标定位　　　　　　(b) 下一行　　　　　　(c) 下一程序点前

图 9.4.4　移动命令登录位置选择

④ 位置示教时的提示音　通过输入选项"考虑""不考虑"，可打开、关闭位置示教操作时的提示音。

⑤ 禁止编辑程序的程序点修改 当程序通过标题栏的"编辑锁定"设定、禁止程序编辑操作时，如本项设定选择"允许"，程序点仍可进行修改；如设定"禁止"，程序点修改将被禁止。

⑥ 直角/圆柱坐标系选择 通过选项"直角""圆柱"，可选择机器人基座坐标系为直角、圆柱坐标系。

⑦ 工具号切换 选择"允许""禁止"可生效、撤销程序编辑时的工具号修改功能。

⑧ 切换工具号时的程序点登录 选择"允许""禁止"可生效、撤销工具号修改时的程序点修改功能。

⑨ 只修改操作对象组的示教位置 选择"允许""禁止"可生效、撤销除了操作对象外的其他轴的位置示教功能。

⑩ 删除程序的还原功能 选择"有效""无效"可生效、撤销系统恢复（UNDO）已删除程序的功能。

9.4.2 程序创建

机器人示教编程一般按程序创建、命令输入、命令编辑等步骤进行。程序创建、程序名输入操作步骤如下。

① 按9.2节的操作步骤，将安全模式设定至"编辑模式"。

② 操作模式选择开关置"【示教（TEACH）】"。

③ 按【主菜单】键，选择主菜单；将光标定位到［程序内容］上，按【选择】键选定后，示教器将显示图9.4.5所示的子菜单。

图9.4.5 程序内容子菜单显示

④ 光标定位到［新建程序］子菜单上，按【选择】键选定，示教器将显示图9.4.6所示的新建程序登录和程序名输入页面。

⑤ 纯数字的程序名可直接通过示教器的操作面板输入。如程序名中包含字母、字符，可按【返回/翻页】键，使示教器显示图9.4.7（a）所示的大写输入软键盘。

⑥ 按【区域】键，使光标定位到软键盘的输入区。如程序名中包含小写字母、符号时，可通过光标定位，选择数字/字母输入区的大/小写转换键［CapsLock ON］，进一步显示图

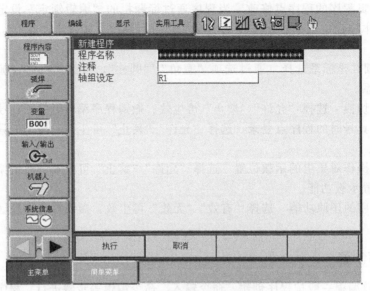

图 9.4.6　新建程序登录页面

9.4.7（b）所示的小写字母输入软键盘，或者，选择数字/字母输入区的符号输入切换键 [SYMBOL]，显示图 9.4.7（c）所示的符号输入软键盘。

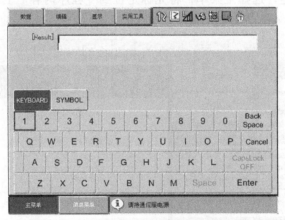

(a) 大写输入

(b) 小写输入　　　　　　　　　　　　　(c) 符号输入

图 9.4.7　字符输入软键盘显示

⑦ 在选定的软键盘上，用光标选定需要输入的字符、用 [Enter] 键输入。例如，程序名 TEST，可在图 9.4.7（a）页面上，依次选定"字母 T、[Enter]→字母 E、[Enter]……"，输

人程序名。安川机器人程序名最大为 32（半角）或 16（全角）字符，程序名不能在同一系统上重复使用。输入字符可在［Result］栏显示，按［Cancel］可逐一删除输入字符，按【清除】键，可删除全部输入；再次按【清除】键，可关闭字符输入软键盘，返回程序登录页面。

⑧ 程序名输入完成后，按【回车】键，示教器可显示图 9.4.8 所示的程序登录页面。

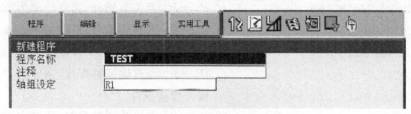

图 9.4.8　程序登录页面

⑨ 光标定位到［执行］键上，按【选择】键，程序即被登录，示教器将显示图 9.4.9 所示的程序编辑页面。

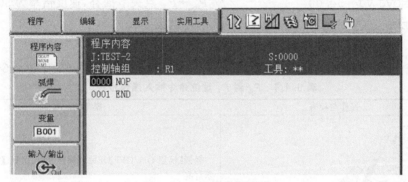

图 9.4.9　程序编辑页面

程序编辑页面的开始命令"0000 NOP"和结束标记"0001 END"由系统自动生成，在该页面上，操作者便可通过下文的命令输入操作，输入程序命令。

9.4.3　移动命令示教

移动命令的示教必须在伺服启动后进行，以实现图 9.4.10 所示运动的以下简单焊接作业程序为例，移动命令示教编程的一般操作步骤如下。

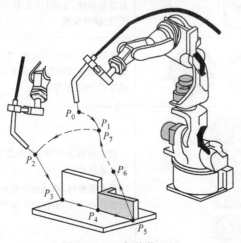

图 9.4.10　焊接作业图

```
TESTPRO                          // 程序名
0000 NOP                         // 空操作命令
0001 MOVJ VJ= 10.00              // P₀→P₁ 点关节插补,速度倍率为 10%
0002 MOVJ VJ= 80.00              // P₁→P₂ 点关节插补,速度倍率为 80%
0003 MOVL V= 800                 // P₂→P₃ 点直线插补,速度为 800cm/min
0004 ARCON ASF# (1)              // 引用焊接文件 ASF#1,在 P₃ 点启动焊接
0005 MOVL V= 50                  // P₃→P₄ 点直线插补焊接,速度为 50cm/min
0006 ARCSET AC= 200 AVP= 100     // 修改焊接条件
0007 MOVL V= 50                  // P₄→P₅ 点直线插补焊接,速度为 50cm/min
0008 ARCOF AEF# (1)              //引用焊接文件 AEF#1,在 P₅ 点关闭焊接
0009 MOVL V= 800                 // P₅→P₆ 点直线插补,速度为 800cm/min
0010 MOVJ VJ= 50.00              // P₆→P₇ 点关节插补,速度倍率为 50%
0011 END                         // 程序结束
```

① 按表 9.4.1,输入机器人从开机位置 P_0,向程序起点 P_1 移动的定位命令。

表 9.4.1　P_0 到 P_1 定位命令输入操作步骤

步骤	操作与检查	操作说明
1		轻握【伺服 ON/OFF】开关并保持,启动伺服,【伺服接通】指示灯亮
2	控制轴组 ：R1	对于多机器人控制系统或带有变位器的控制系统,同时按示教器操作面板上的"【转换】+【机器人切换】"键,或"【转换】+【外部轴切换】"键,选定控制轴组
3		按示教器操作面板上的【选择工具/坐标】键,选定坐标系。重复按该键,可进行"关节→直角→圆柱→工具→用户坐标系"的循环变换
4		使用多工具时,同时按"【转换】+【选择工具/坐标】"键,显示工具选择页面后,选定工具号。然后,同时按"【转换】+【选择工具/坐标】"键返回
5		按点动操作步骤,将机器人由开机位置 P_0,手动移动到程序起始位置 P_1；示教编程时,移动指令要求的只是终点位置,它与点动操作时的移动轨迹、坐标轴运动次序无关

步骤	操作与检查	操作说明
6	插补方式 => MOVJ VJ=0.78	按操作面板上的【插补方式】(或【插补】)键,输入缓冲行将显示关节插补指令 MOVJ
7	0000 NOP 0001 END　选择	用光标移动键,将光标光标调节到程序行号 0000 上,按操作面板的【选择】,选定命令输入行
8	=> MOVJ VJ= 0.78	用光标移动键,将光标定位到命令输入行的速度倍率上
9	转换 ＋ => MOVJ VJ=10.00	同时按【转换】键和光标向上键【↑】,速度倍率将上升;如同时按【转换】键和光标向下键【↓】,则速度倍率下降;速度倍率按级变化,每级的具体值可通过再现速度设定(见第 12.1 节)。根据程序要求,将速度倍率调节至 10.00(10%)
10	回车 0000 NOP 0001 MOVJ VJ=10.00 0002 END	按【回车】键输入,机器人由 P_0 向 P_1 的定位命令 MOVJ VJ=10.00,将被输入到程序行 0001 上

② 如需要,按表 9.4.2 调整机器人的工具位置和姿态,并输入从程序起点 P_1,向接近作业位置的定位点 P_2 移动的定向命令。

表 9.4.2　P_1 到 P_2 定向命令输入操作步骤

步骤	操作与检查	操作说明
1	(点动键面板图)	用操作面板的点动键,将机器人由程序起始位置 P_1,移动到接近作业位置的定位点 P_2。如需要,还可用操作面板的点动定向键,调整工具姿态 示教编程时,移动指令只需要正确的终点位置,与操作时的移动轨迹、坐标轴运动次序无关
2~5	插补方式 转换 ＋ => MOVJ VJ=80.00	通过【插补方式】(或【插补】)键、【转换】键＋光标【↑】/【↓】键,输入命令 MOVJ VJ=80.00。操作同表 9.4.1 步骤 6~9
6	回车 0000 NOP 0001 MOVJ VJ=10.00 0002 MOVJ VJ=80.00 0003 END	按操作面板的【回车】键,机器人由 P_1 向 P_2 的移动命令 MOVJ VJ=80.00 被输入到程序行 0002 上

③ 按表 9.4.3，输入从接近作业位置的定位点 P_2，向作业开始位置 P_3 移动的直线插补命令。

表 9.4.3　P_2 到 P_3 直线插补命令输入操作步骤

步骤	操作与检查	操作说明
1		保持 P_2 点的工具姿态不变，用操作面板的点动定位键，将机器人由接近作业位置的定位点 P_2，移动到作业开始点 P_3
2	插补方式　=> MOVL V=66	按【插补方式】(或【插补】)键数次，直至命令输入行显示直线插补指令 MOVL
3	0000 NOP / 0001 MOVJ VJ=10.00 / 0002 MOVJ VJ=80.00 / 0003 END　选 o 择	用光标移动键，将光标光标调节到程序行号 0003 上，按操作面板的【选择】，选定命令输入行
4	=> MOVL V=66	用光标移动键，将光标光标定位到命令输入行的直线插补速度显示值上
5	转换 ＋　=> MOVL V=800	同时按【转换】键和光标上/下键【↑】/【↓】，将速度调节至 800cm/min。移动速度按速度级变化，每级速度的具体值可通过再现速度设定规定(详见 12.1 节)
6	回车　0000 NOP / 0001 MOVJ VJ=10.00 / 0002 MOVJ VJ=80.00 / 0003 MOVL V=800 / 0004 END	按【回车】键，机器人由 P_2 向 P_3 的直线插补移动命令 MOVL V=800 输入到程序行 0003 上

④ 输入作业时的移动命令。机器人从 $P_3 \rightarrow P_4$、$P_4 \rightarrow P_5$ 点的移动为焊接作业的直线插补运动。按程序的次序，$P_3 \rightarrow P_4$ 点的移动命令"0005 MOVL V=50"，应在完成 P_3 点的焊接启动命令"0004 ARCON ASF ♯ (1)"的输入后进行；而 $P_4 \rightarrow P_5$ 点的移动命令"0007 MOVL V=50"，则应在完成 P_4 点的焊接条件设定命令"0006 ARCSET AC=200 AVP=100"的输入后进行。但是，实际编程时也可先完成所有移动命令的输入，然后，通过程序编辑的命令插入操作，增补作业命令"0004 ARCON ASF ♯ (1)""0006 ARCSET AC=200 AVP=100"。

移动命令"0005 MOVL V=50""0007 MOVL V=50"的输入方法，与 $P_2 \rightarrow P_3$ 点的直线插补命令"0003 MOVL V=800"相同。示教编程时，移动命令只需要 P_4、P_5 点正确

的终点位置，它对机器人示教时的移动轨迹、坐标轴运动次序等并无要求，因此，为了避免示教移动过程中可能产生的碰撞，进行 $P_3 \to P_4$、$P_4 \to P_5$ 点动定位时，可应先将焊枪退出工件加工面，然后，从安全位置进入 P_4 点、P_5 点。

⑤ 输入作业完成后的移动命令。机器人在 P_5 点执行焊接关闭（息弧）命令 "0008 ARCOF AEF♯（1）" 后，需要通过移动命令 "0009 MOVL V＝800" "0010 MOVJ VJ＝50.00" 退出作业位置，回到程序起点 P_1（即 P_7 点）。按程序的次序，$P_5 \to P_6$ 点、$P_6 \to P_7$ 点的移动命令应在完成焊接关闭命令 "0008 ARCOF AEF♯（1）" 的输入后进行，但实际编程时也可先输入移动命令，然后，通过程序编辑的命令插入操作，增补作业命令 "0008 ARCOF AEF♯（1）"。

移动命令 "0009 MOVL V＝800" 为直线插补命令，其输入方法与 $P_2 \to P_3$ 点的直线插补命令 "0003 MOVL V＝800" 相同；移动命令 "0010 MOVJ VJ＝50.00" 为点定位（关节插补）命令，其输入方法与 $P_0 \to P_1$ 点的定位命令 "0001 MOVJ JV＝10.00" 相同。通过后述的"点重合"编辑操作，还可使退出点 P_7 和起始点 P_1 重合。

9.4.4 作业命令输入

机器人到达图 9.4.10 所示的作业开始点 P_3 后，需要输入焊接启动命令 "0004 ARCON ASF♯（1）"，在 P_4 点需要输入焊接条件设定命令 "0006 ARCSET AC＝200 AVP＝100"，在 P_5 点需要输入焊接关闭（息弧）命令 "0008 ARCOF AEF♯（1）"。

作业命令的输入既可按照程序的次序依次输入，也可在全部移动命令输入完成后，再通过命令编辑的插入操作，在指定位置插入作业命令。按照程序的次序依次输入作业命令的操作步骤如下。

(1) 焊接启动命令的输入

① 当机器人完成表 9.4.3 的定位点 $P_2 \to$ 作业开始位置 P_3 的直线插补移动程序行 0003 的输入后，按表 9.4.4，输入作业起点 P_3 的焊接启动（引弧）命令 ARCON。

表 9.4.4 P_3 点的焊接启动命令输入操作步骤

步骤	操作与检查	操作说明
1		按弧焊机器人示教器操作面板上的弧焊命令快捷输入键【引弧】，直接输入焊接启动命令 ARCON。 或： ① 按操作面板上的【命令一览】键，使示教器显示全部命令选择对话框； ② 在显示的命令选择对话框中，通过光标调节键、【选择】键，选择[作业]→[ARCON]命令
2	回车 ARCON	按操作面板的【回车】键输入，输入缓冲行将显示 ARCON 命令
3	选 · 择	按操作面板的【选择】键，使示教器显示 ARCON 命令的详细编辑页面

② ARCON 命令的详细编辑页面显示如图 9.4.11（a）所示，在该页面上，可进行 AR-CON 命令的添加项输入与编辑。进行 ARCON 命令的添加项输入与编辑时，可将光标调节到"未使用"输入栏上，然后进行以下操作。

③ 按【选择】键，示教器将显示图 9.4.11（b）所示的焊接特性设定选择输入框，当焊接作业条件以引弧条件文件的形式输入时，应在输入框中选定"ASF♯（）"。

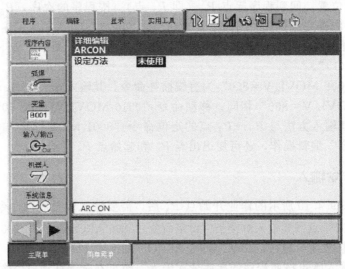

(a) ARCON 命令编辑页面

(b) 焊接特性设定选项显示

图 9.4.11 ARCON 命令编辑显示

④ 焊接作业条件的输入形式选定后，示教器将显示图 9.4.12（a）所示的焊接作业条件文件的选择页面。

输入焊接作业条件文件号时，可将光标调节到文件号上，按【选择】键、选定文件号输入操作。

⑤ 文件号输入操作选择后，系统将显示图 9.4.12（b）所示的引弧文件号输入对话框，在对话框中，可用数字键输入文件号后，按【回车】键输入。

⑥ 再次按【回车】键，输入缓冲行将显示命令"ARCON ASF♯（1）"。

⑦ 再次按【回车】键，作业命令"0004 ARCON ASF♯（1）"将被输入到程序中。

（2）焊接条件设定命令输入

机器人焊接到 P_4 点后，需要输入焊接条件设定命令"0006 ARCSET AC＝200 AVP＝100"修改焊接条件。因示教器操作面板上无直接输入焊接条件设定命令 ARCSET 命令的快捷键，命令需要通过如下操作输入。

① 按程序的次序，在完成 $P_4 \rightarrow P_5$ 点的作业移动命令"0007 MOVL V＝50"输入后，按【命令一览】键，示教器右侧将显示图 9.4.13 所示的命令一览表。

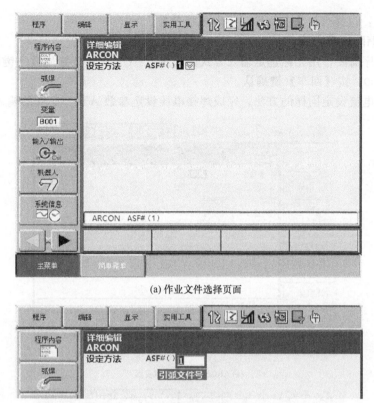

(a) 作业文件选择页面

(b) 引弧文件号输入

图 9.4.12 作业文件输入显示

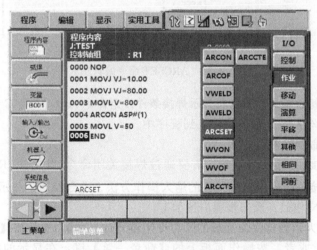

图 9.4.13 命令一览表显示

② 用光标调节键和【选择】键，在命令一览表上依次选定 [作业]→[ARCSET]，命令输入行将显示命令 "ARCSET"。

③ 按【选择】键，示教器显示图 9.4.14 (a) 所示的 ARCSET 命令编辑页面。

④ 将光标调节到焊接参数的输入位置，按【选择】键，示教器将显示图 9.4.14 (b) 所示的输入方式选择项。输入方式选择项的含义如下。

AC= (或 "AVP=" 等)：直接通过操作面板输入焊接参数。

ASF♯（）：选择焊接作业文件，设定焊接参数。

未使用：删除该项参数。

⑤ 根据程序需要，用光标选定输入方式选择项"AC ="，直接用数字键输入焊接电流设定值 AC=200，按【回车】键确认。

⑥ 用焊接电流设定同样的方法，完成焊接电压设定参数 AVP=100 的输入。

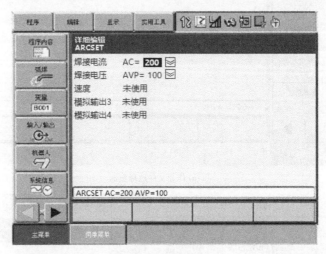

(a) ARCSET命令编辑页面

(b) 焊接参数输入选项

图 9.4.14　ARCSET 命令编辑显示

⑦ 按【回车】键，输入缓冲行将显示焊接条件设定命令 ARCSET AC=200 AVP=100。

⑧ 再次按【回车】键，命令将输入到程序中。

(3) 焊接关闭命令输入

机器人完成焊接、到达 P_5 点后，需要通过焊接关闭命令 "0008 ARCOF AEF♯（1）" 结束焊接作业。焊接关闭命令 ARCOF 的输入操作方法、命令编辑的显示等，均与前述的焊接启动命令 ARCON 相似，操作步骤简述如下。

① 按弧焊机器人示教器操作面板的弧焊专用键【5/息弧】，然后按【回车】键输入焊接关闭命令 ARCOF；或者，按操作面板上的【命令一览】键，在显示的机器人命令一览表中，用光标调节键和【回车】键选定［作业］→［ARCOF］输入 ARCOF 命令。

② 按【选择】键，使示教器显示 ARCOF 命令的编辑页面。

③ 在 ARCOF 命令编辑页面上，用光标调节键选定"设定方法"输入栏。

④ 按【选择】键，显示焊接特性设定对话框，当焊接关闭条件以息弧条件文件的形式设定时，在对话框中选定"AEF♯（）"，示教器显示息弧文件选择页面。

⑤ 在息弧文件选择页面上，将光标调节到文件号上，按【选择】键选择文件号输入操作，在息弧文件号输入对话框中，用数字键输入文件号，按【回车】键输入。

⑥ 再按【回车】键输入命令，输入缓冲行将显示命令"ARCOF AEF♯（1）"。

⑦ 再次按【回车】键，作业命令"0008 ARCOF AEF♯（1）"将被插入到程序中。

9.5　命令编辑操作

9.5.1　编辑设置与搜索

在示教编程过程中或程序编制完成后，可通过程序的编辑设置，生效或撤销部分程序显示和编辑功能，或对已编制的程序进行命令插入、删除、修改等编辑操作。

程序编辑时，为了快速查找需要编辑的命令或位置，可在编辑程序选定后，通过系统的程序搜索功能，将光标自动定位至所需的编辑位置。安川机器人的编辑程序选择、程序编辑设置和程序搜索操作如下。

（1）程序选择

程序的编辑既可对当前的程序进行，也可对存储在系统中的已有程序进行。在程序编辑前，应通过如下操作，先选定需要编辑的程序。

① 将安全模式设定至"编辑模式"或"管理模式"，操作模式选择【示教（TEACH）】。

② 选择主菜单［程序内容］，示教器显示图 9.5.1 （a）所示的子菜单。

③ 编辑当前程序时，可直接选择主菜单［程序内容］、子菜单［程序内容］，直接显示程序。编辑存储在系统中的已有程序时，需要选择子菜单［选择程序］，在显示的图 9.5.1 （b）所示的程序一览表页面上，用光标调节键、【选择】键选定需要编辑的程序名（如 TEST 等）。

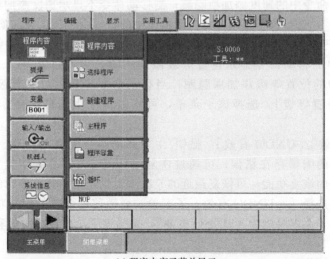

(a) 程序内容子菜单显示

(b) 程序一览表显示

图 9.5.1　编辑程序的选定

程序选定后，示教器便可显示所选择的编辑程序，操作者便可通过程序的编辑设置，生效或撤销部分程序显示和编辑功能，或通过系统的程序搜索功能，快速查找所需的位置。

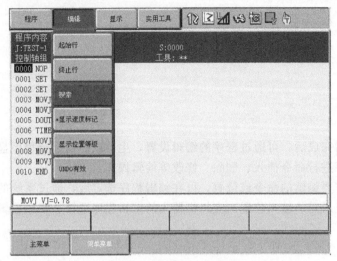

图 9.5.2　程序编辑子菜单

（2）编辑设置

程序编辑设置可通过程序显示页面的下拉菜单［编辑］进行，其功能和操作步骤如下。

① 按照前述步骤，选定需要编辑的程序。

② 选择下拉菜单［编辑］，示教器可显示图 9.5.2 所示的程序编辑子菜单。

程序编辑子菜单中的［起始行］、［终止行］、［搜索］，用于程序搜索（光标定位）操作。选择［起始行］、［终止行］子菜单，可直接将光标定位到程序的开始行或结束行上；选择［搜

索］子菜单，可启动程序搜索功能，将光标定位快速定位到所需的位置（详见后述）。

程序编辑子菜单中的［显示速度标记］、［显示位置等级］、［UNDO 有效］用于程序显示和编辑功能设置，其作用分别如下。

［＊显示速度标记］/［显示速度标记］：撤销/生效移动命令的速度添加项（VJ＝50.00、V＝200 等）显示功能。当程序中的移动命令显示速度添加项时，可通过选择［＊显示速度标记］子菜单，将命令中的速度添加项隐藏；当移动命令不显示速度添加项时，子菜单将成为［显示速度标记］，选择该子菜单，可恢复程序中的移动命令速度添加项显示。

［＊显示位置等级］/［显示位置等级］：撤销/生效移动命令的位置等级添加项 PL 的显示功能。当程序中的移动命令显示位置等级添加项时，可通过选择［＊显示位置等级］子菜单，将命令中的位置等级添加项隐藏；当移动命令不显示位置等级添加项时，子菜单将成为［显示位置等级］，选择该子菜单，可恢复程序中的移动命令位置等级添加项显示。

［＊UNDO 有效］/［UNDO 有效］：撤销/生效移动命令的恢复功能。移动命令被编辑后，如发现所进行的编辑存在错误，可通过恢复（UNDO）操作，恢复为编辑前的程序；利用安川控制系统的恢复功能，可恢复最近的 5 次编辑操作。当程序编辑的移动命令恢复功能有效时，可通过选择［＊UNDO 有效］子菜单，撤销移动命令的恢复功能；当移动命令恢复功能无效时，子菜单将成为［UNDO 有效］，选择该子菜单，可生效程序编辑时的移动命令恢复功能。

（3）程序搜索操作

程序搜索可通过下拉菜单［编辑］中的子菜单［搜索］进行，当系统按照前述步骤，选定需要编辑的程序，并在图 9.5.2 所示的下拉菜单［编辑］下，选定［搜索］子菜单后，示教器可显示图 9.5.3 所示的程序搜索内容选择对话框。

对话框中各选项的含义如下。

［行搜索］：可通过输入行号，将光标定位到指定的命令行上。

［程序点搜索］：可通过输入程序点号，将光标定位到指定程序点所在的移动命令行上。

[标号搜索]：可通过输入字符，将光标定位到标号（如跳转标记等）所在的命令行上。

[命令搜索]：可通过命令码的选择，将光标定位到指定的命令行上。

[目标搜索]：可通过添加项的选择，将光标定位到使用该添加项的命令行上。

当搜索内容选择后，系统将自动弹出相应的对话框，以确定具体的搜索目标。搜索目标的输入和搜索操作分别如下。

① 行搜索和程序点搜索 选择 [行搜索] 与 [程序点搜索] 时，

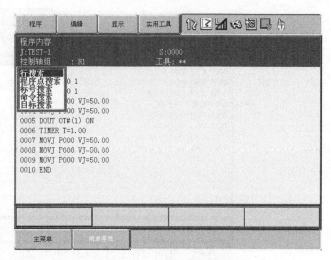

图9.5.3 程序搜索选项显示

示教器将弹出图9.5.4所示的行号或程序点号输入对话框，在对话框上输入行号或程序点号后，按操作面板的【回车】，便可将光标定位至指定行。

图9.5.4 行号或程序点号输入对话框

② 标号搜索 选择 [标号搜索] 时，示教器将自动显示字符输入软键盘，在该页面上，可通过光标选择字符，在 [Result] 输入框内输入字符。为了简化操作，当标号（标记）为字符时，一般只需输入前面的1个或少数几个字符，例如，搜索跳转标记"* Start"时，通常只需要输入"S"。

字符输入完成后，按操作面板的【回车】，便可将光标定位至标号（标记）所在的命令行。如字符输入所指定的标记有多个，还可通过操作面板的光标移动键，继续搜索下一个或上一个标号（标记）。

[标号搜索] 生效时，前述图9.5.2所示的 [编辑] 下拉菜单中的子菜单 [搜索] 将变成为 [终止搜索]。所需的搜索目标找到后，通过选择下拉菜单 [编辑]、子菜单 [终止搜索]、按操作面板上的【选择】键，结束搜索操作。

③ 命令搜索 选择 [命令搜索] 时，系统首先可在示教器的右侧第1列上，自动显示图9.5.5所示命令的大类 [I/O]、[控制] …… [其他] 等。用光标选定命令大类后，系统将在示教器的右侧自第2列起的位置上，依次显示该类命令的详细列表，例如，选择 [I/O] 大类时，右侧第2列可显示输入/输出命令 [DOUT]、[DIN] …… [PULSE] 等。用光标选定指定命令，系统便可搜索该命令，并将光标自动定位到该命令的程序行上；如所选择的命令在程序中有多条，还可通过操作面板的光标移动键，继续搜索下一条或上一条命令。

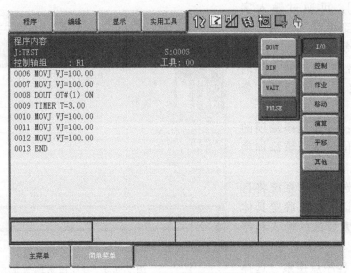

图 9.5.5 命令搜索显示页

[命令搜索]生效时，前述图 9.5.2 所示的[编辑]下拉菜单中的子菜单[搜索]，也将变成为[终止搜索]。所需的搜索目标位置找到后，同样可通过选择下拉菜单[编辑]、子菜单[终止搜索]，用操作面板上的【选择】键，中断命令搜索。命令搜索中断后，示教器将自动显示操作键[取消]，选择[取消]键，系统便可结束命令搜索操作。

④ 目标搜索　选择[目标搜索]时，系统同样可首先在示教器的右侧第 1 列上，自动显示命令的大类；选定命令大类后，再显示该类命令的详细列表，例如，选择[移动]大类时，右侧第 2 列可显示图 9.5.6 所示的移动命令[MOVJ]、[MOVL] …… [REFP]列表。目标搜索时，选定命令后系统还可继续显示指定命令的添加项列表，例如，选择移动命令 MOVJ 时，可显示图 9.5.6 所示的 MOVJ 命令可使用的全部添加项 "//" "ACC=" …… "VJ=" 列表。用光标选定指定的添加项（目标），系统便可搜索该添加项，并将光标自动定位到该添加项所在的程序行上；如所选择的添加项在程序中被多次使用，还可通过操作面板的光标移动键，继续搜索下一个或上一个添加项。

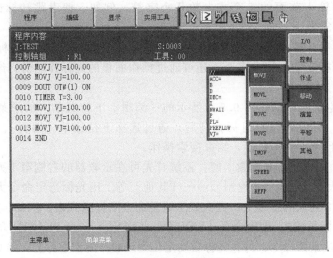

图 9.5.6 命令添加项搜索显示页

结束［目标搜索］的操作与［命令搜索］相同。选择下拉菜单［编辑］、子菜单［终止搜索］，用操作面板上的【选择】键，可中断目标搜索；搜索中断后，示教器将自动显示操作键［取消］，选择［取消］键，系统便可结束目标搜索操作。

9.5.2 移动命令编辑

机器人移动命令的插入、删除、修改操作需要在伺服启动后进行；命令的插入位置及需要删除或修改的命令，均可通过前述的程序搜索操作选定。

对于程序点位置的少量变化，还可通过"程序点位置调整"（position adjustment manual，简称 PAM 设定）操作实现。利用 PAM 设定，可直接以表格的形式，对程序中的多个程序点位置值、移动速度、位置等级进行调整，它不仅可用于程序编辑操作，而且也可以用于程序再现运行的设定。有关 PAM 设定的详细内容及操作步骤，可参见后述。

改变工具后的移动命令编辑，可通过系统参数的设定禁止或允许。

(1) 移动命令插入

在已有的程序中插入移动命令的操作步骤如表 9.5.1 所示。

表 9.5.1　插入移动命令的操作步骤

步骤	操作与检查	操作说明
1	0006 MOVL V=276 0007 TIMER T=1.00 0008 DOUT OT#(1) ON 0009 MOVJ VJ=100.0	选定插入位置，将光标定位到需要插入命令前一行的行号上
2	=> MOVL V=558	启动伺服，利用示教编程同样的方法，移动机器人到定位点；然后，通过操作【插补方式】键、【转换】键＋光标【↑】/【↓】键，输入需要插入的命令，如 MOVL V=558 等
3	插入　插入	按【插入】键，键上的指示灯亮。如移动命令插入在程序的最后，可不按【插入】键
4	回车	按【回车】键插入。插入点为非移动命令时，插入位置取决于 9.4.1 节的示教条件设定
5	回车	按【回车】键，结束插入操作

(2) 移动命令删除

在已有的程序中删除移动命令的操作步骤如表 9.5.2 所示。

表 9.5.2　删除移动命令的操作步骤

步骤	操作与检查	操作说明
1	0003 MOVL V=138 0004 MOVL V=558 0005 MOVJ VJ=50.00	选择命令，将光标定位到需要删除的移动命令的"行号"上。例如，需要删除命令"0004 MOVL V=558"时，光标定位到行号 0004 上

步骤	操作与检查	操作说明
2	修改 → 回车 或: 前进	如光标闪烁,代表机器人实际位置和光标行的位置不一致,需按【修改】→【回车】键或按【前进】键,机器人移动到光标行位置 如光标保持亮,代表现行位置和光标行的位置一致,可直接进行下一步操作,删除移动命令
3	删除　删除	按【删除】键,按键上的指示灯亮
4	回车　0003 MOVL V=138 **0004** MOVJ VJ=50.00	按【回车】键,结束删除操作。指定的移动命令被删除

(3) 移动命令修改

对已有程序中的移动命令进行修改时,可根据需要修改的内容,按照表 9.5.3 所示的操作步骤进行。

表 9.5.3　修改移动命令的操作步骤

修改内容	步骤	操作与检查	操作说明
程序点 位置修改	1	0003 MOVL V=138 **0004** MOVL V=558 0005 MOVJ VJ=50.00	用光标调节键,将光标定位到需要修改的移动命令的"行号"上
	2	X- X+ X- X+ S- S+ R- R+ Y- Y+ Y- Y+ L- L+ B- B+ Z- Z+ Z- Z+ U- U+ T- T+ E- E+ 8- 8+	利用示教编程同样的方法,移动机器人到新的位置上
	3	修改　修改	按【修改】键,按键上的指示灯亮
	4	回车	按【回车】键,结束修改操作。新的位置将作为移动命令的程序点
再现速度 修改	1	0003 MOVL V=138 0004 **MOVL V=558** 0005 MOVJ VJ=50.00	用光标调节键,将光标定位到需要修改的移动命令上
	2	选　择　=> **MOVL** V=558	按【选择】键,输入行显示移动命令

续表

修改内容	步骤	操作与检查	操作说明
再现速度修改	3	 => MOVL V=558	光标定位到再现速度上
	4	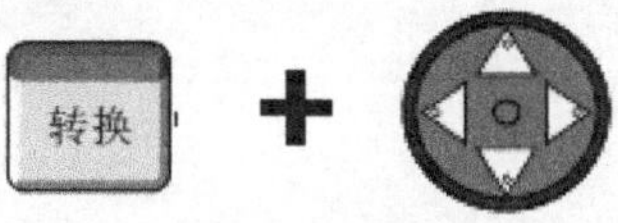 转换 ＋	同时按【转换】＋光标【↑】/【↓】键,修改再现速度
	5	 回车	按【回车】键,结束修改操作
插补方式修改		注意:移动命令中的插补方式不能单独修改,修改插补方式需要将机器人移动到程序点上、记录位置,然后通过删除移动命令、插入新命令的方法修改	
	1	 0003 MOVL V=138 0004 MOVL V=558 0005 MOVJ VJ=50.00	用光标调节键,将光标定位到需要修改的移动命令的"行号"上
	2	 前进	按【前进】键,机器人自动移动到光标行的程序点上
	3	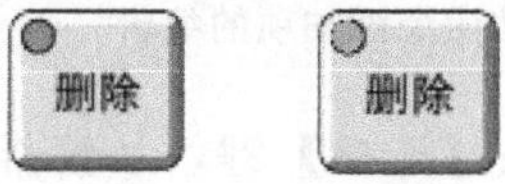 删除　删除	按【删除】键,按键上的指示灯亮
	4	 回车	按【回车】键,删除原移动命令
	5	 插补方式　转换 ＋	按示教编程同样的方法,通过【插补方式】键、【转换】＋光标【↑】/【↓】键,输入新的移动命令
	6	 插入　插入	按【插入】键,按键上的指示灯亮
	7	 回车	按【回车】键,新的移动命令被输入,命令的程序点保持不变

(4) 命令添加项编辑

机器人的移动命令可通过其他命令添加项,改变执行条件。以"位置等级"添加项编程为例,添加项的输入和编辑操作步骤如下。

① 将光标定位于输入行的移动命令上。

② 按【选择】键,示教器显示图 9.5.7(a)所示的移动命令详细编辑页面。

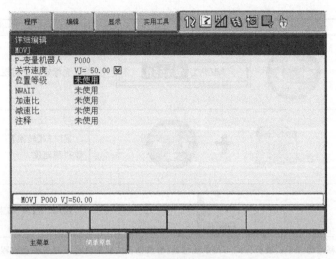

(a) 详细编辑页面

(b) 位置等级输入对话框

图 9.5.7　移动命令添加项的编辑

③ 光标定位到位置等级输入选项上，按【选择】键，示教器显示图 9.5.7（b）所示的位置等级输入对话框。

④ 调节光标、选定位置等级设定选项"PL＝"。

⑤ 输入所需的位置等级值后，按【回车】键完成命令输入或编辑操作。

利用同样的方法，还可对移动命令进行加速比、减速比等添加项的设定。

如果通过前述的程序编辑设置操作，生效了位置等级显示功能，移动命令的位置等级可在程序中显示。

(5) 移动命令恢复

移动命令被编辑后，如发现所进行的编辑存在错误，可通过恢复（还原）操作，放弃所进行的编辑操作，重新恢复为编辑前的程序。

在安川机器人上，移动命令的恢复对最近的 5 次编辑操作（插入、删除、修改）有效，即使在程序编辑过程中，机器人通过【前进】、【后退】、【试运行】等操作，使得机器人位置发生了变化，系统仍能够恢复移动命令。然而，如程序编辑完成后已经进行过再现运行，或者，程序编辑完成后又对其他的程序进行了编辑操作（程序被切换），则不能再恢复为编辑前的程序。

进行移动命令恢复操作时，需要通过前述的程序编辑设置操作，将恢复选项设定为［UNDO 有效］，然后，可按表 9.5.4 所示的操作步骤恢复移动命令。需要注意的是，当恢复选项生效时，下拉菜单【编辑】中的恢复选项将成为［＊UNDO 有效］显示，如选择这一选项，可取消恢复功能。

表 9.5.4　恢复移动命令的操作步骤

步骤	操作与检查	操作说明
1		按操作面板的【辅助】键,显示编辑恢复对话框
2		选择[恢复(UNDO)],可恢复最近一次编辑操作;选择[重做(REDO)],可放弃最近一次恢复操作

9.5.3　其他命令编辑

(1) 命令插入

如果要在已有的程序中,插入输入/输出、控制命令等基本命令或作业命令,其操作步骤如表 9.5.5 所示。

表 9.5.5　其他命令插入操作步骤

步骤	操作与检查		操作说明
1	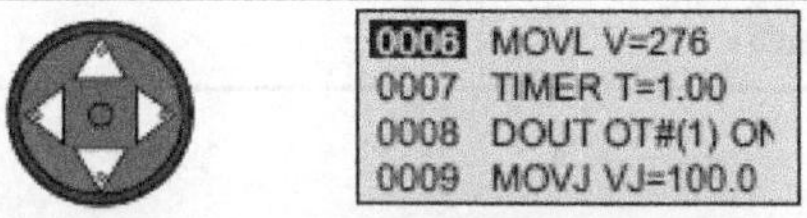		用光标调节键,将光标定位到需要插入命令前一行的"行号"上
2	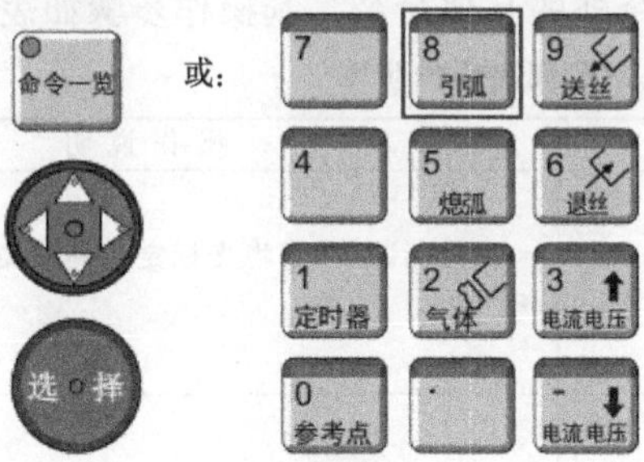		① 按操作面板的【命令一览】键,使示教器显示命令选择对话框(参见 9.4 节、图 9.4.12);部分作业命令可直接按示教器操作面板上的快捷键输入 ② 在显示的命令选择对话框中,通过光标调节键、【选择】键,选择需要插入的命令
3			按操作面板【回车】键,输入命令
4	无修改命令		不需要修改添加项的命令,可直接按操作面板【插入】→【回车】,插入命令
	只需修改数值命令		将光标定位到需要修改的数值项上
		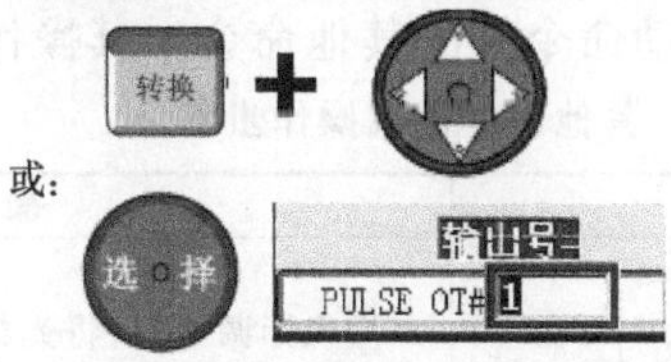	同时按【转换】键和光标【↑】/【↓】键,修改数值。或: 按【选择】键,在对话框中直接输入数值
			按操作面板【回车】键完成数值修改
			按操作面板【插入】→【回车】,插入命令

续表

步骤	操作与检查	操作说明
4	需编辑添加项命令	 将光标定位到命令上，按【选择】键显示"详细编辑"页面
	程序 编辑 显示 详细编辑 PULSE 输出到 OT#() 2 ☑ 时间 未使用	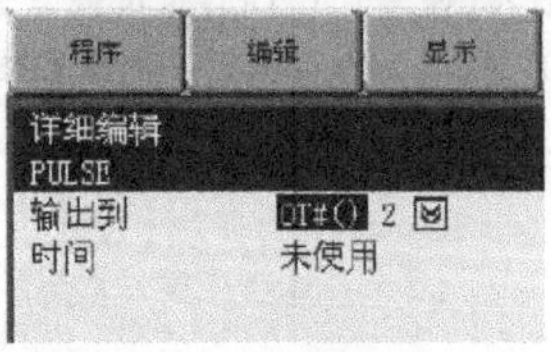 按 9.4 节、ARCSET 命令编辑同样的操作，在"详细编辑"页面，对添加项进行修改，或者选择"未使用"、取消添加项
	回车	 按操作面板【回车】键完成添加项修改
	插入 ➡ 回车	 按操作面板【插入】→【回车】，插入命令

(2) 命令删除

如果要在已有的程序中，删除除移动命令外的其他命令，其操作步骤如表 9.5.6 所示。

表 9.5.6　其他命令删除操作步骤

步骤	操作与检查	操作说明
1	 0020 MOVL V=138 / 0021 PULSE OT#(2) T=I001 / 0022 MOVJ VJ=100.00	用光标调节键，将光标定位到需要删除的命令"行号"上
2	 删除	按【删除】键，选择删除操作
3	 回车 / 0021 MOVL V=138 / 0022 MOVJ VJ=100.00 / 0023 DOUT OT#(1) ON	按操作面板【回车】键完成命令删除

(3) 命令修改

如果要在已有的程序中，修改除移动命令外的其他命令，其操作步骤如表 9.5.7 所示。

表 9.5.7　其他命令修改操作步骤

步骤	操作与检查	操作说明
1	 0020 MOVL V=138 / 0021 PULSE OT#(2) T=I001 / 0022 MOVJ VJ=100.00	用光标调节键，将光标定位到需要修改的命令"行号"上
2	 命令一览 选择	按操作面板的【命令一览】键，显示命令选择对话框；并通过光标调节键、【选择】键选择需要修改的命令

续表

步骤	操作与检查	操作说明
3	 回车	按操作面板【回车】键,选择命令
4	 转换 选择	按命令插入同样的方法,修改命令添加项
5	 回车	按操作面板【回车】键完成命令修改
6	 修改 → 回车	按操作面板【修改】→【回车】,完成命令修改操作

9.5.4 程序暂停与点重合

(1) 程序暂停命令编辑

通过程序暂停命令,机器人可暂停运动,等待外部执行器完成相关动作。在安川机器人上,程序的暂停命令可通过定时器命令 TIMER 实现,该命令可直接利用快捷键输入,其操作步骤如表 9.5.8 所示。

表 9.5.8 程序暂停命令编辑步骤

步骤	操作与检查	操作说明
1	 0006 MOVL V=276 0007 TIMER T=1.00 0008 DOUT OT#(1) ON 0009 MOVJ VJ=100.0	用光标调节键,将光标定位到需要插入定时命令前一行的"行号"上
2	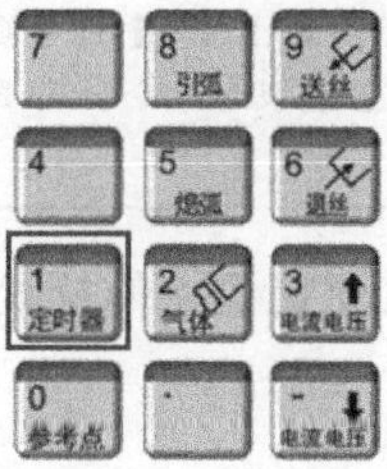 7 引弧 8 9 送丝 4 5 焊接 6 退丝 1 定时器 2 气体 3 电流电压 0 参考点 . 电流电压	按示教器操作面板上的快捷键【定时器】,输入定时命令 TIMER。或: ① 按操作面板上的【命令一览】键,使示教器显示全部命令选择对话框; ② 在显示的命令选择对话框中,通过光标调节键、【选择】键,选择[控制]→[TIMER]命令
3	 回车 TIMER T=3.00	按操作面板【回车】键,选择命令,输入缓冲行显示命令 TIMER
4	 TIMER T=3.00	移动光标到暂停时间值上

步骤	操作与检查	操作说明
5	定时值的修改 【转换】 + 【方向键】 TIMER T= 2.00	同时按【转换】键和光标【↑】/【↓】键,修改暂停时间值
	定时值的输入 选·择 时间= TIMER T 3.00	按【选择】键,在显示的对话框中直接输入定时时间值
6	插入 → 回车	按操作面板【插入】→【回车】,插入命令

(2) 定位点重合命令编辑

移动命令的定位点又称程序点。定位点重合命令多用于重复作业的机器人,为了提高程序的可靠性和作业效率,机器人进行重复作业时,一般需要将完成作业后的退出点和作业开始点重合时,以保证机器人能够连续作业。安川机器人的程序点重合可通过对移动命令的编辑实现,例如,在图 9.4.10 的示例程序中,为了使机器人作业完成后的退出点 P_7 点和作业开始点 P_1 重合,可以进行表 9.5.9 所示的编辑操作。

表 9.5.9 程序点重合命令编辑步骤

步骤	操作与检查	操作说明
1	0000 NOP **0001** MOVJ VJ=10.00 0002 MOVJ VJ=80.00 0003 MOVL V=800 0004 ARCON ASF#(1)	用光标调节键,将光标定位到以目标位置作为定位点的移动命令上,如 0001 MOVJ VJ=10.00
2	前进	按操作面板的【前进】键,使机器人自动运动到该命令的定位点 P_1
3	0007 MOVL V=50 0008 ARCOF AEF#(1) 0009 MOVL V=800 **0010** MOVJ VJ=50.00 0011 END	将光标定位到需要进行定位点重合编辑的移动命令上,如 0010 MOVJ VJ=50.00; 如两移动命令的定位点(程序点)不重合,光标开始闪烁
4	修改 → 回车	按操作面板【修改】→【回车】,命令 0010 MOVJ VJ=50.00 的定位点 P_7,被修改成与命令 0001 MOVJ VJ=10.00 的定位点 P_1 重合

需要注意的是,定位点重合命令的编辑操作,只能改变定位点的位置数据,但不能改变移动命令的插补方式和移动速度。

9.6 程序编辑

9.6.1 程序复制、删除和重命名

(1) 现行程序的复制

当工业机器人使用同样的工具、进行同类作业时,其作业程序往往只有运动轨迹、作业

参数的不同，而程序的结构和命令差别并不大。为了加快示教编程的速度，实际使用时可先复制一个相近的程序，然后通过命令编辑、程序点修改等操作，快速生成新程序。

在安川机器人上，需要进行复制的程序既可以是系统当前使用的现行程序，也可以是存储器中所保存的其他程序，两者的操作稍有区别。

通过复制系统当前使用的现行程序，生成新程序的操作步骤如下。

① 将系统安全模式设定至"编辑模式"或"管理模式"，操作模式选择【示教(TEACH)】。

② 选择主菜单［程序内容］，示教器可显示当前生效的程序内容（如 TEST-1）。

③ 选择卜拉菜单［程序］，示教器可显示图 9.6.1 所示的程序编辑子菜单，选择子菜单［复制程序］，可直接将当前程序复制到粘贴板中。

④ 当前程序复制到粘贴板后，示教器将显示图 9.6.2 所示的字符输入软键盘。在该页面上，可通过程序创建时同样的程序名输入方法，用光标选择字符，在［Result］输入框内修改、输入新的程序名，如"JOBA"等。

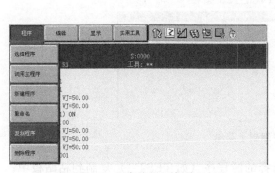

图 9.6.1 程序编辑子菜单显示

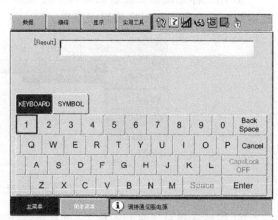

图 9.6.2 字符输入软键盘

⑤ 程序名输入完成后，按【回车】键，新程序名即被输入，示教器显示图 9.6.3 所示的程序复制提示对话框。

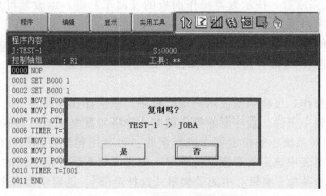

图 9.6.3 程序复制提示框显示

⑥ 选择对话框中的［是］，当前程序即被复制，示教器将显示复制后的新程序（如JOBA）显示页面；如选择对话框中的［否］，可放弃程序复制操作，回到原程序（如TEST-1）的显示页面。

（2）存储器程序的复制

如需要复制系统存储器中保存的其他程序，生成新程序，可在图 9.6.1 所示的程序编辑子菜单显示后，选择子菜单［选择程序］，使示教器显示图 9.6.4 所示的程序一览表，并进行如下操作。

图 9.6.4　程序一览表显示页面

①～③通过前述现行程序复制步骤①～③中同样的操作，显示程序编辑菜单，并选择子菜单［选择程序］，显示程序一览表。

④ 用光标选定需要复制的源程序名（如 TEST-1），再选择下拉菜单［程序］，示教器可显示图 9.6.5 所示的程序编辑子菜单。

图 9.6.5　程序编辑子菜单

⑤ 选择子菜单［复制程序］，可直接将所选择的源程序（如 TEST-1）复制到粘贴板中；示教器将显示前述图 9.6.2 所示的字符输入软键盘。

⑥ 在字符输入页上，可通过操作面板的光标键选定字符，在［Result］输入框内输入新的程序名。

⑦ 程序名输入完成后，按示教器操作面板的【回车】键，示教器可显示图 9.6.3 所示同样的程序复制提示对话框。

⑧ 在对话框中选择［是］，程序即被复制，示教器将显示复制后的新程序显示页面；如在对话框中选择［否］，可放弃程序复制操作，回到原程序的显示页面。

（3）程序删除

利用程序删除操作，可将当前使用的现行程序，或保存在存储器中的指定程序，或全部程序，从系统存储器中删除。程序删除操作的基本步骤与复制类似，具体如下。

① 如果只需要对系统中的指定程序进行删除，可利用程序复制同样的操作，选定当前程序，或从程序一览表中选定需要删除的程序；如需要将系统存储器中的所有程序进行一次性删除，可选择下拉菜单［编辑］中的子菜单［选择全部］，选定全部程序。

② 选择下拉菜单［程序］，使示教器显示图 9.6.1 或图 9.6.5 所示的程序编辑子菜单。

③ 在子菜单中选择［删除程序］，示教器将显示图 9.6.6 所示的程序删除提示对话框。

④ 选择对话框中的［是］，所选定的程序（如 TEST-1）即被删除，示教器将显示程序一览表显示页面；如选择对话框中的［否］，可放弃程序删除操作，回到原程序（如 TEST-1）的显示页面。

图 9.6.6　程序删除提示对话框

(4) 程序重命名

利用程序重命名操作，可更改当前使用的现行程序，或存储器中的指定程序的程序名。程序重命名的操作步骤如下。

① 利用程序复制同样的操作，选定当前程序，或从程序一览表中选定需要重命名的程序；然后，在下拉菜单［程序］中选择子菜单［重命名］，示教器便可显示图 9.6.2 所示的字符输入软键盘。

② 按程序名输入操作步骤，用光标选择字符，在［Result］输入框内输入新程序名后，按示教器操作面板上的【回车】键，便可显示图 9.6.7 所示的程序重命名提示对话框。

③ 选择对话框中的［是］，所选定的程序即更名；如选择对话框中的［否］，可放弃程序重命名操作，回到原程序的显示页面。

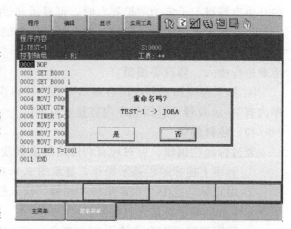

图 9.6.7　程序重命名提示对话框

9.6.2　注释编辑和程序编辑禁止

(1) 标题栏显示

安川机器人的程序不但可定义程序名，而且允许添加最大 32（半角）或 16（全角）个字符的程序注释，以便对程序进行简要的说明；此外，为了防止经常使用的存储被操作者误删除或修改，还可以通过操作编辑禁止设定，保护指定的程序。

注释编辑和程序编辑禁止设定，可通过程序标题栏的编辑实现，标题栏编辑的操作步骤如下。

① 将安全模式设定至"编辑模式"或"管理模式"，操作模式选择【示教（TEACH）】。

② 选择主菜单［程序内容］，示教器显示当前程序（如 TEST）显示页面。

③ 选择下拉菜单［显示］，并选择子菜单［程序标题］，示教器可显示图 9.6.8 所示的程序标题栏编辑页面。

该页面各显示栏的含义如下。

程序名称：显示当前编辑的程序名。

注释：现有的程序注释显示或编辑注释。

日期：显示最近一次编辑和保存的日期和时间。

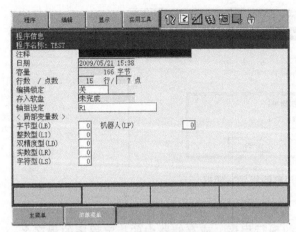

图 9.6.8 程序标题栏编辑页面

容量：显示程序的实际长度（字节数）。

行数/点数：显示程序中的命令行数及全部移动命令中的定位点总数。

编辑锁定：显示或设定程序编辑禁止功能，输入栏显示"关（编辑允许）"，为程序编辑允许；显示"开（禁止编辑）"，为程序编辑禁止。

存入软盘：存储保存显示，如果程序已通过相关操作保存到外部存储器上，显示"完成"；否则，均显示"未完成"。

轴组设定：可显示或修改程序的控制轴组。

<局部变量数>：当示教条件设定中的 [语言等级] 设定为"扩展"时，可显示和设定程序中所使用的各类局部变量的数量。

需要编辑的程序一旦选定，以上显示栏中的"程序名称""日期""容量""行数/点数""存入软盘"等栏目的内容将由系统自动生成；"注释""编辑锁定""轴组设定"栏可以根据需要进行输入、修改等编辑。

④ 如果需要回到程序内容显示页面，可再次选择下拉菜单 [显示]，并选择子菜单 [程序内容]，示教器可返回程序内容显示页面。

(2) 注释编辑

通过标题栏编辑，可对现有程序增加或修改注释，其操作步骤如下。

① 利用上述标题栏显示操作，显示图 9.6.8 所示的标题栏编辑页面。

② 用光标选定图 9.6.8 中的"注释"输入框，示教器将显示和前述程序名输入同样的、图 9.6.2 所示的字符输入软键盘。

③ 程序注释最大允许使用 32（半角）或 16（全角）个字符，通过程序名输入同样的操作，可进行字母大小写、字符的切换，并在 [Result] 框内显示新输入或修改后的注释内容。

④ 注释输入完成后，按示教器操作面板上的【回车】键，便可将 [Result] 框的字符，输入到"注释"显示栏，完成注释编辑。

⑤ 再次选择下拉菜单 [显示]，并选择子菜单 [程序内容]，示教器可返回到程序内容显示页面。

(3) 程序编辑禁止

通过标题栏编辑，也可对当前程序增加编辑保护功能，其操作步骤如下。

① 利用上述标题栏显示操作，显示图 9.6.8 所示的标题栏编辑页面。

② 用光标选定图 9.6.8 中的"编辑锁定"输入框，按示教器操作面板的【选择】键，输入框可进行编辑锁定功能"关（编辑允许）""开（禁止编辑）"间的切换。

③ 需要进行程序编辑保护时，输入框选定"开（禁止编辑）"，禁止程序编辑。

④ 编辑禁止功能选定后，再次选择下拉菜单 [显示]，并选择子菜单 [程序内容]，示教器可返回到程序内容显示页面。

程序编辑被禁止后，就不能对程序进行命令插入、修改、删除或程序删除等编辑操作，但移动命令的定位点（程序点）修改可通过示教条件设定中的"禁止编辑的程序程序点修改"选项或系统参数的设定，予以生效或禁止。

(4) 轴组和局部变量数设定

轴组设定栏可显示或修改程序的控制轴组。对于多机器人系统或复杂系统，可用光标选定输入框后，按示教器操作面板的【选择】键，便可进行"R1～R8"（机器人1～8）、"B1～B8"（基座轴1～8）、"S1～S24"（工装轴1～24）间的切换，并根据需要选定。

局部变量数设定栏可显示和设定程序中所使用的各类局部变量的数量。程序中需要使用局部变量时，可用光标选定输入框后，按示教器操作面板的【选择】键，便可通过操作面板的数字键，直接设定各类局部变量的变量范围（最大变量号）。

9.6.3 程序块剪切、复制和粘贴

(1) 程序块编辑功能

机器人示教编程需要在机器人作业现场进行，示教编程时，机器人需要停止正常作业，在操作者的引导下生成作业程序。为了简化编程操作、加快编程速度，机器人控制系统不但可和其他计算机一样，通过粘贴板，对指定区域的程序块进行剪切、复制、粘贴等编辑操作，且还可进行特殊的"反转粘贴"。

安川机器人的程序块编辑功能如图9.6.9所示。

复制：程序块复制可将选定区的命令复制到系统粘贴板中，原程序保持不变。

剪切：程序块剪切也可将选定区的命令复制到系统粘贴板中，但原程序中选定区域的内容将被删除。

粘贴：程序块粘贴可将系统粘贴板中的内容，原封不动地写入到程序的指定位置。

反转粘贴：程序块反转粘贴可将系统粘贴板中的命令次序取反，然后再写入到程序的指定位置。

(2) 行反转与轨迹反转粘贴

反转粘贴是机器人系统特有的功能，当机器人完成作业、需要沿原轨迹返回时，利用反转粘贴功能，可以直接生成机器人返回的程序块。

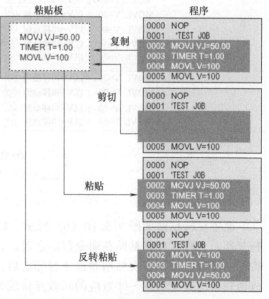

图9.6.9 程序块编辑功能

需要注意的是：使用反转粘贴功能时，系统粘贴板中的命令将被原封不动地取反、粘贴，但示教点的位置则只进行取反，终点不进行粘贴；因此，程序块复制时所选择的范围不同，反转粘贴后，机器人将产生不同的动作。为此，在安川系统上有"行反转粘贴"和"轨迹反转粘贴"2种反转粘贴方法。

1）行反转粘贴

行反转粘贴如图9.6.10（a）所示，当选择命令行①～④进行复制，然后，将其反转粘贴到命令行⑤之后时，命令行①～④的命令被原封不动地取反，按④～①的次序粘贴；示教点的位置①～④进行取反，依次粘贴到命令行⑤之后。

由于命令行①～④的示教点位置被反转粘贴，故机器人的定位点将与前进时相反，机器人可以沿原轨迹返回。但是，由于机器人从命令行④所指定的示教点，前进至命令行⑤所指定的示教点时，其移动速度由命令行⑤指定（V=70）；而从命令行⑤所指定的示教点，返

回命令行④所指定的示教点时，其移动速度则由粘贴的命令行④指定（V＝30）；因此，两者的速度将不同。这一规律同样适用于其他程序点。这就是说：如果反转粘贴时，只是将命令行进行反转粘贴，任意2个程序点间的前进和返回速度将存在不同，这种反转粘贴方式称为"行反转粘贴"。

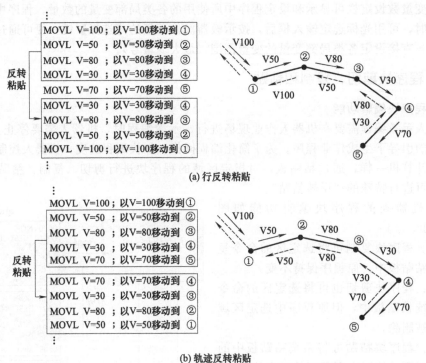

(a) 行反转粘贴

(b) 轨迹反转粘贴

图 9.6.10　反转粘贴的选择

2）轨迹反转粘贴

轨迹反转粘贴如图 9.6.10（b）所示，对于上述同样的程序，如果选择命令行②～⑤进行复制，并将其反转粘贴在命令行⑤之后，这时，命令行②～⑤的命令被原封不动地取反、按⑤～②的次序，依次粘贴到命令行⑤之后；但是，命令行⑤的终点位置不会被重复粘贴，故所粘贴的命令行⑤～②对应的示教点将成为④～①。因此，从命令行⑤所指定的示教点返回时，其移动速度则由粘贴的命令行⑤指定（V＝70）；即机器人将以原轨迹、原速度返回。这种能够实现轨迹完全反转的粘贴方式，称为"轨迹反转粘贴"。

(3) 程序块的复制和剪切

在进行程序块的粘贴、反转粘贴操作前，首先需要通过程序块的复制或剪切操作，将程序中指定区域的命令写入到系统的粘贴板中，然后，再将粘贴板中的命令粘贴到指定位置。程序块复制或剪切的操作步骤如下。

① 将安全模式设定至"编辑模式"或"管理模式"。

② 将示教器上的操作模式选择开关置"【示教（TEACH）】"模式。

③ 选择主菜单［程序内容］，示教器显示当前程序显示页面。

④ 移动光标，将光标定位于图 9.6.11（a）所示的复制、剪切区的起始行命令上。

⑤ 按示教器操作面板上的"【转换】＋【选择】"键。

⑥ 移动光标，选择需要复制、剪切的区域；被选中的区域的程序行号将以图 9.6.11（b）所示的反色进行显示。

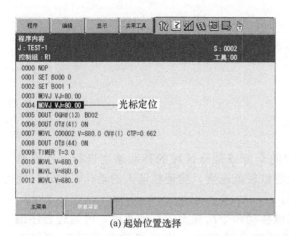
(a) 起始位置选择

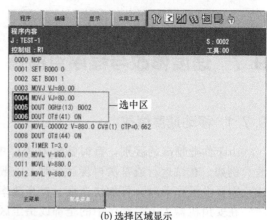
(b) 选择区域显示

图 9.6.11　程序区域的选择

⑦ 选择下拉菜单［编辑］，示教器将显示图 9.6.12 所示的程序编辑子菜单。

⑧ 根据需要，选择子菜单［剪切］或［复制］，便可将选定区域的程序命令剪切或复制到系统粘贴板中。

⑨ 选择［剪切］操作时，将删除原程序中所选区域的程序命令，因此，系统会显示图 9.6.13 所示的剪切确认对话框；如选择对话框中的［是］，执行剪切操作、删除选定区域的命令；选择［否］，可放弃剪切操作，回到程序显示页面。

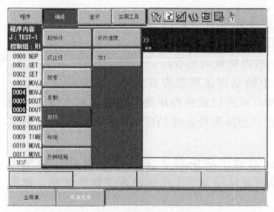
图 9.6.12　程序编辑子菜单

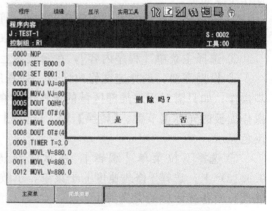
图 9.6.13　剪切确认对话框显示

（4）程序块的粘贴和反转粘贴

利用程序块的粘贴、反转粘贴操作，可将系统粘贴板中的程序命令直接（粘贴）或逆序（反转粘贴）插入到选定的位置，插入位置的选择与粘贴操作的步骤如下。

① 选择主菜单［程序内容］，在示教器上显示需要粘贴的程序页面。

② 移动光标，将光标定位于需要粘贴的前一行命令上。

③ 选择下拉菜单［编辑］，在示教器显示的如图 9.6.12 所示的程序编辑子菜单显示页面上，根据需要选择［粘贴］或［反转粘贴］子菜单。

④ 粘贴板的命令将被插入到所选定行的下方、行号反色显示，同时，显示粘贴确认对话框［粘贴吗？］及提示［是］、［否］；选择对话框中的［是］，执行粘贴操作；选择［否］，可放弃粘贴操作，回到程序显示页面。

9.7 速度修改与程序点检查

9.7.1 移动速度修改

由于作业情况的区别,有时需要对程序中的全部或部分区域的移动速度进行一次性修改。例如,在试运行或首次再现运行时,一般要以较低速度,验证机器人的动作;试运行完成、需要批量作业时,可加快速度、提高效率。

在安川机器人上,程序中的全部或指定区域移动命令所规定的移动速度,可通过程序编辑功能进行一次性修改。移动速度的修改可采用分类修改、比例修改和移动时间修改(TRT)3种方法,其作用和修改操作步骤分别如下。

(1) 速度分类修改和比例修改

移动速度的分类修改,可对程序中的指定类速度,如 VJ 或 V、VR、VE,进行一次性修改,其他类别的速度保持不变;移动速度的比例修改,可将程序中的全部速度 VJ、V、VR、VE,均按比例进行一次性修改。速度修改的范围既可以是程序的全部区域,也可以是程序的指定区域。

移动速度的分类修改和比例修改,需要通过系统速度修改页面的设定实现,修改速度的操作步骤如下。

① 将安全模式设定至"编辑模式"或"管理模式"。

② 将操作模式选择开关置"【示教(TEACH)】"模式。

③ 选择主菜单 [程序内容],在示教器上显示需要修改的程序。

④ 根据需要,选择速度修改区域。如程序中的全部速度都需要修改,可直接进入下一步操作;如只需对程序局部区域的速度进行修改,可通过前述程序块编辑同样的方法,利用操作面板的光标调节键、【转换】键、【选择】键,选择需要修改的区域,使被选中的区被呈反色显示。

⑤ 选择下拉菜单 [编辑],在示教器显示的程序块编辑子菜单显示页面(参见图9.6.12)上,选择 [修改速度] 子菜单,示教器可显示图 9.7.1 所示的速度修改页面。速度修改页面各显示栏的含义如下。

开始行号:显示所选择的速度修改区域程序起始行号。

结束行号:显示所选择的速度修改区域程序结束行号。

修改方式:选择速度修改操作的方法,光标选定输入框后,按操作面板的【选择】键,可进行"不确认"和"确认"间的切换。选择"确认"时,执行速度修改操作时,选定区域内的每一速度修改,系统均会自动显示修改提示信息 [速度修改中],并需要操作者用操作面板上的【回车】键进行逐一确认;选择"不确认"时,执行速度修改操作时,选择区域内的全部速度将直接修改。

速度种类:选择需要修改的速度。按类别修改速度时,可用光标选定输入框,按操作面板的【选择】键,在输入框所显示的速度选项"VJ(关节移动速度)""V(控制点移动速度)""VR(工具定向移动速度)""VE(外部轴移动速度)"中,用【选择】键选定需要修改的速度类别;如选择比例,则选定区域的全部速度都将按规定的比例进行一次性修改。

速度:设定新的速度值或修改比例值。

⑥ 根据需要，用操作面板的【选择】键，在"修改方式""速度种类"的输入框内选定所需的修改方式、速度类别。

⑦ 光标选定"速度"栏的输入框，按操作面板的【选择】键选定后，便可输入新的速度值或比例值，速度输入完成后，用操作面板的【回车】键确认。

⑧ 用光标选择［执行］、［取消］，执行或退出速度修改操作。选择［执行］时，如"修改方式"选择"不确认"，选择区域内的全部速度将被一次性修改；当"修改方式"选择"确认"时，每一命令的速度修改都需要通过操作面板的

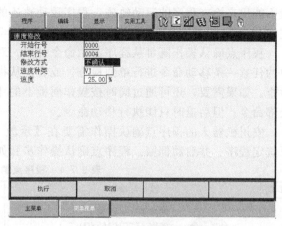

图 9.7.1　速度修改页面

【回车】键确认，不需要修改的速度可以通过光标选择［执行］、［取消］跳过或退出速度修改操作。

(2) 移动时间修改（TRT）

使用移动速度的移动时间修改（TRT）功能，可通过设定移动命令的执行时间，对程序中的所有速度（VJ、V、VR、VE）进行一次性修改。但是，移动时间修改的方式不能改变程序中利用再现速度设定命令 SPEED、作业命令 ARCON 等命令指定的速度，因此，在这种情况下，实际的程序执行时间和移动时间修改所设定的时间并不一致。

移动速度的移动时间修改操作步骤如下。

①～④利用移动速度分类修改和比例修改中步骤①～④同样的方法，选择需要进行速度修改的程序及区域。

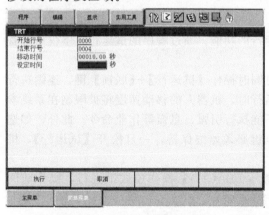

图 9.7.2　移动时间修改页面

⑤ 选择下拉菜单［编辑］，在示教器显示的、前述的程序块编辑子菜单显示页面上（参见图 9.6.12），选择［TRT］子菜单，示教器可显示图 9.7.2 所示的移动时间修改页面。

移动时间修改页面各显示栏的含义如下。

开始行号：显示所选择的速度修改区域程序起始行号。

结束行号：显示所选择的速度修改区域程序结束行号。

移动时间：所选择的速度修改区的当前移动时间。

设定时间：需要设定的移动时间。

⑥ 光标定位于"设定时间"输入框，按操作面板的【选择】键。

⑦ 用数字键输入需要设定的运动时间，按操作面板的【回车】键确认。

9.7.2　程序点检查与试运行

(1) 程序点确认

程序点确认是通过机器人执行移动命令，检查和确认定位点位置的操作。程序点检查可对任意移动命令进行，如圆弧插补、自由曲线插补的中间点移动命令等，但是，这一操作一

般不能用来检查程序的运动轨迹；程序运动轨迹的检查，可通过后述的程序试运行、再现模式的"检查运行"等方式进行。

程序点确认操作既可从程序起始命令开始，对每一移动命令进行依次检查，也可对程序中的任意一条移动命令进行单独检查，或者，从指定的移动命令开始，依次向下或向上进行检查。如果需要，还可通过同时按操作面板上的【前进】和【联锁】键，连续执行机器人的全部命令；但后退时只能执行移动命令。

安川机器人的程序点确认操作需要在【示教（TEACH）】操作模式下进行，操作前需要选定程序、并启动伺服。程序点确认操作步骤如表 9.7.1 所示。

表 9.7.1　程序点确认操作步骤

步骤	操作与检查	操作说明
1	0003 MOVL V=800 0004 ARCON ASF#(1) 0005 MOVL V=50 0006 ARCSET AC=200 AVP=100	用光标调节键，将光标定位到需要检查定位点的移动命令上
2	高 手动速度 低	按手动速度调节键【高】/【低】键，设定移动速度。 注：手动高速对【后退】操作无效（后退只能使用低速）
3	前进　或：后退	按操作面板的【前进】或【后退】键，可检查下一条或上一条移动命令的定位点
4	前进 ➕ 联锁	按【前进】+【联锁】键可执行所有命令（见系统参数 S2C199 说明），但后退时不能执行非移动命令

（2）程序试运行

试运行是利用示教模式，模拟机器人再现运行的功能。通过程序的试运行，不仅可检查程序点，也可检查程序的运动轨迹。

程序试运行可连续执行移动命令，也可通过同时操作【试运行】+【联锁】键，连续执行其他基本命令。但是，为了运行安全，程序试运行时，机器人的移动速度将被限制在系统参数设定的"示教最高速度"之内；试运行时也不能执行引弧、息弧等作业命令；此外，如选择了"【试运行】+【联锁】"运行，则【试运行】键必须始终保持，一旦松开【试运行】，机器人动作将立即停止。

安川机器人的程序试运行操作需要在【示教（TEACH）】操作模式下进行，操作前同样需要选定程序、并启动伺服。程序试运行操作步骤如下。

① 操作模式选择【示教（TEACH）】。

② 选定需要进行试运行的程序。

③ 按操作面板的【试运行】键，机器人连续执行移动命令，如在操作【试运行】键时，【联锁】键被按下，可同时执行程序的其他基本命令。联锁试运行时，按键【试运行】必须始终保持，但【联锁】键可在命令启动后松开。

如需要，安川机器人还可通过再现特殊运行设定中的"机械锁定运行"或"检查运行"选项设定，禁止机器人移动命令或作业命令。机械锁定运行生效时，可在示教模式下，通过操作【前进】、【后退】键，执行程序中除移动命令外的其他命令；检查运行生效时，可以忽略作业命令，对机器人的移动轨迹进行单独检查。

机械锁定运行、检查运行在下拉菜单［实用工具］、子菜单［设定特殊运行］上设定；运行方式设定后，即使切换系统的操作模式，功能仍将保持有效，有关内容详见后述。

9.8 变量编辑操作

9.8.1 数值与字符变量编辑

(1) 数值型变量编辑

数值型变量的值或状态，可直接利用示教器操作面板的数字键，以十进制数的形式输入，其操作步骤如下。

① 将安全模式设定至"编辑模式"或"管理模式"。

② 操作模式选择开关置"【示教（TEACH)】"模式。

③ 选择主菜单［变量］，并在通过相应的子菜单选定变量类型，如［字节型］等，示教器便可显示图 9.8.1 所示的变量显示页面。

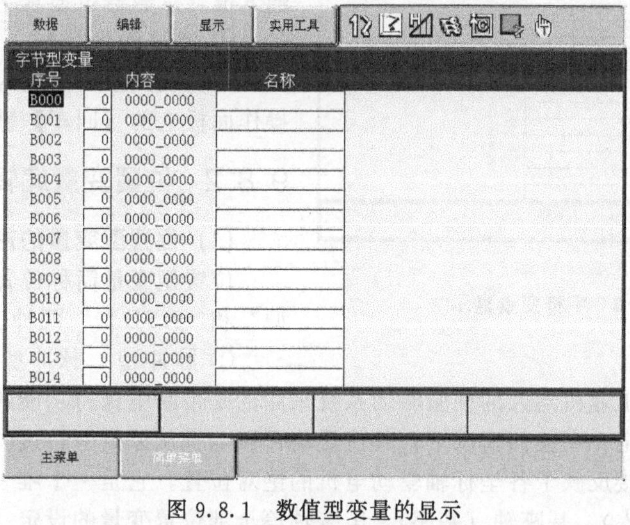

图 9.8.1 数值型变量的显示

④ 选择需要编辑的变量号（序号）。变量号的选择可直接用操作面板的【翻页】键、光标调节键，通过页面切换、光标移动选定；或者，将光标定位于任一变量号上、按操作面板的【选择】键，然后，在示教器弹出的输入框内输入指定的变量号、按【回车】键，光标可自动定位到指定的变量号上；或者，选择下拉菜单［编辑］，在图 9.8.2 所示的编辑菜单中，选择子菜单［搜索］，然后，在示教器弹出的输入框内输入指定的变量号、按【回车】键，光标同样可自动定位到指定的变量号上。

⑤ 光标选定内容栏中的十进制数值输入框。部分数值型变量的"内容"栏，有十进制和二进制 2 个显示框，两者的显示值相同。

⑥ 用操作面板上的数字键输入变量值后，按【回车】键确认。

⑦ 如需要，还可将光标移动到名称输入框并选定，示教器便可显示字符输入软键盘；然后，按程序名输入同样的操作步骤，用光标选择字符，在［Result］输入框内输入变量名后，按示教器操作面板上的【回车】键，便输入变量名。

图 9.8.2 变量搜索

(2) 字符变量编辑

字符变量的编辑操作与数值型类似，它同样可直接通过面板的输入操作实现，其操作步骤简述如下。

① 在主菜单［变量］下，选择子菜单［文字型］，示教器将显示图 9.8.3 所示的页面。

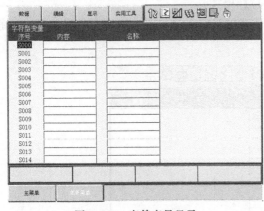

图 9.8.3 字符变量显示

② 通过数值型变量同样的操作，选定变量号。

③ 光标选定"内容"或"名称"栏的输入框，示教器可显示字符输入软键盘。

④ 通过程序名输入同样的操作，输入变量内容或变量名。输入完成后，按示教器操作面板上的【回车】键确认。

9.8.2 位置变量编辑

(1) 位置型变量的形式

位置型变量简称位置变量，它有"脉冲型"和"XYZ 型"两种表示形式。

① 脉冲型　脉冲型位置通过脉冲计数的方法表示。由于工业机器人的伺服驱动系统采用的是带断电保持功能的绝对型编码器，关节轴的原点一经设定，在任何情况下，其位置均可以电机从原点所转过的脉冲数来表示。

脉冲型位置直接反映了各坐标轴驱动电机的绝对位置，它是一个唯一的值，故可用于机器人本体轴（机器人）、基座轴（基座）、工装轴等全部位置变量的设定。

② XYZ 型　XYZ 型位置以机器人三维空间的坐标原点为基准，用 $X/Y/Z$、$R_x/R_y/R_z$ 等坐标值来表示。

采用 XYZ 型位置定义控制点位置时，由于机器人的运动需要通过多个关节的旋转、摆动实现，其形式复杂多样，即使是对于同一空间位置，也可用不同关节、不同形式的运动实现，因此，还需要通过姿态参数，来规定机器人的实际状态和运动方式。

XYZ 型位置变量可用来定义机器人本体坐标轴和基座轴的位置，但工装轴的运动并不能直接改变机器人 TCP 位置，因此，一般不能以 XYZ 型位置变量表示工装轴。

位置型变量的输入与修改可通过面板的数据直接输入和示教输入两种方式实现，其操作步骤分别如下。

(2) 数据直接输入

直接通过操作面板的数据输入，输入与修改位置变量的操作步骤如下。

① 将安全模式设定至"编辑模式"或"管理模式"。

② 操作模式选择开关置"【示教（TEACH）】"模式。

③ 选择主菜单［变量］，并在通过相应的子菜单［位置型（机器人）］、［位置型（基座）］、［位置型（工装轴）］选定所需的位置变量类型，示教器可显示图9.8.4所示的变量显示页面，变量未设定时，输入框显示"＊"（初始状态）。

④ 通过数值型变量同样的操作，选定变量号。

⑤ 将光标定位于变量号输入框，按操作面板的【选择】键，如所选的变量未经设定（无初值），示教器可直接显示图9.8.5所示的变量形式选择选项，进行输入操作；如变量具有初值，示教器将显示数据清除对话框"清除数据吗？［是］、［否］"，选择对话框中的［是］，可删除原设定，重新定义变量的表示形式、设定变量值。

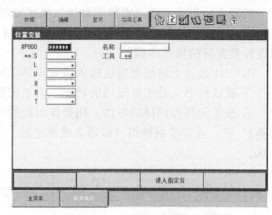

图 9.8.4　位置型变量的显示

⑥ 用操作面板的【选择】键，选定位置变量形式。如对于机器人的位置，选择"脉冲"便可输入脉冲型位置值；选择"机器人"、"用户"或"工具"，则可分别输入控制点在机器人坐标系、用户坐标系或工具坐标系上的XYZ型位置值及机器人的姿态参数；在使用多机器人的系统上，还可选择"主工具坐标系"的XYZ型位置值和姿态参数。

图 9.8.5　位置变量的形式选择

⑦ "脉冲型"位置可在图9.8.4所示的显示页上，直接用操作面板上的数字键输入，完成后按【回车】键确认；选择"机器人"、"用户"或"工具"等XYZ型位置设定时，示教器将显示图9.8.6所示的设定页面，然后，通过操作面板的数字键输入位置值、用【选择】键选定"＜形态＞"参数，按【回车】键确认。

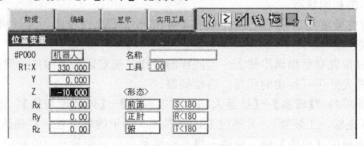

图 9.8.6　XYZ型位置变量设定页面

⑧ 如需要，还可将光标移动到名称输入框并选定，示教器便可显示字符输入软键盘；

然后，程序名输入同样的操作步骤，用光标选择字符，在［Result］输入框内输入变量名后，按示教器操作面板上的【回车】键，输入变量名。

(3) 示教输入

机器人的形态多样，直接用数值来描述控制点的位置、特别是"脉冲型"位置，通常比较困难，为此，实际使用时可通过示教操作，来输入或修改位置变量。利用示教操作输入与修改位置变量的操作步骤如下。

①～④ 通过上述数据直接输入编辑步骤①～④同样的操作，选定位置变量。

⑤ 确认机器人处于可运动的状态，启动伺服。

⑥ 按手动操作同样的方法，用操作面板的"【转换】+【机器人切换】""【转换】+【外部轴切换】"键，选定控制轴组（机器人或基座轴、工装轴），并通过图9.8.7所示的状态显示栏确认。

图9.8.7 控制轴组的状态显示

机器人R1～机器人R8
基座轴B1～基座轴B8
工装轴S1～工装轴S24

⑦ 利用手动操作，将机器人移动到与位置变量设定值完全一致的位置。

⑧ 按操作面板的【修改】键，机器人现行位置值将被读入到所选定的位置变量上。

⑨ 按操作面板上的【回车】键确认，完成位置变量编辑。

(4) 位置变量清除和确认

当位置变量设定错误或需要删除指定位置变量时，可通过如下操作清除位置变量的设定值、回到初始状态。

①～④ 通过位置变量编辑步骤①～④同样的操作，选定需要清除的位置变量。

⑤ 选定下拉菜单［数据］，示教器将显示图9.8.8所示的数据清除菜单。

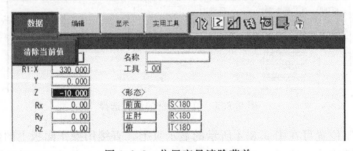

图9.8.8 位置变量清除菜单

⑥ 选择子菜单［清除当前值］，所选位置变量的全部值将被一次性删除，变量恢复至前述图9.8.4所示的初始状态。

如果需要对位置变量的设定值进行检查，可按照如下操作步骤，通过机器人的实际运动，确认设定值。

①～④ 通过位置变量编辑步骤①～④同样的操作，选定需要清除的位置变量。

⑤ 确认机器人处于可运动的状态、启动伺服。

⑥ 用操作面板的"【转换】+【机器人切换】""【转换】+【外部轴切换】"键，选定控制轴组（机器人或基座轴、工装轴），并通过上述图9.8.7所示的状态显示栏确认。

⑦ 按操作面板的【前进】键，机器人将自动运动到位置变量设定值所定义的位置上。

⑧ 如位置不正确，可通过手动操作，将机器人移动到所需的位置，然后，按操作面板的【修改】键、【回车】键进行重新输入。

第10章

作业文件编辑操作

>>>>>>

10.1 点焊作业文件编辑

10.1.1 焊机特性文件编辑

机器人点焊系统中的焊机、焊钳等焊接设备，通常都是采用专业厂家生产的通用设备。由于产品性能、控制要求不同，点焊作业时，控制系统需要根据实际焊机、焊钳的要求，利用 I/O 信号对其进行控制。

机器人焊机的焊接电压、电流、焊接时间等参数，一般都可通过机器人控制系统的 DO 信号进行控制；焊机故障、焊接完成等信号可作为机器人控制系统的 DI 信号输入。由于焊机、焊钳的控制信号和参数较多，为了简化程序，安川机器人可用作业条件文件的形式对其进行统一定义，作业命令可调用作业条件文件，一次性改变焊机、焊钳控制信号和焊接工艺参数。用来定义焊机控制要求和作业参数的文件，称为"焊机特性文件"；用来定义焊钳控制要求和作业参数的文件，称为"焊钳特性文件"。焊机、焊钳特性文件是点焊机器人作业的基本条件文件，它们需要在执行作业命令前预先编辑。

安川电焊机器人的焊机控制参数，可通过"焊机特性文件"和"I/O 分配"进行设定，焊机特性文件可通过焊接启动命令 SVSPOT 的添加项 WTM 选择。

(1) 焊机特性文件编辑

安川点焊机器人焊机特性文件编辑的操作步骤如下。

① 操作模式选择【示教（TEACH）】。

② 按【主菜单】键，并选择子菜单［点焊］，示教器便可显示图 10.1.1 所示的点焊机器人基本设定菜单。

在点焊机器人基本设定菜单显示页面上，操作者可根据实际需要，通过选择［焊钳压力］、［空打压力］、［焊钳特性］、［电焊机特性］、［电极安装管理］等选项，直接利用示教器显示和编辑点焊机器人的全部作业文件，并进行焊机、焊钳控制 DI/DO 信号地址、电极间隙等其他参数的设定。

③ 选择［点焊机特性］选项，示教器可显示图 10.1.2 所示的焊机特性文件，文件中各参数的含义及设定要求如下。

焊机序号：焊机编号设定、选择，允许输入范围为 1～255。在焊接启动命令 SVSPOT 上，焊机编号可添加项 WTMn 中的 n 指定，文件编辑时可通过【翻页】键改变焊机编号。

焊接命令输出类型：用来设定焊接启动作业命令 SVSPOT 的焊接启动信号 WST 的信号输出类型。

WST 是用于电极通电、焊接启动的控制信号，信号可根据焊机的要求，选择图 10.1.3 所示的"电平"、"脉冲"或"开始信号" 3 种控制方式。选择电平或脉冲控制时，焊接电流可从 WST 信号 ON 时刻输出；选择开始信号时，焊接电流从 WST 信号由 ON 变为 OFF 状态时刻输出。脉冲、开始信号的保持时间可利用"焊接条件输出时间"参数设定。

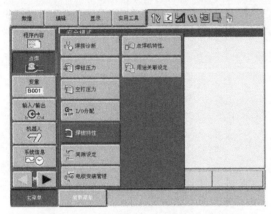

图 10.1.1 点焊机器人基本设定菜单

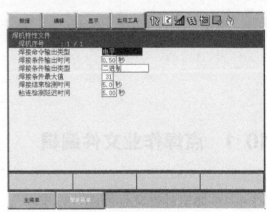

图 10.1.2 焊机特性文件显示

焊接条件输出时间：设定 WST 信号、焊接条件等 DO 信号的输出保持时间。

焊接条件输出类型：设定焊接条件信号的输出形式，选择"二进制"输出时，可通过 8 点 DO 输出，指定最大 255 个焊接条件。

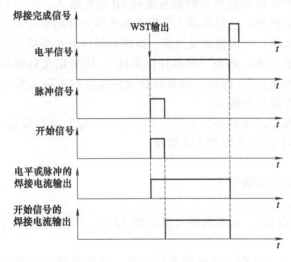

图 10.1.3 WST 信号输出类型

焊接条件最大值：用来设定焊机的焊接条件数量、减少 DO 点。例如，当焊机只需要使用 31 种焊接条件时，可将参数设定为 31，这样控制系统只需要占用 5 点 DO。

焊接结束检测时间：设定从焊接开始到检测焊接结束信号的时间，焊接结束信号的 DI 地址需要通过后述的［I/O 分配］操作定义。

粘连检测延迟时间：设定从焊接开始到检测焊机粘连信号的时间，粘连检测信号一般不使用，如需要，其 DI 地址同样需要通过后述的［I/O 分配］操作定义。

④ 根据需要，完成焊机参数的设定或修改，控制系统便可自动生成焊机特性文件。

(2) DI/DO 信号定义

点焊机器人的焊机、焊钳需要由系统的 DI/DO 信号控制，焊钳控制的 DI/DO 信号需要在"焊钳特性文件"上定义，有关内容见后述。

焊机 DI/DO 控制信号的定义方法如下。

① 操作模式选择【示教（TEACH）】。

② 按【主菜单】键，并选择子菜单［点焊］，示教器显示图 10.1.1 所示的点焊机器人基本设定菜单。

③ 选择［I/O 分配］选项，示教器可显示 DI/DO 地址设定页面。

④ 选择下拉菜单［显示］，示教器可显示图 10.1.4 所示的［输入分配］、［输出分配］编辑菜单，定义焊机 DI/DO 控制信号地址。

选择［输入分配］选项，便可在"通用输入信号"输入框中，设定来自焊机的 DI 信号地址。安川点焊机器人出厂默认的 DI 信号地址一般如下，用户也可根据实际要求，增加、取消 DI 信号。

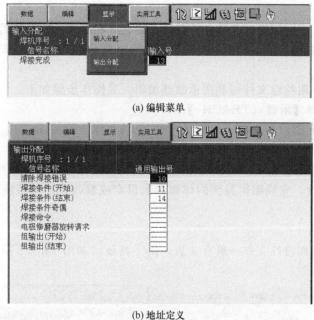

(a) 编辑菜单

(b) 地址定义

图 10.1.4 点焊 DI/DO 定义

IN09：焊机冷却异常。

IN10：焊钳冷却异常。

IN11：阻焊变压器过热。

IN12：压力过低。

IN13：焊接结束。

选择［输出分配］选项，便可在"通用输出信号"输入框中，设定焊机控制的 DO 信号地址。安川点焊机器人出厂默认的 DO 信号地址一般如下，用户也可根据实际要求，增加、取消 DO 信号。

OUT09：焊机启动。

OUT10：故障清除。

OUT11～ OUT15：焊接条件选择（默认 31 种焊接方式）。

OUT16：电极修磨旋转请求。

用于焊接条件选择的 DO 信号地址应连续，信号数量可通过"焊接条件（开始）""焊接条件（结束）"设定，例如，当开始地址设定为 OUT11、结束地址设定为 OUT15，便可利用 OUT11～OUT15 的二进制组合，选择 31 个焊接条件。"焊接条件奇偶"信号用于对焊接条件输入信号有奇、偶校验要求的焊机，信号可作为奇、偶校验信号使用。

"组输出（开始）""组输出（结束）"用来设定多点连续焊接（间隙焊接）命令 SVS-POTMOV 的焊接组信号的起始、结束 DO 地址，信号可用于焊机选择与控制。

10.1.2　焊钳特性文件编辑

(1) 文件编辑操作

焊钳是点焊机器人的基本作业工具，其开合、压力、速度等参数都需要控制系统进行控制。在使用伺服焊钳的安川机器人上，焊钳通常归属工装轴组，其结构形式、开合行程，以及伺服电机的最高转速、减速比、负载惯量比等控制参数，均可通过控制系统的硬件配置设定操作设定。

焊钳种类很多，不同焊钳的参数各不相同，因此，在机器人程序中需要通过"焊钳特性文件"来定义焊钳的特性参数，作业命令可通过添加项 GUN♯（n）来选择不同的焊钳特性文件。

安川机器人的焊钳特性文件可利用示教器编辑，其操作步骤如下。

① 操作模式选择【示教（TEACH）】。

② 按【主菜单】键，并选择子菜单［点焊］，示教器显示图 10.1.1 所示的点焊机器人基本设定菜单。

③ 选择［焊钳特性］选项，示教器可显示焊钳特性文件编辑页面（见下述）。

④ 根据焊钳特性，完成编辑页面的焊钳参数设定或修改，控制系统便可自动生成焊钳特性文件。

(2) 参数设定 1

安川机器人的焊钳特性文件一般有 3 页，第 1 页显示如图 10.1.5 所示，其参数含义与设定要求如下。

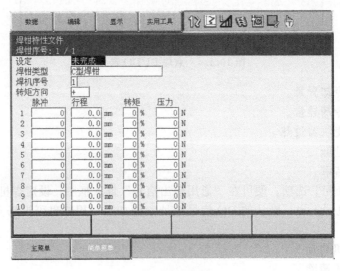

图 10.1.5　焊钳特性设定页 1

焊钳序号：焊钳编号设定、选择，允许输入范围为 $1\sim12$。焊钳编号 n 可通过点焊作业命令 SVSPOT、SVGUNCL、GUNCHG 的添加项 GUN♯（n）选定，编辑时可通过示教器操作面板上的【翻页】键选择。

焊钳类型：焊钳的结构形式选择。安川机器人可选择 C 型及 X 型单行程、X 型双行程 3 种焊钳之一。

设定：焊钳特性文件编辑状态显示。"未完成"代表该特性文件的参数已被修改、但操作未完成；此时，如参数设定已完成，可将光标定位到"未完成"上，按【选择】键，便可使显示成为"完成"状态。

焊机序号：设定用于焊钳控制的焊机号。

转矩方向：该参数用于焊接启动命令 SVSPOT 和焊钳夹紧命令 SVGUNCL。参数可定义电极加压时的伺服电机转向。伺服电机正转加压时选择"＋"，反转加压时选择"－"。

转矩特性：该参数用于焊接启动命令 SVSPOT 和焊钳夹紧命令 SVGUNCL。伺服焊钳的电极加压利用伺服电机驱动，电极压力取决于伺服电机输出转矩，但两者无确定的关系，因此，焊钳的转矩特性需要以表格数据的形式，来设定焊钳夹紧时的伺服电机输出转矩、角位移（脉冲数）与电极行程、压力间的对应关系。

通过表格数据确定的伺服电机转矩特性如图 10.1.6 所示，安川机器人最多可设定 12 组数据（第 11、12 组数据在焊钳特性文件的第 2 页显示）。

表格数据需要通过对实际焊钳的测量后得到；对于两个相邻点间的其他电极压力，可由系统自动按线性的比例来推算出伺服电机的输出转矩。

(3) 参数设定 2

焊钳特性文件的第 2 页显示如图 10.1.7 所示，显示页的前 3 行是接续第 1 页的焊钳转矩特性数据，其他参数含义与设定要求如下。

最大压力：该参数用来设定焊接启动命令 SVSPOT 和焊钳夹紧命令 SVGUNCL 的电极最大压力，压力超过最大值时，控制系统可产生报警并停止。

接触检测延迟时间：设定电极接触信号的延迟时间，参数用于焊接启动命令 SVSPOT 和焊钳夹紧命令 SVGUNCL。

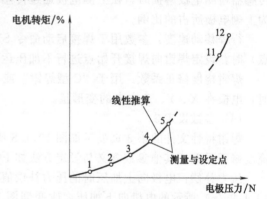

图 10.1.6　焊钳转矩特性

初始接触速度：电极接触速度设定，参数用于焊接启动命令 SVSPOT 和焊钳夹紧命令 SVGUNCL。

磨损检测传感器 DIN 号：参数用于命令 SVGUNCL 的电极磨损检测，如焊钳使用了电极磨损检测传感器，该参数用来设定传感器输入的 DI 地址。

磨损比率（固定侧）：参数用于命令 SVGUNCL 的电极磨损检测作业，当焊钳夹紧（空打）命令 SVGUNCL 使用了固定焊钳磨损检测添加项"TWC-C"时，参数用来设定单行程焊钳的固定侧电极磨损量（百分比）。

磨损校正固定偏移量：电极磨损补偿生效时，参数可设定加到固定侧电极上的磨损补偿偏移量。

磨损检测传感器信号极性：磨损检测传感器 DI 信号的输入极性设定，常开触点输入选择"关→开（OFF→ON）"；常闭触点输入选择"开→关（ON→OFF）"。

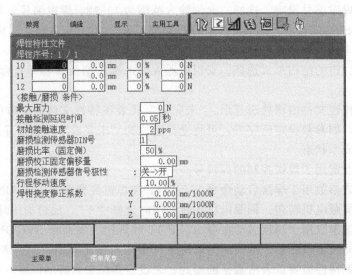

图 10.1.7　焊钳特性设定页 2

焊钳闭合后电极动作比例（下侧）：仅用于"X 型焊钳（双行程）"，参数可设定焊钳闭合时的上/下侧电极动作比，设定值为下侧电极所占的比例。

传感器检测电极的动作比例（上侧）：仅用于"X 型焊钳（双行程）"，参数可设定利用传感器检测电极磨损时，在上侧电极通过传感器检测区域时的上/下侧电极动作比，设定值为上侧电极所占的比例。

行程移动速度：参数用于焊接启动命令 SVSPOT，当命令使用添加项 BWS（焊接开始点）时，设定焊钳向焊接开始点进行不加压运动时的空程移动速度（倍率值）。

焊钳挠度修正系数：用于"C 型焊钳"或"X 型焊钳（单行程）"，设定值为压力 1000N时，电极在 X、Y、Z 方向的变形量。

(4) 参数设定 3

焊钳特性文件的第 3 页显示如图 10.1.8 所示，第 1、2 行为接续第 2 页的 Y、Z 向焊钳挠度修正系数，其他参数含义与设定方法如下。

压力补偿：电极向上加压时的压力补偿值。焊钳的质量较大，当焊钳从正常设定的、图10.1.9（a）所示的电机向下加压，改变到图 10.1.9（c）所示的电极向上加压时，由于重力的影响，电极压力将减小，因此，需要在焊钳改变姿态时，增加伺服电机的输出转矩、补偿因重力引起的压力降。参数设定的是电极向上加压时的最大压力补偿值，对应图 10.1.9（b）所示的倾斜作业，其压力补偿值可由控制系统自动计算。

上/下电极磨损量复位：分别设定用于上/下电极磨损量"当前值"清除的 DI 信号地址；电极磨损量的当前值可在下述的焊接诊断操作显示、设定。不使用该信号时，可输入 0，示教器的显示为"＊＊＊"（下同）。

焊钳压入修正系数：参数用于电极加压后的变形量补偿，参数设定值为电极压力 1000N时的变形量。

上/下电极接触极限：参数用于焊接启动命令 SVSPOT 和焊钳夹紧命令 SVGUNCL 的电极加压控制，可分别设定的上/下电极最大移动量。

强制加压（文件）：空打压力文件选择 DI 信号地址。当焊钳夹紧命令 SVGUNCL 用于空打作业时，空打压力文件可由该参数设定的 DI 信号控制。DI 信号 ON，电极按下述"强制加压文件号"所设定的"空打压力条件文件"进行加压。

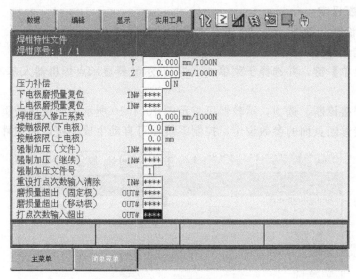

图 10.1.8　焊钳特性设定页 3

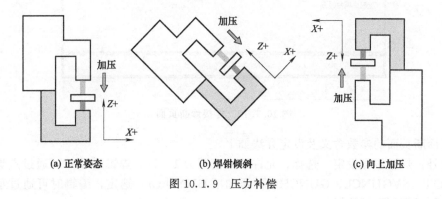

(a) 正常姿态　　　　　　(b) 焊钳倾斜　　　　　　(c) 向上加压

图 10.1.9　压力补偿

强制加压（继续）：空打启动 DI 信号地址。当焊钳夹紧命令 SVGUNCL 用于空打作业时，DI 信号 ON，可启动空打作业。

强制加压文件号：空打压力条件文件号。当焊钳夹紧命令 SVGUNCL 用于空打作业时，如"强制加压（文件）"项设定的 DI 信号 ON，系统将选择该编号的空打压力条件文件。

重设打点次数输入清除：清除下述焊接诊断参数"焊钳电极使用次数当前值"的 DI 信号地址设定。焊钳电极使用次数的当前值可利用后述的焊接诊断操作显示、设定。

磨损量超出（固定极）/（移动极）：固定极、移动极超过"电极磨损量允许值"时的 DO 信号地址设定。电极磨损量的允许值，可利用后述的焊接诊断操作显示、设定。

打点次数输入超出：SVSPOT 命令的执行次数（电极使用次数）超过"焊钳电极使用次数允许值"时的 DO 信号地址设定。焊钳电极使用次数允许值，可利用后述的焊接诊断操作显示、设定。

10.1.3　电极与工具坐标系设定

安川点焊机器人焊钳的电极参数可通过［焊接诊断］、［电极安装管理］操作设定。［焊接诊断］参数可用来设定电极使用次数、固定侧/移动侧电极磨损量、电极安装基准、TCP 位置、焊钳行程修正等基本参数；［电极安装管理］参数可用来设定电极的安装位置。

(1) 焊接诊断设定

利用［焊接诊断］操作，设定电极基本参数的步骤如下。

① 操作模式选择【示教（TEACH）】。

② 按【主菜单】键，并选择子菜单［点焊］，示教器显示点焊机器人基本设定菜单（参见图 10.1.1）。

③ 选择［焊接诊断］选项，示教器可显示图 10.1.10 所示的焊接诊断页面。

④ 完成焊接诊断页面的参数设定，控制系统便可自动生成焊接诊断文件。

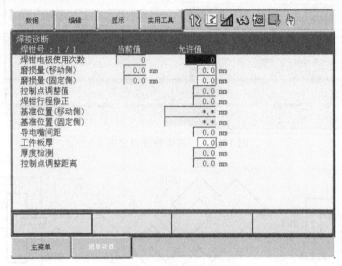

图 10.1.10　焊接诊断页面

焊接诊断页面的参数含义及设定方法如下。

焊钳号：焊钳编号设定、选择，允许输入范围为 1~12。焊钳编号 n 可通过点焊作业命令 SVSPOT、SVGUNCL、GUNCHG 的添加项 GUN♯(n) 选定，编辑时可通过示教器操作面板上的【翻页】键选择。

焊钳电极使用次数：显示、设定电极使用次数。"当前值"可显示电极目前已使用（执行 SVSPOT 命令）的次数；"允许值"为电极允许使用的次数。当电极使用次数超过允许值时，焊钳特性文件中"打点次数输入超出"参数所设定的 DO 信号将 ON，以提醒操作者更换电极；电极更换后，可通过焊钳特性文件中"重设打点次数输入清除"参数所设定的 DI 信号，清除电极使用次数（当前值）、重新开始计数。

电极使用次数的当前值也可通过图 10.1.11 所示的、下拉菜单［数据］中的"清除当前值"选项，利用手动操作进行清除。

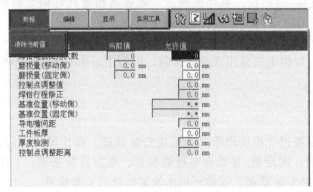

图 10.1.11　电极使用次数当前值清除

磨损量（移动侧）/（固定侧）：显示、设定电极磨损量。"当前值"为电极当前的磨损量；"允许值"为电极允许的磨损量。当电极磨损超过允许值时，焊钳特性文件中"磨损量超出（固定极）/（移动极）"参数所设定的 DO 信号将 ON，提醒操作者更换电极；电极更换后，可通过焊钳特性文件中"上/下电极磨损量复位"参数所设定的 DI 信号，清除电极磨损量的当前值、重新计算磨损量。

电极磨损量的当前值也可通过图 10.1.11 所示下拉菜单［数据］中的"清除当前值"选项，利用手动操作清除。

控制点调整值：可显示 TCP 的电极磨损补偿值。

焊钳行程修正：可显示电极磨损的开度补偿值。

移动侧/固定侧基准位置：可显示电极磨损检测的基准位置。

以上电极磨损参数，可通过机器人的焊钳夹紧（空打）命令 SVGUNCL，由控制系统自动检测与设定，有关内容可参见 SVGUNCL 命令编程说明。

导电嘴间距：两侧电极的距离显示、设定，参数用于下述的移动电极接触示教时的TCP 调整。

工件板厚：移动电极接触示教时的工件板厚显示、设定，参数用于后述的移动电极接触示教时的 TCP 调整。

控制点调整距离：移动电极接触示教时的 TCP 距离调整值显示、设定，参数用于后述的移动电极接触示教时的 TCP 调整。

(2) 电极安装管理设定

利用［电极安装管理］操作，设定电极安装位置的步骤如下。

① 操作模式选择【示教（TEACH）】。

② 按【主菜单】键，并选择子菜单［点焊］，示教器显示点焊机器人基本设定菜单（参见图 10.1.1）。

③ 选择［电极安装管理］选项，示教器可显示图 10.1.12 所示的电极安装管理参数显示、设定页面。

④ 完成电极安装管理页面的参数设定，控制系统便可自动生成电极安装管理文件。

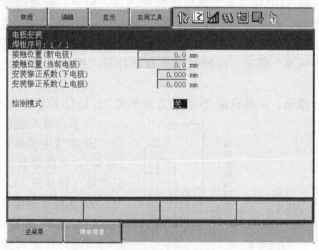

图 10.1.12　电极安装参数显示页面

电极安装管理页面的参数含义及设定方法如下。

焊钳序号：焊钳编号设定、选择，允许输入范围为 1～12。焊钳编号 n 可通过点焊作业命令 SVSPOT、SVGUNCL、GUNCHG 的添加项 GUN#(n) 选定，编辑时可通过示教器操作面板上的【翻页】键选择。

接触位置（新电极）：新电极的空打接触位置显示、设定。

接触位置（当前电极）：当前电极的空打接触位置显示、设定。

安装修正系数（下电极）：固定侧电极的安装误差补偿值显示、设定。

安装修正系数（上电极）：移动侧电极的安装误差补偿值显示、设定。

检测模式：电极安装误差检测/电极磨损检测功能设定。设定"关"，电极磨损检测功能生效，计算电极磨损量；设定"开"，电极安装误差检测功能生效、电极磨损量清除。

以上电极安装参数可利用焊钳夹紧（空打）作业命令 SVGUNCL，进行自动检测和设定，有关内容可参见 SVGUNCL 命令编程说明。

(3) 工具坐标系设定

点焊机器人的焊钳工具坐标系设定要求如图 10.1.13 所示。

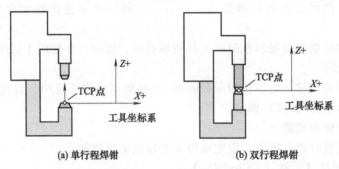

图 10.1.13　工具坐标系设定

一侧电极固定、另一侧电极移动的单行程焊钳，其工具坐标系应按图 10.1.13（a）设定。固定电极的中心点为 TCP；移动侧电极打开的方向，为工具坐标系的 Z 轴正向。

两侧电极均可移动的双行程焊钳，其工具坐标系应按图 10.1.13（b）设定。两侧电极闭合后的中心点为 TCP；下侧电极向上方向，为工具坐标系的 Z 轴正向。

由于单行程焊钳的 TCP 位于固定侧电极的中心点，因此，示教编程时，应以固定侧电极为基准来确定程序点。但是，在实际操作时，固定电极很可能位于工件的内侧或下侧，其位置较难观察，为此，可利用移动侧电极接触工件的操作，通过前述［焊接诊断］参数中的"导电嘴间距""工件板厚"设定，由控制系统自动计算"控制点调整距离"参数，并调整 TCP 位置。

利用移动侧电极接触，示教设定 TCP 的方法如图 10.1.14 所示，操作步骤如下。

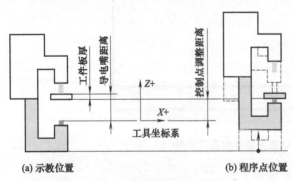

图 10.1.14　焊钳更换接触示教操作

① 操作模式选择【示教（TEACH）】。

② 按【主菜单】键，并选择子菜单［点焊］，示教器显示点焊机器人基本设定菜单（参见图 10.1.1）。

③ 选择［焊接诊断］选项，示教器显示焊接诊断参数设定页面（参见图 10.1.10）；并手动输入图 10.1.14（a）所示的"导电嘴间距""工件板厚"参数。

④ 按【主菜单】键，并选择子菜单［程序内容］，示教器显示程序页面。

⑤ 手动移动机器人到如图 10.1.14（a）所示的示教位置，使移动侧电极接触工件。

⑥ 同时按"【转换】+【回车】"键，控制系统将自动计算固定侧电极的位置调整量，调整量＝导电嘴间距－工件板厚。

⑦ 按示教器的【前进】键，机器人将以调整后的位置作为示教点，沿工具坐标系的 $Z+$ 方向，移动到图 10.1.14（b）所示的程序点，使固定侧电极接触工件。

⑧ 确认程序点位置准确后，同时按"【转换】+【回车】"键，TCP 调整距离将自动写入焊接诊断参数"控制点调整距离"中。

10.1.4 压力条件文件编辑

点焊作业需要对电极施加压力，不同焊钳用于不同材料、不同厚度工件焊接时，电极需要施加的压力也有所不同，这一压力需要通过"压力条件文件"设定与定义。

安川机器人的点焊作业有正常焊接、"空打" 2 种方式，正常焊接利用焊接启动命令 SVSPOT 控制，其压力条件文件称为"焊钳压力条件文件（PRESS）"；"空打"利用焊钳夹紧命令 SVGUNCL 控制，其压力条件文件称为"空打压力条件文件（PRESSCL）"。焊钳、空打压力条件文件需要在执行焊接命令前，按以下方法利用示教设定操作完成编辑。

(1) 焊钳压力条件文件

通过示教操作，编辑焊接启动命令 SVSPOT 添加项 PRESS#（n）选择的"焊钳压力条件文件"的操作步骤如下。

① 操作模式选择【示教（TEACH）】。

② 按【主菜单】键，并选择子菜单［点焊］，示教器显示点焊机器人基本设定菜单（参见图 10.1.1）。

③ 选择［焊钳压力］选项，示教器可显示焊钳压力条件文件编辑页面（见后述）。

④ 根据焊接要求，完成编辑页面的焊接压力参数设定或修改，控制系统便可自动生成焊钳压力条件文件。

焊钳压力条件文件编辑页面的显示如图 10.1.15 所示，参数的含义与设定要求如下。

条件号：焊钳压力条件文件编号设定、选择，允许输入范围为 1～255。条件号 n 可通过焊接启动命令 SVSPOT 的添加项 PRESS#（n）选定，编辑时可通过示教器操作面板上的【翻页】键选择。

设定：焊钳压力条件文件编辑状态显示。"未完成"代表该条件文件的参数已被修改、但操作未完成；此时，如参数设定已完成，可将光标定位到"未完成"上，按【选择】键，便可使显示成为"完成"状态。

接触速度：焊钳闭合时的动作速度设定。设定值为伺服电机最高转速的百分率（％），正常焊接作业通常应设定为 5％～10％。

注释：如果需要，可对焊钳压力条件文件增加 32 字符（半角）的注释，也可不使用。

加压特性：电极接触压力及第 1～4 次加压的压力、结束条件设定。接触压力的设定值应大于电极摩擦阻力（通常为 100N）、小于第 1 次加压的压力，其余压力值可根据焊接实际需要设定。加压结束条件可选择"保持时间"和"等待结束"两种：选择"保持时间"时，示教器可显示时间设定选项，电极将按照规定的压力、加压所设定的时间，在时间到达后继续下一加压；选择"等待结束"时，控制系统将保持加压压力、直到焊接结束信号输入，后续的加压设定都将成为无效。

(2) 空打压力条件文件编辑

通过示教操作，编辑焊钳夹紧（空打）命令 SVGUNCL 添加项 PRESSCL#（n）选择的"空打压力条件文件"的操作步骤如下。

① 操作模式选择【示教（TEACH）】。

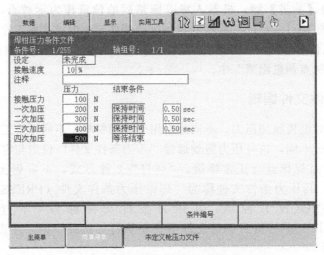

图 10.1.15　焊钳压力条件文件编辑页面

② 按【主菜单】键，并选择子菜单［点焊］，示教器显示点焊机器人基本设定菜单（参见图 10.1.1）。

③ 选择［空打压力］选项，示教器可显示空打压力条件文件编辑页面（见后述）。

④ 根据焊钳夹紧要求，完成编辑页面的空打压力参数设定或修改，控制系统便可自动生成空打压力条件文件。

空打压力条件文件编辑页面的显示如图 10.1.16 所示，参数的含义与设定要求如下。

文件序号：空打压力条件文件编号设定、选择，允许输入范围为 1~15。条件号 n 可通过焊钳夹紧命令 SVGUNCL 的添加项 PRESSCL♯(n) 选定，编辑时可通过示教器操作面板上的【翻页】键选择。

合钳时间：焊钳闭合的动作时间设定。在焊钳闭合动作时间内，电极将从打开状态变为接触工件状态，并对电极施加规定的空打接触压力。

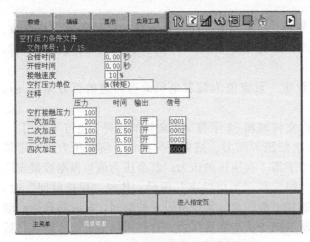

图 10.1.16　空打压力条件文件编辑页面

开钳时间：焊钳打开的动作时间设定。在焊钳打开动作时间内，电极将从最后一次加压状态变为焊钳打开状态。焊钳的开/合位置可通过后述的手动焊接设定操作设定。

接触速度：焊钳闭合时的动作速度设定。设定值为伺服电机最高转速的百分率（%），空打作业通常应设定在 5% 以下。

空打压力单位：空打压力单位设定。选择"N"时，压力单位为牛顿（N）；选择"%（转矩）"时，压力以伺服电机最大输出转矩的百分率的形式定义。

注释：如需要，可对空打压力条件文件增加 32 字符（半角）注释，也可不使用。

加压特性：电极接触压力及第 1~4 次加压的压力、加压时间、结束条件的设定。接触压力的设定值应大于电极摩擦阻力（通常为 100N）、小于第 1 次加压的压力；其余压力值、加压时间均可根据实际需要设定。如电极只需要进行第1、2次加压，可将第3、4次加压的压力、加压时间设定为"0"，取消3、4次加压动作。选项"输出"用于DO信号设定，选择"开"，电极加压时，控制系统可输出加压状态信号，DO信号地址可通过"信号"栏设定，允许范围为1～24（OUT01～OUT24）。

10.1.5 手动焊接设定

(1) 手动操作键

安川点焊机器人的焊接启动/关闭、焊钳开/合、电极加压等动作，不但可通过作业命令控制，也可通过示教器的操作面板，利用手动操作键控制。

安川点焊机器人的手动操作键如图10.1.17所示，当机器人选择示教操作模式时，通过手动操作键，可实现如下功能。

【焊接通/断】：同时按操作面板的"【联锁】+【焊接通/断】"键，可通断焊接启动信号，启动/关闭焊机，焊机启动后按键指示灯亮。

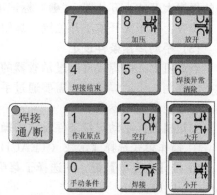

图10.1.17 点焊手动操作键

【3/大开】或【-/小开】：用于焊钳开/合位置设定（见后述）。

【0/手动条件】：手动焊接条件文件选择，设定手动操作时的焊钳形式、电极压力等焊接参数（见后述）。

【2/空打】：当手动焊接操作参数选定后，同时按"【联锁】+【2/空打】"键，可进行手动焊钳夹紧（空打）操作。

【·/焊接】：当手动焊接操作参数选定后，同时按"【联锁】+【·/焊接】"键，可开始手动焊接操作。

【8/加压】、【9/放开】：通常用于气动焊钳的手动开/合。使用伺服焊钳的机器人焊钳手动开/合，需要在示教操作模式下，通过下述操作实现。

① 按【外部轴切换】键，选定用于焊钳开合控制的伺服轴，外部轴选定后，按键上的指示灯亮。在同时多个外部轴的机器人上，可通过重复按【外部轴切换】键，切换外部轴、选定焊钳开合轴。

② 按示教器上的手动速度【高】/【低】键，设定手动焊钳开合速度。由于焊钳的行程短，手动速度原则上应选择低速。

③ 按示教器上的轴方向键【X+/S+】或【X-/S-】键，焊钳将以选定的手动焊钳开合速度开/合。

(2) 焊钳开合位置设定

点焊作业需要有焊钳开/合、加压、电极通电等一系列动作。在机器人在进行点焊作业前，首先需要打开焊钳、将电极中心定位到焊点上；然后闭合焊钳、使电极与工件接触；接着，进行焊钳夹紧、电极通电动作、完成焊接；焊接结束后，则需要打开焊钳、离开焊接位置，再进行下一焊点的定位与焊接，如此循环。

使用伺服焊钳的机器人，焊钳开/合可由伺服电机进行控制，开合位置可在焊钳行程范围内任意设定和调整。安川机器人的伺服焊钳开/合位置一般可预设16个，其中，"大开"和"小开"位置各8个。利用示教器设定焊钳开/合位置的操作步骤如下。

① 操作模式选择【示教（TEACH）】。

② 按【主菜单】键，并选择子菜单［点焊］，示教器显示点焊机器人基本设定菜单（参见图 10.1.1）。

③ 按示教器的点焊专用控制键【3/大开】或【－/小开】（参见图 10.1.17），使示教器显示图 10.1.18 所示的"大开"或"小开"位置设定页面。

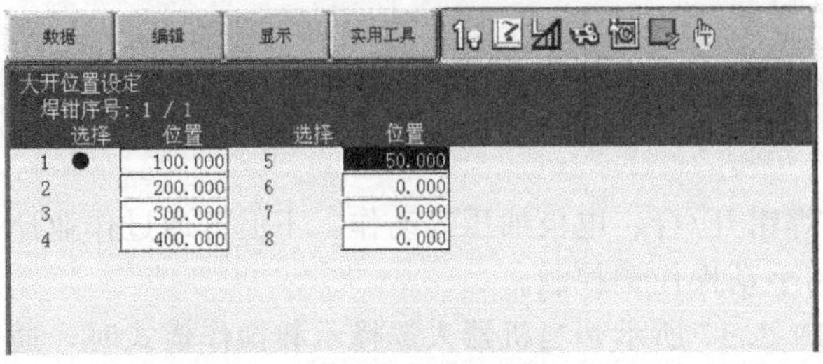

图 10.1.18　焊钳开合位置设定页面

开/合位置显示页面的设定项含义如下。

焊钳序号：手动焊接时的焊钳编号设定、选择，允许输入范围为 1～12；编号可通过示教器操作面板上的【翻页】键选择。

选择：用标记"●"来选择所需要的焊钳大开或小开位置，"●"标记可通过同时按示教器的"【修改】+【回车】"键输入。

位置：用于大开或小开位置（焊钳开度）的设定，可以直接设定焊钳的开合位置值。

(3) 手动焊接条件设定

点焊机器人的焊接可通过示教器的"【联锁】+【2/空打】""【联锁】+【·/焊接】"等操作键手动控制。手动焊接时，需要通过手动焊接条件设定操作，选定焊接条件文件、确定焊钳形式、电极压力等参数。

安川机器人手动焊接条件设定的操作步骤如下。

① 操作模式选择【示教（TEACH）】。

② 按【主菜单】键，并选择子菜单［点焊］，示教器显示点焊机器人基本设定菜单（参见图 10.1.1）。

③ 按示教器上的点焊专用控制键【0/手动条件】，使示教器显示图 10.1.19 所示的手动焊接条件文件编辑页面。

④ 根据实际需要，完成手动焊接条件文件编辑页面的参数设定后，选择［完成］，系统便可自动生成手动焊接条件文件。

手动焊接条件文件的参数含义与设定方法如下。

双焊钳控制：在使用双焊钳的机器人上，可在输入框上选择"开"，使得两焊钳的手动操作同时有效；对于通常的单焊钳机器人，选择"关"，撤销双焊钳控制功能。

焊钳序号：手动焊接时的焊钳编号设定、选择，允许输入范围为 1～12；编号可通过示教器操作面板上的【翻页】键选择。

焊接条件（WTM）：手动焊接的焊机特性文件号设定，输入框中可输入焊机特性文件的 WTM 号，输入范围为 1～255。手动焊接时，同样需要使用焊机特性文件；手动焊机特性文件的参数、编辑操作均与前述的自动焊接相同。

焊钳加压动作指定：定义焊钳的加压动作及参数，安川机器人的伺服焊钳加压需要通过"焊钳压力条件文件"定义，该输入框应选择"文件"。

焊钳加压文件号：焊钳压力条件文件编号设定，输入范围为 1～255。

焊机启动时间（WST）：焊接启动信号输出设定。选择"接触"或"第1"、"第2"，使控制系统将分别在电极接触工件或第 1 次、第 2 次加压时，对电极通电、启动焊接；WST信号的输出形式，可在前述的焊机特性文件"焊接命令输出类型"栏设定。

焊接组输出：用来设定多点连续间隙焊接作业命令的焊接组输出地址，手动操作一般不使用。

空打动作指定：定义手动焊钳夹紧（空打）时的加压动作与参数选择。输入框选择"文件"时，手动焊钳夹紧（空打）的电极压力用"空打压力条件文件"定义；输入框选择"固定加压"时，手动焊钳夹紧（空打）的压力为固定值。

空打加压文件号/固定压力：当空打动作指定选择"文件"时，设定空打压力条件文件号，输入范围为 1～15；当空打动作指定选择"固定加压"时，直接设定焊钳夹紧（空打）的压力值。

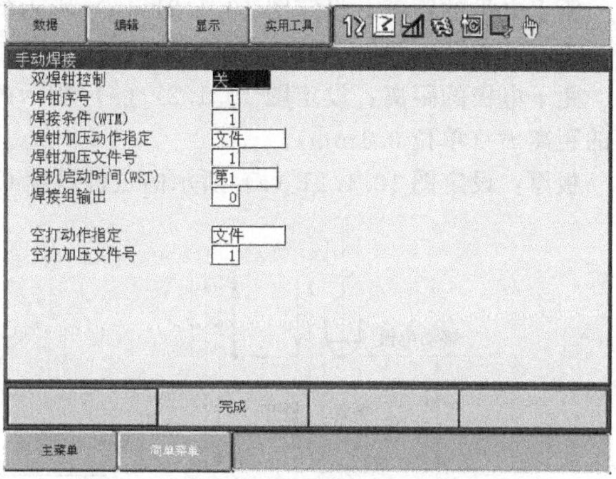

图 10.1.19　手动焊接条件文件编辑页面

10.1.6　间隙焊接文件及命令编辑

(1) 文件编辑操作

安川点焊机器人可通过间隙焊接命令 SVSPOTMOV，实现多点连续焊接，多点连续焊接的运动轨迹、开始点位置等参数，需要通过 SVSPOTMOV 命令添加项 CLF♯(n)，以"间隙文件"的形式定义。间隙文件需要在执行间隙焊接命令前，按以下步骤利用示教设定操作完成编辑。

① 操作模式选择【示教（TEACH）】。

② 按【主菜单】键，并选择子菜单［点焊］，示教器显示点焊机器人基本设定菜单（参见图 10.1.1）。

③ 选择［间隙设定］选项，示教器可显示间隙文件编辑页面（见下述）。

④ 根据多点连续焊接的动作要求，完成编辑页面的参数设定或修改，控制系统便可自动生成间隙文件。

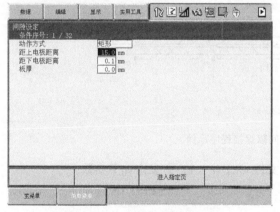

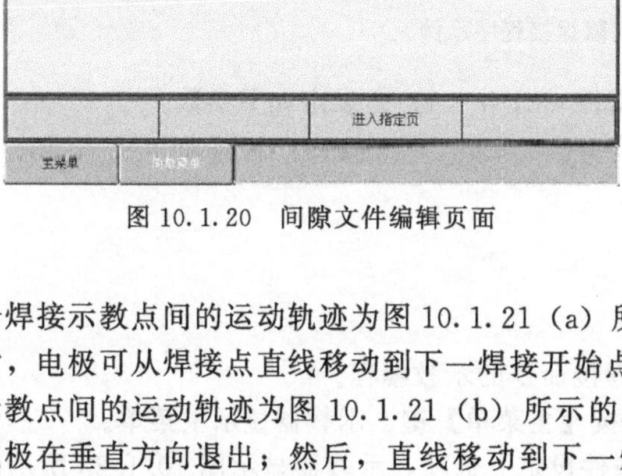

图 10.1.20　间隙文件编辑页面

间隙文件编辑页面的显示如图 10.1.20 所示，参数的含义与设定要求如下。

条件序号：间隙文件编号设定、选择，允许输入范围为 1～32。条件序号 n 可通过间隙焊接命令 SVSPOTMOV 添加项 CLF♯(n) 选定，编辑时可通过示教器操作面板上的【翻页】键选择。

动作方式：用来设定图 10.1.21 所示的、2 个焊接示教点间的电极运动轨迹。选择"矩形"时，电极接触工件、退出为垂直方向运动（工具坐标系的 Z 方向），2 个焊接示教点间的运动轨迹为图 10.1.21（a）所示的矩形。选择"斜开"，第 1 点焊接结束时，电极可从焊接点直线移动到下一焊接开始点，然后，通过垂直运动接触工件，2 个焊接示教点间的运动轨迹为图 10.1.21（b）所示的三角形。选择"斜闭"，第 1 点焊接结束时，电极在垂直方向退出；然后，直线移动到下一焊接点，2 个焊接示教点间的运动轨迹为图 10.1.21（c）所示的三角形。

距上电极的距离：设定图 10.1.21（a）所示的、间隙焊接开始点的上电极与工件上表面距离 A（单位 0.1mm）。

距下电极的距离：设定图 10.1.21（a）所示的、间隙焊接开始点的下电极与工件下表面的距离 B（单位 0.1mm）。

板厚：设定图 10.1.21（a）所示的工件厚度 C（单位 0.1mm）。

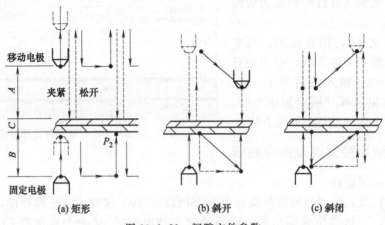

图 10.1.21　间隙文件参数

(2) 命令示教操作

安川点焊机器人的多点连续间隙焊接命令 SVSPOTMOV，可通过示教操作编辑。以单行程焊钳进行图 10.1.22 所示的多点连续间隙焊接作业为例，SVSPOTMOV 命令的示教操作步骤如下。

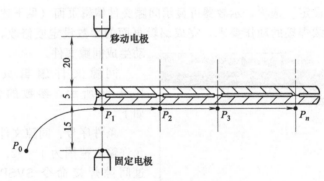

图 10.1.22　间隙焊接程序示例

通过上述的间隙文件编程操作，在间隙文件 CLF♯（1）上设定如下参数。

条件序号：1。

动作方式：矩形。

距上电极距离：20.0mm。

距下电极距离：15.0mm。

板厚：5.0mm。

通过以下操作，完成 $P_1 \sim P_n$ 多点连续焊接命令的示教编程。

① 操作模式选择【示教（TEACH）】；按【主菜单】键、示教器显示主菜单。

② 选择子菜单［设置］，并选定［示教条件设定］选项，示教器显示图 10.1.23 所示的示教条件设定显示页面。

③ 选择［间隙示教方式指定］选项，示教器可显示"上电极示教"、"下电极示教"和"上下电极示教"设定项。根据需要，选定焊接点的示教方式；对于固定极（下电极）接触工件的单行程焊钳，如果操作允许，一般以"下电极示教"为好。

④ 返回主菜单、选择［程序内容］，进入示教编程模式。

⑤ 移动机器人到程序起始点 P_0，输入命令 MOVJ。

⑥ 移动机器人焊接点 P_1，并使下电极与工件接触。

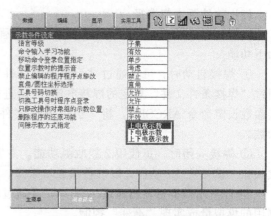

图 10.1.23　间隙焊接示教条件设定

⑦ 同时按"【转换】+【插补方式】"，输入行可显示命令 SVSPOTMOV，根据程序要求，完成命令的编辑、并输入。

⑧ 依次手动移动机器人到焊接作业点 $P_2 \sim P_n$、并在焊接点重复操作步骤⑥、⑦，完成 $P_2 \sim P_n$ 的 SVSPOTMOV 命令编辑。

⑨ 移动机器人到程序起始点 P_0，输入命令 MOVL，结束焊接程序。

10.2　弧焊作业文件编辑

10.2.1　手动操作与软件版本选择

(1) 手动操作键

安川弧焊机器人的焊接启动/关闭、送丝/退丝、保护气体通/断等动作，既可通过程序中的作业命令控制，也可利用示教器的手动操作键控制。弧焊手动操作键如图 10.2.1 所示，操作键的功能如下。

【焊接开/关】：当系统安全模式选择"管理模式"时，可直接利用该键启动/关闭焊接，焊接启动后按键指示灯亮。

【2/气体】：机器人选择示教操作模式时，按住该键，可直接在导电嘴上输出保护气体。

【9/送丝】/【6/退丝】：机器人选择示教模式时，按住【9/送丝】/【6/退丝】键，可进行手动低速送丝/退丝操作。

如果同时按住"【9/送丝】+【高】"键，可进行手动中速送丝操作；如同时按住"【9/送丝】或【6/退丝】+【高速】"键，则可进行手动高速送丝或退丝操作。手动送丝/退丝速度可通过系统参数设定。

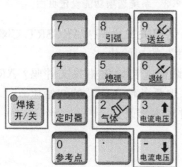

图 10.2.1　弧焊手动操作键

【3/↑电流电压】/【－/↓电流电压】：机器人选择再现运行（程序自动运行）模式时，按对应键，可直接调节焊接电流、电压。

操作面板的【8/引弧】、【5/熄弧】及其他键，用于弧焊作业命令的输入与编辑，有关内容见后述。

(2) 软件版本与选择

安川弧焊机器人的控制软件有标准版、增强版 2 种，使用增强版软件，控制系统可增添如下功能。

① 焊接启动时，可先通过"引弧条件文件"规定的焊接电流/电压"引弧"，然后，再通过"焊接条件文件"规定的焊接电流/电压进行正常焊接作业；在焊接过程中，可通过焊接参数设定命令 ARCSET，将"引弧条件文件"的焊接参数，转换为正常焊接时的焊接参数。

② 焊接关闭时，可使用 2 级收弧功能，在第 1 级收弧（填弧坑 1）的基础上，增加第 2 次收弧（填弧坑 2）动作，以改善填弧坑效果。

③ 可使用模拟量输出通道 AO3/4，并通过相关命令的添加项 AN3、AN4，输出辅助控制用的模拟量或实现"渐变"控制。

增强版软件可通过如下操作选定。

① 按住示教器的【主菜单】键、接通系统电源，使得系统安全模式进入高级管理模式（维护模式），示教器可显示图 10.2.2 所示的维护模式主菜单。

② 选择菜单［系统］、子菜单［设置］，示教器可显示图 10.2.2 所示的系统设置页面。

③ 在系统设置页面上，选择［选项功能］，示教器可显示图 10.2.3 所示的系统选项功能设定页面。

④ 在系统选项功能设定页面上，将光标定位到［弧焊］对话框，并选择设定项"增强"，选定增强版软件。

⑤ 弧焊"增强"功能选择后，示教器将弹出对话框［修改吗？是/否］，在弹出框中选择"是"，确认修改操作。

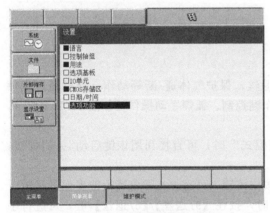 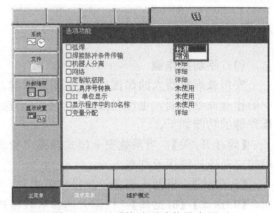

图 10.2.2　系统设置显示页面　　　　图 10.2.3　系统选项功能设定页面

⑥ 修改操作确认后，示教器将继续弹出对话框［初始化相关文件吗？ARCSRT. CND 是/否］，在弹出框中选择"是"，系统可进行"引弧条件文件"的初始化。

⑦ 引弧条件文件初始化完成后，示教器将继续弹出对话框［初始化相关文件吗？AR-CEND. CND 是/否］，在弹出框中选择"是"，系统可进行"熄弧条件文件"的初始化。

⑧ 初始化完成后，关闭系统电源并重新启动，完成软件版本修改。

10.2.2　焊机特性文件编辑

(1) 文件编辑操作

弧焊机器人的焊机通常为专业厂家生产的通用设备，不同产品的性能、控制要求有所不同，弧焊作业时，控制系统需要根据实际焊机、焊钳的要求，利用 I/O 信号对其进行控制。

弧焊除了需要控制焊接电压、电流外，还需要进行保护气体通断、焊丝送进/退出以及再启动、粘丝自动解除等控制，这些控制都需要以作业条件文件的形式，在控制系统上统一定义；作业命令可通过调用不同作业条件文件，确定相关焊接参数。

安川弧焊机器人的焊机基本条件文件，包括焊机特性、弧焊辅助条件、弧焊管理 3 个基本文件。焊机特性文件主要用来定义焊接电压、焊接电流、保护气体种类、焊丝直径、焊丝伸出长度等基本焊接参数。弧焊辅助条件文件和弧焊管理文件用来定义断弧再启动、粘丝自动解除、导电嘴更换和清洗等辅助功能。焊机基本条件文件是弧焊作业必需的文件，它们都需要在执行作业命令前，事先予以编制。

除了焊机基本条件文件外，焊接作业命令 ARCON（引弧）、ARCOF（熄弧）、MVON（摆焊），还需要有专门的引弧条件、熄弧条件、摆焊条件等特殊作业条件文件，它们同样需要在执行作业命令前，事先予以编制。

弧焊作业条件文件编辑的基本操作步骤如下。

① 操作模式选择【示教（TEACH）】。

② 按示教器的【主菜单】键、并选择子菜单［弧焊］，示教器可显示图 10.2.4 所示的弧焊基本设定菜单。

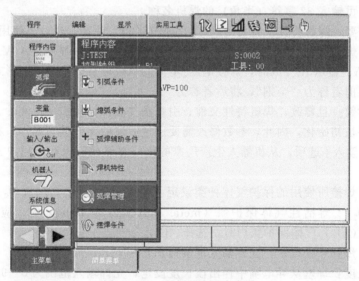

图 10.2.4 弧焊基本设定菜单

③ 根据需要选择所需要的文件选项，示教器将显示对应的条件文件。

④ 设定或修改文件参数，完成作业文件的编辑。

(2) 焊机特性文件编辑

在图 10.2.4 所示的弧焊基本设定菜单页面上，选择［焊机特性］选项，示教器便可显示焊机特性文件，进行文件编辑操作。焊机特性文件共有 2 页显示，其参数的含义及设定要求分别如下。

焊机特性文件第 1 页显示如图 10.2.5 所示，参数的含义及设定要求如下。

焊机序号：焊机特性文件编号设定、选择，允许输入范围为 1～8。焊机序号 n 可通过焊接命令添加项 WELDn 选定，编辑时可通过示教器操作面板上的【翻页】键选择。

设置：焊钳特性文件的编辑状态显示。"未完成"代表特性文件的参数已被修改，但操作未完成；此时，可在参数设定完成后，将光标定位到"未完成"上，按示教器的【选择】

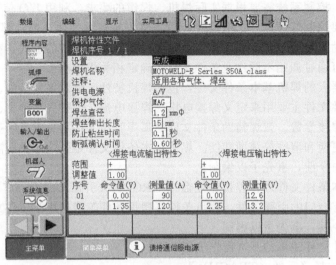

图 10.2.5 焊机特性文件编辑页 1

键，便可使显示成为"完成"状态。

焊机名称：可输入 32 字符（半角）的焊机名称。

注释：如需要，焊机特性文件可增加 32 字符（半角）注释，也可不使用。

供电电源：焊接文件、焊接作业命令中的焊接电压表示方法显示。A/V 为焊接电压/电流的单位为 V/A；显示 A/V％时，焊接电压/电流的单位以百分率（％）形式显示。在安川使用手册上，将前者称为"个别"，将后者称为"一元"。

供电电源参数一旦修改，焊机特性文件、引弧条件文件、熄弧条件文件、焊接辅助条件文件等文件都将被初始化，因此，参数修改需要通过后述的文件读写操作，在下拉菜单［数据］中，选择［读入］选项，从机器人生产厂家的出厂文件或已保存的用户文件中，重新读入全部参数。

保护气体：焊接所使用的保护气体种类设定。使用"氩＋氧（Ar＋O_2）""氩＋二氧化碳（Ar＋CO_2）"等活性气体保护弧（metal active-gas welding）时，应选择"MAG"；使用二氧化碳（CO_2）气体保护弧焊时，选择"CO_2"。

焊丝直径：焊丝直径设定，允许输入范围为 0.0～9.9mm。

焊丝伸出长度：焊丝从导电嘴中伸出段长度设定，允许输入范围为 0～99mm。

防止粘丝时间：焊接结束时进行防止粘丝处理的时间设定，允许输入范围为 0.0～9.9s。

断弧确认时间：焊接中发生断弧时，从系统检测到断弧信号，到机器人停止运动的时间设定，允许输入范围为 0.00～2.55s。

焊接电流/电压输出特性：图 10.2.6 所示的焊接电流，焊接电压输出特性曲线设定。由于控制系统的模拟量输出与焊机实际电流、电压输出无确定的对应关系，因此，输出特性需要通过测量实际值，再以数据表的形式定义。

在安川弧焊机器人上，焊接电流、电压的输出特性可定义 8 组数据，其余 6 组数据在焊机特性文件第 2 页显示，输出特性参数的含义如下。

范围：控制系统的模拟电压输出（命令值）极性设定，选择"＋"为 0～＋14.00V 输出；选择"－"为－14.00～0V 电压输出。

调整值：控制系统模拟电压输出（命令值）的比例调整系数设定，比例调整范围为

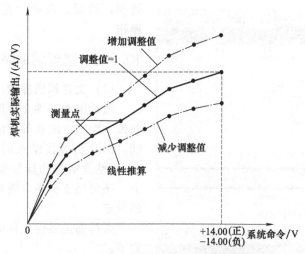

图 10.2.6 焊接电流/电压输出特性

0.80~1.20；改变调整值，可对数据表中的焊接电流、电压输出特性进行整体修整。

序号/命令值/测量值：分别为数据表的数据序号及命令值、测量数据设定。命令值为系统模拟量输出电压；测量数据为焊机实际焊接电流、电压输出值。数据表相邻点间的输出特性，由控制系统自动按线性关系推算。

(3) 焊机特性文件读写

安川弧焊机器人出厂时已设定 24 种焊机特性文件，在此基础上，用户可增添不超过 64 种焊机特性文件。焊机特性文件可以通过以下操作，一次性读取或写入。

① 在图 10.2.4 所示的弧焊系统设定菜单页面，选择 [焊机特性] 选项，显示焊机特性文件页面。

② 选择下拉菜单 [数据]，示教器显示图 10.2.7 所示的文件 [读入]、[写入] 选项。

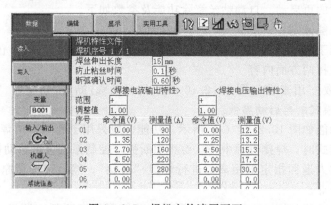

图 10.2.7 焊机文件读写页面

选择 [读入] 选项，系统可显示图 10.2.8 所示的已保存在系统中的焊机特性文件一览表，图 10.2.8（a）为系统出厂设定的焊机特性文件；图 10.2.8（b）为用户设定的焊机特性文件；两者可通过【选页】键切换。选择 [写入] 选项时，示教器只能显示用户设定的焊机特性文件一览表。

③ 如果需要将已有文件中的全部参数，一次性读入到编辑页面，可在选定文件后，选择 [读入] 选项；如需要将编辑完成的参数，保存到用户焊机特性文件，则可选择 [写入]

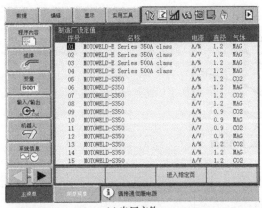

(a) 出厂文件

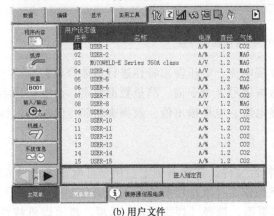

(b) 用户文件

图 10.2.8 焊机特性文件显示

弧焊辅助条件文件的再启动、自动粘丝解除功能及参数如下。

选项；然后，选择"是"，便可完成读/写操作。

10.2.3 弧焊辅助条件文件编辑

(1) 文件编辑操作

弧焊辅助条件文件用于焊接过程中出现断弧、断气、断丝等现象时的"再启动"功能，以及当焊接结束时出现粘丝现象时的"自动粘丝解除功能"设定；在部分机器人上，还可用于引弧失败时的"再引弧"功能的设定。

弧焊辅助条件文件编辑的基本操作步骤如下。

① 操作模式选择【示教（TEACH）】。

② 按示教器的【主菜单】键、并选择子菜单［弧焊］，示教器可显示弧焊基本设定页面（参见图 10.2.4）。

③ 选择［弧焊辅助条件］选项，示教器将显示弧焊辅助条件文件编辑页面。

④ 设定或修改文件参数，完成弧焊辅助条件文件编辑。

弧焊辅助条件文件编辑页面的显示如图 10.2.9 所示，在该编辑页面上，可进行再启动功能、自动粘丝解除功能的参数设定。

(2) 再启动功能设定

再启动功能用于焊接过程中出现断弧、断气、断丝时的重新启动，包括再启动参数设定、再启动模式选择两方面内容。

① 再启动参数 用来设定图 10.2.10 所示的、断弧/断气/断丝时"自动再启动"或"半自动再启动"模式的再启动参数。

自动再启动功能如图 10.2.10（a）所示，功能一般只用于断弧时的焊接作业中断处理。选择自动再启动模式时，焊接过程中一旦检测到断弧，控制系统便可自动按照再启动参数重新引弧、并将机器人退回指定的距离，进行焊缝"搭接"，然后，按照原焊接文件的参数，继续后续的焊接作业。

半自动再启动功能如图 10.2.10（b）所示，功能可用于断弧、断气、断丝时的焊接中断处理。选择半自动再启动模式时，焊接过程中一旦检测到断弧、断气、断丝，控制系统将停止机器人运动和焊接动作；操作者可根据故障情况，退出机器人、进行相关处理；排除故障后，可将机器人重新移动到作业中断点；然后，按示教器的程序启动按钮【START】，控制系统便可按再启动参数重新引弧、并将机器人退回指定的距离，进行焊缝"搭接"，再按照原焊接文件的参数，继续后续的焊接作业。

弧焊辅助条件文件的再启动参数及含义如下。

次数：在同一焊接作业区，可重复进行的再启动最多次数，允许输入 0～9；设定值不

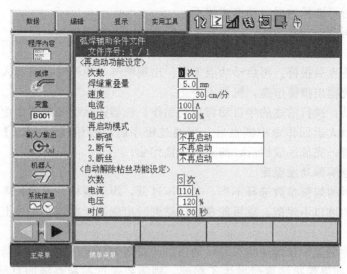

图 10.2.9　弧焊辅助条件文件编辑页面

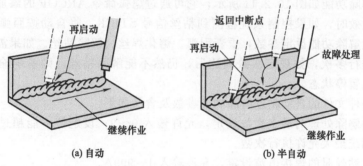

图 10.2.10　再启动功能

能超过后述弧焊管理文件设定的系统最大允许执行次数。

　　焊缝重叠量：再启动时的焊缝"搭接"区长度，允许输入 0～99.9mm。

　　速度：机器人从中断点返回时的移动速度，允许输入 0～600cm/min。

　　电流：机器人从中断点返回时的焊接电流，允许输入 1～999A。

　　电压：机器人从中断点返回时的焊接电压，允许输入 0～50.0V 或 50～150％。

　　② 再启动模式选择　可通过选择对话框中的系统选项，对断弧、断气、断丝中断的再启动模式分别进行设定。

　　断弧可选择的再启动模式如下。

　　不再启动：再启动功能无效；出现断弧时，系统报警、机器人停止。

　　继续熄弧动作：保持熄弧状态，示教器显示"断弧，再启动处理中"信息，但机器人继续运动；到达焊接终点后，示教器显示"断弧，再启动处理实施完成"信息，并继续正常的焊接动作。

　　自动再启动：执行前述的自动再启动动作，按再启动参数重新引弧、回退搭接焊缝后，按原焊接文件的参数，继续后续的焊接作业。

　　半自动再启动：执行前述的半自动再启动动作，机器人运动和焊接作业停止，操作者完成故障处理、机器人返回作业中断点后，可通过程序启动按钮【START】，进行再启动引弧、回退搭接焊缝，完成后继续后续的正常焊接作业。

断气、断丝时可选择的再启动模式如下。

不再启动：再启动功能无效；出现断气、断丝时，示教器仅显示断气、断丝信息，机器人继续运动。

移动到焊接终点后报警：再启动功能无效；出现断气、断丝时，机器人继续运动；到达焊接终点后，系统输出报警信息，机器人停止。

半自动再启动：执行前述的半自动再启动动作，机器人运动和焊接作业停止，操作者完成故障处理、机器人返回作业中断点后，可通过程序启动按钮【START】，进行再启动引弧、回退搭接焊缝，完成后继续后续的正常焊接作业。

(3) 自动粘丝解除功能设定

如弧焊结束时的熄弧参数选择不当，如电压过低，焊丝规格、干伸长度、送丝速度不合适等，或者工件的坡口不规范，就可能在焊接结束时出现焊丝粘连在工件上的现象，这一现象称为"粘丝"。

为了防止发生粘丝，在焊接结束时可通过时间提高焊接电压的方法预防，这一功能称为"防粘丝"功能；如果焊接结束时发生了粘丝，则需要通过控制系统的自动粘丝解除功能、解除粘丝。

自动粘丝解除功能如图 10.2.11 所示，它可通过熄弧命令 ARCOF 的添加项选择。自动粘丝解除功能生效时，如果控制系统检测到粘丝信号 STICK，将自动按照弧焊辅助条件文件中的自动粘丝解除功能设定参数，重新引弧、熔化焊丝、解除粘丝。如果需要，自动粘丝解除的处理可进行多次，如规定次数到达后，仍然不能解除粘丝，则系统输出"粘丝"报警、机器人进入暂停状态。

弧焊辅助条件文件的自动粘丝解除功能参数及含义如下。

次数：粘丝解除处理的最多次数设定，允许输入 0～9；设定值不能超过后述弧焊管理文件中设定的系统最大允许执行次数。

电流：解除粘丝时的焊接电流设定，允许输入 1～999A。

电压：解除粘丝时的焊接电压设定，允许输入 0～50.0V 或 50～150％。

时间：解除粘丝的时间设定，允许输入 0～2.00s。

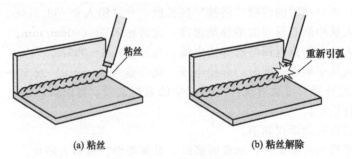

(a) 粘丝　　　　　　　　　　　　　(b) 粘丝解除

图 10.2.11　粘丝解除功能

(4) 再引弧功能与设定

弧焊启动（引弧）时，如果引弧部位存在锈斑、油污、氧化皮等污物时，将影响电极导电性能，导致电弧无法正常发生，此时，需要调整引弧位置、进行重新引弧，这一功能称为"再引弧"功能。

在部分安川机器人上，"再引弧"功能可在弧焊辅助条件文件上进行设定。再引弧功能生效时，如果机器人在焊接开始点执行弧焊启动命令、进行引弧时，检测到断弧信号，系统可自动进行图 10.2.12 所示的"再引弧"处理。

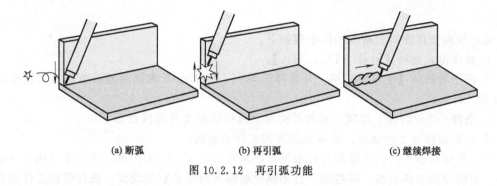

(a) 断弧　　　(b) 再引弧　　　(c) 继续焊接

图 10.2.12　再引弧功能

再引弧时，一方面，送丝机构将自动回缩焊丝，同时，机器人将沿原轨迹，向前一程序点回退规定的距离；然后，在新的位置重新引弧；引弧成功后，机器人即以规定的速度和规定的焊接电流、焊接电压，返回焊接开始点；接着，继续后续的正常焊接。如果需要，这样的再引弧处理可以进行多次；如规定次数到达后，仍然不能引弧，则系统输出"断弧"报警，机器人进入暂停状态。

弧焊辅助条件文件的再引弧功能设定页面如图 10.2.13 所示，设定参数及含义如下。

次数：再引弧处理的最多次数设定，允许输入 0～9；设定值不能超过后述弧焊管理文件中设定的系统最大允许执行次数。

再引弧时间：再引弧时的焊丝回缩时间设定，允许输入 0～2.50s。

重试移动量：再引弧时，机器人沿原轨迹回退的距离设定，允许输入 0～99.9mm。

速度：再引弧时，机器人从回退点返回焊接开始点的移动速度设定，允许输入 0～600cm/min。

电流：再引弧时，机器人从回退点返回焊接开始点的焊接电流设定，允许输入 1～999A。

电压：再引弧时，机器人从回退点返回焊接开始点的焊接电压设定，允许输入 0～50.0V 或 50%～150%。

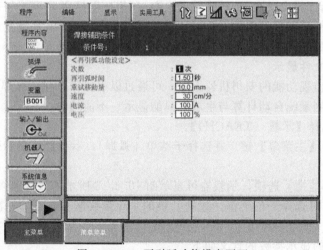

图 10.2.13　再引弧功能设定页面

10.2.4　弧焊管理与监控文件

(1) 弧焊管理文件编辑

弧焊管理文件可用于导电嘴更换、清洗时间以及再引弧、再启动、自动粘丝解除次数的设定。

弧焊管理文件编辑的基本操作步骤如下。

① 操作模式选择【示教（TEACH）】。

② 按示教器的【主菜单】键、并选择子菜单［弧焊］，示教器可显示弧焊基本设定页面（参见图 10.2.4）。

③ 选择［弧焊管理］选项，示教器将显示弧焊管理文件编辑页面。

④ 设定或修改文件参数，完成弧焊管理文件的编辑。

安川弧焊机器人的弧焊管理文件编辑页面显示如图 10.2.14 所示，该页面可用于导电嘴更换、清洗时间及再引弧、再启动、自动粘丝解除次数等参数的设定；弧焊管理文件的参数含义及设定方法如下。

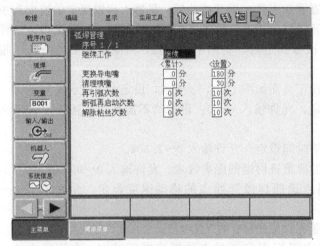

图 10.2.14 弧焊管理文件编辑页面

继续工作：用来设定中断焊接、程序重新启动后的剩余焊接区的工作方式。选择"继续"，程序重启后，将通过再引弧功能重新启动焊接，完成剩余行程的焊接作业；选择"中断"，程序重启后，机器人只进行剩余行程的移动，但不进行焊接作业。

更换导电嘴/清理喷嘴："累计"框可显示导电嘴已使用、清洗导电嘴后已使用的时间；"设置"框可显示和设定导电嘴、清洗导电嘴后的允许工作时间，该时间也可通过系统参数设定。

再引弧次数/断弧再启动次数/解除粘丝次数："累计"框可显示控制系统已执行的再引弧、再启动、解除粘丝的操作次数；"设置"框可显示和设定控制系统允许的再引弧、再启动、解除粘丝操作的最大执行次数，操作次数也可通过系统参数设定。

(2) 弧焊监视文件显示

在选配了弧焊监视功能的安川机器人上，可通过以下操作，显示弧焊监控文件。弧焊监控文件的参数由控制系统自动计算与生成，只能显示、不能编辑。

① 操作模式选择【示教（TEACH）】。

② 按示教器的【主菜单】键、并选择子菜单［弧焊］，示教器可显示弧焊基本设定页面（参见图 10.2.4）。

③ 选择［弧焊监视］选项，示教器可显示图 10.2.15 所示的弧焊监视页面。

④ 如果需要，可选择下拉菜单［数据］中的［清除数据］选项，一次性清除全部文件数据。

弧焊监视文件的显示参数的含义如下。

文件序号：弧焊监视文件号显示，文件号可通过示教器的【翻页】键改变。

<结果>："电流""电压"栏可分别显示弧焊监控期间（命令 ARCMONON 至命令 ARCMONOF 区间）的焊接电流、电压平均值；"状态"栏可显示弧焊监视的结论，如果焊接电流/电压的变化均在系统允许的范围内，显示"正常"，否则显示"异常"。

<统计数据>："电流平均/偏差""电压平均/偏差"栏可分别显示弧焊监控期间（命令

ARCMONON 至命令 ARCMONOF 区间）的焊接电流、电压的平均值/标准偏差；"数据数（正常/异常）"栏显示弧焊监视期间，所得到的正常采样数据与异常采样数据的个数。

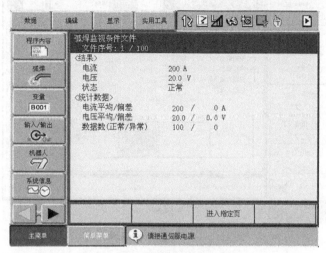

图 10.2.15　弧焊监视文件显示

10.2.5　引弧条件文件编辑

(1) 文件编辑操作

当焊接启动 ARCON 命令使用引弧条件文件启动时，命令需要通过添加项 ASF♯(n) 指定引弧条件文件。

安川机器人的引弧条件文件可通过示教器编辑，其基本操作步骤如下。

① 操作模式选择【示教（TEACH）】。

② 按示教器的【主菜单】键、并选择子菜单［弧焊］，示教器可显示弧焊基本设定页面（参见图 10.2.4）。

③ 选择［引弧条件］选项，示教器将显示引弧条件文件编辑页面。

④ 设定或修改文件参数，完成引弧条件文件的编辑。

安川弧焊机器人的引弧条件文件需要进行"焊接条件""引弧条件""提前送气""其他"参数的设定，参数含义和设定要求如下。

(2) 焊接条件设定

"焊接条件"是引弧条件文件的基本参数设定页面，编辑页面的显示如图 10.2.16 所示，显示页的参数含义及设定要求如下。

序列号：引弧条件文件编号显示、设定，输入范围为 1~48。系列号可通过 ARCON、ARCSET 等命令的添加项 ASF♯(n) 引用，在使用多焊机的系统上，可通过系列号后的输入框，将引弧条件文件分配给不同的焊机。

引弧条件有效：如引弧时的焊接参数和正常焊接时不同，可以通过该选项生效"引弧条件"设定参数，并通过选择"引弧条件"标签，进行引弧参数的设定。

I（电流）：正常焊接时的输出电流值设定，参数设定范围为 30~500A。

E（电压）：正常焊接时的输出电压值设定，直接指定焊接电压值时，参数设定范围为 12.0~45.0V；以额定电压倍率的形式定义输出电压时，参数设定范围为 50%~150%。

V3/ V4（模拟输出 3/4）：在使用增强版软件的控制系统上，可设定正常焊接时的模拟量输出 AO3/AO4 的输出电压值，参数设定范围为 -14.00~14.00V。

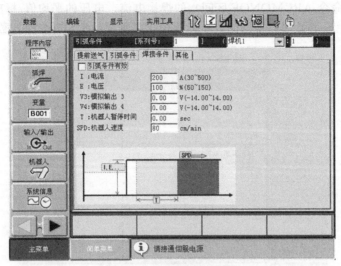

图 10.2.16　焊接条件编辑页面

T（机器人暂停时间）：当"引弧条件有效"选项未选定时，可显示和设定机器人在引弧点的暂停时间（引弧时间），参数设定范围为 0～10.00s；在"引弧条件有效"选项被选择时，本选项不显示，引弧时间需要在"引弧条件"页面设定。

SPD（机器人速度）：指定正常焊接时的机器人移动速度，参数设定范围为 1～600cm/min。焊接速度也可直接通过程序中的移动命令进行设定，此时，可通过系统参数的设定，选择优先使用哪一速度。

(3) 引弧条件设定

当"焊接条件"显示页的"引弧条件有效"选项被选定时，选择［引弧条件］标签，示教器可显示图 10.2.17 所示的引弧条件编辑页面，该页面的参数含义及设定方法如下。

渐变：该选项可生效/撤销"渐变"功能。渐变有效时，可显示图 10.2.17（a）所示的编辑页面；焊机从引弧转入正常焊接时，焊接电流、电压将逐步变化；功能无效时，示教器可显示图 10.2.17（b）所示的编辑页面，从引弧转入正常焊接时，将立即输出正常焊接时的焊接电流、电压。

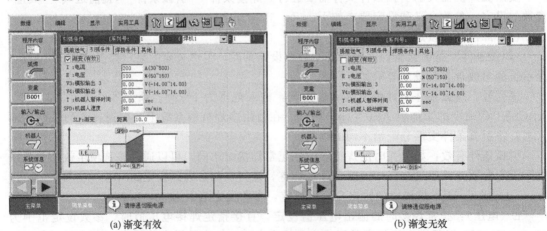

(a) 渐变有效　　　　　　　　　　　　　　　(b) 渐变无效

图 10.2.17　引弧条件编辑页面

I（电流）/ E（电压）/ V3（模拟输出 3）/ V4（模拟输出 4）：设定引弧时的输出电流、电压及增强版控制系统的 AO3、AO4 输出电压值，参数含义和设定范围同"焊接条件"。

T（机器人暂停时间）：可显示和设定机器人在引弧点的暂停时间（引弧时间），参数设定范围为 0～10.00s。

SPD（机器人速度）/DIS（渐变距离）：渐变有效时，可设定引弧暂停时间到达、机器人由暂停转入正常焊接时的初始移动速度和变化区间（渐变距离），速度的设定范围为 1～600cm/min；距离可根据实际需要，在机器人允许范围内自由指定。

DIS（机器人移动距离）：渐变无效时，可设定引弧暂停时间到达、机器人由暂停转入正常焊接时，继续保持引弧电流、电压，以焊接速度移动的区间（距离）。

(4) 提前送气设定

在"焊接条件"显示页选择［提前送气］标签，示教器可显示图 10.2.18 所示的提前送气参数设定页面。

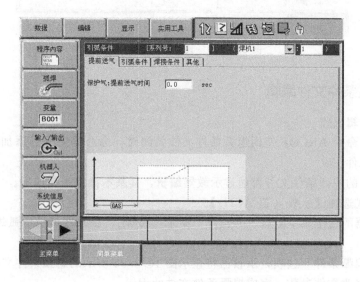

图 10.2.18　提前送气设定页面显示

在该页面上，可通过"保护气：提前送气时间"输入框，输入机器人在向引弧点移动时、在到达引弧位置前，需要提前多少时间输出保护气体。如果机器人的移动距离较短或提前时间设定过长，实际到达引弧点的移动时间可能小于提前送气时间，这时，保护气体在机器人开始向引弧点移动的时刻输出。

(5) 其他设定

在"焊接条件"显示页选择［其他］标签，示教器可显示图 10.2.19 所示的其他参数设定页面，该页面的参数含义及设定方法如下。

再引弧有效：该选项可生效/撤销"再引弧"功能。

再引弧动作方式：如"再引弧功能有效"功能被选择，该选项可选择控制系统在断弧时的再启动模式。

引弧失败再启动：可以设定和选择引弧失败时的再启动模式，选择"弧焊辅助条件"选项时，再引弧动作可以通过前述的"弧焊辅助条件"文件进行设定。

PZ（引弧点位置等级）：可设定和选择引弧点的定位精度等级 PL，增加位置精度等级，可以提前进行引弧。

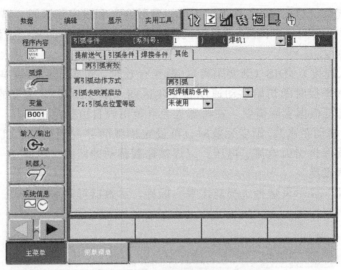

图 10.2.19　其他参数设定页面

10.2.6　熄弧条件文件编辑

(1) 文件编辑操作

当弧焊关闭命令 ARCOF 使用熄弧条件文件关闭时，命令需要通过添加项 AEF♯ （*n*）指定熄弧条件文件。

安川机器人的熄弧条件文件可通过示教器编辑，其基本操作步骤如下。

① 操作模式选择【示教（TEACH）】。

② 按示教器的【主菜单】键、并选择子菜单［弧焊］，示教器可显示弧焊基本设定页面（参见图 10.2.4）。

③ 选择［熄弧条件］选项，示教器将显示图 10.2.20 所示的熄弧条件文件编辑页面。

④ 设定或修改文件参数，完成熄弧条件文件的编辑。

弧焊结束时，如直接关闭焊接电流、电压熄弧，将会在焊缝终端处形成低于焊缝高度的凹陷坑，俗称弧坑（arc crater）。为了避免弧坑，熄弧前应用较小的电流（低于 60% 正常焊接电流），在结束处停留一定时间，待焊丝填满弧坑后，再熄弧、结束焊接，这一过程称为"收弧"或"填弧坑（arc crater filling）"。因此，熄弧条件在某些场合又称"填弧坑条件"。

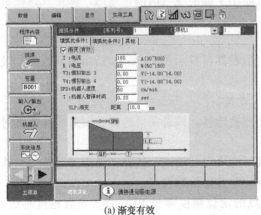

(a) 渐变有效　　　　　　(b) 渐变无效

图 10.2.20　熄弧条件基本编辑页面

安川弧焊机器人的熄弧条件文件编辑页面有"填弧坑条件1""填弧坑条件2""其他"3个设定项,选择后可显示相应的编辑页面,进行对应的参数设定。不同编辑页的参数含义和设定方法如下。

(2) 填弧坑条件1设定

"填弧坑条件1"是熄弧条件文件的基本编辑页面,页面根据"渐变"功能的使用情况,有图10.2.20所示的2种,显示页各参数含义及设定方法如下。

序列号:熄弧条件文件编号显示、设定,输入范围为1~12。系列号可通过ARCOF、ARCSET等命令的添加项AEF♯(n)引用,在使用多焊机的系统上,可通过系列号后的输入框,将熄弧条件文件分配给不同的焊机。

渐变:该选项可生效/撤销收弧时的"渐变"功能。渐变有效时,示教器可显示图10.2.20(a)所示的编辑页面,焊机从正常焊接进入收弧时,焊接电流、焊接电压将逐步减小;功能无效时,示教器可显示图10.2.20(b)所示的页面,焊机从正常焊接进入收弧时,将立即输出收弧电流、收弧电压。

I(电流)/ E(电压)/ V3(模拟输出3)/ V4(模拟输出4):设定收弧时的输出电流、电压及拟量输出AO3、AO4的输出电压值,参数的含义和设定范围与引弧条件文件相同。

T(机器人暂停时间):机器人在熄弧点的暂停时间(收弧时间)设定,参数设定范围为0~10.00s。

SPD(机器人速度):渐变有效时,可设定由正常焊接转入收弧时,机器人结束移动时刻的速度,速度的设定范围为1~600cm/min。

SLP(渐变距离):渐变有效时,可设定机器人由正常焊接速度变为收弧末速度的变化区间(距离),距离可根据实际需要,在机器人允许范围内自由指定。

(3) 填弧坑条件2设定

"填弧坑条件2"用于增强版软件的2级收弧控制,它可在"填弧坑条件1"收弧的基础上,再增加第2次收弧动作,以改善填弧坑的效果。

在使用增强版软件的机器人上,选择熄弧条件文件基本编辑页面的[填弧坑条件2]选项,示教器可显示图10.2.21所示的"填弧坑条件2"编辑页面。

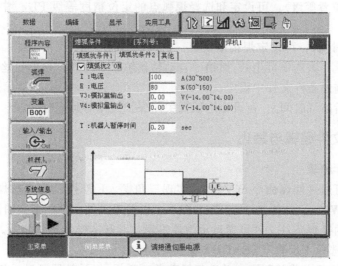

图10.2.21 "填弧坑条件2"编辑页面

"填弧坑条件2"的参数只能在"填弧坑2 ON"选项被选择时,才能进行显示和设定;

参数用来规定第 2 次收弧时的输出电流、电压、拟量输出 AO3/AO4 的输出电压值、机器人暂停时间，显示页面的设定参数含义和设定范围与填弧坑条件 1 相同。

(4) 其他设定

选择熄弧条件文件基本编辑页面的 [其他] 选项，示教器可显示图 10.2.22 所示的熄弧辅助参数设定页面。

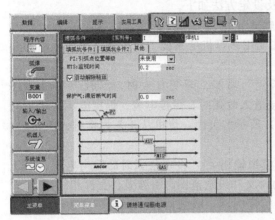
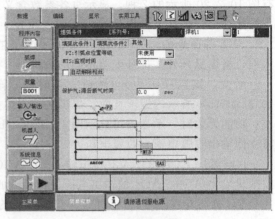

(a) 自动解除粘丝有效　　　　　　　　　　　　　(b) 自动解除粘丝无效

图 10.2.22　熄弧辅助参数设定页面

熄弧辅助参数设定页面可进行熄弧点定位等级、粘丝检测时间、保护气体关闭延时及自动粘丝解除功能生效/撤销等设定。

自动粘丝解除功能选择"有效"时，熄弧后首先进行防粘丝处理（AST 处理），然后，进行粘丝检测（MTS），完成后，机器人执行下一命令；其参数设定、编辑页面如图 10.2.22 （a）所示。自动粘丝解除功能选择无效时，熄弧后直接进入粘丝检测（MTS），机器人同时执行下一命令；其参数设定、编辑页面如图 10.2.22 （b）所示。

熄弧辅助参数设定页面的参数含义与设定要求如下。

PZ（熄弧点位置等级）：可设定和选择熄弧点的定位精度等级 PL，增加位置精度等级，可提前进行收弧。

MTS（监视时间）：可设定焊接结束后，粘丝检测的时间。

自动解除粘丝：该选项可生效/撤销"自动粘丝解除"功能。自动粘丝解除功能的参数，可在前述的弧焊辅助条件文件中设定。

保护气（滞后断气时间）：可设定熄弧到关闭保护气体的延迟时间。

10.2.7　摆焊文件编辑与禁止

(1) 摆焊文件编辑

弧焊机器人可通过摆焊命令 WVON，实现三角摆、L 形摆及定点摆焊功能，摆焊的参数需要通过命令 WVON 的添加项 WEV♯(n)，以摆焊条件文件的形式引用。

安川机器人的摆焊条件文件可通过示教器编辑，其基本操作步骤如下。

① 操作模式选择【示教（TEACH）】。

② 按示教器的【主菜单】键、并选择子菜单 [弧焊]，示教器可显示弧焊基本设定页面（参见图 10.2.4）。

③ 选择 [摆焊条件] 选项，示教器将显示图 10.2.23 所示的摆焊条件文件编辑页面。

④ 设定或修改文件参数，完成摆焊条件文件的编辑。

摆焊条件文件如图 10.2.23 所示，参数的含义及设定方法如下。

条件序号：摆焊条件文件编号显示、设定，实际可输入的范围为 1~16。条件序号可通过 WVON 命令的添加项 WEV♯(n) 引用。

形式：摆动方式选择，可根据需要选择"单一（单摆）""三角形（三角摆）""L 形（L 形摆）"之一。

平滑：选择"开"，可增加摆动点的定位等级值 PL，使得摆动轨迹为图 10.2.24 所示的连续平滑运动。

速度设定：摆动速度设定。可选择"频率"或"移动时间"两种设定方式，选择"频率"时，设定值为单位时间（s）的摆动次数；选择"移动时间"时，设定值为每次摆动的时间（摆动周期）。

频率：摆动速度设定选择"频率"时，设定摆动频率值。

<基本模式>振幅/纵向距离/横向距离/角度/行进角度：分别设定单摆的摆动幅度、摆动角度；三角摆和 L 形摆的纵/横向摆动距离、行进角度；参数的定义方法可参见 WVON 命令编程说明。

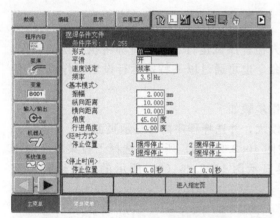 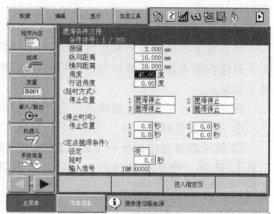

(a) 第1页　　　　　　　　(b) 第2页

图 10.2.23　摆焊条件文件编辑页面

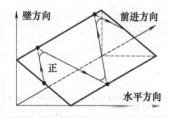 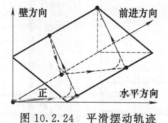 

图 10.2.24　平滑摆动轨迹

<延时方式>停止位置 1~4：设定图 10.2.25 所示的 4 个摆动暂停点①~④（三角形摆为①~③）的停止方式。选择"摆焊停止"时，在转折点上暂停摆动，但机器人继续前行；选择"机器人停止"时，在转折点上暂停机器人的全部（摆动和前行）运动。

<停止时间>停止位置 1~4：设定图 10.2.25 所示的 4 个摆动暂停点①~④（三角形摆为①~③）的暂停时间。

<定点摆焊条件>设定："定点摆焊"功能设定，可选择"开"或"关"，生效或撤销定

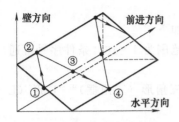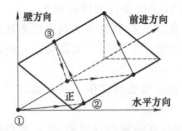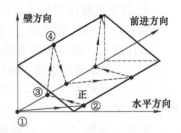

图 10.2.25　摆动暂停点

点摆焊功能。定点摆焊的功能说明可参见 WVON 命令编程说明。

＜定点摆焊条件＞延时：设定定点摆焊的动作时间。由于定点摆焊时，机器人只是在指定的位置进行摆动运动，其摆焊开始点（焊接起点）和摆焊结束点（焊接终点）为同一点，因此，结束定点摆焊动作，需要通过系统的动作时间设定（延时）或外部输入结束信号实现。当采用延时方式结束定点摆焊时，定点摆焊的动作时间可由本参数设定。

＜定点摆焊条件＞输入信号：设定结束定点摆焊的 DI 信号地址。当采用外部 DI 信号结束定点摆焊时，本参数用来设定定点摆焊结束信号的输入地址，设定范围为 1～24（DI 信号 IN01～IN24）。

(2) 摆焊禁止

摆焊命令一经编程，在正常情况下，机器人在程序试运行、再现时都将执行摆动动作；为了简化机器人动作、增加程序通用性，摆焊命令也可通过以下特殊运行设定操作或 DI 信号予以禁止。

程序试运行时，禁止摆焊的设定方法和操作步骤如下。

① 示教器选择【示教（TEACH）】操作模式，并选择程序内容显示页面。

② 按示教器操作面板的【区域】键，并按图 10.2.26（a）所示，选择下拉菜单［实用工具］、选定"设定特殊运行"选项，示教器显示图 10.2.26（b）所示的特殊运行设定页面。

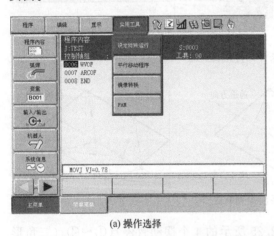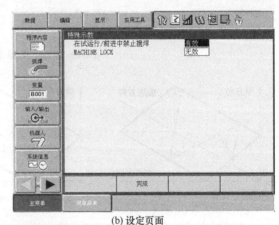

(a) 操作选择　　　　　　　　　　　　(b) 设定页面

图 10.2.26　试运行禁止摆焊设定

③ 光标定位到"在试运行/前进中禁止摆焊"输入框，通过示教器操作面板上的【选择】键，选择"有效"选项，程序试运行时系统将不执行摆焊动作。

此外，在进行程序自动运行（再现运行）时，如果在再现特殊运行方式设定中，生效了"检查运行"和"检查运行禁止摆焊"设定选项，机器人自动执行程序时，不但可忽略程序中的焊接启动、焊接关闭等作业命令，而且也将忽略摆焊动作，以便操作对机器人的移动轨迹进行单独检查和确认。有关再现特殊运行方式设定的操作可参见后述的章节。

安川机器人的摆焊也可直接通过系统专用 DI 信号 40047 禁止；该信号输入 ON 时，程序再现运行时将无条件禁止摆焊动作。

10.3 搬运及通用机器人设定

10.3.1 搬运机器人作业设定

搬运机器人的夹持器松、夹操作既可通过程序中的作业命令 HAND 控制，也可直接通过示教器上的手动操作键控制；此外，在不使用碰撞检测功能的机器人上，还可通过示教器设定，撤销碰撞检测功能。

搬运机器人的手动操作键与碰撞检测功能设定方法如下。

(1) 手动操作键

安川搬运机器人的手动操作键如图 10.3.1 所示，按键作用如下。

【抓手 1 ON/OFF】：抓手 1 手动夹紧/松开键。通过同时按面板的"【联锁】+【抓手 1 ON/OFF】"键，抓手 1 的夹紧、松开输出信号 HAND1-1、HAND1-2 可交替通断。

【抓手 2 ON/OFF】：抓手 2 手动夹紧/松开键。通过同时按面板的"【联锁】+【抓手 2 ON/OFF】"键，抓手 2 的夹紧、松开输出信号 HAND2-1、HAND2-2 可交替通断。

【2/f·1】：用户自定义抓手手动夹紧键。通过同时按面板的"【联锁】+【2/f·1】"键，利用下述［搬运诊断］设定所定义的、抓手 1～4 的夹紧输出信号 HAND1-1～HAND4-1 或指定的通用输出可交替通断。

【3/f·2】：用户自定义抓手手动松开键。通过同时按面板的"【联锁】+【3/f·2】"键，利用下述［搬运诊断］设定所定义的、抓手 1～4 的松开输出信号 HAND1-2～HAND4-2 或指定的通用输出可交替通断。

【5/f·3】、【6/f·4】、【8/f·5】、【9/f·6】：未使用。

图 10.3.1 手动操作键

(2) 自定义按键与碰撞检测设定

当机器人选择示教操作模式时，选择主菜单［搬运］、子菜单［搬运诊断］，示教器可显示图 10.3.2 所示的搬运诊断页面，在该页面上，可进行【2/f·1】/【3/f·2】用户自定义抓手手动夹紧、松开键，以及碰撞检测功能的设定。显示页的参数含义与设定方法如下。

F1 键定义/ F2 键定义：用于【2/f·1】/【3/f·2】键的功能定义。输入框可选择"抓手 1"～"抓手 4"、"通用输出"，作为指定键的控制对象，利用按键控制其交替通断。按键功能也可通过系统参数定义。

当输入框选择"抓手 1"～"抓手 4"时，F1 键将被定义为抓手 1～4 的夹紧输出 HAND1-1～HAND4-1 控制信号；F2 键将被定义为抓手 1～4 的松开输出 HAND1-2～HAND4-2 控制信号。如选择"通用输出"，用户可在 DO 信号 OUT01～16 中任选 2 个，分别作为【2/f·1】/【3/f·2】键的控制对象，控制其交替通断。

抓手碰撞传感器功能：可通过输入框选择"使用""未使用"，生效或撤销系统的碰撞检测功能。

抓手碰撞传感器输入：可通过输入框选择"有效""无效"，生效或撤销碰撞检测输入信号。

当抓手碰撞传感器功能设定为"使用"时，如果机器人出现碰撞而进入停止状态，可通过撤销抓手碰撞传感器输入，解除机器人的停止状态，以便退出碰撞区。

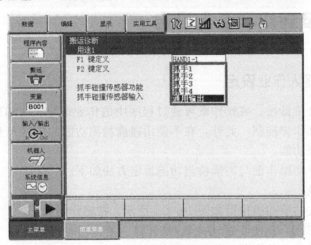

图 10.3.2　搬运诊断显示页面

10.3.2　通用机器人作业设定

(1) 手动操作键

通用机器人的工具启动/停止既可通过作业命令 TOOLON/ TOOLOF 控制，也可直接通过示教器操作面板的手动操作键控制。安川通用机器人的手动操作键如图 10.3.3 所示，按键功能如下。

【2/TOOLON】：手动工具启动键。示教编程时，单独按该键可登录 TOOLON 命令；同时按"【联锁】＋【2/TOOLON】"可直接输出工具启动信号 TOOLON，启动作业工具。作业工具启动后，系统专用输出"工具启动"将保持 ON 状态。

【·/TOOLOF】：手动工具停止键。示教编程时，单独按该键可登录 TOOLOF 命令；同时按"【联锁】＋【·/TOOLOF】"可直接输出工具停止信号 TOOLOFF，停止作业工具。作业工具停止后，系统专用输出"工具启动"将成为 OFF 状态。

图 10.3.3　手动操作键

【3/TOOLON 程序】：工具启动预约程序调用命令输入键，用于工具启动预约程序命令 CALL JOB：TOOLON 的登录。

【－/TOOLOF 程序】：工具停止预约程序调用命令输入键，用于工具停止预约程序命令 CALL JOB：TOOLOF 的登录。

(2) 中断功能设定

在安川通用机器人上，当作业工具启动后，如果由于某种原因导致了机器人停止运动，系统的专用输出"工具启动"将立即成为 OFF 状态，以关闭作业工具、中断作业。在这种情况下，如需要重新启动机器人，可通过示教器［通用诊断］设定页面的中断功能设定，选择是否继续进行作业。

当机器人选择示教操作模式时，选择主菜单［通用］、子菜单［通用诊断］，示教器可显示图 10.3.4 所示的通用诊断页面，在该页面的"工作中断处理"输入框上选择"继续"或"停止"，便可进行中断功能的设定，选项的含义如下。

继续：机器人重新启动后，系统可自动恢复工具启动状态，继续进行作业。

停止：机器人重新启动后，系统将保持工具停止状态，只进行机器人的运动，而不进行作业。

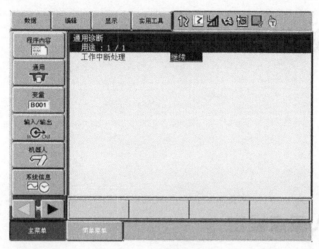

图 10.3.4　中断设定页面

第**11**章

▶▶▶▶▶▶▶

机器人调试与再现运行

11.1 机器人原点设定

11.1.1 绝对原点设定

(1) 功能与使用

在使用伺服驱动的工业机器人上，关节轴位置通过电机内置编码器的脉冲计数生成；编码器的计数零位就是关节轴的绝对原点。工业机器人的编码器脉冲计数值，一般可利用后备电池保存，在正常情况下，即使关闭系统电源也不会消失。

绝对原点是机器人所有坐标系的基准，改变绝对原点，不仅可改变程序点位置，而且还将改变机器人作业范围、软件保护区等系统参数。因此，绝对原点的设定只能、也必须用于以下场合。

① 机器人的首次调试。

② 后备电池耗尽，或电池连接线被意外断开时。

③ 伺服电机或编码器更换后。

④ 控制系统或主板、存储器板被更换后。

⑤ 减速器等直接影响位置的机械传动部件被更换或重新安装后。

绝对原点通常需要由机器人生产厂设定，其位置与机器人的结构形式有关。垂直串联机器人的绝对原点通常如图 11.1.1 所示，位置如下。

腰回转轴（J_1 或 S）：上臂（前伸）中心线与基座坐标系+XZ 平面平行的位置。

下臂摆动轴（J_2 或 L）：下臂中心线与基座坐标系+Z 轴平行的位置。

上臂摆动轴（J_3 或 U）：上臂中心线与基座坐标系+X 轴平行的位置。

腕回转轴（J_4 或 R）：手回转（法兰）中心线与基座坐标系+XZ 平面平行的位置。

腕弯曲轴（J_5 或 B）：手回转（法兰）中心线与基座坐标系+X（或$-Z$）轴平行的位置。

手回转轴（J_6 或 T）：通过工具安装法兰的基准孔确定。

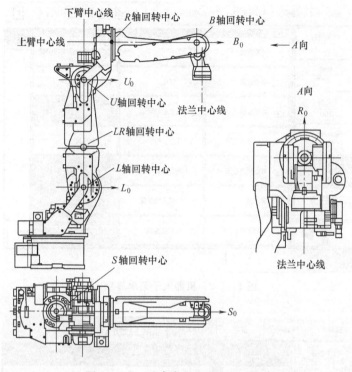

图 11.1.1 垂直串联机器人绝对原点

安川机器人绝对原点设定属于高级应用功能，安川机器人只能在安全模式选择"管理模式"时才能设定。绝对原点设定可利用示教操作、手动数据输入 2 种方式设定，其方法如下。

（2）示教操作设定

示教操作可对机器人的全部轴（安川称全轴登录），或指定轴（安川称单独登录）进行绝对原点设定。

全轴登录可一次性完成机器人全部坐标轴的绝对原点设定，其操作步骤如下。

① 在确保安全的前提下，接通系统电源，启动伺服。

② 操作模式选择【示教（TEACH）】，安全模式设定为"管理模式"。

③ 通过手动操作，将机器人的所有关节轴均准确定位到绝对原点上。

④ 选择主菜单 [机器人]，示教器显示图 11.1.2 所示的子菜单显示页面。

⑤ 选择子菜单 [原点位置]，示教器将显示图 11.1.3 所示的绝对原点设定页面。

⑥ 在多机器人或使用外部轴的系统上，可通过图 11.1.4（a）所示的下拉菜单 [显示] 中的选项，选择需要设定的控制轴组（机器人或工装轴）；或利用示教器操作面板上的【翻页】键，或选择显示页的操作提示键 [进入指定页]，在图 11.1.4（b）所示的选择框中选定需要设定的控制轴组（机器人或工装轴），显示指定控制轴组的原点设定页面。

⑦ 光标定位到"选择轴"栏，选择下拉菜单 [编辑]、并选定图 11.1.5（a）所示的子菜单 [选择全部轴]，绝对原点设定页面的"选择轴"栏将全部成为"●"（选定状态），同时，示教器将显示"创建原点位置吗？"的操作确认对话框，见图 11.1.5（b）。

⑧ 选择对话框中的 [是]，机器人的当前位置将被设定为绝对原点；选择 [否]，则可放弃原点设置操作。

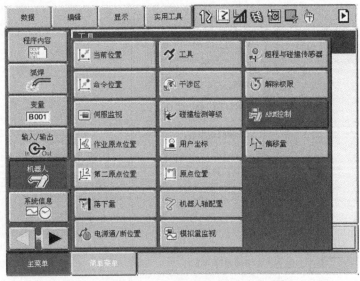

图 11.1.2　机器人子菜单显示

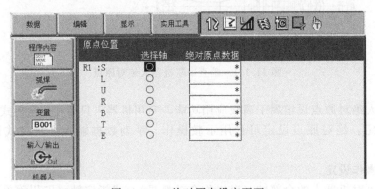

图 11.1.3　绝对原点设定页面

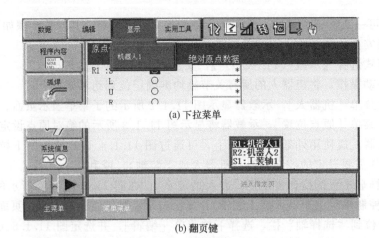

图 11.1.4　控制轴组选择

单独登录通常用于机器人某一轴的电池连接线被意外断开或伺服电机、编码器、机械传动系统更换、维修后的原点恢复，操作步骤如下。

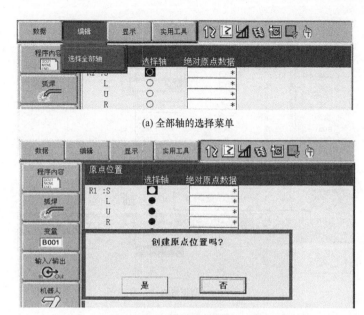

(a) 全部轴的选择菜单

(b) 轴选择与操作确认

图11.1.5 全轴登录原点设定

①～⑥ 同全轴登录步骤①～⑥，但第③步也可只将需设定原点的轴准确定位到绝对原点上。

⑦ 在图11.1.3所示的绝对原点设定页面，调节光标到指定轴（如 S 轴）的"选择轴"栏，按操作面板的【选择】键，使其显示为"●"（选定状态）；示教器可显示图11.1.5（b）同样的"创建原点位置吗?"操作确认对话框。

⑧ 选择对话框中的［是］，机器人指定轴的当前位置将被设定为该轴的绝对原点，其他轴的原点位置不变；选择［否］，则可以放弃指定轴的原点设置操作。

（3）手动数据输入设定

绝对原点位置也可通过手动数据输入操作设定、修改或清除，其操作步骤如下。

①～⑥ 同全轴登录步骤①～⑥。

⑦ 在图11.1.3所示的绝对原点设定页面，调节光标到指定轴（如 L 轴）的"绝对原点数据"栏输入框上，按操作面板的【选择】键选定后，输入框将成为图11.1.6（a）所示的数据输入状态。

⑧ 利用操作面板的数字键输入原点位置数据，并用【回车】键确认，便可完成原点位置数据的输入及修改。

如果在图11.1.3所示的绝对原点设定页面，选择下拉菜单［数据］、并选定图11.1.6（b）所示的子菜单［清除全部数据］，示教器将显示图11.1.6（c）所示的"清除数据吗?"操作确认对话框。选择对话框中的［是］，可清除全部绝对原点数据；选择［否］，则可以放弃数据清除操作。

11.1.2 第二原点设定

（1）功能与使用

第二原点是用来检查、确认机器人位置的基准点，通常用于利用手动数据输入方式设定绝对原点后的位置确认。

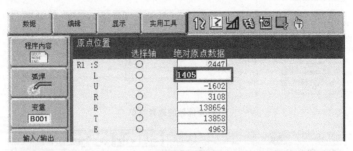

(a) 数据输入与修改

(b) 数据清除

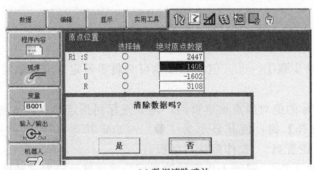

(c) 数据清除确认

图 11.1.6 绝对原点手动设定

机器人第二原点检查、设定的要点如下。

① 控制系统发生"绝对编码器数据异常"报警时，原则上应进行第二原点检查，但也可通过系统参数的设定，取消第二原点检查操作。

② 机器人第二原点检查时，如系统无报警，一般可恢复正常工作；如系统再次发生报警，则需要通过绝对原点设定操作，重新设定机器人原点。

③ 机器人出厂所设定的第二原点与绝对原点重合；为了方便检查，用户也可以通过下述的第二原点示教设定操作，改变第二原点的位置。

(2) 第二原点示教设定

安川机器人的第二原点可以在"编辑模式"下，通过示教操作设定，其操作步骤如下。

① 在确保安全的前提下，接通系统电源，启动伺服。

② 操作模式选择【示教（TEACH）】，安全模式设定为"编辑模式"。

③ 选择主菜单［机器人］、子菜单［第二原点位置］，示教器可显示图 11.1.7 所示的第二原点位置设定页面。显示页的各栏的含义如下。

第二原点：显示机器人当前有效的第二原点位置。

当前位置：显示机器人实际位置。

位置差值：在进行第二原点确认时，可显示第二原点的误差值。

信息提示栏：显示允许的操作，如"能够运动或修改第二原点"。

④ 在多机器人或使用外部轴的系统上，可通过绝对原点设定同样的操作，利用下拉菜单［显示］，或利用操作面板上的【翻页】键，或通过显示页的操作提示键［进入指定页］与控制轴组输入框的选择，选定需要设定的控制轴组（机器人或工装轴）。

⑤ 通过手动操作，将机器人准确定位到需要设定为第二原点的位置上。

⑥ 按操作面板的【修改】、【回车】键，机器人当前位置被自动设定成第二原点。

图 11.1.7　第二原点设定页面

（3）第二原点确认

第二原点确认操作通常用于"绝对编码器数据异常"报警的处理，其操作步骤如下。

① 按操作面板的【清除】键，清除系统报警。

② 在确保安全的情况下，重新启动伺服。

③ 确认操作模式为【示教（TEACH）】，安全模式为"编辑模式"。

④ 按主菜单［机器人］、子菜单［第二原点位置］，显示前述图 11.1.7 所示的第二原点设定页面。

⑤ 在多机器人或使用外部轴的系统上，可通过绝对原点设定同样的操作，利用下拉菜单［显示］，或利用操作面板上的【翻页】键，或通过显示页的操作提示键［进入指定页］与控制轴组输入框的选择，选定需要设定的控制轴组（机器人或工装轴）。

⑥ 按操作面板的【前进】键，机器人将以手动速度自动定位到第二原点。

⑦ 选择下拉菜单［数据］、子菜单［位置确认］，第二原点设定页面的"位置差值"栏将自动显示第二原点的位置误差值；信息提示栏显示"已经进行位置确认操作"。

⑧ 系统自动检查"位置差值"栏的误差值，如误差没有超过系统规定的范围，机器人便可恢复正常操作；如误差超过了规定的范围，系统将再次发生数据异常报警，操作者需要在确认故障已排除的情况下，进行绝对原点的重新设定。

11.1.3　作业原点设定

（1）功能与使用

作业原点是机器人实际作业的基准位置，操作者可根据实际作业要求设定一个作业原点。安川机器人具有作业原点自动定位、检测、允差设定功能，可作为重复作业程序的作业基准。

安川机器人作业原点的使用要点如下。

① 操作模式选择【示教（TEACH）】时，可通过选择主菜单［机器人］、子菜单［作业原点位置］，使示教器显示作业原点显示和设定页面；此时，如果按操作面板上的【前进】键，机器人便可按手动速度，自动定位到作业原点。

② 操作模式选择【再现（PLAY）】时，可通过 DI 信号和 PLC 程序，向系统输入"回作业原点"启动信号，机器人便能以系统参数设定的速度，自动定位到作业原点。

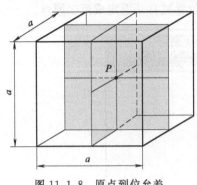

图 11.1.8　原点到位允差

③ 机器人定位于作业原点允差范围内时，系统专用 DO 信号（PLC 地址 30022）"作业原点"将成为 ON 状态。

④ 在安川机器人上，作业原点的 X/Y/Z 轴到位允差不能进行独立设定，3 轴的到位允差需要通过系统参数统一设定。当允差设定为 a（μm）时，原点的到位检测区间为图 11.1.8 所示的正方体，如机器人定位点处于（$P \pm a/2$）范围，认为作业原点到达。

⑤ 作业原点可通过系统参数的设定，以命令值或实际值的形式检查。利用命令值检测时，只要程序点位于作业原点允差范围，就认为作业原点到达；利用实际值检查时，必须是实际位置到达作业原点允差范围，才认为作业原点到达。

（2）作业原点设定

机器人的作业原点可通过示教操作设定，其操作步骤如下。

① 在确保安全的前提下，接通系统电源、并启动伺服。

② 操作模式选择【示教（TEACH）】、安全模式设定为"编辑模式"。

③ 按主菜单［机器人］、选择子菜单［作业原点位置］，示教器显示图 11.1.9 所示的作业原点位置设定页面，并显示操作提示信息"能够移动或修改作业原点"。

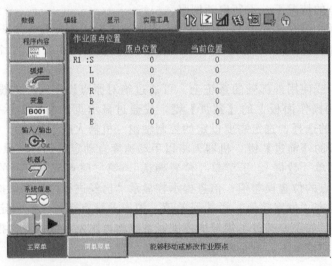

图 11.1.9　作业原点位置设定页面

④ 在多机器人或使用外部轴的系统上，可通过操作面板上的【翻页】键，或通过显示页的操作提示键［进入指定页］与控制轴组输入框的选择，选定需要设定的控制轴组（机器人或工装轴）。

⑤ 通过手动操作，将机器人准确定位到需要设定为作业原点的位置上。

⑥ 按操作面板【修改】、【回车】键，机器人当前位置将被自动设定成作业原点。

⑦ 如需要，可通过操作面板的【前进】键，进行作业原点位置的确认。

11.2 工具文件编辑

11.2.1 文件编辑操作

(1) 工具文件及显示

工业机器人的作业工具结构复杂、形状不规范，需要定义控制点（TCP）、坐标系、质量/重心/惯量等诸多参数，这些参数需要通过规定格式的数据（如 ABB 机器人工具数据）或工具文件（如安川机器人）的形式定义。

安川机器人需要通过工具文件定义的参数如下。

① 工具控制点 TCP   TCP 点既是工具的作业点，也是工具坐标系的原点。

② 工具坐标系   工具坐标系用来定义工具的安装方式（姿态）。

③ 工具质量/重心/惯量   工业机器人是由若干关节和连杆串联组成的机械设备，负载重心通常都远离回转、摆动中心，负载惯量大、受力条件差，工具的质量/重心/惯量将对机器人运动稳定性、定位精度产生直接影响。

工业机器人是一种通用设备，它可通过改变工具完成不同的作业任务，因此，需要针对不同工具编制多个工具文件。安川机器人最大可定义的工具数为 64 种，其工具文件号为 0～63。

在通常情况下，一个作业程序原则上只能使用一种工具。但也可通过系统参数的设定，生效工具文件扩展功能，在程序中改变工具。

安川机器人的工具文件显示操作如下。

① 操作模式选择【示教（TEACH）】，安全模式设定为"编辑模式"。

② 按主菜单［机器人］、选择［工具］子菜单，示教器可显示图 11.2.1（a）所示的工

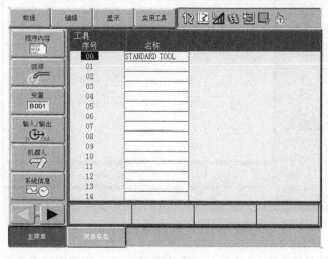

(a)工具一览表

图 11.2.1

(b) 显示工具数据

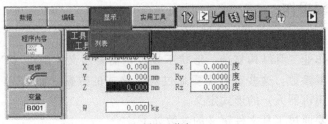

(c) 返回一览表

图 11.2.1 工具文件的显示

具一览表显示页面。

③ 调节光标到需要设定的工具号（序号）上，按操作面板的【选择】键、选定工具号；如使用的工具较多，可通过操作面板的【翻页】键，显示更多的工具号，然后，用光标和【选择】键选定。

④ 工具一览表显示时，如打开图 11.2.1（b）所示的下拉菜单［显示］、并选择［坐标数据］，示教器便可切换到图 11.2.2 所示的工具数据设定页面；当工具数据显示时，如打开图 11.2.1（c）所示的下拉菜单［显示］、并选择［列表］，示教器便可返回到图 11.2.1（a）所示的工具一览表显示页面。

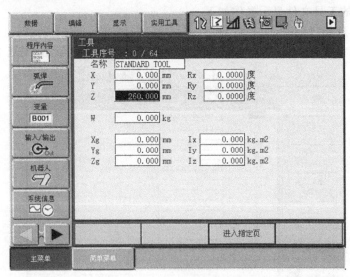

图 11.2.2 工具数据设定页面

工具数据设定页面如图 11.2.2 所示，页面中的工具参数作用和含义如下。

工具序号/名称：显示工具文件编号、工具名称。

X/Y/Z：TCP 位置，X/Y/Z 为 TCP 点在手腕基准坐标系 XF/YF/ZF 上的坐标值。

Rx/Ry/Rz：工具坐标系变换数据，Rx/Ry/Rz 为手腕基准坐标系的旋转变换角度，在安川说明书上称为"姿态参数"。

W：工具质量。

Xg/Yg/Zg：工具重心位置。

Ix/Iy/Iz：工具惯量。

（2）工具文件编辑

工具文件编辑是设定（输入、修改）工具数据的操作，工具的不同参数可用不同的方法设定。例如，TCP、坐标系可通过手动数据输入或示教操作设定；工具质量、重心位置、惯量等参数，可通过手动数据输入或工具自动测量操作设定等。通常而言，工具自动测量操作只能用于水平安装的机器人，手动数据输入可用于任何形式的机器人。

在安川机器人上，工具质量、重心位置、惯量设定属于机器人的高级安装设定功能（advanced robot motion，简称 ARM），需要在"管理模式"下由专业技术人员完成，有关内容参见后述。

手动数据输入是工具文件编辑的基本操作，如果需要设定的工具参数为已知，可通过以下操作，直接设定工具数据、完成工具文件编辑。

① 通过工具文件显示同样的操作，选定工具、并在示教器上显示图 11.2.2 所示的工具数据设定页面。需要进行对工具的质量、重心、惯量进行设定，必须将系统的安全模式设定为"管理模式"。

② 调节光标到需要设定的参数输入框，按操作面板的【选择】键选定，使输入框成为数据输入状态。

③ 利用示教器操作面板的数字键，输入参数值，并用【回车】键确认。

④ 重复步骤③，完成全部工具数据的输入及修改。

如果在伺服启动的情况下，进行了工具质量、重心、惯量等参数输入与修改等高级设定操作；数据一旦被输入、修改，控制系统将自动关闭伺服，并显示"由于修改数据伺服断开"的提示信息。

11.2.2 工具坐标系示教设定

（1）工具校准要求

机器人作业工具的结构复杂、形状不规范，TCP 和工具坐标系的测量、计算较为麻烦，实际使用时，一般都通过示教操作进行设定。这一操作，在安川机器人上称为"工具校准"。

安川机器人的工具校准可通过系统参数 S2C432 的设定，选择如下 3 种方法。

S2C432＝0：仅设定 TCP 位置。此时，利用工具校准操作，系统可自动计算、设定 TCP 的 X/Y/Z 位置；但工具坐标系变换参数（姿态参数）Rx/Ry/Rz 将被全部清除。

S2C432＝1：仅设定工具坐标系。此时，利用工具校准操作，系统可将第 1 个校准点的工具姿态作为工具坐标系，写入到工具坐标系变换参数（姿态参数）Rx/Ry/Rz 中，TCP 位置保持不变。

S2C432＝2：同时设定 TCP 和工具坐标系。此时，通过工具校准操作，系统可自动计算、设定 TCP 的 X/Y/Z 位置，同时，将第 1 个校准点的工具姿态作为工具坐标系，写入到工具坐标系变换参数（姿态参数）Rx/Ry/Rz 中。

利用工具校准操作设定工具数据时，需要选择图 11.2.3 所示的 5 个具有不同姿态的校准点，校准点选择需要注意以下问题。

① 第 1 个校准点 TC1 是计算、设定工具坐标系变换参数（姿态参数）Rx/Ry/Rz 的基准点，在该点上，工具应为图 11.2.3（a）所示的基准状态，工具轴线与机器人（基座）坐标系的 Z 轴平行、方向垂直向下。

② 利用工具校准操作自动设定的工具坐标系，其 Z 轴方向 Z_T 一般应与机器人（基座）坐标系的 Z 轴相反；X 轴方向 X_T 则与机器人（基座）坐标系的 X 轴同向；Y 轴方向通过右手定则确定。

③ 图 11.2.3（b）所示的第 2～5 个校准点 TC2～TC5 的工具姿态可任意选择，但是，为了保证系统能够准确计算 TCP 位置，应尽可能使得 TC2～TC5 的工具姿态有更多的变化。

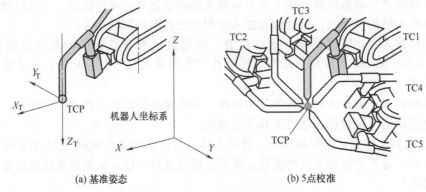

(a) 基准姿态　　　　　　　　　　　　(b) 5点校准

图 11.2.3　校准点的选择

④ 如果工具调整受到限制，无法在 TCP 的同一位置对 TC1～TC5 的工具姿态作更多变化时，可通过修改系统参数的设定、分步示教。

分步示教时，先设定 S2C432＝0，选择一个可进行基准姿态外的其他姿态自由调整的位置，通过 5 点示教设定 TCP 的 X/Y/Z 位置；然后，再设定 S2C432＝1，选择一个可进行基准姿态准确定位的位置，通过姿态相近的 5 点示教，单独改变工具坐标系变换参数（姿态参数）Rx/Ry/Rz 的设定值。

(2) 工具校准操作

利用工具校准操作设定工具坐标系的步骤如下。

① 操作模式选择【示教（TEACH）】、安全模式设定为"编辑模式"，并启动伺服。

② 通过工具文件显示同样的操作，选定工具、并在示教器上显示工具数据设定页面（参见图 11.2.2）。

③ 选择图 11.2.4（a）所示的下拉菜单［实用工具］、子菜单［校验］，示教器可显示图 11.2.4（b）所示的工具校准示教操作页面。

④ 选择图 11.2.4（c）中的下拉菜单［数据］、子菜单［清除数据］，并在系统弹出的"清除数据吗？"操作提示框中选择［是］，可对 TCP 点位置、坐标系变换参数进行初始化清除。

⑤ 将光标定位到工具校准示教操作页面的"位置"输入框，按操作面板【选择】键，在图 11.2.4（d）所示的输入选项上选定需要进行示教的工具校准点。

⑥ 手动操作机器人，将工具定位到所需的校准姿态。

⑦ 按操作面板的【修改】键、【回车】键，该点的工具姿态将被读入，校准点的状态显示由"○"变为"●"。

⑧ 重复步骤⑤～⑥，完成其他工具校准点的示教。

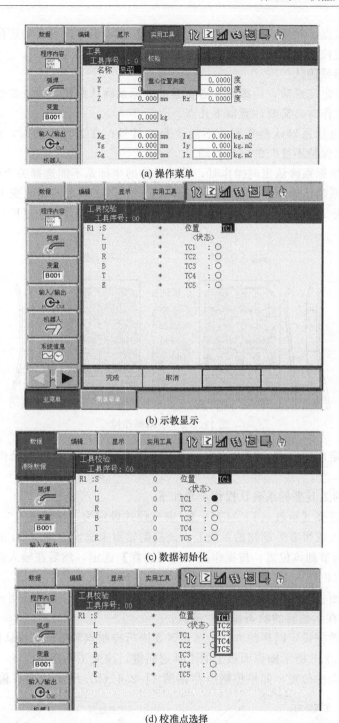

(a) 操作菜单

(b) 示教显示

(c) 数据初始化

(d) 校准点选择

图 11.2.4　工具校准操作

⑨ 全部校准点示教完成后，按图 11.2.4（b）显示页中的操作提示键［完成］，结束工具校准示教操作。此时，系统将自动计算工具的 TCP 位置、坐标系变换参数，并自动写入到工具文件设定页面。

⑩ 如果需要，可通过机器人的自动定位进行校准点位置的确认。

确认校准点位置时，只需要将光标定位到"位置"输入框，并用操作面板【选择】键、光标选定工具校准点；然后，按操作面板的【前进】键，机器人可自动定位到选定的校准点上；如果机器人定位位置和校准点设定不一致，状态显示将成为"○"。

(3) 工具坐标系确认

工具坐标系设定完成后，一般通常需要通过坐标系确认操作，检查参数的正确性。进行工具坐标系确认操作时，需要注意以下几点。

① 进行工具坐标系确认操作时，不能改变工具号；在工具定向时，需要保持 TCP 不变，进行"控制点保持不变"的定向运动。

② 进行工具坐标系确认定向操作时，手动操作的坐标系不能选择关节坐标系。

③ 工具坐标系确认操作，只能利用图 11.2.5 所示的工具定向键改变工具姿态，不能用机器人定位键改变 TCP 位置。7 轴机器人的按键【7−】、【7＋】（或【E−】、【E＋】），可用于工具定向。

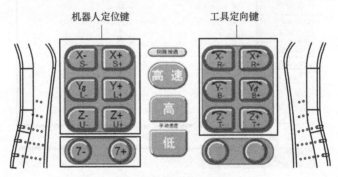

图 11.2.5　手动操作键

④ 如果工具定向完成后，TCP 出现偏离，需要再次进行工具校准操作、重新设定工具坐标系。

安川机器人的工具坐标系确认操作步骤如下。

① 操作模式选择【示教（TEACH）】，安全模式设定为"编辑模式"，并启动伺服。

② 在多机器人或带有外部轴的系统上，如控制轴组未选定，轴组 R1 的显示为"＊＊"，此时，可将光标调节到该位置，按操作面板的【选择】选定，然后在输入选项上，选定需要设定的控制轴组（机器人 R1 或机器人 R2）。

③ 通过操作面板的"【转换】＋【坐标】"键，选择机器人、工具或用户坐标系（不能为关节坐标系），并在示教器的状态显示栏确认。

④ 利用工具数据设定同样的方法，选定需要进行控制点和坐标系确认的工具。

⑤ 利用图 11.2.5 所示操作面板上的工具定向键，改变工具姿态。

⑥ 检查控制点的位置，如果控制点存在图 11.2.6（b）所示的明显偏差，则应该重新

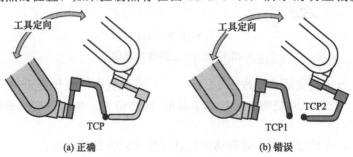

(a) 正确　　　(b) 错误

图 11.2.6　工具控制点检查

进行前述的工具校准操作、设定新的工具坐标系；工具校准操作完成后，再次进行工具坐标系的确认操作。

11.3 机器人高级安装设定

11.3.1 工具参数设定

(1) 工具自动测定

安川机器人的高级安装设定（advanced robot motion，简称 ARM）是一种根据工具、机身、附件的安装及质量，自动调整伺服驱动系统参数，以平衡重力、提高运动稳定性、定位精度的高级应用功能。ARM 功能包括工具质量、重心、惯量测定与计算，机器人安装方式设定、附加载荷设定等内容，功能的使用方法如下。

安川机器人工具文件中的工具质量 W、重心位置 Xg/Yg/Zg、惯量 Ix/Iy/Iz 等参数的计算较为复杂，为了便于普通操作编程人员使用，水平安装的机器人，可直接使用控制系统的工具自动测定功能，自动测量、计算、设定工具质量、重心、惯量。

执行工具自动测定操作需要注意以下问题。

① 工具自动测定是一种简单快捷的操作，其测量、计算结果只是工具的大致参数；为了尽可能提高测量精度，原则上应拆除工具上的连接电缆和管线。

② 工具自动测定不能用于倾斜、壁挂、倒置安装的机器人。

③ 工具自动测定时，机器人需要进行基准点定位运动。测量基准点通常就是机器人绝对原点。

④ 工具自动测定时，控制系统需要分析、计算上臂摆动轴 U、手腕摆动轴 B 及手回转轴 T 的静、动态驱动转矩（电流）；在测量阶段，机器人将自动以手动中速，进行如下运动。

U 轴：基准点定位→−4.5°→+4.5°；

B 轴：基准点定位→+4.5°→−4.5°；

T 轴：进行 2 次运动，第 1 次（T1）为基准定位→+4.5°→−4.5°，第 2 次（T2）为基准定位→+60°→+4.5°→−4.5°。

安川机器人的工具自动测定操作步骤如下。

① 操作模式选择【示教（TEACH）】，安全模式设定为"编辑模式"，并启动伺服。

② 通过工具文件显示同样的操作，选定工具、并在示教器上显示工具数据设定页面（参见图 11.2.2）。

③ 选择下拉菜单［实用工具］、选择子菜单［工具重心测量］（参见图 11.2.4），示教器便可显示图 11.3.1 所示的工具自动测定页面。

④ 在多机器人或带外部轴的系统上，如控制轴组未选定，轴组 R1 的显示为" * * "，此时，可将光标调节到该位置，按操作面板的【选择】选定，然后在输入选项上，选定需要设定的控制轴组（机器人 R1 或机器人 R2）。

⑤ 按住操作面板的【前进】键，机器人以中速、自动定位到基准位置（原点）上，定位完成后，＜状态＞栏的"原点"状态将由"○"变为"●"。

⑥ 再次按住【前进】键，机器人以中速，依次进行 U、B、T 轴的自动测定运动。正在

进行自动测定运动的轴，其＜状态＞栏的显示为"●"闪烁；测定完成的轴，＜状态＞栏的显示将由"○"变为"●"；未进行测定运动的轴，＜状态＞栏的显示为"○"。

如果在自动测定的运动过程中，松开了【前进】键，需要从基准点开始，重新进行自动测定运动。

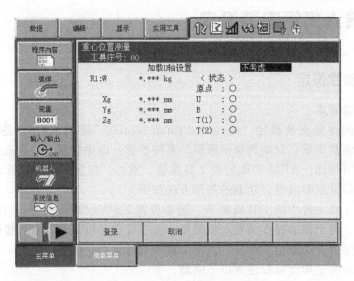

图 11.3.1　工具自动测定显示页面

⑦ 自动重心测定结束，＜状态＞栏的"原点"、U、B、T（1）、T（2）的全部显示均成为完成状态"●"后，如选择显示页面的操作提示键［登录］，系统将自动计算、设定工具质量、重心、惯量参数；如选择操作提示键［取消］，系统将放弃本次测定数据，返回工具数据设定页面。

（2）高级安装设定

利用手动数据输入方式设定工具数据时，需要进行复杂的工程计算，属于机器人的高级安装设定。工具数据的手动输入必须在"管理模式"进行，数据的输入操作步骤与工具文件编辑相同。工具质量、重心、惯量等参数，如果在伺服启动的情况下修改，系统将自动关闭伺服，并显示"由于修改数据伺服断开"提示信息。

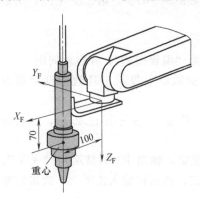

图 11.3.2　工具数据设定示例

工具重心、惯量计算时，应以机器人的手腕基准坐标系作为基准，并参照机械设计手册，对不同形状的工具重心、惯量进行详细计算。

如果机器人所使用的工具较轻（10kg 以下）、体积较小（外形尺寸小于手腕法兰中心到工具重心的 2 倍），为了简化计算，也可通过估算法确定工具质量和重心，而不进行惯量的计算、设定；此时，工具质量设定值应略大于工具实际质量。

例如，对于图 11.3.2 所示、实际质量为 6.5kg 的工具，由于工具轻、体积较小，故可直接通过手动数据输入设定，将工具数据设定如下。

工具质量 W：7kg（实际质量＋0.5kg）。

重心位置：Xg＝100mm，Yg＝0，Zg＝70mm。

惯量参数：$I_x = 0$，$I_y = 0$，$I_z = 0$。

当工具数据的质量 W 设定为 0，或重心位置 Xg/Yg/Zg 的设定值均为 0 时，系统将自动以机器人出厂默认的参数设定工具数据。机器人的出厂默认值与机器人规格、型号有关，具体如下。

工具质量 W：默认值为机器人允许安装的最大工具质量（承载能力）。

重心位置 Xg/Yg/Zg：默认值为 Xg=0、Yg=0，Zg 取与承载能力对应的 Z 轴位置。

惯量 Ix/Iy/Iz：默认值为 0。

11.3.2　机器人安装及载荷设定

机器人的安装方式、载荷属于机器人高级安装设定，必须在系统的"管理模式"下，利用手动数据输入的方式设定，数据设定方法如下。

(1) 机器人安装设定

垂直串联型机器人的安装方式主要有水平、倾斜、壁挂和倒置几种，它可通过高级安装设定（ARM）中的"对地安装角度"参数设定。

机器人的安装角度定义如图 11.3.3 所示，它是指当机器人（基座）坐标系的 Y 轴与水平面平行时，X 轴和水平面夹角。

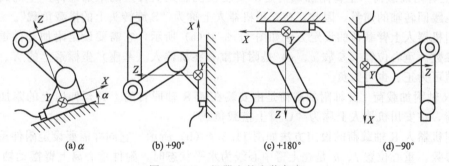

(a) α　　　(b) +90°　　　(c) +180°　　　(d) -90°

图 11.3.3　机器人的安装角度

机器人安装角度的设定范围为 -180°~180°，对于常见的安装方式，其安装角度如图 11.3.3 所示，"上仰"式安装的机器人安装角度为 0°~180°；"下俯"式安装的机器人安装角度为 -180°~0°。

如机器人采用 X 轴与水平面平行、Y 轴倾斜的特殊安装方式，机器人的安装参数需要由机器人生产厂家的技术部门设定，用户不能利用常规的 ARM 设定操作来设定机器人的安装角度。

(2) 机器人载荷设定

机器人伺服驱动系统的基本负载，主要包括机器人本体构件、安装在机器人机身上的附件、工具 3 部分，搬运机器人还包括物品载荷。

机器人本体构件载荷与机器人结构有关，搬运机器人的物品载荷是机器人承载能力参数，它们都需要由机器人生产厂家设定，用户无须、也不能进行更改。机器人的工具载荷需要利用前述的工具数据设定，控制系统可根据工具文件的参数，自动计算、确定各伺服驱动系统的载荷。因此，设定机器人载荷时，实际上只需要设定安装在机器人机身上的附件载荷参数。

机器人附件通常安装于机器人上臂，或随 R 轴回转的上臂延伸段上。在安川机器人上，以上两部位的载荷可进行独立设定，参数的定义方法如图 11.3.4 所示。

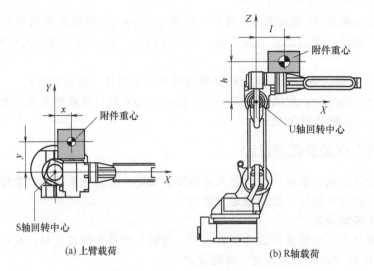

(a) 上臂载荷 　　　　(b) R轴载荷

图 11.3.4　机器人载荷参数

① 上臂附加载荷　上臂附加载荷是由安装在机器人上臂上的附加部件产生的载荷，它主要影响腰回转轴的惯量，因此，在安川机器人上称为"S旋转头上的搭载负载"。

安川机器人上臂载荷的设定方法如图 11.3.4（a）所示，它需要设定附加部件重量、重心位置参数。重心位置（参数 x、y）是附件重心在机器人（基座）坐标系上的 X、Y 坐标值；其值可为正、也可为负。

② R轴附加载荷　R轴附加载荷是由安装在随 R 轴回转的上臂延伸段上的附加部件产生的载荷，在安川机器人上称为"U臂上搭载负载"。

安川机器人 R 轴载荷的设定方法如图 11.3.4（b）所示，它同样需要设定附件重量、重心位置参数。重心位置 l、h 是在上臂中心线为水平状态时，附件重心离上臂摆动轴 U 回转中心的、机器人（基座）坐标系的 X、Z 向距离；其值可为正、也可为负。

（3）参数设定操作

安川机器人安装及载荷设定操作步骤如下

① 操作模式选择【示教（TEACH）】、安全模式设定为"管理模式"。

② 按主菜单［机器人］、选择子菜单［ARM 控制］，示教器显示图 11.3.5 所示的 ARM 控制设定页面。

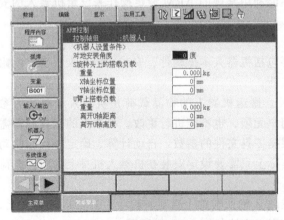

图 11.3.5　ARM 控制设定页面

ARM 控制设定页的设定项含义如下。

控制轴组：显示当前生效的控制轴组（机器人 1 或机器人 2）。

对地安装角度：可显示和设定机器人的安装角度。

S 旋转头上的搭载负载：可显示和设定安装在机器人上臂上的附加部件重量、重心，其中，"X 轴坐标位置""Y 轴坐标位置"就是前述附件重心位置的 x、y 值。

U 臂上搭载负载：可显示和设定安装在机器人 R 轴回转的上臂延伸段上的附

加部件的重量和重心，其中，"离开 U 轴距离""离开 U 轴高度"就是前述附件重心位置的
l、h 值。

③ 在多机器人或带有外部轴的系统上，如控制轴组未选定，控制轴组的显示为"＊＊"，
此时，可将光标调节到该位置，按操作面板的【选择】键，然后在输入选项上选定需要设定
的控制轴组（机器人 R1 或机器人 R2）。

④ 调节光标到对应的输入框，按【选择】键选定后，输入框将成为数据输入状态。

⑤ 利用操作面板输入 ARM 设定参数后，用【回车】键确认，便可完成机器人安装及
载荷参数的输入。

11.4　用户坐标系设定

11.4.1　坐标系设定要求

(1) 用户坐标设定参数

工业机器人的用户坐标系是以基准点为原点的作业坐标系，使用用户坐标系编程时，程
序点的 XYZ 位置，将成为机器人 TCP 在用户坐标系上的位置值。

安川机器人的用户坐标系数据以"用户坐标文件"的形式保存；控制系统最大可设定
63 个用户坐标系，并以编号 1～63 区分。机器人手动操作、示教编程时可通过坐标系选择
操作，选择所需的用户坐标系。

安川机器人的用户坐标文件的设定和显示页面如图 11.4.1 所示，参数含义如下。

用户坐标序号：用户坐标系编号显示、设定。

$X/Y/Z$：用户坐标原点位置的显示、设定。原点位置是用户坐标原点在机器人（基座）
坐标系上的坐标值。

$Rx/Ry/Rz$：用户坐标系变换参数显示、设定。坐标变换参数用来定义用户坐标系的坐
标轴方向，参数的含义与设定方法与工具坐标系设定相同。

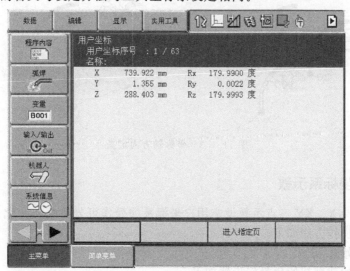

图 11.4.1　用户坐标文件显示

用户坐标系的一般设定原则如下。

① 用户坐标系的坐标轴方向和变换参数的正负定义如图 11.4.2 所示。为了方便操作和编程，用户坐标系的 XY 平面通常应平行于工件的安装面；坐标原点一般应选择在零件图的尺寸基准上，这样可为程序编制、尺寸检查提供方便。

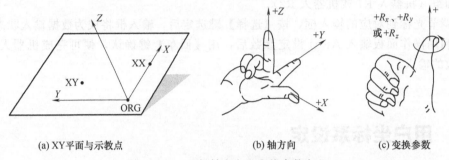

(a) XY平面与示教点　　　　　　　(b) 轴方向　　　　　(c) 变换参数

图 11.4.2　坐标轴方向和变换参数定义

② 用户坐标系可以通过程序命令 MFRAME 或示教操作设定，示教操作设定简单易行，是机器人实际使用的常用方法。

(2) 示教点选择

通过示教操作设定用户坐标系时，需要有图 11.4.2（a）所示的 ORG、XX、XY 三个示教点，示教点的选择要求如下。

ORG 点：用户坐标系原点。

XX 点：用户坐标系＋X 轴上的任意一点（除原点外）。

XY 点：用户坐标系 XY 平面第Ⅰ象限上的任意一点（除原点外）。

用户坐标系的坐标轴方向按图 11.4.2（b）所示的右手定则定义，因此，当 ORG、XX、XY 点确定后，坐标轴的方向与位置也就被定义。例如，在图 11.4.3 上，当 ORG、XX 点选定后，如 XY 点选择在＋X 轴左侧，便可建立＋Z 轴向上、＋Y 轴向内的用户坐标系；如 XY 点选择在＋X 轴右侧，则可建立＋Z 轴向下、＋Y 轴向外的用户坐标系等。

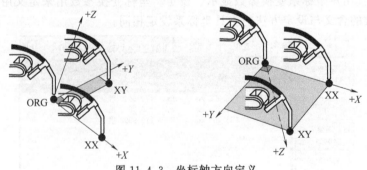

图 11.4.3　坐标轴方向定义

11.4.2　用户坐标系示教

利用 ORG、XX、XY 三点示教设定用户坐标系的操作可分数据初始化、程序点示教与确认 2 步进行，操作方法如下。

(1) 数据初始化

用户坐标系的数据初始化操作步骤如下。

① 操作模式选择【示教（TEACH）】，安全模式设定为"编辑模式"，启动伺服。

② 按主菜单［机器人］、选择子菜单［用户坐标］，示教器将显示图 11.4.4 所示的用户坐标文件一览表页面。

③ 调节光标到需要设定的用户坐标号（序号）上，按操作面板的【选择】键，选定用户坐标号；如系统使用的用户坐标系较多，可通过操作面板的【翻页】键，显示更多的用户坐标号，然后用光标和【选择】键选定。

④ 用户坐标文件一览表显示时，如打开下拉菜单［显示］、并选择［坐标数据］，示教器便可切

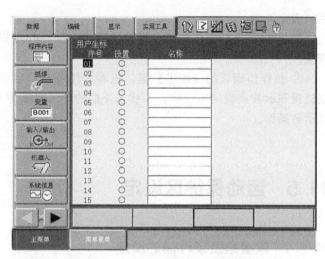

图 11.4.4　用户坐标文件一览表显示

换到图 11.4.1 所示的用户坐标文件显示页；当用户坐标文件显示时，如打开下拉菜单［显示］、并选择［列表］，示教器可返回到图 11.4.4 所示的用户坐标文件一览表页面。

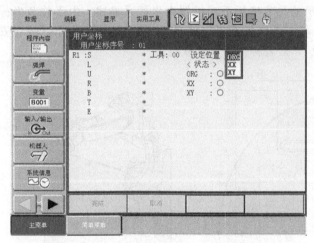

图 11.4.5　用户坐标文件示教设定页面

⑤ 选择下拉菜单［实用工具］、子菜单［设定］，示教器便可显示图 11.4.5 所示的用户坐标文件示教设定页面。

⑥ 在多机器人或带外部轴的系统上，如控制轴组未选定，轴组 R1 的显示为"＊＊"，此时，可将光标调节到该位置，按操作面板的【选择】选定，然后在输入选项上，选定需要设定的控制轴组（机器人 R1 或机器人 R2）。

⑦ 选择下拉菜单［数据］、子菜单［清除数据］，并在系统弹出的操作提示框"清除数据吗？"中选择［是］，可对用户坐标文件中的全部参数进行初始化清除。

(2) 程序点示教与确认

用户坐标系的程序点示教操作步骤如下。

① 通过用户坐标系数据初始化操作，清除需要建立的用户坐标系数据。

② 将光标定位到图 11.4.5 所示的"设定位置"输入框，按操作面板【选择】键，在输入选项上选定示教点 ORG 或 XX、XY。

③ 通过手动操作机器人，将机器人定位到所选的示教点 ORG（或 XX、XY）上。

④ 按操作面板的【修改】键、【回车】键，机器人的当前位置将作为用户坐标定义点读入系统，示教点 ORG 或 XX、XY 的＜状态＞栏显示由"○"变为"●"。

⑤ 重复步骤②～④，完成其他示教点的示教。

⑥ 全部示教点确认完成后，按图 11.4.5 显示页中的操作提示键［完成］，结束用户坐标系示教操作，系统将自动计算用户坐标的原点位置、坐标系变换参数，并写入到用户坐标文

件的设定页面。

⑦ 再次将光标定位到"设定位置"输入框，并用操作面板【选择】键、光标键选定示教点。

⑧ 按操作面板的【前进】键，机器人便可自动移动到指定的示教点上。如果机器人定位位置和示教点设定不一致，＜状态＞栏的显示将成为"●"闪烁；此时，应重新进行程序点示教操作。

11.5 运动保护区设定

11.5.1 软极限及硬件保护设定

(1) 软极限与作业空间

软极限又称软件限位，这是一种通过机器人控制系统软件，检查机器人位置、限制坐标轴运动范围、防止坐标轴超程的保护功能。

机器人的软极限可用图 11.5.1 所示的关节坐标系或机器人坐标系描述。由于关节坐标系位置以编码器脉冲计数的形式表示，机器人坐标系以三维空间 XYZ 的形式表示，故在安川机器人上，将前者称为"脉冲软极限"，后者称"立方体软极限"。

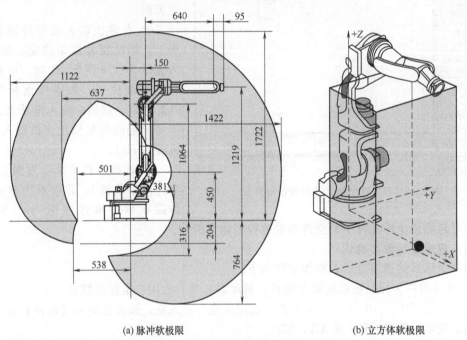

(a) 脉冲软极限   (b) 立方体软极限

图 11.5.1 机器人软极限的设定

① 脉冲软极限 脉冲软极限是通过检查关节轴位置检测编码器反馈脉冲数，判定机器人位置、限制关节轴运动范围的软件限位功能，每一关节轴可独立设定，与机器人运动方式无关。

机器人样本中的工作范围（working range）参数，实际上就是以回转角度（区间或最大转角）表示的脉冲软极限；由各关节轴工作范围所构成的空间，就是图 11.5.1（a）所示的机器人作业空间。

② 立方体软极限　立方体软极限是建立在机器人（基座）坐标系上的软件限位保护功能，软极限的保护区在机器人作业空间上截取，不能超越脉冲软极限所规定的运动范围（工作范围）。

立方体软极限可使机器人操作、编程更简单直观，但不能全面反映机器人的作业空间，因此，只能作为机器人附加保护措施。在立方体软极限以外的部分区域，机器人实际上也可正常运动。

(2) 软极限设定与解除

脉冲软极限与机器人结构密切相关，它需要由机器人生产厂家在系统参数上设定，用户一般不能对其进行修改。出于安全考虑，机器人可在脉冲软极限的基础上，增加超程开关、碰撞传感器等硬件保护装置，对机器人运动进行进一步保护。

安川机器人的软极限的设定方法如下。

① 脉冲软极限　脉冲软极限可通过系统参数设定，每一机器人最大可使用 8 轴，每轴可设定最大值、最小值 2 个参数。

脉冲软极限一旦设定，在任何情况下，只要移动命令程序点或机器人实际位置超出软极限，系统将发生"报警 4416：脉冲极限超值 MIN/MAX"报警，并进入停止状态。

② 立方体软极限　使用立方体软极限保护功能时，首先需要通过系统参数生效立方体软极限保护功能，然后利用系统参数设定 $X/Y/Z$ 轴的正向极限、负向限位位置。

立方体软极限功能设定后，在任何情况下，只要移动命令程序点或机器人实际位置超出软极限，系统将发生"报警 4418：立方体极限超值 MIN/MAX"报警，并进入停止状态。

当机器人发生软极限超程报警时，所有轴都将无条件停止运动，也不能通过手动操作退出限位位置。为了恢复机器人运动、退出软极限，可暂时解除软极限保护功能，然后通过反方向运动退出软极限。

解除安川机器人软极限保护功能的操作步骤如下。

① 操作模式选择【示教（TEACH）】，安全模式设定为"管理模式"。

② 按主菜单［机器人］、选择子菜单［解除极限］，示教器将显示图 11.5.2 所示的软极限解除页面。

③ 光标调节到"解除软极限"输入框上、按操作面板的【选择】键，可进行输入选项

"无效""有效"的切换。选定"有效"，系统可解除软极限保护功能，并在操作提示信息上显示图 11.5.2 所示的"软极限已被解除"信息。

④ 利用手动操作，使机器人退出软极限保护区。

⑤ 将图 11.5.2 中的"解除软极限"选项恢复为"无效"，重新生效软极限保护功能。

在软极限解除的情况下，如果将示教器的操作模式切换到【再现（PLAY）】，"解除软极限"选项将自动成为"无效"状态。

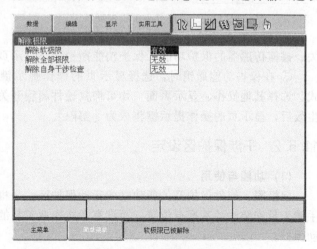

图 11.5.2　软极限解除页面

软极限解除也可通过将图11.5.2中的"解除全部极限"选项选择"有效"的方式解除，此时，不仅可解除软极限保护，而且还可同时控制系统的硬件超程保护、干涉区保护等全部保护功能，使机器人的关节轴成为完全自由状态。

图11.5.2中的"解除自身干涉检查"用来撤销后述的作业干涉区保护功能，选择"有效"时，机器人可恢复作业干涉区内的运动，功能可用于干涉保护区的退出。

（3）硬件保护设定

机器人的软极限、干涉区、碰撞检测等软件保护功能，只有在系统绝对原点、行程极限参数准确设定时才能生效。为了确保机器人运行安全，在系统参数设定错误时仍能对机器人进行有效保护，对于可能导致机器人结构部件损坏的超程、碰撞等故障，需要增加超程开关、碰撞传感器等硬件保护措施。

安川机器人的硬件超程开关直接与控制系统的安全单元连接，碰撞检测传感器直接与驱动器控制板连接。硬件保护的优先级高于软件保护，硬件保护动作时，驱动器电源将紧急分断，系统进入急停状态。

安川机器人的硬件保护功能，可通过如下操作生效或撤销。由于硬件保护直接影响机器人的安全运行，用户一般不能随意解除。

① 操作模式选择【示教（TEACH）】，安全模式设定为"编辑模式"。

② 按主菜单［机器人］、选择子菜单［超程与碰撞传感器］，示教器可显示图11.5.3所示的硬件保护设定页面。

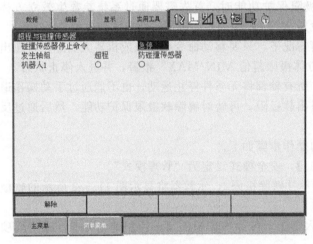

图11.5.3 硬件保护设定页面

③ 光标调节到"碰撞传感器停止命令"的输入框，按操作面板的【选择】键，可进行输入选项"急停""暂停"的切换，选择机器人碰撞时的系统停止方式。选择"急停"时，如碰撞传感器动作，机器人将立即停止运动，并断开伺服驱动器主电源、进入急停状态；选择"暂停"时，机器人将减速停止，驱动器主电源保持接通、系统进入暂停状态。硬件超程保护动作时，系统自动选择"急停"。

④ 如果选择显示页的操作提示键［解除］，可暂时撤销硬件超程开关、碰撞传感器的保护功能；保护功能撤销后，显示页的操作提示键将成为［取消］。

⑤ 在保护功能撤销时，选择显示页的操作提示键［取消］，或者，切换机器人操作模式、选择其他操作、显示页面，均可恢复硬件超程开关、碰撞传感器的保护功能；保护功能生效后，显示页的操作提示键将成为［解除］。

11.5.2 干涉保护区设定

（1）功能与使用

软极限、硬件保护开关所建立的运动保护区，是机器人的本体结构参数所限制的机器人手腕工具安装法兰基准点位置，而没有考虑作业工具的影响，因此，只能用于机器人本体运动保护。

如果机器人安装了作业工具，或者，作业区间上存在其他部件时，机器人作业空间内的某些区域，将成为不能运动的干涉区，为此，需要通过干涉保护区（简称干涉区）设定，来限制机器人运动，避免碰撞。

安川机器人的作业干涉区可通过图 11.5.4 所示的两种方法进行定义。

图 11.5.4（a）是利用机器人（基座）坐标系、用户坐标系定义的干涉区，它是一个边界与坐标轴平行的 3 维立方体，因此，安川机器人称之为"立方体干涉区"。

图 11.5.4（b）是以关节坐标系位置设定的关节轴运动干涉区，安川机器人称之为"轴干涉区"。

作业干涉区可根据实际作业情况，由操作编程人员设定，干涉区设定的基本要求如下。

① 机器人可使用多种工具，因此，需要针对不同的工具设定多个干涉区。安川机器人最大允许设定的干涉区的总数为 64 个（立方体或轴干涉区），其中，一个区域用于作业原点到位检测，故实际可用的干涉保护区为 63 个。

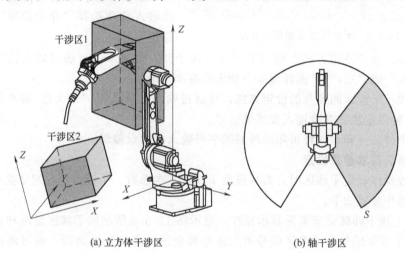

干涉区1

干涉区2

(a) 立方体干涉区　　　　(b) 轴干涉区

图 11.5.4　干涉区形式

② 干涉区不但可用于机器人运动保护，而且也可用于基座轴、工装轴运动保护。

③ 安川机器人可通过 4 个系统专用 DI 信号（干涉区禁止 1~4，PLC 地址 20020/20021、20023/20024），禁止机器人进入指定的干涉区。禁止信号 ON 时，如果移动命令的程序点或机器人实际位置位于干涉区，系统将发生"报警 4422：机械干涉 MIN/MAX"报警，并减速停止；同时，系统还可输出 4 个系统专用 DO 信号（进入干涉区 1~4，PLC 地址 30020/30021、30023/30024），用于外部控制。

④ 控制系统判断机器人是否进入干涉区的方法有两种：一是命令值检查，只要移动命令程序点位于干涉区，系统就发生干涉报警；二是实际位置检查，只有机器人实际位于干涉区时，才发生干涉报警。

⑤ 干涉区保护功能可通过前述的"解除极限"操作解除。

⑥ 作业干涉区的设定方法、保护对象、检查方法、干涉范围等参数，既可利用系统参数设定，也可通过示教操作设定。示教操作设定的操作简单快捷，是常用的设定方式。

(2) 干涉区设定显示

利用示教操作设定干涉区时，可通过以下操作，显示干涉区的显示和设定页面。

① 操作模式选择【示教（TEACH）】，安全模式设定为"编辑模式"。

② 按主菜单［机器人］、选择子菜单［干涉区］，示教器将显示图 11.5.5 所示的干涉区显示和设定页面。

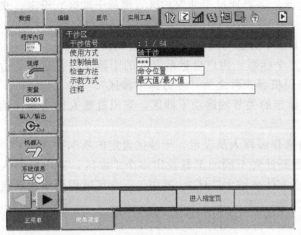

图 11.5.5　干涉区显示和设定页面

干涉区显示和设定页面的显示项含义和作用如下。

干涉信号：干涉区编号，显示值 1/64、2/64 等，代表干涉区 1、干涉区 2 等。

使用方式：干涉区定义方法，可通过输入选项选择"立方体干涉"或"轴干涉"。

控制轴组：干涉区保护对象，可通过输入选项选择"机器人 1""机器人 2"等。

检查方法：干涉区检查方法，可通过输入选项选择"命令位置"或"反馈位置"。

参考坐标：在"使用方式"选项为"立方体干涉"时显示，可通过输入选项选择"基座"、"机器人"或"用户"，选择建立干涉区的基准坐标系。

示教方式：干涉区间参数的设定方法，可通过输入选项选择"最大值/最小值"或"中心位置"，两种设定法的参数输入要求见后述。

注释：干涉区注释，注释可用示教器的字符输入软键盘编辑。

(3) 干涉区基本参数设定

利用示教操作设定干涉区时，需要设定干涉区基本参数、干涉检测区间 2 类参数。基本参数设定的操作步骤如下。

① 通过上述干涉区设定页面显示操作，显示图 11.5.5 所示的干涉区显示和设定页面。

② 选定干涉区编号。干涉区编号可用操作面板的【翻页】键选择，也可通过显示页的操作提示键［进入指定页］，直接在图 11.5.6（a）所示的"干涉信号序号"输入框内输入编号后、按【回车】键选定。

③ 光标调节到"使用方式""控制轴组"等输入框上，按操作面板的【选择】键选定后，通过图 11.5.6（b）～11.5.6（e）所示的输入选项选择，完成干涉区的基本参数设定。

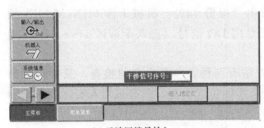

(a) 干涉区编号输入

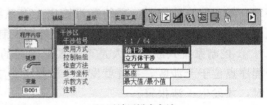

(b) 干涉区设定方法

(c) 干涉区保护对象

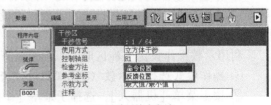

(d) 干涉区检查方法

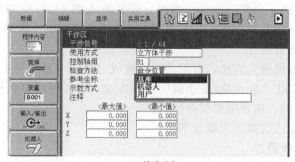

(e) 基准坐标

图 11.5.6 干涉区基本参数设定

(4) 干涉区定义方式

干涉区间的定义方式可通过基本参数"使用方式"选择。使用方式选择"轴干涉"时，可显示图 11.5.7 (a) 所示的关节轴位置设定页；选择"立方体干涉"时，可显示图 11.5.7 (b) 所示的 X、Y、Z 轴位置设定页。

(a) 轴干涉

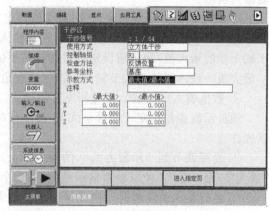

(b) 立方体干涉

图 11.5.7 干涉区间的设定显示

干涉区的定义方式可通过基本参数设定页的"示教方式"选择。示教方式选择"最大值/最小值""中心位置"时，相应的参数设定要求如下。

"最大值/最小值"输入：选择立方体干涉时，需要输入图 11.5.8 (a) 所示干涉区的起点 (X_{min}, Y_{min}, Z_{min}) 和终点 (X_{max}, Y_{max}, Z_{max}) 的坐标值；定义轴干涉时，需要输入干涉区的起始位置和结束位置的角度值。

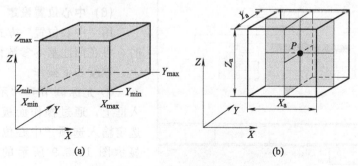

图 11.5.8 立方体干涉的区间设定

"中心位置"设定法：定义立方体干涉时，需要输入图 11.5.8 (b) 所示的、干涉区中心点 P 的坐标值及 $X/Y/Z$ 轴的干涉区长度 $X_a/Y_a/Z_a$；定义轴干涉时，需要输入干涉区中点的角度值和干涉区的宽度。

干涉区间定义参数的输入方法，有手动数据输入（数值直接输入）、示教设定（移动位置示教）2 种。干涉区以"最大值/最小值"方式定义时，2 种设定方法可任选；干涉区以"中心位置"方式定义时，两者需要结合使用。

干涉区定义参数输入的操作步骤如下。

(5) 最大值/最小值设定

最大值/最小值手动数据输入操作，可在前述基本参数设定步骤的基础上，继续如下操作。

① 将光标调节到"示教方式"的输入框、按操作面板的【选择】键，可进行输入选项"最大值/最小值""中心位置"的切换。采用手动数据输入时，应选定"最大值/最小值"选项，使示教器显示最大值/最小值设定页面。

② 调节光标到对应参数的输入框，按操作面板的【选择】键选定后，输入框将成为数据输入状态。

③ 对于立方体干涉的最大值/最小值设定，可在＜最小值＞栏，输入干涉区的起点坐标值 X_{min}、Y_{min}、Z_{min}；在＜最大值＞栏，输入干涉区的终点坐标值 X_{max}、Y_{max}、Z_{max}。对于轴干涉的最大值/最小值设定，可在＜最小值＞输入栏输入关节轴的干涉区起始角度；在＜最大值＞输入栏输入关节轴的干涉区结束角度。

④ 数值输入完成后，用【回车】键确认，便可完成干涉区间的设定。

通过示教操作设定干涉区最大值/最小值时，可在前述基本参数设定的基础上，继续如下操作。

① 光标调节到"示教方式"的输入框上，通过操作面板的【选择】键，选定输入选项"最大值/最小值"，使示教器显示最大值/最小值设定页面。

② 进行最大值示教时，用光标选定＜最大值＞；进行最小值示教时，用光标选定＜最小值＞；如光标无法定位到＜最大值＞或＜最小值＞上，可按操作面板的【清除】键，使光标成为自由状态后再进行选定。

③ 按操作面板的【修改】键，示教器将显示提示信息"示教最大值/最小值位置"。

④ 进行最大值示教时，将机器人手动移动到干涉区的终点（X_{max}，Y_{max}，Z_{max}）上；进行最小值示教时，将机器人手动移动到干涉区的起点（X_{min}，Y_{min}，Z_{min}）上。

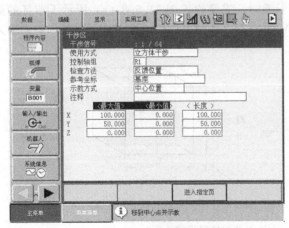

图 11.5.9 中心位置设定页面

⑤ 按操作面板的【回车】键，系统便可读入示教位置，自动设定对应的干涉区参数。

(6) 中心位置设定

用"中心位置"方式设定干涉区间时，可在前述基本参数设定步骤的基础上，继续如下操作。

① 光标调节到"示教方式"的输入框上，通过操作面板的【选择】键，选定输入选项"中心位置"，示教器可显示图 11.5.9 所示的中心位置设定页面。

② 调节光标到＜长度＞栏的对应参数输入框，按操作面板的【选择】键选定后，输入框将成为数据输入状态。

③ 直接用面板数字键，在 $X/Y/Z$ 轴的＜长度＞栏，输入干涉区长度 $X_a/Y_a/Z_a$，并用【回车】键确认，完成＜长度＞栏的设定。

④ 使光标同时选中图 11.5.9 所示的＜最大值＞和＜最小值＞栏，如光标无法选定，可按操作面板的【清除】键，使光标成为自由状态后选定。

⑤ 按操作面板的【修改】键，示教器将显示提示信息"移到中心点示教"。

⑥ 将机器人手动移动到干涉区的中心点 P 上。

⑦ 按操作面板的【回车】键，系统便可读入示教位置，自动设定干涉区参数。

(7) 干涉区删除

当机器人作业工具、作业任务变更时，可通过以下操作删除干涉区设定数据。

① 通过前述基本参数设定同样的操作，选定需要删除的干涉区编号、显示自动干涉区设定页面。

② 选择图 11.5.10（a）所示的下拉菜单 [数据]、子菜单 [清除数据]，示教器将显示图 11.5.10（b）所示的数据清除确认提示框。

③ 选择数据清除确认提示框中的 [是]，所选定的干涉区数据将被全部删除；选择 [否]，可返回干涉区数据设定页面。

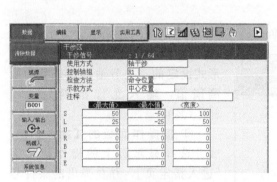

(a) 数据清除菜单

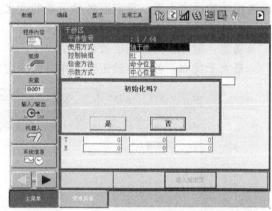

(b) 数据清除确认

图 11.5.10　干涉区删除

11.5.3　碰撞检测功能设定

(1) 功能与使用

安川机器人的碰撞检测可通过外部传感器（硬件）或系统软件功能实现，使用外部传感器进行碰撞保护时，其功能设定的解除方法可参见前述内容。

机器人软件碰撞保护功能，实际上是一种驱动电机过载保护功能，无须增加其他检测器件。因为，如果机器人发生碰撞，伺服驱动电机的输出转矩（电流）必然急剧增加，系统便可据此来生效碰撞保护功能。

安川机器人的软件碰撞检测功能使用要求如下。

① 机器人出厂时，碰撞检测功能按最大承载、最高移动速度设定，如实际工具较轻、移动速度较低时，应重新设定保护参数，使碰撞保护更可靠、安全。

② 碰撞检测功能需要设定较多的参数，故需要通过系统的"碰撞等级条件文件"进行统一定义。安川机器人可根据不同要求，最多设定 9 个不同的碰撞等级条件文件，文件号为 SSL♯（1）～ SSL♯（9），文件号使用有以下的规定。

SSL♯（1）～ SSL♯（7）：用于机器人再现运行的特定碰撞保护，可根据机器人的实际作业要求，设定不同的检测参数；碰撞保护功能需要通过程序命令 SHCKSET/SHCKRST 生效或撤销。

SSL♯（8）：再现运行的基本碰撞保护，如未指定特定碰撞保护功能，机器人再现运行时将根据该文件的参数，对机器人进行统一保护。

SSL♯（9）：示教操作基本碰撞保护，机器人进行示教操作时将根据该文件的参数，对机器人进行统一保护。

③ 碰撞检测属于系统的高级应用功能，需要在系统的"管理模式"下设定或修改。

④ 为了防止机器人正常运行时可能出现的误报警，碰撞检测的动作阈值（检测等级）设定值，至少应为额定载荷的 120%；若增加设定值，将降低保护灵敏度。

(2) 功能设定操作

安川机器人的碰撞检测功能设定操作步骤如下。

① 操作模式选择【示教（TEACH）】，安全模式设定为"管理模式"。

② 按主菜单［机器人］、选择子菜单［碰撞检测等级］，示教器可显示图 11.5.11 所示的碰撞功能设定页面。设定面各显示项的含义和作用如下。

条件序号：碰撞等级条件文件号。

功能：碰撞检测功能生效或撤销。

最大干扰力：各关节轴正常工作时的额定负载。

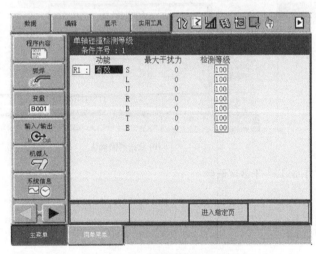

检测等级：以额定负载百分率形式设定的、关节轴碰撞报警的检测阈值，输入允许范围为 1～500（%）。

③ 按操作面板的【翻页】键，或者选择显示页上的操作提示键［进入指定页］，并在弹出的条件号输入对话框内输入碰撞等级条件文件序号，按【回车】键，显示需要设定的条件文件。

④ 调节光标到控制轴组选择框（图 11.5.11 中的"R1"位置），按操作面板的【选择】键，选定控制轴组（机器人 R1、R2 等）。

图 11.5.11　碰撞功能设定页面

⑤ 调节光标到功能选择框，按操作面板的【选择】键，可进行输入选项"有效""无效"的切换，生效或撤销当前的碰撞等级条件文件所对应的碰撞检测功能。

⑥ 光标选定"最大干扰力"栏或"检测等级"的输入框，按操作面板的【选择】键选定后，输入框将成为数据输入状态。

⑦ 根据实际需要，在选定的"最大干扰力"栏的输入框上，输入各关节轴正常工作时的额定负载；在"检测等级"的输入框上，输入各关节轴的碰撞报警动作阈值（百分率）。

⑧ 按操作面板的【回车】键确认，完成碰撞检测参数的设定。

⑨ 如果需要，可通过选择下拉菜单［数据］、子菜单［清除数据］，并在弹出的数据清除确认提示框中选择［是］，清除当前文件的全部设定参数。

(3) 碰撞报警与解除

系统的碰撞检测功能生效时，如机器人工作时的伺服驱动电机输出转矩超过了"检测等级"所设定的碰撞检测动作阈值，控制系统将立即停止机器人的运动，并显示图 11.5.12 所示的碰撞检测报警页面（报警 4315）。

在绝大多数情况下，机器人碰撞只是一种瞬间过载故障，机器人一旦停止运动，在通常情况下，驱动电机的负载便可恢复正常。对于此类情况，操作者可直接用光标选定碰撞检测报警页面上的操作提示键［复位］，然后，按操作面板的【选择】键选定，便可清除碰撞报警、恢复机器人正常运动。

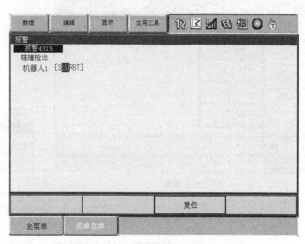

图 11.5.12 碰撞检测报警显示

如果碰撞发生后，由于存在外力作用，使得机器人停止后，伺服驱动电机仍然处于过载状态。为了恢复机器人运动，需要先将图 11.5.11 所示的碰撞功能设定页面中的"功能"选择框设定为"无效"，撤销碰撞检测功能；然后，再用操作提示键［复位］、按操作面板的【选择】键，清除报警。

11.6 再现运行条件设定

11.6.1 主程序设置与调用

机器人的程序一般通过示教操作编辑，因此，机器人的程序自动运行又称再现（PLAY）运行。

再现运行可在程序编辑、机器人调试完成后进行，用于再现的程序可通过程序编辑同样的方法选定，有关内容可参见前述程序编辑章节。安川机器人的再现程序也采用主程序自动登录的方式选择；将程序设定为主程序登录的调用方式操作简单、使用方便，因此，可用于经常重复作业的场合。

(1) 主程序登录设置

安川机器人的主程序登录可在示教操作模式下进行，其操作步骤如下。

① 模式选择【示教（TEACH）】。

② 选择主菜单［程序内容］、子菜单［主程序］，示教器可显示图 11.6.1 所示的主程序编辑页面。

③ 选定主程序编辑框，便可显示图 11.6.2（a）所示的主程序编辑选项。

④ 选择"设置主程序"选项，示教器将显示图 11.6.2（b）所示的系统现有程序一览表。

(a) 主菜单

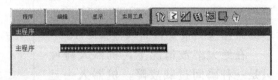

(b) 主程序

图 11.6.1　主程序编辑页面

(a) 主程序编辑选项

(b) 程序一览表示

图 11.6.2　主程序设置

图 11.6.3　主程序登录页面

⑤ 调节光标键到需要登录的程序名上（如 TEST-1）、按【选择】键选定，该程序将被设置成主程序进行登录，示教器显示图 11.6.3 所示的登录页面。

(2) 主程序调用

登录的主程序可在示教、再现模式下，通过主程序编辑菜单或下拉菜单 [程序] 调用，其操作步骤如下。

① 主程序登录设置完成后，再次打开主菜单 [程序内容]、子菜单 [主程序]；示教器可显示上述图 11.6.3 所示的主程序登录页面。

② 光标定位于主程序编辑框 "TEST-1" 上，按【选择】键，示教器可显示主程序编辑选项（参见图 11.6.2），对已登录的主程序进行调用、设置、取消操作。

③ 选择 "调用主程序" 选项、按【选择】键选定，便可生效该主程序（如 TEST-1）的调用功能。

主程序的调用也通过下拉菜单选择，其操作步骤如下。

① 选择主菜单 [程序内容]、子菜单 [程序内容]。

② 选择下拉菜单 [程序]，示教器可显示图 11.6.4 所示的程序编程子菜单。

③ 选定子菜单 [调用主程序]，便可生效该主程序调用功能。

11.6.2　再现运行基本设定

(1) 运行显示设定

在安川机器人上，当操作模式选择【再现（PLAY）】、再现程序选定后，如选择主菜

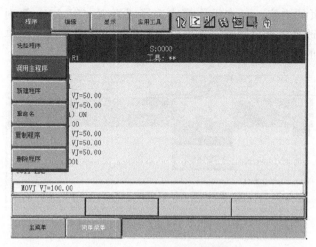

图 11.6.4 程序编程子菜单

单［程序内容］，示教器将显示图 11.6.5 所示的再现基本显示页面。

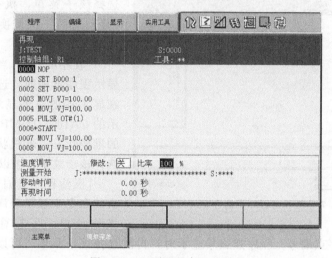

图 11.6.5 再现基本显示页面

再现运行显示页的上方为当前执行及即将执行的命令显示；光标所指的程序行是系统当前执行中的命令，后续的若干行命令，为将要执行的命令。程序运行时，显示内容可随着程序的执行自动更新。

再现运行显示页的下方为程序执行状态显示，含义如下。

速度调节：显示移动速度修改状态及当前倍率值（比率），再现速度修改的方法见后述。

测量开始：安川机器人可自动计算再现程序的执行时间。测量开始栏可显示控制系统计算"再现时间"的起始点。在通常情况下，再现时间从按下示教器上的【START】按钮、按钮上的指示灯亮（再现程序开始运行）时开始计算。

移动时间/循环时间：可显示机器人执行移动命令的时间（移动时间）或程序执行时间（循环时间）。移动时间/循环时间的显示，可通过后述的［显示］设定操作切换。

再现时间：显示再现程序的运行时间，再现时间从按下示教器上的【START】按钮、按钮上的指示灯亮（再现程序开始运行）的时刻开始计时，【START】按钮上的指示灯灭时，将停止计时。

再现运行显示页的内容，可在操作模式选择【再现（PLAY）】时，通过下拉子菜单[显示]操作设定、改变。在再现运行基本显示页面上，选择下拉子菜单[显示]，示教器可显示图11.6.6所示的再现显示设定子菜单，并进行如下设定。

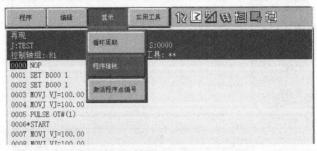

图11.6.6 再现显示设定子菜单

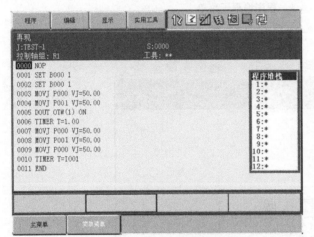

图11.6.7 堆栈与程序点编号显示

[循环周期]：当再现显示页的程序执行状态显示为"移动时间"时，选择该子菜单，执行状态显示栏的"移动时间"将切换为循环时间，或反之。

[程序堆栈]：当再现显示页上未显示程序堆栈时，选择该子菜单，可在显示器的右侧显示如图11.6.7所示的CALL、JUMP命令调用程序时的堆栈状态；堆栈状态显示时，再次选择该子菜单，可以关闭堆栈显示。

[激活程序点编号]：当再现显示页的命令未显示程序点编号时，选择该子菜单，可在命令中显示如图11.6.7所示的程序点编号；程序点编号显示时，再次选择该子菜单，可以关闭程序点编号显示。

(2) 再现速度设定

再现运行时，可对程序中的编程速度进行调节。再现速度调节的通过倍率设定实现，安川机器人允许的调节范围为10%～150%（单位1%），速度调节既可在再现运行前进行，也可以在程序执行时进行。再现速度调节需要注意以下问题。

① 再现速度调节不能改变速度设定命令（SPEED等）所规定的速度。

② 利用倍率调节后的速度如超过了系统参数设定的最高、最低移动速度，将被限制为系统参数设定的最高和最低移动速度。

③ 当后述的再现特殊运行方式"空运行"生效时，再现速度倍率调节无效，全部移动命令将以系统参数（空运行速度）设定的速度运动。

④ 基本显示页的速度调节"修改"选项选择"关"时，程序运行结束将撤销速度倍率调节值。此外，如果机器人的操作模式被改变，或者出现控制系统报警、系统电源关闭等情况，调节值也将成为无效。

再现运行速度调节的操作步骤如下。

① 操作模式选择【再现（PLAY）】，在再现运行基本显示页面上，选择下拉子菜单

［实用工具］。

② 选择［实用工具］中的子菜单［速度调节］，示教器将显示图11.6.8所示的再现速度调节设定页面。

③ 光标选择速度调节栏的"修改"输入框，按操作面板的【选择】，可显示输入选项"关"或"开"。

选择"关"时，速度倍率调节仅改变本次程序运行的速度，程序中的速度保持原值；选择"开"，修改后的速度将被同时保存到程序中。

④ 光标选择速度调节栏的"比率"输入框，同时按操作面板的【转换】键和光标上/下移动键，可改变输入框中的速度倍率值。

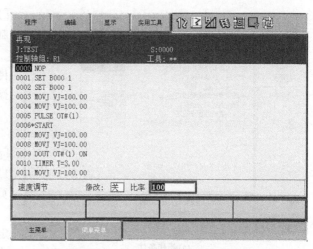

图11.6.8 再现速度调节设定页面

⑤ 按操作面板的【选择】键，完成速度倍率的输入与设定。

(3) 程序运行方式设定

再现的程序运行方式又称"循环模式"，机器人一般可根据实际需要，选择单步、单循环、连续3种运行方式。

单步：单步执行程序。系统按命令行号，逐行执行命令；命令执行完成后，自动停止。单步执行也可通过系统参数的设定，仅对移动命令生效。

单循环：连续执行一次全部命令，程序在结束命令END上停止。

连续：循环执行全部程序命令，执行结束命令END，可自动回到程序起始行，再次执行程序，直至操作者停止再现运行。

安川机器人再现程序的执行方式可通过如下操作进行设定。

① 操作模式选择【再现（PLAY）】。

② 选择主菜单［程序内容］、子菜单［循环］，示教器将显示"指定动作"输入框。

③ 用【选择】键选定"指定动作"输入框，可显示图11.6.9所示的执行方式输入选项，选定相应的输入选项，可改变程序的执行方式。

图11.6.9 程序执行方式选择

11.6.3 操作条件与特殊运行设定

(1) 操作条件设定

再现运行的操作条件属于高级应用设定，需要在安全模式选择"管理模式"时设定。管理模式一旦被选定，在主菜单［设置］上，将增加［操作条件设定］、［日期/时间设定］、

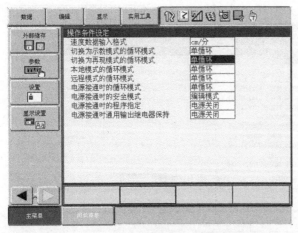

(a) 操作条件

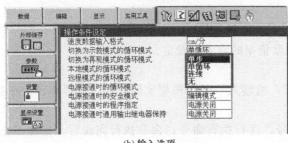

(b) 输入选项

图 11.6.10　操作条件设定

［速度设置］等子菜单，一般用于对控制系统更多的参数进行设定。

子菜单［操作条件设定］可用于再现、示教及电源接通时的程序运行操作条件设定，其操作操作步骤如下。

① 安全模式设定为"管理模式"。

② 选择主菜单［设置］、子菜单［操作条件设定］，示教器可显示图 11.6.10（a）所示的操作条件设定页面。

③ 根据需要，用光标选择相应设定栏的输入框、按【选择】键，显示诸如图 11.6.10（b）所示的输入选项。

④ 选定所需的输入选项、完成操作条件设定。

安川机器人的再现运行操作条件设定项含义和作用如下，设定项也可通过控制系统参数设定选择。

速度数据输入格式：该栏有"mm/秒""cm/分"2 个输入选项，选择对应的输入选项，可将直线插补、圆弧插补等移动命令的速度单位设定为 mm/s 或 cm/min。

切换为示教模式的循环模式：该栏用于操作模式由【再现（PLAY）】、【远程（REMOTE）】切换为【示教（TEACH）】时，系统自动选择的程序执行方式，可选择图 11.6.10（b）所示的"单步""单循环""连续""无"4 个输入选项；选项"单步""单循环""连续"，分别为单步执行程序、连续执行全部程序命令一次和循环执行全部程序命令；选择"无"，则保持上一操作模式（如再现）所选定的执行方式不变。

切换为再现模式的循环模式：该栏用于操作模式由【示教（TEACH）】、【远程（REMOTE）】切换为【再现（PLAY）】时，系统自动选择的程序执行方式；输入选项和含义同"切换为示教模式的循环模式"栏。

本地模式的循环模式：该栏用于操作模式由【远程（REMOTE）】切换到本地时，系统自动选择的程序执行方式；输入选项和含义同"切换为示教模式的循环模式"栏。

远程模式的循环模式：该栏用于操作模式选择【远程（REMOTE）】时，系统自动选择的程序执行方式；输入选项和含义同"切换为示教模式的循环模式"栏。

电源接通时的循环模式：该栏用于系统电源接通时的初始程序执行方式选择；输入选项和含义同"切换为示教模式的循环模式"栏。

电源接通时的安全模式：该栏用于系统电源接通时的初始安全模式选择。安川机器人一般有"操作模式""编程模式""管理模式"3 个输入选项，在新的系统上，还可增加"安全模式""一次管理模式"两种模式，安全模式的含义可参见前述的章节。

电源接通时的程序指定：该栏用于系统电源接通时的程序自动选择功能设定。输入选项一般选择"电源关闭"，以便系统直接选择上次关闭电源时所生效的程序，简化操作。

电源接通时通用输出继电器保持：该栏用于系统电源接通时的 DI 信号 OUT01～24 的状态自动设定。输入选项一般选择"电源关闭"，以便系统直接保持上次关闭电源时的状态，以保证机器人动作的连续，防止出现误动作。

（2）特殊运行方式设定

安川机器人的程序再现，除了正常运行程序外，还可根据需要选择低速启动、限速运行、空运行、机械锁定运行、检查运行等多种特殊运行方式。特殊运行方式的设定操作如下。

① 选定再现程序、选择主菜单 [程序内容]，使示教器显示再现基本显示页面。

② 选择下拉菜单 [实用工具]，示教器显示图 11.6.11 所示的实用工具子菜单。

③ 选择 [设定特殊运行] 子菜单，示教器显示图 11.6.12 所示的特殊运行设定页面。再现特殊运行方式各设定栏的含义和功能如下。

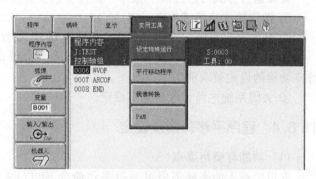

图 11.6.11　实用工具子菜单显示

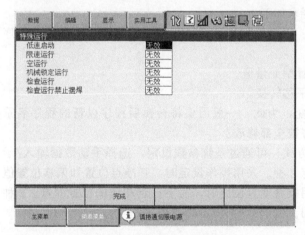

图 11.6.12　特殊运行设定显示

低速启动：低速启动是一种安全保护功能，它只对程序中的首条移动命令有效。低速启动有效时，按【START】按钮将启动程序运行，但是，系统在执行第一条移动命令、向第一个程序点运动时，其移动速度被自动限制在"低速"；完成第一个程序点定位后，无论何种程序执行方式，机器人都将停止运动。如再次按【START】按钮，将自动取消速度限制、生效程序执行方式，机器人便可按程序规定的速度、所选的程序执行方式，正常执行后续的全部命令。

限速运行：程序再现运行时，如移动命令所定义的机器人 TCP 运动速度，超过了系统参数（限速运行最高速度）的设定值，运动速度自动成为参数设定的速度；速度小于参数设定的移动命令，可按照程序规定的速度正常运行。

空运行：程序运行时，全部移动命令均以系统参数（空运行速度）设定的速度运动，对于低速作业频繁的程序试运行检查，采用"空运行"方式可加快程序检查速度，但需要确保速度提高后的运行安全。

机械锁定运行：程序运行时，机器人可移动，但其他命令可正常执行。机械锁定运行方式一旦选定，即使转换操作模式，仍保持有效。机器人进行机械锁定运行后，由于系统位置和机器人实际位置可能存在不同，导致机器人的误动作，因此，机械锁定运行必须通过下述的"解除全部设定"操作、关闭系统电源解除。

检查运行：程序运行时，系统将不执行机器人作业命令，但机器人可以正常移动；检查运行多用于机器人运动轨迹的确认。

检查运行禁止摆焊：在具有摆焊功能的系统上，利用该设定，可用来禁止检查运行时的摆焊运动。

④ 根据要求，调节光标、在对应的设定栏中选择输入选项"有效""无效"，完成特殊运行功能设定；如需要，多种特殊运行方式可同时选择。

⑤ 按操作显示区的［完成］，完成设定操作，返回显示再现程序显示页面。

特殊运行方式可通过以下操作一次性予以全部解除。

① 操作模式选择【再现（PLAY）】。

② 选定再现程序、选择主菜单［程序内容］，示教器显示再现运行显示页面。

③ 选择下拉菜单［编辑］→子菜单［解除全部设定］，示教器显示操作提示信息"所有特殊功能的设定被取消"。

④ 关闭系统电源，取消全部设定。

11.6.4 程序平移转换及设定

(1) 功能与使用要点

安川机器人的平移不但可通过平移命令 SFTON、SFTOF、MSHIFT 实现，而且，还可通过控制系统的平移和转换功能设定，在再现运行时选定；平移、转换既可对全部程序进行，也可只对部分程序有效。

安川机器人的平移和转换功能使用要求如下。

① 程序平移将对程序中的全部位置、以同样的偏移量进行一次性修改；平移后的程序点不能超出机器人的作业范围。

② 程序平移不能改变原程序中的位置型变量值。

③ 没有定义轴组的程序，不能进行平移转换。

④ 程序平移后，程序点将被全部改变，为此，一般需要将转换后程序以新的程序名重新保存，否则，原程序中的程序点数据将被全部修改。

⑤ 程序平移的基准点和平移量设定方式，可通过系统参数设定，选择手动数据输入/示教操作设定（数值/示教）、位置变量设定 2 种。采用操作设定时，基准点位置和偏移位置值可直接输入，或通过示教操作确定；采用位置变量设定时，需要设定相应的位置变量。2 种设定方法的设定页面和项目有下述的不同。

(2) 数值/示教设定

利用数值/示教操作，设定程序平移转换的操作步骤如下。

① 选定再现程序、选择主菜单［程序内容］，示教器显示再现基本显示页面。

② 选择下拉菜单［实用工具］、子菜单［平行移动程序］，示教器可显示图 11.6.13 所示的程序平移转换设定页面。设定页面各设定项的含义与作用如下。

变换源程序：需要进行平移转换的源程序选择。在默认情况下，系统将自动选择当前生效的再现运行程序；如需要选择其他程序作为变换的源程序，可将光标定位到输入框、按操作面板的【选择】键，在示教器所显示的程序一览表上，用光标和【选择】键选择其他程序作为源程序。

平移程序点区间：平移转换范围选择。程序的平移转换既可对程序中的全部程序点进行，也可对程序的局部区域进行；选择区域时，可将光标定位到输入框、按操作面板的【选择】键后，输入转换区的起始、结束行号，并用【回车】键输入。如起始、结束行号显示为"＊＊＊"，表明源程序中没有程序点。

变换目标程序：设定平移转换后的新程序名称。输入框显示"＊＊＊……"，表示不改变程序名，此时，源程序的内容将被平移变换后的程序所覆盖。

如需要以新程序的形式保存变换后的程序，可将光标定位到输入框、按操作面板的【选择】键，在示教器显示的字符输入软键盘上，按程序名输入同样的方法，输入新的程序名。

变换坐标：设定确定平移量的坐标系。可将光标定位到输入框、按操作面板的【选择】键后，在显示的输入选项上选择"关节""机器人""用户""工具"等坐标系；坐标系编号可用数字键和【回车】键输入。

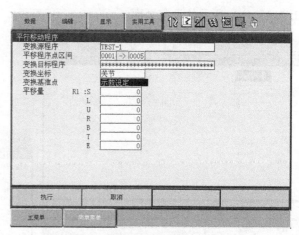

图11.6.13 平移转换的数值/示教设定页面

变换基准点/平移量：可显示和设定平移变换的基准点位置和偏移量。采用手动数据输入时，可直接用【选择】键选定对应的输入框，然后，利用操作面板的数字键、【回车】键直接输入各坐标轴的基准点位置和偏移值；选择"示教设定"时，可通过下述的示教操作输入基准点位置和偏移量。

③ 按要求完成程序平移转换设定页面各设定项的设定。

④ 选定显示页面上的操作功能键［执行］，系统将执行程序转换操作；选定显示页面上的操作功能键［取消］，可放弃转换操作，返回再现基本页面。

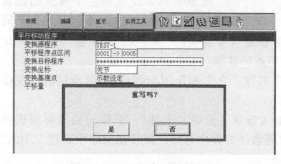

图11.6.14 程序覆盖提示框

如果"变换目标程序"选项未设定平移转换后的新程序名，选择操作功能键［执行］后，示教器将显示图11.6.14所示的程序覆盖提示框，选择对话框中的［是］，源程序的内容将被平移变换后的程序所覆盖；选择［否］，则返回平移变换设定页面，需要进行"变换目标程序"选项的重新设定。

变换基准点输入选项选择"示教设定"时，示教器可显示图11.6.15（a）所示的基准点、目标点设定页面，此时，可通过如下操作，设定基准点和平移量。

① 光标选定图11.6.15（a）所示的"基准位置"选项，并选择一个位置作为程序平移的基准点，然后，通过操作面板的坐标轴手动方向键，将机器人移动到平移的基准点上。

② 按操作面板的【修改】键、【回车】键，机器人当前的X/Y/Z位置值将被自动读入到"基准位置"的输入框内。

③ 光标选定光标选定图11.6.15（a）所示的"目标位置"选项；并通过操作面板的坐标轴手动方向键，将机器人移动到平移的目标位置上。

④ 按操作面板的【修改】键、【回车】键，机器人当前的X/Y/Z位置值将被自动读入到"目标位置"的输入框内。

⑤ 选定页面上的操作功能键［执行］，系统可自动完成平移量的计算和设定，并显示图

11.6.15（b）所示的设定页面。

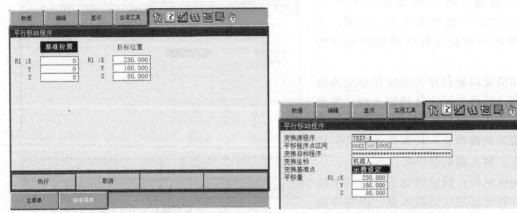

(a) 基准点、目标点设定　　　　　　　　　(b) 平移量设定

图 11.6.15　基准点/平移量的示教设定

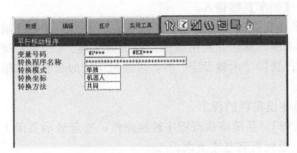

图 11.6.16　平移变量设定页面

(3) 平移变量设定

当系统参数设定为位置变量平移时，需要利用下拉菜单 [实用工具]、子菜单 [平行移动程序] 进行平移转换设定，选定后，示教器可显示图 11.6.16 所示的平移变量设定页面。该页面各设定选项的含义与作用如下。

变量号码：设定指定平移量的位置变量号或变量起始号。可设定 2 个不同类型的位置变量，分别指定机器人的程序点平移量（变量♯P＊＊＊）、基座轴（变量♯BP＊＊＊）或工装轴（变量♯EX＊＊＊）的程序点平移量。

转换程序名称：设定平移转换后的新程序名称，含义和作用与数值/示教设定的"变换目标程序"设定项相同。

转换模式：有"单独"和"相关"2 个输入选项，选择"单独"，平移转换只对所选择的程序有效；选择"相关"，平移转换不仅对所选择的程序有效，而且在程序中通过 CALL、JMP 等命令调用的程序也将被同时转换。

转换坐标：设定确定平移量的坐标系。含义和作用与数值/示教设定的"变换坐标"设定项相同。

转换方法：用于多机器人、多基座轴、多工装轴的复杂系统，有"共同"和"单独"2 个输入选项。选择"共同"，所有机器人、基座轴、工装轴的平移量均相同，只需要使用"变量号码"上设定的 2 个平移量设定变量。选择"单独"，不同机器人及基座轴、工装轴的平移量不同，需要过多个平移量设定变量，"变量号码"上设定的是机器人 1、基座轴 1、工装轴 1 的起始变量号，机器人 2、基座轴 2～8、工装轴 2～24 的平移变量号依次递增。例如，对于双机器人、3 个工装轴的复杂系统，当机器人平移变量号设定为♯P001、工装轴平移变量号设定为♯EX005 时，机器人 R1 的平移变量号为♯P001、机器人 R2 的平移变量号为♯P002；工装轴 1 的平移变量号为♯EX005、工装轴 2 的平移变量号为♯EX006、工装轴 3 的平移变量号为♯EX007 等。

平移转换选项的设定操作与数值/示教设定相同，设定时只需要将光标定位到输入框、按操作面板的【选择】键后，便可显示、选择相应的输入选项；选项的数值可直接操作面板的数字键、【回车】键输入。

平移变量按要求完成设定后，选定显示页面上的操作功能键［执行］，系统将执行程序转换操作；选定显示页面上的操作功能键［取消］，可放弃转换操作，返回再现基本页面。

如果"转换程序名称"选项未设定平移转换后的新程序名，选择操作功能键［执行］后，系统将同样显示程序覆盖提示框，选择对话框中的［是］，源程序的内容将被平移变换后的程序所覆盖；选择［否］，则返回平移变换设定页面，需要进行"转换程序名称"选项的重新设定。

11.6.5 程序镜像转换及设定

(1) 功能与使用

镜像是利用同一程序完成对称作业任务的功能。例如，对于图11.6.17所示的作业，如果程序编制的机器人运动轨迹为 $P_0 \to P_1 \to P_2 \to P_0$，如果生效以 XZ 平面为对称面的镜像功能，运行同样的程序，机器人的运动轨迹将成为 $P'_0 \to P'_1 \to P'_2 \to P'_0$。

机器人的镜像作业一般通过程序点坐标值取反。在安川机器人上，对关节坐标系中的坐标值取反，称为"关节坐标镜像"；对机器人坐标系中的坐标值取反，称为"机器人坐标镜像"；对用户坐标系中的坐标值取反称为"用户坐标镜像"。

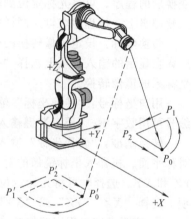

图11.6.17 镜像功能

安川机器人的镜像功能使用方法如下。

① 镜像作业时，机器人只能进行原程序轨迹的对称运动，结构上无法实现的对称运动，不能进行镜像转换。例如，进行机器人坐标（基座）镜像时，由于 Z 轴原点在机器人安装底平面，因此，不能实现 XY 平面对称的镜像。

② 工具坐标系是用来定义机器人 TCP 为与工具姿态的坐标系，因此，不能使用"工具坐标镜像"功能。此外，没有定义控制组的程序也不能进行镜像转换。

③ 镜像转换可以改变工装轴位置，但不能改变基座轴位置，以及程序中的位置型变量数据值。

④ 程序的镜像转换既可对程序中的全部程序点进行，也可对程序的局部区域进行。程序镜像转换后，程序点的位置将被全部改变，为此，一般需要将镜像转换后程序以新的程序名重新保存，否则，原程序中的程序点将被全部修改。

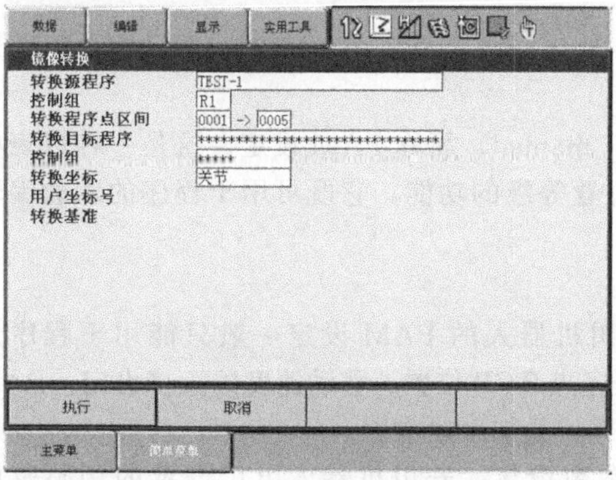

(2) 镜像转换设定

程序镜像转换设定的操作步骤如下。

① 选定需要镜像的再现程序、选择主菜单［程序内容］，示教器显示再现运行基本显示页面。

② 选择下拉菜单［实用工具］、子菜单［镜像转换］（参见图11.6.11），示教器显示图11.6.18所示的镜像变换设定页面。

图11.6.18 镜像变换设定页面

程序镜像转换设定页面各设定项的含义与作用如下。

转换源程序：需要进行镜像转换的源程序选择。在默认情况下，系统将自动选择当前生效的再现运行程序；如需要选择其他程序作为变换的源程序，可将光标定位到输入框、按操作面板的【选择】键，在示教器所显示的程序一览表上，用光标、【选择】键选择系统的其他程序作为源程序。

控制组：显示和设定程序控制组。

转换程序点区间：镜像转换范围选择。程序的镜像转换既可对程序中的全部程序点进行，也可对程序的局部区域进行。选择区域时，可将光标定位到输入框、按操作面板的【选择】键后，输入转换区的起始、结束行号，并用【回车】键输入。如起始、结束行号显示为"＊＊＊"，表明源程序中没有程序点。

转换目标程序：设定镜像转换后的新程序名称。输入框显示"＊＊＊……"，表示不改变程序名，此时，源程序的内容将被镜像变换后的程序所覆盖。如需要以新程序的形式保存变换后的程序，可将光标定位到输入框、按操作面板的【选择】键，在示教器显示的字符输入软键盘上，按程序名输入同样的方法，输入新的程序名。

转换坐标：设定镜像转换的坐标系。可将光标定位到输入框、按操作面板的【选择】键后，在显示的输入选项上选择"关节""机器人""用户"，可分别进行关节、机器人、用户坐标系的镜像转换。

用户坐标号："转换坐标"输入选项选定"用户"时，可显示和输入用户坐标系的编号，编号可用数字键、【回车】键输入。

转换基准："转换坐标"输入选项选定"机器人""用户"时，可显示和输入镜像作业的对称平面。机器人坐标镜像的对称平面只能是 XZ；用户坐标镜像的对称平面可以选择 XZ、YZ 和 XY。选择时可将光标定位到输入框、按操作面板的【选择】键后，在显示的输入选项上选择"XZ""YZ"或"XY"。

③ 按要求完成程序镜像转换设定页面各设定项的设定。

④ 选定显示页面上的操作功能键［执行］，系统将执行程序转换操作；选定显示页面上的操作功能键［取消］，可放弃转换操作，返回再现基本页面。

如果"转换目标程序"选项未设定镜像转换后的新程序名，选择操作功能键［执行］后，示教器将显示程序覆盖提示框（参见图 11.6.14），选择对话框中的［是］，源程序的内容将被镜像变换后的程序所覆盖；选择［否］，则返回镜像变换设定页面，需要进行"转换目标程序"选项的重新设定。

11.6.6 程序点手动调整（PAM）

(1) 功能与使用

程序点手动位置调整（position adjustment manual）简称 PAM 设定。这是一种以表格形式，改变程序点的 TCP 位置、移动速度、位置等级的功能，它既可用于程序的示教编辑操作，也可用于程序再现运行的设定。

安川机器人的 PAM 设定使用方法如下。

① 为了防止机器人出现干涉、碰撞，安川机器人的 PAM 设定一般只能用于程序点 TCP 位置、移动速度的少量调整，而不用于程序点 TCP 位置、移动速度的直接设定。PAM 设定的位置、速度调整设定值以"增量"的形式，叠加至原数据。

② PAM 设定的输入范围可以通过系统参数设定，安川机器人出厂设定的调整范围如下。

可调整的程序点数量：最大 10 点。

可调整的位置等级：PL0～PL8。

X/Y/Z 位置调整范围：允许（−10.00～+10.00)mm。

Rx/Ry/Rz 调整范围：−10.00°～+10.00°。

速度调整范围：允许 0.01%～50%。

坐标系：可选机器人、工具、用户。

但是，PAM 设定没有定义位置等级 PL、移动速度的移动命令，不能对进行位置等级 PL、移动速度的调整。

③ 基座轴、工装轴位置不能通过 PAM 设定调整。

④ 位置变量、参考点命令指定的程序点不能通过 PAM 设定调整。

⑤ PAM 设定调整后的 TCP 位置不能超出机器人的作业范围。

⑥ 在示教编程时，利用 PAM 设定所进行的全部调整，可通过后述的 PAM 撤销操作一次性撤销、恢复原值。

(2) PAM 设定操作

安川机器人利用 PAM 设定调整程序点位置的操作步骤如下。

① 选定再现（或编辑）程序，选择主菜单［程序内容］，示教器显示程序页面或再现基本页面。

② 选择下拉菜单［实用工具］、子菜单［PAM］（参见图 11.6.11），示教器显示图 11.6.19 所示的 PAM 设定页面。

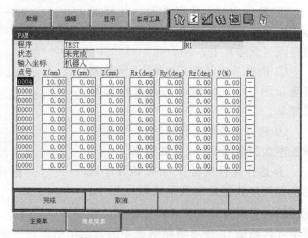

图 11.6.19　PAM 设定页面

PAM 设定页面各设定项的含义与作用如下。

程序：进行 PAM 设定的程序选择。在默认情况下，系统将自动选择当前生效的程序；如需要选择其他程序，可将光标定位到输入框、按操作面板的【选择】键，在示教器所显示的程序一览表上，用光标和【选择】键选择系统的其他程序进行设定。

状态：显示 PAM 设定状态，"未完成"为程序点数据已被修改，但未通过显示页面上的操作功能键［完成］确认。

输入坐标：设定和显示进行 TCP 位置调整的坐标系。可将光标定位到输入框、按操作面板的【选择】键后，在显示的输入选项上选择"机器人""用户""工具"，对 TCP 进行机器人（基座）、用户、工具坐标系的位置调整。选定"用户"时，可进一步用数字键与【回车】键，输入并选定用户坐标系编号。

程序点调整数据：可将光标定位到对应的输入框，按操作面板的【选择】键选定后，用数字键与【回车】键输入需要调整的数值。输入框显示"—"时，表明该程序点的移动命令没有定义位置等级 PL、移动速度，不能对其进行设定。

③ 按要求完成 PAM 设定页面各设定项的设定。为了简化操作，数据设定可使用后述的数据行复制、粘贴、删除等快捷编辑操作。

④ 选定显示页面上的操作功能键［完成］，示教器将显示图 11.6.20 所示的位置调整确认提示框；选择对话框中的［是］，控制系统将执行程序点位置调整操作；选择［否］，可返

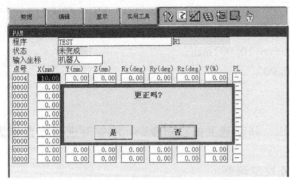

图 11.6.20 位置调整确认提示框

回 PAM 设定页面。

系统的程序点位置调整操作与操作模式有关。操作模式选择示教时，程序点位置将被立即被修改；操作模式选择再现时，程序点位置在执行程序首行命令（NOP）时，才进行程序点位置的修改；修改完成后，设定页的数据将被自动清除。

（3）PAM 设定快捷编辑操作

为了简化操作，进行 PAM 数据的设定可使用行复制、粘贴、删除等快捷编辑操作，其操作步骤如下。

① 显示 PAM 设定页面，并将光标定位到需要进行复制、删除操作的程序点（点号）上。

② 选择下拉菜单［编辑］，示教器可显示图 11.6.21 所示的数据行编辑子菜单。

③ 选择子菜单［行清除］，可删除该程序点的全部 PAM 调整数据。

④ 选择［行复制］，可将该程序点的全部调整数据复制到系统粘贴板中；

图 11.6.21 数据行编辑子菜单显示

完成后，可将光标定位到需要粘贴的程序点（点号）上，然后，选择下拉菜单［编辑］、子菜单［行粘贴］，便可将粘贴板中的数据粘贴到程序点上。

（4）PAM 设定撤销

PAM 设定撤销只能用于示教编程；在程序再现运行时，由于机器人已进行相关的程序点定位，原程序点的位置已无法通过撤销操作恢复，故不能使用 PAM 设定撤销操作。示教编程模式取消 PAM 设定、恢复程序原值的操作步骤如下。

① 确认 PAM 设定已完成，PAM 设定页的状态栏显示为图 11.6.22（a）所示的"完成"。

② 选择下拉菜单［编辑］，示教器可显示图 11.6.22（b）所示的编辑子菜单。

③ 选择编辑子菜单［撤销］，示教器可显示图 11.6.22（c）所示的确认提示对话框。

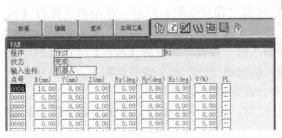

(a) PAM修改完成显示

(b) 编辑子菜单

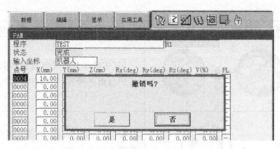

(c) PAM撤销确认提示

图 11.6.22　PAM 修改的撤销

④ 选择对话框中的［是］，系统撤销 PAM 设定，恢复程序原值，同时修改状态栏的显示为"未完成"。选择［否］，放弃撤销操作，回到修改完成状态显示。

11.7　程序再现运行

11.7.1　再现运行的操作

安川机器人的程序自动运行可在控制系统的【再现（PLAY）】和【远程（REMOTE）】操作模式下进行，两者的区别如下。

【再现（PLAY）】模式的程序自动运行，可通过示教器操作按钮【START】/【HOLD】启动、停止；控制系统的 DI 信号循环启动通常无效（可通过系统参数设定改变），但是，出于安全考虑，DI 信号程序停止始终有效（如使用）。

【远程（REMOTE）】的程序自动运行，可通过控制系统的循环启动和程序停止 DI 信号来启动、停止；示教器上的按钮【START】通常无效（可通过系统参数设定改变），但是，出于安全考虑，【HOLD】按钮始终有效。

(1) 程序启动和暂停

安川机器人的程序再现运行，可按表 11.7.1 所示的操作步骤启动或暂停。

表 11.7.1　程序再现运行的操作步骤

步骤	操作与检查	操作说明
1	ON / OFF / EMERGENCY STOP	确认机器人符合开机条件、接通系统的总电源。 复位控制柜、示教器及辅助控制装置、操作台上的全部急停按钮，解除急停
2	REMOTE PLAY TEACH / 伺服准备 / 伺服接通	将示教器上的操作模式选择开关置"【再现（PLAY）】"模式； 按【伺服准备】键，接通伺服主电源、【伺服接通】指示灯亮

步骤	操作与检查	操作说明
3	主菜单 ◆ ➡ 选择	用【主菜单】键、光标、【选择】键,选定再现运行程序;通过前述操作,完成再现运行的设定
4	◇ START ⏸ HOLD	按【START】按钮,启动再现程序;按【HOLD】按钮可暂停程序运行。程序运行时,【START】按钮的指示灯亮;程序暂停、急停、系统报警时,指示灯灭。程序暂停后可用【START】按钮再次启动

(2) 再现速度调节

在程序再现运行过程中,可以随时通过前述的再现速度调节操作,利用下拉菜单 [实用工具]→子菜单 [速度调节],以倍率的形式调整机器人运动速度。如果速度调节的设定项"修改"被设定为"开",速度调节的结果被直接保存到再现运行的程序中,速度调节结果可用于下次再现运行;如果设定项"修改"设定为"关",再现速度调节仅对本次运行有效。

再现速度的倍率调节对程序中尚未执行的移动命令有效,但对于以下情况,机器人的运动速度不能通过速度倍率调节改变。

① 设定项"修改"选择"关"时,只要执行程序结束命令 END,控制系统将自动撤销速度调节倍率。

② 利用 SPEED 命令设定的移动速度,不能通过再现速度调节改变。

③ 当前述的再现特殊运行设定选项"空运行"选择"有效"时,系统参数设定的空运行速度,不能通过再现速度调节改变。

④ 如果倍率调节后的速度超过了系统允许的最高或最低速度,实际速度将被限制为系统最高或最低速度。

(3) 急停与重新启动

当程序自动运行过程中出现紧急情况时,可随时通过示教器或控制柜上的【急停】按钮,直接切断伺服驱动器主电源,使系统进入紧急停止状态。

急停状态解除后,可在再现模式下,通过表 11.7.2 的操作,重新启动程序再现运行。

表 11.7.2　急停后的重新启动操作步骤

步骤	操作与检查	操作说明
1	EMERGENCY STOP　伺服准备　伺服接通	复位控制柜、示教器及辅助控制装置、操作台上的急停按钮,解除急停;按【伺服准备】键,重新接通伺服主电源、【伺服接通】指示灯闪烁
2	伺服接通	轻握示教器背面的【伺服 ON/OFF】开关,启动伺服、【伺服接通】指示灯亮

续表

步骤	操作与检查	操作说明
3	选择 前进	用光标调节键、【选择】键,选定重新启动位置;按面板的【前进】键,使机器人移动到系统参数 S2C422～424 设定的再定位点
4	START	按操作面板的【START】按钮,重新启动程序再现运行

（4）报警与重新启动

再现运行过程中如果出现系统报警,程序运行将立即停止,并自动显示图 11.7.1 所示的报警显示页面。如果系统发生一页无法显示的多个报警时,可同时按"【转换】键＋光标键",滚动页面、显示其他报警。

系统出现报警时,示教器只能进行显示切换、模式转换、报警解除和急停等操作。当显示页面被切换时,可选择主菜单［系统信息］→子菜单［报警］,恢复报警显示页。

如系统发生的只是操作错误等轻微故障,在故障排除后,可选择显示页的操作键［复位］,直接清除报警。

数据	编辑	显示	实用工具		
报警					

报警4100 　　　　　　　[1]
超程（机器人）
报警4321
超载（瞬时）　　　　　[SLURBT]
报警4315
碰撞检出　　　　　　　[SLURBT]

发生个数：3

　　　　　　　　复 位

主菜单　　简单菜单

图 11.7.1　系统报警显示页面

单系统发生重大故障时,将自动切断伺服驱动器主电源、进入急停状态。此时,操作者需要在排除故障后,重新启动伺服、启动程序再现运行;或者,在关闭系统电源、维修处理后,重新启动系统和程序再现运行。

11.7.2　预约启动运行

（1）功能与使用

所谓"预约启动"是直接利用预约启动 DI 信号,来选定程序、并启动程序再现运行的一种功能,它不需要进行示教器的操作。

预约启动 DI 信号可在机器人等待作业时输入,也可在机器人进行其他作业时输入。对于前者,控制系统可立即启动程序的再现运行;对于后者,机器人将在完成当前作业任务后,转入指定程序的再现运行,故称"预约启动"。

例如,对于图 11.7.2 所示的机器人,如果程序 JOB1～JOB3,用于工装 1～3 上的 3 种不同零件的焊接作业,为了方便操作,可在 3 个工装上分别安装

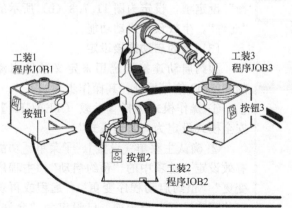

工装1
程序JOB1
按钮1
按钮2
工装2
程序JOB2
工装3
程序JOB3
按钮3

图 11.7.2　预约启动作业

不同的启动按钮1～3，在工件安装完成后，直接通过预约启动功能，由控制系统自动选择程序JOB1～JOB3，并启动程序的再现运行。

预约启动属于机器人的高级应用功能，它需要有配套的硬件，因此，功能通常由机器人生产厂家配置与提供。

用户使用预约启动功能的要求如下。

① 预约启动的程序可有多个，控制系统可根据预约启动信号的输入顺序，依次启动不同程序的再现运行，但正在进行的作业程序不能再进行预约。

② 程序预约后，如再次按下同一预约启动按钮，可取消该程序的预约启动功能。

③ 预约启动功能生效时，示教器的循环启动按钮【START】、外部启动DI信号EX START均无效，但程序暂停按钮【HOLD】、程序暂停DI信号EX HOLD保持有效。

④ 预约程序的执行方式规定为"单循环"，即使再现运行操作条件中的程序执行方式设定为"单步""连续"，也不能改变预约启动的程序执行方式。

⑤ 程序作为系统预约程序登录后，还可通过定义快捷键，利用示教器的快捷键，输入程序调用命令CALL（参见12.1节）。

预约启动功能需要进行功能、控制信号、预约程序等高级应用设定，其操作需要在安全模式选择为"管理模式"时进行。管理模式主菜单［设置］中的子菜单［功能有效设定］、［预约启动连接］，用于预约启动功能设定，其操作方法如下。

(2) 预约启动功能设定

预约启动功能也可通过系统参数设定或示教器操作设定，利用示教器操作生效、禁止预约启动功能的操作步骤如下。

① 操作模式选择【示教（TEACH）】，安全模式设定为"管理模式"。

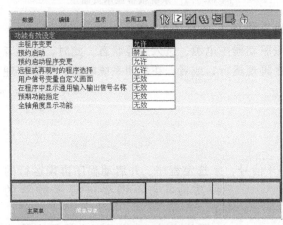

(a) 系统功能设定显示

② 选择主菜单［设置］、子菜单［功能有效设定］，示教器可显示图11.7.3（a）所示的系统功能设定页面。

③ 光标定位相应的功能选项、按操作面板的【选择】键，可进行输入选项"禁止""允许"的切换，生效或撤销系统的相关功能。

④ 将"预约启动""主程序变更""预约启动程序变更""远程或再现时的程序选择"设定项，设定为图11.7.3（b）所示的"允许"，生效预约启动功能。

(3) 预约启动连接设定

预约启动连接设定用来定义预约启动的DI/DO信号地址，其操作步骤如下。

① 操作模式选择【示教（TEACH）】、安全模式设定为"管理模式"。

② 确认主菜单［设置］、子菜单［功能有效设定］选项中的"预约启动""主程序变更""预约启动程序变更""远程或再现时的程序选择"设定项，已设定为"允许"状态。

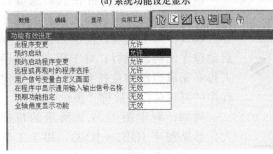

(b) 预约启动生效

图 11.7.3 预约启动功能的设定

③ 选择主菜单［设置］、子菜单［预约启动连接］，示教器将显示图 11.7.4 所示的预约启动连接设定页面。

④ 光标定位到"输入信号"栏的输入框、按操作面板的【选择】键，便可用数字键、【回车】键输入预约启动 DI 信号 1～6 的输入地址；如果将光标定位到"输出信号"栏的输入框、按【选择】键，便可用数字键、【回车】键输入预约启动 DO 信号 1～6 的输出地址。

(4) 预约程序登录和删除

预约程序登录用来建立预约启动 DI 信号和作业程序的对应关系，登录/删除预约程序的操作步骤如下。

图 11.7.4　预约启动连接设定页面

① 操作模式选择【示教（TEACH）】，安全模式设定为"管理模式"。

② 确认主菜单［设置］、子菜单［功能有效设定］选项中的"预约启动""主程序变更""预约启动程序变更""远程或再现时的程序选择"设定项，已设定为"允许"状态。

③ 选择主菜单［程序］、子菜单［预约启动程序］，示教器可显示图 11.7.5（a）所示的预约程序登录编辑页面。

④ 光标定位到预约启动信号对应行的"程序名称"输入框、按操作面板的【选择】键，便可用显示图 11.7.5（b）所示的登录、删除预约启动程序的输入选项。

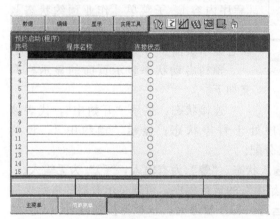

(a) 编辑页面

(b) 程序登录

(c) 登录显示

图 11.7.5　预约程序登录

⑤ 选择"登录启动程序"选项，示教器可显示程序一览表页面，在一览表上选择预约启动程序后，该程序即被作为预约启动程序登录，并在图 11.7.5（c）的程序名称栏显示。

⑥ 取消预约启动程序时，可光标定位到预约启动信号对应行的"程序名称"输入框，按操作面板的【选择】键，并选择"取消启动程序"输入选项，即可取消预约启动程序。

删除预约程序的操作步骤如下。

① 操作模式选择【示教（TEACH）】，安全模式设定为"管理模式"。

② 通过前述的预约启动功能设定操作，在主菜单［设置］、子菜单［功能有效设定］中，将"预约启动"功能选项设定为"禁止"状态。

③ 选择下拉菜单［程序］、子菜单［预约清除］或子菜单［全部清除］。

④ 在示教器显示的"是否清除数据"操作提示对话框中，选择［是］，即可删除预约启动程序。

（5）预约程序启动与删除

预约程序的启动和暂停操作步骤如下。

① 确认工件已经安装完成，预约程序的作业区符合作业条件。

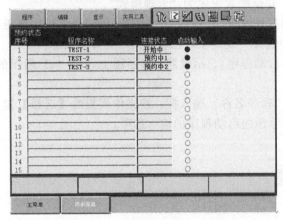

图 11.7.6 预约启动状态显示页面

② 操作模式选择【再现（PLAY）】，启动伺服。

③ 按作业次序的要求，依次按相应工位的预约启动按钮，即可启动预约程序。预约程序运行时，对应的预约启动按钮指示灯亮。

④ 预约程序启动后，如选择主菜单［程序内容］、子菜单［作业预约状态］，示教器可显示图 11.7.6 所示的预约启动状态显示页面。

预约启动状态显示页面的显示栏含义如下。

连接状态：显示"开始中"，代表该程序正在执行中；显示"中断"，代表该程序处于暂停状态；显示"预约中 1、预约中 2、……"，代表程序已被预约，执行次序已分配。

启动输入：显示作业预约启动 DI 信号的输入状态。"●"为有输入，"○"为无输入。

预约启动状态显示页连接状态显示为"开始中"的运行程序，可通过示教器的进给保持按钮【HOLD】或 DI 信号 EX HOLD，暂停运行。程序暂停时，示教器按钮【HOLD】的指示灯亮，状态显示页的连接状态显示为"中断"。

连接状态显示为"中断"的程序，可通过再次输入预约启动信号，重新启动；或者通过前述的预约程序清除操作删除，当连接状态显示"开始中"的程序不能删除。

连接状态显示为"预约中 1、预约中 2、……"的等待运行预约程序，可通过再次操作预约启动按钮取消预约，或者，选择下拉菜单［程序］、子菜单［预约清除］或［全部清除］删除。

第**12**章

系统设置与维修操作

12.1 示教器设置

12.1.1 示教器显示设置

(1) 功能与使用

示教器是控制系统的人机界面，为适应不同的使用要求，用户可根据自己的喜好，通过示教器设置操作，更改部分界面，以满足用户的个性化需求。

安川机器人的示教器设置分一般应用设置、高级应用设置 2 种。高级应用设置包括日历与时间、再现速度、用户键定义等，设置将变更控制系统的控制数据，操作需要在"管理模式"下进行，有关内容参见后述。

示教器的一般应用设置用于字体、图标、窗口格式等外观设置，可在其他操作模式下、通过选择图 12.1.1 所示的 [显示设置] 主菜单下的子菜单进行。

安川机器人的 [显示设置] 下的子菜单功能如下。

① 更改字体 用来改变示教器通用显示区的字符尺寸及字体。字符尺寸有"特大""大号""标准""小号" 4 种；字体有"标准""粗体" 2 种。小尺寸、标准字体可使示教器的每一页显示更多的内容；大尺寸粗体，可使显示内容更醒目。

② 更改按钮 用来改变示教器主菜单、下拉菜单、命令菜单的菜单键尺寸、字体。菜单键尺寸分"大号""标准""小号" 3 种，字体分

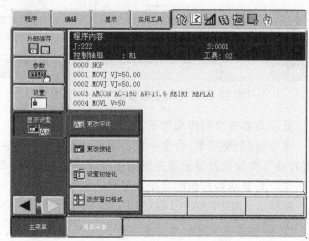

图 12.1.1 显示设置菜单

"标准""粗体" 2 种。

③ 改变窗口格式　用来分割通用显示区窗口、同时显示多个画面。通用显示窗最多可显示 4 种不同内容画面，画面可选择上下、左右分割布局。

④ 设置初始化　可清除用户设置、恢复控制系统生产厂家出厂设定。

更改示教器显示设置的操作步骤见后述。设置操作通常选择【示教（TEACH）】模式，控制系统生效显示设置，需要一定的处理时间，操作未完成，不能关闭系统电源。

(2) 字体更改操作

改变示教器通用显示区的字符尺寸、字体的操作步骤如下。更改之前需要接通系统电源，进行示教器操作模式选择。

① 选择主菜单扩展键 [▶]，显示扩展主菜单 [显示设置] 并选择，示教器显示 [显示设置] 下的子菜单（参见图 12.1.1）。

② 选择子菜单 [更改字体]，示教器可显示图 12.1.2 所示的字体更改页面。显示页的复选框 "粗体"，选择后可将字体切换为粗体；尺寸选择键 "ABC/ABC/ABC/ABC"，可选择 "特大""大号""标准""小号" 字符。

③ 根据需要选定所需选项后，如选择操作提示键 [OK]，将执行字体更改操作；如选择 [取消]，可放弃字体更改操作。

(3) 按钮更改操作

改变示教器主菜单、下拉菜单、命令显示菜单尺寸、字体的操作步骤如下。

① 选择主菜单扩展键 [▶]，显示扩展主菜单 [显示设置] 并选择，示教器显示 [显示设置] 下的子菜单（参见图 12.1.1）。

② 选择子菜单 [更改按钮]，示教器可显示图 12.1.3 所示的字体更改页面。显示页各选项的作用如下。

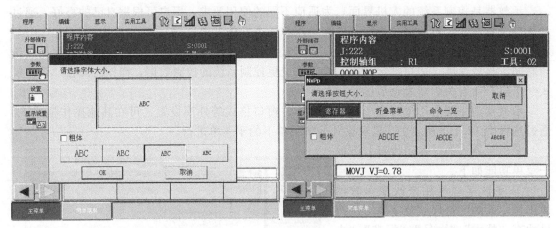

图 12.1.2　字体更改显示　　　　图 12.1.3　按钮更改显示

显示页各选项的作用如下。

寄存器/折叠菜单/命令一览：用来选择需要更改的菜单操作按键，由于翻译原因，所谓 "寄存器" 实际就是显示器左侧的主菜单键，"折叠菜单" 是显示器上方的下拉菜单键，"命令一览" 是显示器右侧的命令菜单键。

粗体、ABCDE/ABCDE/ABCDE：字体设置、字符尺寸，含义同字体更改。

③ 根据需要选定所需的选项后，选择操作键 ✕ ，可退出设定页、执行按钮更改操作；如选择操作键 [取消]，可放弃按钮更改操作。

(4) 窗口格式更改操作

分割示教器通用显示区的窗口、生效多画面同时显示功能的操作步骤如下。

① 选择主菜单扩展键 [▶]，显示扩展主菜单 [显示设置] 并选择，示教器显示 [显示设置] 下的子菜单 （参见图12.1.1）。

② 选择子菜单 [改变窗口格式]，示教器可显示图12.1.4 （a） 所示的窗口布局更改页面。

③ 光标定位到"窗口格式"输入框、按操作面板的【选择】键，示教器可显示图12.1.4 （b） 所示的输入选项；对照输入框下方的窗口布局格式，用光标键与【选择】键选定所需的输入选项。或者，直接用光标选定输入框下方的窗口布局格式键、选定窗口布局。

④ 按需要选定所需的选项后，如选择操作键 [OK]，系统将执行窗口布局更改操作；如选择操作提示键 [取消]，则可放弃窗口布局更改操作。

多画面显示一经设定，示教器的通用显示区便可同时显示图12.1.5 所示的多个画面，并增加如下操作功能。

① 单画面/多画面切换 可直接通过示教器操作面板上的"【多画面】+【转换】"键，进行单画面/多画面间的显示切换。

② 活动画面/非活动画面切换 选择多画面显示时，显示区中的一个画面可进行数据输入与编辑操作，该画面的标题栏显示深蓝色，称为"活动画面"，例如，图12.1.5 中的"位置型变量"画面；其他画面只能显示，而不能进行输入与编辑操作，其标题栏显示浅蓝色，称为"非活动画面"，例如图12.1.5 中的"程序内容""命令位置"画面。

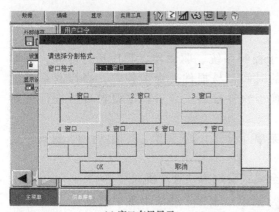
(a) 窗口布局显示

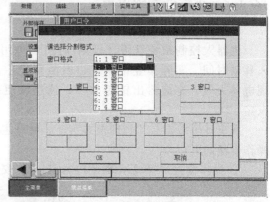
(b) 窗口布局选择

图12.1.4 窗口格式更改显示

活动画面/非活动画面的切换操作，可直接通过操作面板上的【多画面】进行；或者，将光标调节到所需的画面，按【选择】使之成为活动画面。

⑤ 控制轴组切换 如果不同控制轴组的画面被同时显示，控制系统将自动生效活动画面的控制轴组；改变活动画面，控制轴组也将随之改变。

为防止因控制轴组改变产生误操作，安川机器人可通过系统参数的设定，显示"由于活动画面转换，轴操作的对象组改变"的操作提示信息；或者显示弹出对话框"轴操作的对象组变更，是否进行活动画面切换？"及操作提示键 [是]/[否]；或者不显示任何信息，直接变更控制轴组。

(5) 设置初始化操作

清除用户显示设置、恢复为系统生产厂家出厂显示界面的操作步骤如下。

① 选择主菜单扩展键［▶］，显示扩展主菜单［显示设置］并选择，示教器显示［显示设置］下的子菜单（参见图 12.1.1）。

② 选择子菜单［设置初始化］，示教器可显示图 12.1.6 所示的初始化确认页面，弹出对话框"屏幕设置已更改为标准尺寸"。

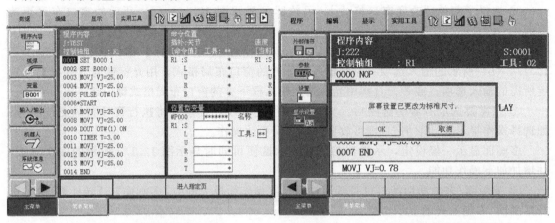

图 12.1.5　多个画面同时显示　　　　图 12.1.6　显示设置初始化确认页面

③ 选择操作提示键［OK］，系统将执行设置初始化操作，恢复为系统生产厂家出厂显示界面；如选择操作提示键［取消］，则可放弃设置初始化操作。

12.1.2　示教器高级设置

(1) 日历设定

机器人控制系统日历（日期/时间）可用于控制系统、驱动器、程序运行时间、机器人移动时间、实际作业记录，以及故障发生的时间、易损件寿命监控等。当控制系统出现电池失效、存储器出错等故障，或主板更换、软件重新安装后，需要对日历进行重新设定。

系统日历需要在"管理模式"下，通过主菜单［设置］、子菜单［日期/时间］进行，其操作步骤如下。

① 操作模式选择【示教（TEACH）】，安全模式设定为"管理模式"。

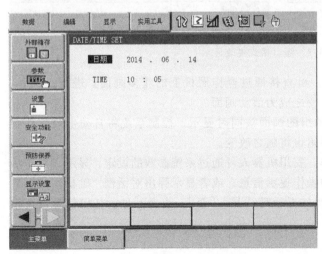

图 12.1.7　系统日历设定页面

② 选择主菜单［设置］、子菜单［日期/时间］，示教器可显示图 12.1.7 所示的系统日历设定页面。

③ 将光标定位到需设定的显示框，按操作面板上的【选择】键，显示框将成为数据输入框。

④ 利用操作面板的数字键输入当前的实际日期与时间。输入时，日期的年、月、日与时间的时、分以小数点分隔，例如，2019 年 4 月 10 日 12 时 30 分，可在日期输入框内输入 2019.04.10，在时间输入框输入 12.30 等。

⑤ 输入完成后，按操作面板的【回车】键，完成设定操作，系统随

即更新日历。

(2) 管理时间清除

管理时间包括控制系统、驱动器实际运行时间（电源接通时间）、程序自动运行时间（再现时间）、机器人移动时间（移动时间）、工具作业时间（操作时间）等。

系统管理时间由控制系统自动生成，操作者一般不能更改，但可将其清除。清除系统管理时间的操作步骤如下。

① 操作模式选择【示教（TEACH）】、安全模式设定为"管理模式"。

② 选择主菜单［设置］、子菜单［监视时间］，示教器可显示图 12.1.8（a）所示的系统管理时间综合显示页面；此时，可通过操作面板的【翻页】键或操作提示键［进入指定页］，使示教器逐页、逐项显示图 12.1.8（b）所示的指定控制轴组的管理时间。

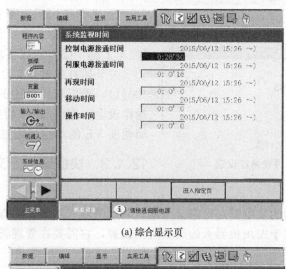

(a) 综合显示页

(b) 指定控制轴组的管理时间

图 12.1.8 系统管理时间设定页面

③ 调节光标到需要清除的显示框（单项或综合），按操作面板上的【选择】键，示教器可显示图 12.1.9 所示的监控时间清除确认对话框。选择对话框中的［是］，系统将清除选定的监视时间；选择［否］，则可放弃监视时间清除操作。

(3) 再现速度设定

安川机器人示教编程时，机器人的关节插补速度倍率 VJ，以及机器人 TCP 直线、圆弧插补速度 V、外部轴移动速度 VE，可通过同时按"【转换】＋光标调节"键，选择 8 种不同倍率或速度（参见 9.4 节）。8 种速度倍率、速度值，可在"管理模式"下，通过示教器的高级应用设置设定。

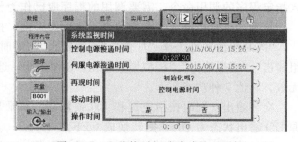

图 12.1.9 监控时间清除确认对话框

修改 8 级示教编程倍率 VJ、速度 V 及 VE 的操作步骤如下。

① 操作模式选择【示教（TEACH）】，安全模式设定为"管理模式"。

(a) 再现速度显示

(b) 插补方式切换

图 12.1.10　再现速度设定

② 选择主菜单［设置］、子菜单［再现速度登录］，示教器可显示图 12.1.10 （a） 所示的再现速度显示页面。

③ 按操作面板的【翻页】键或通过操作提示键［进入指定页］的操作，选定需要进行设定的控制轴组（机器人 1、2 或外部轴等）。

④ 调节光标到坐标系选择项 "关节" 或 "直线/圆弧" 上，按操作面板的【选择】键，可进行图 12.1.10 （b） 所示的 "关节" "直线/圆弧" 插补速度的切换。

⑤ 光标选定需要修改的速度后，用操作面板的数字键输入速度值，并按操作面板的【回车】键，便可完成再现速度的设定。

关节插补速度 VJ 的最大移动速度（倍率 100%），需要利用后述的机器人 "轴组配置" 操作设定；直线/圆弧插补速度 V、外部轴移动速度 VE 的单位可通过系统参数设定。

12.1.3　快捷键与定义

(1) 功能与使用

安川机器人示教器的数字键，可定义为既具有数值输入功能，又有特殊用途的用户快捷操作键。快捷键定义属于安川机器人的高级应用设置，它需要在管理模式下进行。快捷键定义的方法如下。

① 按键用途　示教器操作面板上的数字键可定义为快捷操作键，也可定义为 DO、AO 信号输出控制键。快捷操作键可单独操作，称为 "单独键"；DO、AO 信号输出控制键需要与【联锁】键同时操作，称为 "同时按键"。

② 按键功能　根据按键用途（单独键或同时按键），按键功能可进行如下定义。

"单独键" 可选择 "厂商" "命令" "程序调用" "显示" 4 种功能。选择 "厂商" 时，所有用户设定功能都将无效。其他 3 种功能如下。

命令：可将按键定义为快捷命令选择键，按下按键便可直接调用指定的命令。

程序调用：可将按键定义为程序调用命令 CALL 的快捷输入键，按下按键便可直接输入指定程序的调用命令，需要调用的程序应已作为预约程序登录（参见 11.7 节）。

显示：可将按键定义为快捷显示页面选择键，按下按键便可直接显示指定的页面。

"同时按键" 可选择 "厂商" "交替输出" "瞬时输出" "脉冲输出" "4 位组输出" "8 位组输出" "模拟输出" "模拟增量输出" 8 种功能。选择 "厂商" 时，所有用户设定功能都将无效。其他 7 种功能如下。

交替输出：同时按指定键和【联锁】键，如原 DO 输出状态为 OFF，则转换成 ON；如原 DO 输出状态为 ON，则转换成 OFF。

瞬时输出：同时按住按键和【联锁】键，DO 输出 ON；任何一个键松开，DO 输出 OFF。

脉冲输出：同时按指定键和【联锁】键，可输出一个指定宽度的脉冲；脉冲宽度与按键保持时间无关。

4 位/8 位组输出：同时按指定键和【联锁】键，可使 4 或 8 个 DO 组信号同时通断。

模拟输出：同时按指定键和【联锁】键，可在 AO 信号上输出指定的电压值。

模拟增量输出：同时按指定键和【联锁】键，可使 AO 信号增加指定的电压值。

（2）单独键功能设定

安川机器人的"单独键"功能设定操作步骤如下。

① 操作模式选择【示教（TEACH）】，安全模式选择"管理模式"。

② 选择主菜单［设置］、子菜单［键定义］，示教器可显示图 12.1.11（a）所示的快捷键显示页面。"单独键""同时按键"可通过图 12.1.11（b）所示下拉菜单［显示］中的子菜单［单独键定义］、［同时按键定义］切换。

显示页的第 1 列为需要设定的示教器按键（数字 0～9、小数点、负号键）；第 2 列为功能定义输入框。

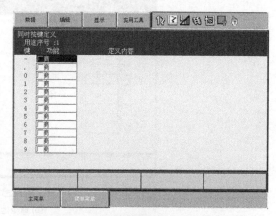

(a) 快捷键显示

③ 用光标选定功能定义输入框（如"—"键），便可显示图 12.1.12 所示的单独键功能选项，不同功能需要进行如下不同操作。

命令键：选择"命令"时，"定义内容"栏将会显示图 12.1.13（a）所示的命令输入框；选择输入框，可显示图 12.1.13（b）所示的命令菜单；选定菜单、子菜单的命令后，按【回车】键，示教编程时便可直接用该键（如"—"键）选择对应的命令。

程序调用键：选择"程序调用"时，"定义内容"栏将会显示图 12.1.14 所示的预约程序的登录序号，选择输入框，并输入已登录的预约程序，按【回车】键，示教编程时，便可直接用该键来输入预约程序的调用命令 CALL。

(b) 显示切换

图 12.1.11　快捷键设定

显示键：当按键（如数字 0 键）功能选择"显示"时，"定义内容"栏将会显示图 12.1.15 所示的显示页名称输入框，然后可进行以下操作。

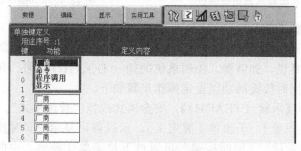

图 12.1.12　单独键功能选择

定义显示页名称：用光标选定显示页名称输入框，给指定的显示页定义一个名称，如"CURRENT"等，名称输入完成后，按操作面板的【回车】键结束。

通过主菜单、子菜单的选择操作，使示教器显示需要快捷显示的页面，如机器人的位置

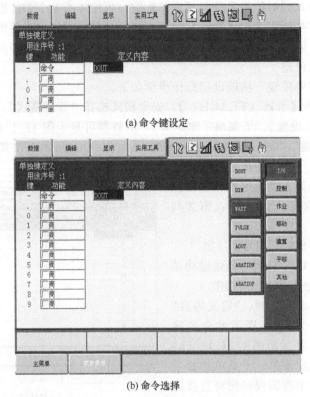

(a) 命令键设定

(b) 命令选择

图 12.1.13　快捷命令键的设定

显示页面等；然后，同时按"【联锁】＋快捷键（如数字 0 键）"，该页面就被选定为可通过指定键（如数字 0 键）快捷显示的页面。

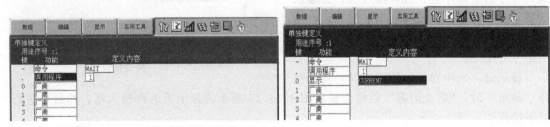

图 12.1.14　快捷程序调用键设定　　　　图 12.1.15　快捷显示键设定

(3) 同时按键功能设定

安川机器人的"同时按键"用于系统的快捷输出控制，其控制对象（DO、AO 信号地址）可以相同，也就是说，如需要，控制系统的同一 DO、AO 信号，可通过不同的快捷键来输出不同的状态。同时按键的功能设定操作步骤如下。

① 操作模式选择【示教（TEACH）】，安全模式选择"管理模式"。

② 选择主菜单［设置］、子菜单［键定义］，示教器可显示"同时按键"功能设定页面（见图 12.1.16）。"单独键""同时按键"可通过下拉菜单［显示］中的子菜单［单独键定义］、［同时按键定义］切换。

显示页的第 1 列同样为需要设定的示教器按键（数字 0～9、小数点、负号键）；第 2 列为功能定义输入框。

③ 用光标选定功能定义输入框（如"－"键），便可显示图 12.1.16 所示的同时按键的

功能选项，不同功能需要进行如下不同操作。

交替输出键：选择"交替输出"时，"定义内容"栏将会显示图12.1.17（a）所示的DO信号地址（序号）输入框，选择输入框、并输入DO信号地址后，按【回车】键确认。

瞬时输出键：瞬时输出键的定义方法与交替输出相同，见图12.1.17（b）。

脉冲输出键：选择脉冲输出时，其"定义内容"栏将同时显示图12.1.17（c）所

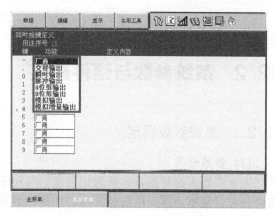

图12.1.16　同时按键设定页面

示的DO信号地址（序号）、脉冲宽度（时间）2个输入框，分别用于DO信号地址和脉冲宽度的输入，输入完成后按【回车】键确认。

4位/8位组输出键：选择"4位组输出"或"8位组输出"时，其"定义内容"栏将显示图12.1.18所示的DO信号起始地址（序号）、输出状态（输出）2个输入框，分别用于DO组信号起始地址、输出状态设定；输入完成后按【回车】键确认。

(a) 交替输出键　　　　　　　　　　　　　(b) 瞬时输出键

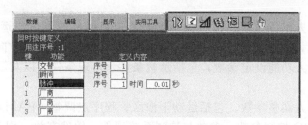

(c) 脉冲输出键

图12.1.17　交替/瞬时/脉冲输出键定义

模拟输出/模拟增量键：选择"模拟输出"或"模拟增量输出"时，其"定义内容"栏将显示图12.1.19所示的AO信号地址（序号）、输出电压（输出）或增量电压（增量）2个输入框，分别用于模拟量输出通道号、输出电压或增量电压的设定；输出电压或增量电压的允许输入范围为−14.00～14.00V，输入完成后按【回车】键确认。

图12.1.18　DO组输出键定义　　　　　　　图12.1.19　模拟增量输出键定义

12.2 系统参数与硬件配置

12.2.1 系统参数设定

(1) 参数分类

工业机器人控制器是一种通用装置，可用于不同用途的机器人控制。不同规格的机器人通常只有伺服驱动器、电机的区别。为使控制器能用于不同机器人控制，就需要通过系统参数，来定义机器人功能、动作等控制要求。

机器人的系统参数众多，为了便于显示、设定和管理，安川机器人的系统参数用以下方法分类表示：

$$\underset{\text{类组号}}{\underline{S1C}} \qquad \underset{\text{机器人号}}{\underline{1}} \qquad \underset{\text{参数号}}{\underline{G002}}$$

类组号：用来区分参数功能。分为基本参数 S、应用参数 A、通信参数 RS、编码器参数 S＊E 等。其中，基本参数 S、应用参数 A 是允许调试维修人员设定、修改的参数；通信参数 RS、编码器参数 S＊E 与控制系统总线通信有关，用户一般不能改变。

机器人号：用来区分多机器人系统的机器人 1~8。在参数说明时，一般用 "x" 来代替机器人号。

参数号：参数序号。基本参数用 G＊＊表示，应用参数用 P＊＊表示。

基本参数 S 与机器人用途无关，在不同机器人上，参数的功能、设定方法相同，参数功能如下。

S1C 组：机器人本体速度、位置控制参数，包括插补速度、空运行速度、限速运行速度、检查运行速度，以及增量进给距离、定位等级、软极限、运动方向等。

S2C 组：机器人功能设定参数，包括示教条件、再现条件，以及示教器按键功能、风机控制等。

S3C 组：机器人调整参数，包括运动干涉区、程序点调整（PAM）、AO 滤波时间等。

S4C 组：DI/DO 控制参数，参数与控制系统硬件、软件有关，用户一般不能设定。

应用参数 A 用于作业工具、作业文件设定，它与机器人用途有关，在不同用途的机器人上，参数的输入、功能、作用各不相同。

(2) 参数显示与设定

系统参数设定是针对调试维修人员的高级应用，它需要在管理模式下进行；作为一般的操作者，原则上不应进行系统参数的设定操作。

安川机器人的参数显示、设定的基本操作步骤如下。

① 操作模式选择【示教（TEACH）】，安全模式设定为 "管理模式"，示教器可显示主菜单［参数］。

② 选择主菜单［参数］，示教器可显示参数类组选择子菜单［S1CxG］、［S2C］、…、［A1P］、［RS］、［S1E］等。

③ 选择所需的参数类组子菜单，示教器便可显示图 12.2.1（a）所示的系统参数显示页面；以二进制格式设定的功能参数，可同时显示二进制、十进制 2 种格式的值。

④ 光标选定参数号，或者，将光标定位到任一参数号上、按操作面板的【选择】键，

在示教器弹出的图 12.2.1 (b) 所示的"跳转至"对话框中，用数字键输入参数号，再按
【回车】键，可将光标定位到所需的参数号上。

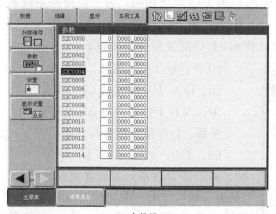
(a) 参数显示

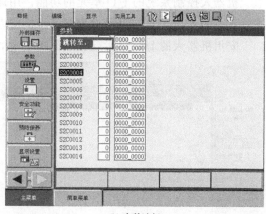
(b) 参数选择

图 12.2.1　参数的显示与选择

⑤ 光标定位到数值显示栏，按操作面板的【选择】键，参数值将成为图 12.2.2 (a) 所
示的十进制数值输入框或图 12.2.2 (b) 所示的二进制状态输入框。

⑥ 选择十进制输入时，可直接用操作面板的数字键输入数值后，按【回车】键输入。
选择二进制输入时，先用光标移动键选择数据位，然后，按操作面板的【选择】键，切换状
态 0/1；全部位设定完成后，按【回车】键输入。

(a) 十进制

(b) 二进制

图 12.2.2　参数输入

12.2.2　I/O 单元配置

(1) 硬件配置功能

控制系统的硬件配置通常用于控制器主板更换后的功能恢复，安川机器人硬件配置可实
现的功能如下。

① 定义 I/O 单元的安装与连接。

② 定义基座轴、工装轴的安装与连接。

③ 定义基座轴、工装轴的机械传动系统及伺服驱动系统参数。

硬件配置需要在系统特殊的"维护模式"下、由专业调试维修人员进行，配置参数一旦
修改，系统需要初始化，重新设定全部系统参数。硬件配置的其他基本要求如下。

① 增加或更换的硬件，必须为控制系统生产厂家提供的部件，不能使用用户自制的操
作面板、其他厂家生产的驱动器及 I/O 模块等。

② 硬件配置可改变控制系统的结构和功能，机器人需要重新安装和调试。

③ 硬件配置一旦修改，作业程序、作业文件一般需要重新编制。

I/O 单元、基座轴、工装轴扩展是安川机器人常用的硬件配置操作，简要说明如下。

(2) I/O 配置

机器人控制系统的 I/O 单元的功能、用途与 PLC 的 I/O 模块相同，为了使控制系统能连接更多的 I/O 信号，可通过增订安川机器人 I/O 单元，来扩展 I/O 点。

安川机器人的 I/O 单元配置页面如图 12.2.3 所示，I/O 配置参数含义如下。

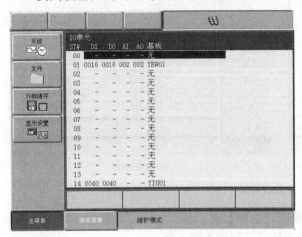

图 12.2.3　I/O 单元配置显示

ST＃：I/O 单元地址。

DI、DO：I/O 单元的 DI/DO 点数。

AI、AO：I/O 单元的 AI/AO 通道数。

基板：I/O 单元型号与规格。

DI、DO、AI、AO 显示为"—"时，表示该 I/O 单元不能连接此类信号。"基板"显示"无"时，代表 I/O 单元未安装；显示"＊＊＊"时，表示 I/O 单元未在系统中登录，但如果 DI、DO、AI、AO 能正确显示，单元仍可正常使用。

安川机器人的 I/O 配置参数可通过下述 I/O 配置操作，由系统自动识别。

(3) I/O 配置操作

安川机器人的 I/O 配置操作步骤如下。

① 确认 I/O 单元的规格型号、安装连接正确。

② 按住示教器操作面板的【主菜单】键，同时启动系统电源。启动完成后，系统可自动进入特殊的管理模式（高级维护模式），并显示图 12.2.4 所示的维护模式主页。

进入高级维护模式后，示教器的信息显示栏将显示"维护模式"信息；此时，系统的主菜单将显示与高级维护操作有关的［系统］、［文件］、［外部存储］、［显示设置］菜单。

③ 选择主菜单［系统］、子菜单［设置］，示教器可显示图 12.2.5 所示的硬件配置和系统功能设定主页。主页中带"■"标记的选项，如语言、用途、CMOS 存储区等，均与控制系统主板（主机）所安装的操作系统有关，用户不能对其进行设定。

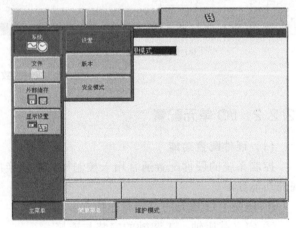

图 12.2.4　维护模式主页

④ 选择"IO 单元"选项，示教器可显示 I/O 配置页面（参见图 12.2.3）。

⑤ 按【回车】键，可进一步显示后续的 I/O 单元配置表。

⑥ 再次按【回车】键，示教器将显示图 12.2.6 所示的 I/O 单元配置确认对话框。选择［是］，系统将自动检测 I/O 总线的当前连接状态，并自动设定系统的 I/O 单元配置参数。

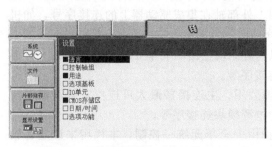

图 12.2.5 硬件配置与系统功能设定主页

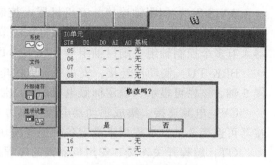

图 12.2.6 I/O 配置确认

12.2.3 基座轴配置

(1) 轴组构成参数

基座轴是控制机器人本体整体移动的坐标轴。基座轴配置需要进行基座轴组构成、驱动系统连接、机械传动系统结构、伺服电机规格等参数的设定。

基座轴组构成参数用来确定基座轴数量和安装形式。机器人的基座轴通常为直线轴；每台安川机器人可使用的基座轴数为 1~3 轴，轴数量与安装形式可按照图 12.2.7 的规定，进行如下定义。

RECT-X/ RECT-Y/ RECT-Z：1 轴，可定义为平行机器人（基座）坐标系 X、Y、Z 轴的直线运动轴。

RECT-XY/ RECT-XZ/ RECT-YZ：2 轴，可定义成平行于机器人（基座）坐标系 XY、XZ、YZ 平面的平面运动轴。

RECT-XYZ：3 轴，可定义为机器人（基座）坐标系的 3 维空间运动轴。

(2) 伺服连接参数

伺服连接参数用来定义基座轴的驱动器、电机、制动器、超程开关等电气连接参数。安川机器人的伺服连接参数显示如图 12.2.8 所示，参数的作用和含义如下。

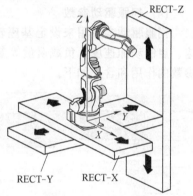

图 12.2.7 轴组构成

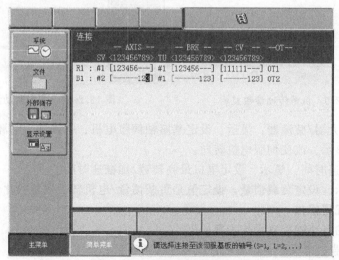

图 12.2.8 伺服连接参数显示

AXIS-SV：伺服轴连接。安川机器人控制系统所使用的伺服驱动器为多轴集成型，最大可控制9轴。该栏可显示和设定机器人关节轴、外部轴在集成驱动器上的连接序号，如机器人有多个控制轴组，则以轴组号♯1、♯2区分。

BRK-TU：制动器连接。安川机器人的电机内置制动器由制动单元统一控制，最大可连接9轴。该栏可显示、设定伺服电机的制动器连接序号。

CV：电源连接。集成驱动器电源模块为多轴公用；主连接器最大可连接6轴，辅助连接器可连接3轴。本栏用来设定各轴逆变模块的电源模块连接序号。

OT：超程开关连接。安川机器人的超程保护由安全单元统一控制，本栏用来设定各轴超程保护开关的安全单元连接序号。

（3）机械传动参数

工业机器人的基座轴通常为直线运动，多采用齿轮齿条、滚珠丝杠传动。安川机器人的机械传动参数显示页如图12.2.9所示，参数的作用和含义如下。

轴类型：显示、设定机械传动形式，可选择"滚珠丝杠"或"齿轮齿条"。

动作范围（＋）/（一）：显示、设定基座轴的正/负行程。

减速比（分子）/（分母）：显示、设定基座轴的减速比。

滚珠丝杠节距/齿轮直径：显示和设定滚珠丝杠传动的丝杠导程，或齿轮齿条传动的主动齿轮每转移动量。

（4）伺服驱动参数

伺服驱动参数用来设定基座轴伺服电机、驱动器、电源模块型号，以及电机转向、转速、启制动加速度、负载惯量等参数。安川机器人的伺服驱动参数显示如图12.2.10所示，参数的作用和含义如下。

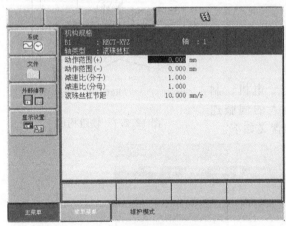

图 12.2.9 机械传动参数显示

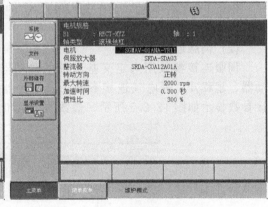

图 12.2.10 伺服驱动参数显示

电机/伺服放大器/整流器：显示、设定基座轴伺服电机、驱动器、电源模块型号。

转动方向：显示、改变伺服电机转向。

最大转速/加速时间：显示、设定电机最高转速/加减速时间。

惯性比：显示、设定负载惯量，设定值是负载惯量/电机转子惯量的比值（百分率）。

（5）基座轴配置操作

安川机器人的基座轴配置操作步骤如下。

① 确认驱动器、电机的规格型号、安装连接正确。

② 按住示教器操作面板的【主菜单】键、同时启动系统电源。启动完成后，系统可自

动进入特殊的管理模式（高级维护模式），并显示维护模式主页（参见图12.2.4）。

③ 选择主菜单［系统］、子菜单［设置］，并在前述图12.2.5所示的硬件配置显示和设定页面上，选定"控制轴组"选项，示教器可显示图12.2.11（a）所示的控制轴组显示、设定页面。

④ 配置机器人1的基座轴组B1时，可移动光标到B1的"详细"设定框，按操作面板的【选择】键，系统便可进入基座轴配置的第1步操作——轴组构成参数设置，示教器可显示图12.2.11（b）所示的轴组构成设定页。

在该页面上，可用光标选定基座轴的数量及安装形式（如RECT-XYZ）；不使用基座轴时，选择"无"。构成参数选定后，示教器便可显示图12.2.11（c）所示的控制轴组配置页面。

⑤ 按操作面板的【回车】键，进入基座轴配置的第2步——驱动连接参数设置操作，示教器可显示前述图12.2.8所示的连接参数设定页面。在该页面上，可根据实际连接情况，调节光标到基座轴组B1的设定行，分别在AXIS/BRK/CV栏、连接序号＜12…9＞的对应位置，输入基座轴号、确定驱动器、制动器、电源模块的连接位置，并在OT栏上设定超程开关的输入连接位置。

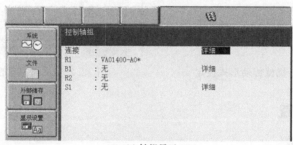

(a) 轴组显示

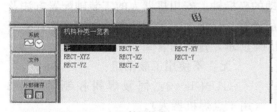

(b) 轴组构成

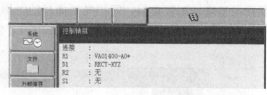

(c) 轴组配置

图12.2.11 控制轴组构成参数设定

⑥ 按操作面板的【回车】键，进入基座轴配置的第3步——机械传动参数设置，示教器可显示图12.2.12所示的机械传动形式设定页。在该页面上，可通过输入选项"滚珠丝杠"或"齿轮齿条"的选择，确定机械传动形式。

⑦ 按操作面板的【回车】键，可进入基座轴的机械传动参数设置操作，示教器可显示前述图12.2.9所示的第1轴的机械传动系统结构参数设定页面。

在该页面上，通过选定"动作范围（＋）/（－）""减速比（分子）/（分母）""滚珠丝杠节距/齿轮直径"的输入框，便可利用操作面板的数字键、【回车】键，分别输入第1轴的运动范围、减速器减速比、滚珠丝杠节距或齿轮齿条传动的主动齿轮每转移动量等参数。

第1轴机械传动参数设置完成后，按操作面板的【回车】键，便可继续显示第2轴的机械传动参数设定页面，完成所有基座轴的机械传动参数设定。

⑧ 所有基座轴的机械传动参数设置完成后，按操作面板的【回车】键，进入基座轴配

置的第 4 步——伺服驱动参数设置，示教器可显示前述图 12.2.10 所示的第 1 轴伺服驱动参数设定页面。

在该页面上，通过选定输入框，便可利用操作面板的数字键、字符输入软键盘、输入选项及回车】键，输入相关参数。第 1 轴伺服驱动参数设置完成后，按【回车】键，可继续显示第 2 轴的伺服驱动参数设定页面，完成所有基座轴的伺服驱动参数设置。

⑨ 所有基座轴伺服驱动参数设置完成后，按操作面板的【回车】键，示教器可显示图 12.2.13 所示的基座轴组配置确认对话框。选择［是］，控制系统便可自动完成控制轴组及文件更新。

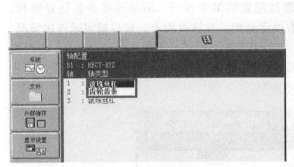

图 12.2.12 机械传动形式设定

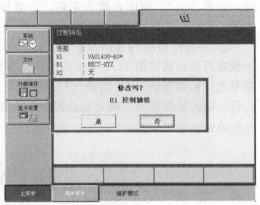

图 12.2.13 基座轴配置更新确认显示

12.2.4 工装轴配置

(1) 轴组构成参数

工装轴是控制机器人作业对象（工件）运动的坐标轴。安川机器人的工装轴配置方法及要求与基座轴配置类似，同样需要通过轴组构成参数，来定义工装轴的数量和结构形式。安川机器人的工装轴可定义的轴组构成如图 12.2.14 所示，选项的含义如下。

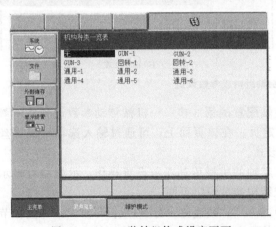

图 12.2.14 工装轴组构成设定页面

无：不使用工装轴组。

GUN-1～3：伺服焊钳控制轴 1～3（用于点焊机器人）。

回转-1/回转-2：回转轴（1 轴或 2 轴）。

通用-1～6：1～6 轴直线运动或旋转轴。

部分机器人上还可能有"D500B-S1＊"（安川双轴变位器，参见 2.4 节）、"TW IN-GUN"（双焊钳）等其他选项。

(2) 工装轴配置操作

安川机器人的工装轴操作步骤如下。

① 确认驱动器、电机的规格型号、安装连接正确。

② 按住示教器操作面板的【主菜单】键、同时启动系统电源。启动完成后，系统可自动进入特殊的管理模式（高级维护模式），并显示维护模式主页（参见图 12.2.4）。

③ 选择主菜单［系统］、子菜单［设置］，并在前述图 12.2.5 所示的硬件配置显示和设

定页面上，选定"控制轴组"选项，示教器可显示前述图 12.2.11（a）所示、控制轴组显示、设定页面。

④ 配置机器人 1 的工装轴组 S1 时，可移动光标到 S1 的"详细"设定框，按操作面板的【选择】键，系统便可进入工装轴配置的第 1 步——轴组构成参数设置，示教器可显示轴组构成设定页（参见图 12.2.14）。在该页面上，用光标选定工装轴数量、安装形式；不使用工装轴时，选择"无"。

⑤ 按操作面板的【回车】键，进入工装轴配置的第 2 步——驱动连接参数设置，示教器可显示前述图 12.2.8 所示的伺服驱动连接参数设定页面。在该页面上，可按基座轴配置同样的方法，完成工装轴驱动连接参数设定。

⑥ 按操作面板的【回车】键，进入工装轴配置的第 3 步——机械传动系统参数设置，示教器可显示传动系统类型选择页。轴组构成参数定义为"通用-*"时，机械传动形式可通过输入选项，选择图 12.2.15（a）所示的"滚珠丝杠""齿轮齿条""旋转"之一；选择"回转-1"或"回转-2"时，则选择图 12.2.15（b）所示的"回转"选项。

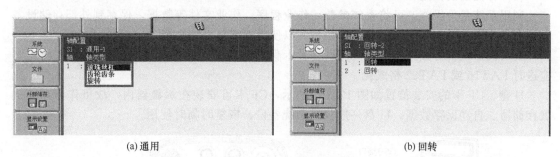

(a) 通用   (b) 回转

图 12.2.15　机械传动形式选择

⑦ 按操作面板的【回车】键，进入第 1 工装轴的机械传动参数设置操作。在该页面上，通过选定各设定项的输入框，便可利用操作面板的数字键和【回车】键，分别输入第 1 轴的机械传动参数。

机械传动参数设定页面与传动形式有关。"滚珠丝杠""齿轮齿条"的参数和基座轴相同；选择"回转-1"时，示教器可显示图 12.2.16（a）所示的参数设定页面；选择"回转-2"时，第 1 回转轴的参数设定页如图 12.2.16（b）所示，需要增加"偏移量"设定项（台面至摆动中心距离，参见 2.4 节），第 2 轴的结构参数设定页面与"回转-1"相同。

第 1 轴机械传动参数设置完成后，按操作面板的【回车】键，便可继续显示第 2 轴的机械传动参数设定页面，完成所有工装轴的机械传动参数设置。

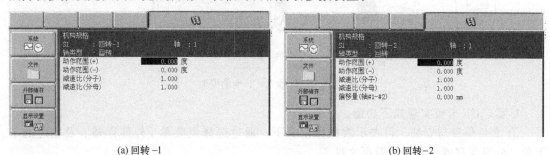

(a) 回转 -1   (b) 回转-2

图 12.2.16　机械传动参数设定

⑧ 所有工装轴的机械传动参数设置完成后，按操作面板的【回车】键，系统便可进入

工装轴配置的第 4 步——伺服驱动参数设置，参数的设定方法与基座轴相同。

第 1 轴伺服驱动参数设置完成后，按操作面板的【回车】键，便可继续显示第 2 轴的伺服驱动参数设定页面，完成所有工装轴的伺服驱动参数设置。

⑨ 所有工装轴的伺服驱动参数设置完成后，按操作面板的【回车】键，示教器可显示工装轴组配置确认对话框。选择 [是]，控制系统便可自动完成控制轴组及文件更新。

12.3 系统备份、恢复和初始化

12.3.1 存储器安装与使用

(1) 存储器及使用

利用系统备份操作，可将系统参数、作业程序、作业文件等数据，保存到外部存储设备上，在发生误操作或存储器、主板更换后，以便迅速恢复系统数据。

安川机器人备份数据可通过 U 盘、CF 卡保存。存储器的容量应在 1GB 以上，使用时应进行 FAT16 或 FAT32 格式化。

U 盘、CF 卡的安装位置如图 12.3.1 所示，CF 卡可安装在示教器内，故可作为系统扩展存储器、自动保存数据。U 盘一般只在系统备份、恢复时临时使用。

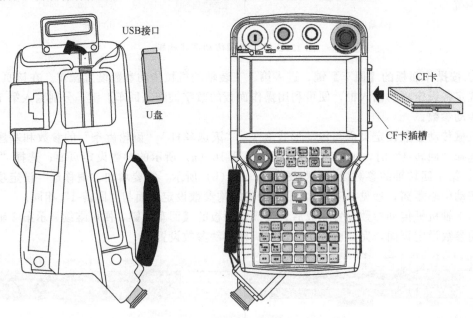

图 12.3.1　U 盘与 CF 卡的安装

U 盘、CF 卡可实现如下功能。

① 文件保存与安装　可在示教操作模式下，通过选择主菜单 [外部存储] 及相应的子菜单，分类保存或安装用户数据文件。

安川机器人的文件格式为 "∗.DAT" "∗.CND"。能够保存与安装的文件，可以为作业程序、作业文件、系统参数与设定、系统信息等用户数据文件。由系统自动生成的状态文件。如报警历史、I/O 状态信息等，只能保存、不能安装。用户数据文件的保存操作可在所有安全模式下进行，文件的安装只能在规定的安全模式下实施。

控制系统的配置文件不能以配套文件的格式保存与安装。但是，如果文件保存时，选择了全部数据保存（系统总括）选项，包括系统配置文件在内的全部 CMOS 数据，都将以"ALCMS＊＊.HEX"文件的形式保存到存储器上。"ALCMS＊＊.HEX"文件的安装，需要由系统生产厂家利用特殊操作实现，用户通常无法安装。

② 系统备份与恢复操作　可将控制系统的全部应用数据，统一以"CMOS.BIN"文件的形式保存或安装。备份与恢复操作需要在系统高级管理模式（维护模式）下进行。

③ 自动备份与恢复　安川机器人控制系统具有数据的自动保存功能，它可根据需要自动备份系统数据。自动备份数据以"CMOSBK＊＊.BIN"文件的形式存储。保存系统自动备份数据的存储器，需要始终安装在示教器上，因此，通常使用 CF 卡。

通过管理模式设定，系统数据的自动备份可在指定条件下进行，自动备份可以保存不同时间、不同状态的多个备份文件。但是，系统的恢复操作需要在系统的高级管理模式（维护模式）下进行。

(2) 存储器操作

U 盘、CF 卡的数据保存与安装操作，可通过图 12.3.2 所示的系统主菜单［外部存储］下的子菜单进行。各子菜单的功能如下。

［安装］：可将 U 盘、CF 卡中的"＊.DAT""＊.CND"等用户数据文件，或"CMOS.BIN"系统备份文件，读入系统、完成系统安装操作。

［保存］：可将系统的用户数据文件或系统备份数据，保存到 U 盘、CF 卡中。

［系统恢复］：用于系统自动备份文件的安装，自动备份生成的"CMOSBK＊＊.BIN"文件有多个，因此，需要利用系统恢复操作，选定其中之一进行系统恢复。

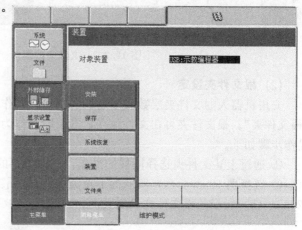

图 12.3.2　外部存储器的操作菜单

［装置］：存储设备选择，如 USB、CF 卡等。存储设备一旦选定，系统重新启动后仍保持有效。

［文件夹］：用于 CF 卡的文件夹管理。文件夹可以在系统的管理模式下进行选择、创建、删除及设定操作。

12.3.2　文件夹设定

(1) 文件夹选择、创建与删除

文件保存与安装时，控制系统的数据可用文件夹的形式进行管理。安川机器人的文件夹选择、创建与删除操作步骤如下。

① 操作模式选择【示教】，安全模式设定为"管理模式"。

② 选择扩展主菜单［外部存储］，示教器显示存储器操作子菜单（参见图 12.3.2）。

③ 选择子菜单［文件夹］，示教器可显示图 12.3.3（a）所示的文件夹一览表。在该页面可根据需要，进行如下操作。

选择：光标定位到"［…］"位置，按操作面板的【选择】键，示教器可返回到上一层文件夹。

创建：选定文件夹层数后，选择图 12.3.3（b）所示的下拉菜单［数据］、子菜单［新建文件夹］，示教器可显示文件夹名称输入框。文件夹名称最大可输入 8 个字符，利用数字键或字符输入软键盘输入名称后，按操作面板的【回车】键，便可创建新的文件夹。

删除：选定文件夹层数、文件夹后，选择图 12.3.3（b）所示的下拉菜单［数据］、子菜单［删除文件夹］，指定的文件夹连同数据都将被删除。

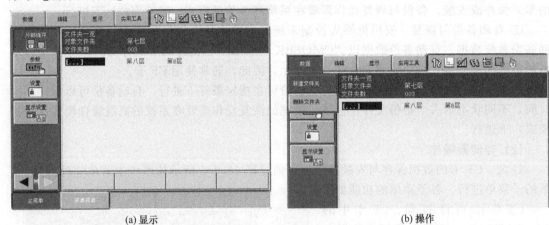

(a) 显示　　　　　　　　　　　　　　　(b) 操作

图 12.3.3　文件夹的选择、创建与删除

(2) 根文件夹设定

安川机器人的文件夹层数较多时，为了简化操作，可将指定的文件夹设定成系统默认的"根文件夹"。根文件夹可在文件保存、安装时，作为当前文件夹直接打开。设定根文件夹的操作步骤如下。

① 通过上述文件夹选择同样的操作，选定需要的文件夹。

② 选择图 12.3.4（a）所示的下拉菜单［显示］、子菜单［根文件夹］，示教器可显示图 12.3.4（b）所示的根文件夹设定页面。

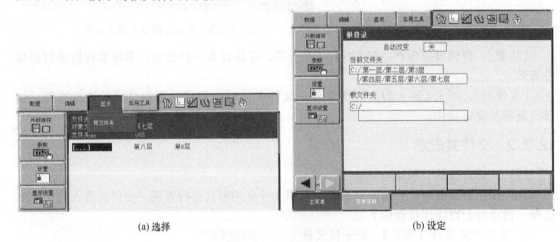

(a) 选择　　　　　　　　　　　　　　　(b) 设定

图 12.3.4　根文件夹设定

文件夹设定页各项的含义如下。

自动改变：选择"开"，根文件夹可作为文件保存、安装时的当前文件夹，直接打开；选择"关"，根文件夹直接打开功能无效。

当前文件夹/根文件夹：显示当前文件夹所在的层与当前设定的根文件夹。

③ 选择图 12.3.5（a）所示的下拉菜单［编辑］、子菜单［设定文件夹］，生效根文件夹设定功能。

④ 调节光标到"自动改变"输入框，选定输入选项"开"，当前文件夹将自动设定成系统的根文件夹，并在图 12.3.5（b）所示的"根文件夹"显示栏上显示。

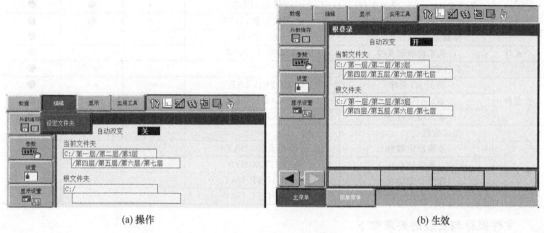

(a) 操作　　　　　　　　　　　　　(b) 生效

图 12.3.5　根文件夹设定

12.3.3　文件保存与安装

(1) 功能与使用

用户数据文件的保存操作，可在任何安全模式下进行；文件的安装操作，则只能在规定的安全模式下进行。由系统自动生成的报警历史、I/O 状态信息等文件，只能保存、不能安装。

需要保存与安装的文件，可在选定主菜单［外部存储］后，利用图 12.3.6 所示的文件夹选项选择；文件夹下还有更多子文件夹可供选择。

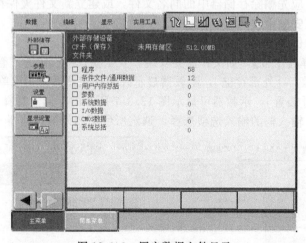

图 12.3.6　用户数据文件显示

安川机器人的用户数据文件分类、名称及安装时的安全模式设定要求如表 12.3.1 所示。

表 12.3.1　用户数据文件的分类及安装要求

数据类别			文件名	安全模式（安装）		
				操作	编辑	管理
用户内存总括			JOB＊＊.HEX	—	●	●
子文件	程序	单独程序	程序名.JBI	—	●	●
		关联程序	程序名.JBR	—	●	●
	条件文件/通用数据	条件文件	文件名.CND	—	●	●
		通用数据	数据文件名.DAT	—	●	●
参数总括			ALL.PRM	—	—	●
子文件	各类系统参数文件		参数类名.PRM	—	—	●
I/O 数据			—	—	—	●
子文件	并行 IO 程序		CIOPRG.LST	—	—	●
	IO 名称数据		IONAME.DAT	—	—	●
	虚拟输入信号		PSEUDOIN.DAT	—	—	●
系统数据			—	—	—	●
子文件	系统设定数据		数据类名.DAT	—	—	●
	系统信息		SYSTEM.SYS	—	—	—
	报警历史信息		ALMHIST.DAT	—	—	—
	I/O 信息历史数据		ALMHIST.DAT	—	—	—

文件保存与安装的要求如下。

① 如选择图 12.3.6 中的"CMOS 总括"选项，可将表 12.3.1 上的全部文件，统一以"CMOS＊＊.HEX"文件的形式保存，但不包括系统配置文件；"CMOS＊＊.HEX"文件的安装，需要在管理模式下进行。

② 选择图 12.3.6 中的"系统总括"选项，可将控制系统的全部数据，统一以"ALCMS＊＊.HEX"文件的形式保存，"ALCMS＊＊.HEX"文件包括系统配置文件和"CMOS＊＊.HEX"文件的全部内容。"ALCMS＊＊.HEX"文件的安装需要由系统生产厂家进行，用户不能进行文件的安装；选择［安装］子菜单时，"系统总括"选项的标记为"■"。

③ 选择图 12.3.6 中的"用户内存总括""CMOS 总括""系统总括"选项，将直接覆盖外部存储器上已有的同名文件。选择其他选项保存时，如存储器上存在同名文件，则不能执行保存操作；此时，应先删除存储器中的同名文件，或建立新文件夹保存。

(2) 文件保存与安装操作

用户数据文件的保存与安装操作步骤如下。

① 操作模式选择【示教】，如文件需要安装，安全模式应设定为"管理模式"。

② 选择扩展主菜单［外部存储］，示教器显示外部存储器操作子菜单。

③ 选择子菜单［装置］，示教器可显示图 12.3.7 所示的存储器选择页面，在该页面上，可通过"对象装置"输入框的输入选项选择，选定所使用的外部存储器（USB 或 CF 卡）。

图 12.3.7　存储器选择

④ 再次选择［外部存储］主菜单，根据操作需要，在外部存储器操作子菜单上（参见

图 12.3.2），选择 ［保存］、［安装］子菜单，示教器可显示文件选择页面（参见图 12.3.6）。

　　⑤ 根据需要，选定需要保存或安装的文件夹、子文件夹及文件；被选择的文件将在示教器上显示图 12.3.8（a）所示的"★"标记。文件选择时，还可根据需要，通过图 12.3.8（b）所示的下拉菜单 ［编辑］中的 ［选择全部］、［选择标记（＊）］或 ［解除选择］快捷操作子菜单，进行如下的编辑操作。

　　［选择全部］：一次性选定所选文件夹中的全部内容。

　　［标记选择（＊）］：文件保存时，一次性选定系统存储器中全部可保存的内容；文件安装时，一次性选定外部存储器中全部可安装的内容。

　　［解除选择］：撤销选择的内容。

　　⑥ 文件全部选定后，按操作面板的【回车】键，示教器将显示对应的操作确认对话框，选择对话框中的操作提示键 ［是］或 ［否］，可执行或放弃文件的保存或安装操作。

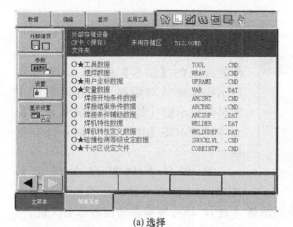

(a) 选择 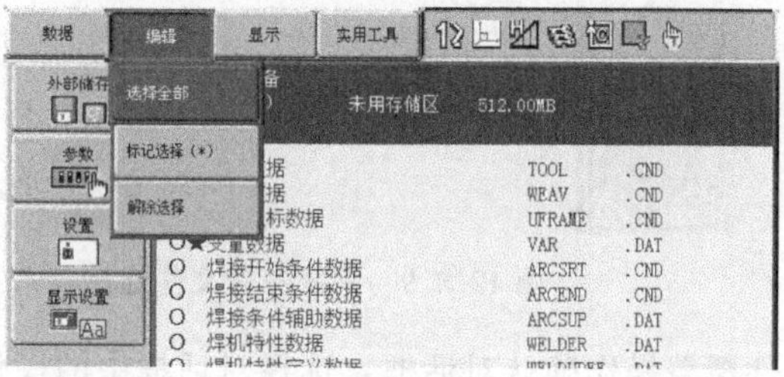　　　　　　　　　　　　(b) 快捷操作

图 12.3.8　文件选择

12.3.4　系统备份与恢复

(1) 功能与使用

　　安川机器人的系统备份可将控制系统的全部应用数据，统一以"＊＊＊.BIN"文件的形式保存到外部存储器上，"＊＊＊.BIN"文件包含了全部用户数据文件和系统配置文件，可直接用于系统恢复（还原）。安川机器人的系统备份可通过示教器操作、系统自动备份 2 种方式实现。

　　示教器操作需要在系统高级管理模式（维护模式）进行，生成的备份文件为"CMOS.BIN"。

　　系统自动备份是由控制系统自动进行，可定期进行，也可在操作模式切换或开机等特定状态下进行。系统自动备份生成的备份文件为"CMOSBK＊＊.BIN"，文件同样包含全部用户数据文件和系统配置文件，也可直接用于系统恢复（还原）。由于自动备份需要进行多次保存，CF 卡应有足够的存储容量。

　　系统恢复可将外部存储器上保存的备份文件"CMOS.BIN"或"CMOSBK＊＊.BIN"重新安装到系统，从而恢复、还原控制系统。

　　系统恢复需要在系统高级管理模式（维护模式）下进行。操作备份生成的"CMOS.BIN"文件，可直接通过主菜单 ［外部存储］、子菜单 ［安装］进行恢复；但系统的管理时间信息，不能通过"CMOS.BIN"文件恢复。系统自动备份生成的"CMOSBK＊

＊.BIN"有多个，系统恢复时需要通过子菜单［系统恢复］选择备份文件、执行恢复操作，
"CMOSBK＊＊.BIN"可以恢复系统管理时间信息。

（2）系统备份与恢复操作

安川机器人的系统备份操作步骤如下。

① 按住示教器操作面板上的【主菜单】键、同时接通系统电源，系统进入高级管理模式（维护模式），示教器显示维护模式主页。

② 将外部存储器（U盘或CF卡）插入到示教器上。

③ 选择主菜单［外部存储］，示教器显示外部存储器操作子菜单（参见图12.3.2）。

④ 选择子菜单［装置］，示教器显示外部存储器选择页面（参见图12.3.2），在该页面上，可通过"对象装置"的输入选项，选定外部存储器（USB或CF卡）。

⑤ 选择主菜单［外部存储］、子菜单［保存］，示教器可显示图12.3.9所示的系统备份文件选择页面。

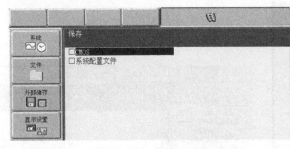

图12.3.9　系统备份文件选择

⑥ 同时选定用户数据文件选项"CMOS""系统配置文件"选项，按操作面板上的【回车】确认，示教器将显示操作确认对话框，选择对话框中的操作提示键［是］，即可将系统备份文件"CMOS.BIN"保存到外部存储器上。

⑦ 如果存储器存在同名的"CMOS.BIN"文件，示教器可显示文件覆盖操作确认对话框，选择对话框中的操作提示键［是］，即可覆盖存储器的原有文件。

安川机器人的系统恢复操作步骤如下。

①～④ 同系统备份操作步骤①～④。

⑤ 选择主菜单［外部存储］、子菜单［安装］，示教器可显示系统恢复文件选择页面。

⑥ 同时选定用户数据文件选项"CMOS""系统配置文件"选项，按操作面板上的【回车】确认后，示教器将显示操作确认对话框，选择对话框中的操作提示键［是］，即可将系统备份文件"CMOS.BIN"安装到系统上，控制系统恢复到备份时的状态。

（3）自动备份设置

安川机器人的自动备份功能设定，需要在管理模式下才能进行，其操作步骤如下。

① 将CF卡安装到示教器上，操作模式选择【示教】，安全管理模式设定为管理模式。

② 选择主菜单［设置］、子菜单［自动备份设定］，示教器可显示图12.3.10所示的自动备份设定页面。

③ 选择显示页的操作提示键［文件整理］，系统自动更新"保存文件设置""备份文件""最近备份

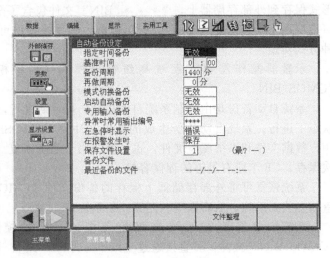

图12.3.10　自动备份设定页面

的文件"等显示项目。

④ 根据需要，对图 12.3.10 中的自动备份参数进行下述设定，全部参数完成后，按操作面板上的【回车】键确认。

指定时间备份：周期备份功能设定。选择"有效"/"无效"，可生效/撤销系统的周期自动备份功能。当周期备份生效时，如操作模式为【示教】，可规定间隔的时间，周期性地保存系统备份文件；但是，为了防止出现不确定的数据和状态，程序再现运行时，控制系统不执行自动备份操作。

基准时间：周期备份的基准时间设定，设定范围为 0：00～23：59。

备份周期：周期备份的 2 次备份间隔时间设定。设定范围为 10～9999min。

再做周期：如周期备份时间到达时，系统正处于示教编程的存储器数据读写状态，可延时本设定的时间后，再进行系统自动备份。

例如，当基准时间设定为 12：00、备份周期设定为 240min（4h）、再做周期设定为 10min 时，系统将在每天的 8：00、12：00、16：00 进行自动备份；如在 8：00 机器人正好处于示教编程的存储器数据读写状态，则备份延时至 8：10 执行。

模式切换备份：选择"有效"/"无效"，可生效/撤销系统操作模式由【示教】切换至【再现】时的自动备份功能。功能生效时，如操作模式由【示教】切换到【再现】、并保持 2s 以上时，系统自动执行备份操作。

启动自动备份：选择"有效"/"无效"，可生效/撤销系统电源接通时的自动备份功能。功能生效时，只要接通电源，系统便可自动执行备份操作。

专用输入备份：选择"有效"/"无效"，可生效/撤销系统专用输入 ♯40560 的备份功能。

异常时常用（通用）输出编号：设定自动备份出现异常中断时的 DO 信号地址，"＊＊＊＊"为无中断信号输出。自动备份的中断可参见后述。

在急停时显示：如系统执行自动备份时，系统被急停，选择"错误"/"报警"，可使系统进入操作出错/系统报警状态。

在报警发生时：如系统执行自动备份时，系统出现报警，选择"保存"/"不保存"，可继续/中断自动备份文件保存操作。

保存文件设置：存储器允许保留的最大备份文件数量，以及 CF 卡可保存的最大备份文件数量的显示。

备份文件：外部存储器中现有备份文件数的显示。

最近备份的文件：外部存储器中最新的备份文件保存日期和时间的显示。

在不同的自动备份方式下，控制系统的备份执行及中断情况如表 12.3.2 所示。

表 12.3.2 自动备份执行及中断情况

启动方式	操作模式	系统状态	CF 卡正常	CF 卡未安装或容量不足
周期备份、启动时间到达	示教	存储器读写中	延时备份	延时报警
		其他情况	执行	报警
	再现或远程	程序执行中	不执行	不执行
		程序停止	执行	报警
专用输入备份、输入信号出现上升沿	示教	存储器读写中	报警	报警
		其他情况	执行	报警
	再现或远程	程序执行中	不执行	不执行
		程序停止	执行	报警
模式切换	示教切换再现	—	执行	报警
系统启动	接通系统电源	—	执行	报警

(4) 系统恢复

通过自动备份文件 "CMOSBK ＊ ＊ . BIN" 恢复系统的操作步骤如下。

① 按住示教器操作面板上的【主菜单】键、同时接通系统电源，系统进入高级管理模式，示教器显示维护模式主页。

② 安装保存有 "CMOSBK ＊ ＊ . BIN" 文件的 CF 卡。

③ 选择主菜单 [外部存储]、子菜单 [装置]，选定存储器（CF 卡）。

④ 选择主菜单 [外部存储]、子菜单 [系统恢复]，示教器可显示图 12.3.11 所示的自动备份文件选择页面。

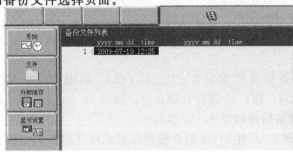

图 12.3.11　系统自动备份文件选择

⑤ 选定需要的备份文件、按操作面板上的【回车】键，示教器将显示 YIF/YCR 板更换确认对话框。选择对话框中的操作提示键 [是]，可恢复系统的管理时间；选择 [否]，则不进行系统管理时间的恢复。

⑥ YIF/YCR 板更换确认对话框选定后，示教器将显示系统备份确认对话框，选择对话框中的操作提示键 [是]，执行系统恢复操作，CF 卡上的系统备份文件 "CMOSBK ＊ ＊ . BIN" 重新写入到系统中，使系统恢复到自动备份时同样的状态。

12.3.5　系统初始化

(1) 功能与使用

系统初始化操作可将作业程序、作业文件、系统参数、I/O 设定等全部数据恢复至出厂设定。系统初始化操作需要在高级管理模式（维护模式）下进行。

系统初始化将清除由用户编制与设定的程序、作业文件、系统设定等全部数据，因此，初始化前应通过数据保存、系统备份等操作，准备好系统恢复的备份文件。

系统初始化时，可根据需要，通过后述的初始化选项，选择其中的部分或全部数据进行初始化操作。例如，选择 "程序" 数据恢复选项时，将清除系统的全部用户坐标设定、工具校准等参数，并将再现运行程序与操作条件、特殊运行条件等设定数据恢复至出厂设定值；选择 "参数" 恢复选项时，则可选择类组，进行部分或全部参数的恢复等。

(2) 系统初始化操作

安川机器人的初始化操作步骤如下。

① 按住示教器操作面板上的【主菜单】键、同时接通系统电源，系统进入高级管理模式，示教器显示维护模式主页。

② 选择主菜单 [文件]、子菜单 [初始化]，示教器可显示图 12.3.12 所示的初始化选项。

③ 根据需要，用光标选择初始化选项后，进行如下操作。

程序：选择选项 "程序" 时，系统将显示图 12.3.13 所示的系统初始化确

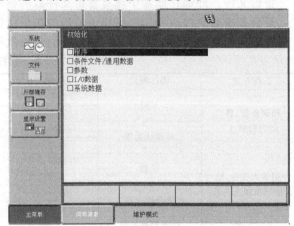

图 12.3.12　系统初始化显示

认对话框，如选择［是］，系统将清除全部用户坐标设定参数、机器人工具校准参数、系统作业监控参数；并使再现运行程序、操作条件及特殊运行条件设定数据、系统内部管理与定义参数，以及其他与程序运行相关的系统参数，全部恢复至出厂默认值。

条件文件/通用数据、参数、I/O 数据、系统数据：选择这 4 个选项时，系统将显示对应的文件。例如，选择"条件文件/通用数据"时，可显示图 12.3.14 所示的文件和数据选项。此时，可用光标、【选择】键选定需要初始化的文件，被选定的文件数据将显示标记"★"；如果该文件数据无法进行初始化，将显示标记"■"（下同）。选项选择完成后，按【回车】键，示教器可显示图 12.3.13 同样的系统初始化确认对话框，如选择［是］，系统将对所选的文件及数据进行初始化操作。

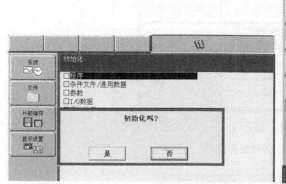

图 12.3.13　程序初始化确认对话框

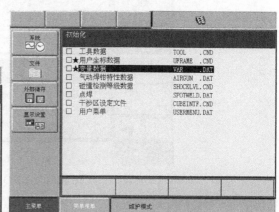

图 12.3.14　初始化文件选择

12.4　系统监控操作

12.4.1　I/O 监控、编辑与强制

(1) I/O 状态显示

安川机器人的 I/O 信号状态可通过选择图 12.4.1 所示的主菜单［输入/输出］及相应的子菜单，在示教器上显示。

机器人的 I/O 信号众多，其中，通用输入/输出信号（DI/DO）、模拟量输入/输出（AI/AO）等少量 I/O 信号，可通过示教器操作编辑；其余大多数信号为系统的内部状态信号，这些 I/O 信号只能显示状态，但不能编辑。

I/O 信号可选择图 12.4.2（a）详细显示和图 12.4.2（b）的简单显示 2 种显示方式，两者可通过下拉菜单［显示］下的子菜单［详细］、［简单］进行切换。

选择详细显示时，可在标题栏上显示指定 I/O 组（IG♯、OG♯）的 10 进制状态、16 进制状态；在内容栏，则可依次显示每一 I/O 信号的代号（IN♯0001、SOUT♯0001 等）、PLC 地址（又称继电器号，♯00010、♯50010 等）、二进制状态（〇或●）及信号名称，并可用于输出"强制"操作。简单显示只能以字节的形式显示信号的状态。

(2) I/O 信号检索

为了显示指定的 I/O 信号状态，可通过以下 2 种方法检索 I/O 信号。

① 在详细显示页面，选择图 12.4.3（a）所示的下拉菜单［编辑］、子菜单［搜索信号号码］或［搜索继电器号］，示教器可显示图 12.4.3（b）所示的数值输入框；在输入框内输入需检索信号代号的序号或 PLC 地址序号（继电器号），按操作面板上的【回车】键，便可直接将光标定位到指定信号上。

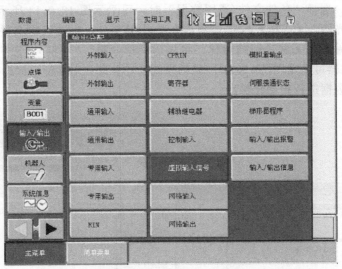

图 12.4.1　I/O 信号选择菜单

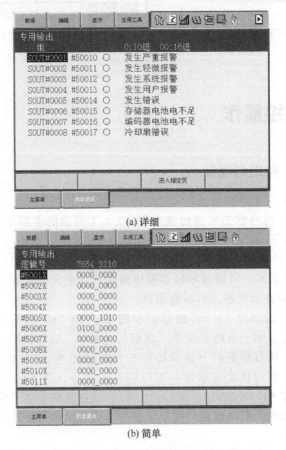

(a) 详细

(b) 简单

图 12.4.2　I/O 信号显示方式

② 在详细显示页面，将光标定位到任一信号名称（IN＃0001、SOUT＃0001 等）或 PLC 编程地址（继电器号）上，按操作面板上的【选择】键，示教器也可显示图 12.4.3（b）所示的数值输入框，在输入框内输入需检索信号代号的序号或 PLC 地址序号（继电器号），按操作面板上的【回车】键，便可直接将光标定位到指定信号上。

(3) 通用 I/O 名称编辑

安川机器人的通用输入/输出（DI/DO）信号的名称允许编辑，其操作步骤如下。

① 操作模式选择【示教】，安全模式设定为"编辑模式"。

② 选择主菜单［输入/输出］、子菜单［通用输入］或［通用输出］，并选择信号详细显示页（参见图 12.4.2）。

③ 通过 I/O 信号检索操作，将光标定位到指定的信号上。

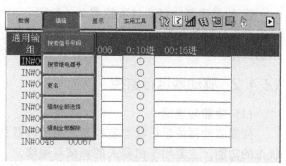

(a) 编辑菜单

(b) 序号输入

图 12.4.3 I/O 信号检索

④ 移动光标到图 12.4.4 所示的信号名称输入框，按操作面板的【选择】键，或者选择下拉菜单［编辑］、子菜单［更名］（参见图 12.4.3），示教器便可显示用于信号名称输入的字符输入软键盘。

⑤ 利用程序名称输入同样的方法，输入信号名称后，按操作面板上的【回车】键，便可完成名称编辑。

(4) 输出强制

安川机器人的通用输出（DO）信号状态可强制 ON/OFF，操作可用于外部电磁元件的动作检查。DO 信号强制的操作步骤如下。

① 操作模式选择【示教】，安全模式设定为"编辑模式"。

② 选择主菜单［输入/输出］、子菜单［通用输出］，并选择信号的详细显示页面（参见图 12.4.2）。

③ 通过 I/O 信号检索操作，将光标定位到指定的通用输出（DO）信号上。

④ 移动光标到图 12.4.5 所示的信号状态设定框，同时按操作面板的"【联锁】＋【选择】"键，便可使通用输出信号的状态从 ON（●）强制为 OFF（○），或反之。

图 12.4.4 通用 I/O 信号编辑

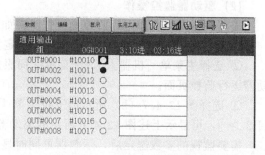

图 12.4.5 通用输出的强制操作

⑤ 如果需要，可通过下拉菜单［编辑］、子菜单［强制全部选择］（参见图12.4.3），使该组全部同时执行输出强制操作；选择子菜单［强制全部解除］，则可撤销该组的全部输出强制操作。

12.4.2 驱动器运行监控

(1) 功能与说明

伺服驱动器的运行状态监控是利用示教器显示和观察机器人各轴伺服驱动系统实际运行状态的功能，主要用于机器人的调试与维修。

驱动器运行监控页面只能在系统的管理模式下才能显示，每一页面可显示2项状态监控参数。监控参数以关节轴的形式显示，显示值均为驱动系统的实际测量和反馈值，操作者只能观察，不能对其修改。

安川机器人的驱动器运行监控参数如图12.4.6所示，参数含义如下。

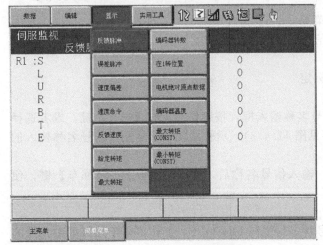

图12.4.6 驱动器监控参数

反馈脉冲：伺服电机编码器的实际位置值。

误差脉冲：指令脉冲与编码器反馈脉冲的差值，反映关节轴实际定位精度。

速度偏差：机器人运动时，可显示电机实际转速（反馈转速）和指令转速（速度命令）间的差值。

速度命令/反馈速度：机器人运动时，可显示驱动器指令转速/电机实际转速值。

给定转矩/最大转矩：驱动器指令转矩/瞬间输出最大转矩值。

编码器转数/在1转位置：关节轴实际位置（即绝对位置）的计算式如下。

实际位置（脉冲）＝（编码器每转脉冲数）×回转圈数＋偏离零位的脉冲数

驱动器监控参数中的"编码器转数/在1转位置"，就是上式中的"回转圈数/偏离零位的脉冲数"值。

电机绝对原点数据：显示机器人关节轴绝对原点位置，此值通常调整为0。

编码器温度：显示电机内部温度，温度检测信号可直接从编码器上输出。

最大转矩（CONST）/最小转矩（CONST）：显示驱动器长时间连续工作时的最大/最小转矩设定值。

(2) 驱动器监控操作

安川机器人驱动器运行监控的操作步骤如下。

① 操作模式选择【示教】，安全模式设定为"管理模式"。

② 选择主菜单［机器人］、子菜单［伺服监视］，示教器可显示图12.4.7（a）所示的驱动器运行监控页面。

③ 选择图12.4.7（b）所示的下拉菜单［显示］、子菜单［监视项目1＞］或［监视项目2＞］，可显示上述图12.4.6所示的驱动器监控参数选择页面。

需要监视的参数选定后，示教器可同时显示所选的监视项目1和2。其中，"最大转矩"监控参数显示的是瞬间采样值，其显示值可通过图12.4.7（c）所示的下拉菜单［数据］、

子菜单 [清除最大转矩] 清除。

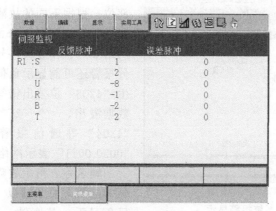

(a) 伺服监视显示

(b) 监控项目选择

(c) 最大转矩清除

图 12.4.7 驱动器监控操作

12.5 报警与错误显示及处理

12.5.1 报警显示及处理

(1) 报警显示

控制系统报警时，表明系统或机器人存在无法继续运行的故障，机器人将立即停止运动，示教器自动显示报警信息。系统报警时，示教器只能进行显示、操作模式切换、急停解除等操作。

安川机器人的报警显示如图 12.5.1 所示。当多个报警同时发生、且一个显示页无法显示时，可同时按【转换】键和光标【↑】/【↓】键，显示其他报警。

系统的每个报警一般有两行显示，第 1 行为报警号码显示，如 "4100　[1]" 等；第 2行为报警信息显示，如 "超程 （机器人）" 等。

报警号码显示包括报警号（如 4100）和子代码（如 [1]）两部分。

① 报警号　报警号用来指示报警性质及故障原因。报警号的千位数字 0～4 表示故障性质，0000～0999 为严重故障，1000～3999 为重故障，4000～4999 为一般故障；报警号的后 3 位数字用来指示故障原因。

例如，报警号 "4100" 表示系统发生了一般故障，原因为机器人本体轴超程（100）；而报警号 "4321" 则表示系统发生了一般故障，原因为机器人轴出现瞬间过载（321）等。

图 12.5.1　系统报警显示

② 子代码　子代码通常用来指示故障部位。根据不同的故障，有如下显示方式。

数值：用来区分故障部件、数据类别、网络节点、作业文件号、参数文件号等。部分报警还可能显示负值或二进制数值，如发生"4203"位置出错等报警时，"-1"表示数据溢出，"-2"表示轴数为0；发生"1204"等通信报警时，以二进制状态"0000 0011"表示网络地址等。

轴名称：指示故障的关节轴。例如，故障的机器人关节轴以［S L U R B T］上的反色显示；基座轴、工装轴以［1 2 3 …］上的反色显示。

位置：指示出错的位置数据。出错的机器人 TCP 位置以［X Y Z］中的反色显示，或［X Y Z T_X T_Y T_Z］中的反色显示。

轴组：指示出错的控制轴组。以［R1 R2］中的反色显示，指示出错的机器人；以［S1 S2 S3］中的反色显示，指示出错的基座轴组。

(2) 报警分类与处理

系统的报警分为严重故障（报警号 0000～0999）、重故障（报警号 1000～3999）和一般故障（报警号 4000～4999）3 类。

严重故障包括通信模块、CPU 模块、存储器等核心部件故障，以及操作系统、系统配置文件等重要软件故障，严重故障将直接导致系统停止工作。

重故障包括存储器数据出错、应用软件或作业文件错误、驱动器报警，以及控制柜、驱动器、电机过热等，重故障时必须立即中断系统运行。系统出现严重故障、重故障时，将直接切断驱动器主电源、进入急停状态；报警需要在故障排除后，通过重新启动伺服才能清除。

一般故障多为机器人运行过程中出现通常的超程、碰撞、干涉，或者系统设定、参数、变量、作业文件、作业程序等错误。一般故障可以在机器人退出超程、负载恢复正常后，直接通过选择显示页的操作提示键［复位］，或利用 I/O 单元的"报警清除"信号（PLC 编程地址 20013），予以清除。

安川机器人的报警分类、主要原因及处理方法如表 12.5.1 所示。

表 12.5.1　安川机器人的报警分类、主要原因及处理方法

等级	报警号	性质	系统处理	故障原因	处理方法
0	0000～0999	严重故障	1. 直接断开驱动器主电源； 2. 系统显示报警	1.CPU 模块不良或通信出错； 2. 驱动器不良或通信出错； 3. 系统存储器故障； 4.I/O 单元不良或通信出错； 5. 系统软、硬件配置错误； 6. 系统组成部件时钟监控出错	关机，排除故障后重新启动
1～3	1000～3999	重故障	1. 直接断开驱动器主电源； 2. 系统显示报警	1. 系统存储器故障； 2. 应用软件或作业文件错误； 3. 安全单元、I/O 模块报警； 4. 伺服驱动器报警； 5. 控制柜、驱动器、电机过热； 6. 外部通信出错	关机，排除故障后重新启动

续表

等级	报警号	性质	系统处理	故障原因	处理方法
4~8	4000~4999	一般故障	系统显示报警	1. 轴超程,机器人碰撞、干涉; 2. 驱动器一般故障(过载、过流、欠压、过压等)、风机报警; 3. 安全单元、I/O模块一般故障; 4. 系统设定、系统参数、变量错误; 5. 作业文件、作业程序错误; 6. 外设通信出错	排除故障后,用显示页面的[复位]提示键或I/O单元的"报警清除"信号清除

12.5.2 操作错误与处理

(1) 操作错误显示

操作错误是由不正确操作所引起的故障,机器人及控制系统本身并无问题。例如,操作了当前状态不允许的示教器按键等。

发生操作错误时,系统可在示教器上显示错误信息,并自动阻止不正确的操作,但不会停止机器人当前的运动或程序的再现运行。

安川机器人的操作错误信息,可在图12.5.2(a)所示的示教器信息显示行上显示。当系统同时发生多个操作错误时,在信息显示行的左侧,将出现多行信息显示提示符。此时,可通过操作面板的【区域】键,将光标定位到信息显示区,然后按操作面板的

多行信息提示

(a) 操作错误显示

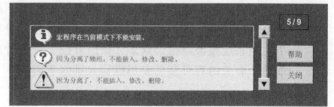

5/9

(b) 多行错误显示

图12.5.2 操作错误的显示

【选择】键,便可打开信息显示区,显示图12.5.2(b)所示的多行操作错误信息。

多行信息显示区有以下操作提示键可供使用。

[▲]/[▼]:显示行上/下移动键。当操作错误较多、信息显示区无法一次显示时,可通过该提示键,查看其他操作错误。

[帮助]:选定该操作提示键,信息显示区可显示指定行的详细错误内容。

[关闭]:选定该操作提示键,将关闭多行信息显示功能。

(2) 操作错误分类与处理

安川机器人的操作错误包括一般操作出错、程序编辑出错、数据输入错误、外部存储设备出错、梯形图程序出错、维护模式出错等,其错误号及出错原因、处理方法如表12.5.2所示。

表12.5.2 操作错误分类、原因及处理

错误号	类别	出错原因	处理
0000~0999	一般操作出错	1. 示教器操作模式选择错误; 2. 示教编程操作不正确; 3. 伺服驱动器状态不正确; 4. 控制轴组、坐标系、工具选择错误; 5. 使用了被系统设定禁止的操作; 6. 作业文件选择错误等	按示教器的【清除】键,清除错误后,进行正确的操作

续表

错误号	类别	出错原因	处 理
1000~1999	程序编辑出错	1. 程序编辑被禁止； 2. 口令错误； 3. 日期/时间输入错误等	按示教器的【清除】键,清除错误后,进行正确的输入或操作
2000~2999	数据输入错误	1. 输入了不允许的字符； 2. 进行的输入、修改等操作不允许； 3. 命令格式错误； 4. 程序登录、名称出错； 5. 不能进行的复制、粘贴等	按示教器的【清除】键,清除错误后,进行正确的输入或操作
3000~3999	外部存储设备出错	1. 存储卡被写保护； 2. 存储卡未格式化； 3. 存储卡中的数据不正确等	检查或更换存储卡,按示教器的【清除】键,清除错误
4000~4999	梯形图程序出错	1. 梯形图格式错误； 2. 梯形图指令不正确； 3. 无梯形图程序或程序长度超过； 4. 使用了重复线圈	检查、重新编辑梯形图程序
8000~8999	维护模式出错	1. 系统配置参数设定错误； 2. 存储器出错等	重新配置系统

机器人的一般操作出错、程序编辑出错、数据输入错误,可直接通过按示教器操作面板上的【清除】键,或利用 I/O 单元的"报警清除"信号（PLC 编程地址 20013）清除。错误清除后,进行正确的操作、编辑或输入,便可排除故障。

外部存储设备出错时,需要检查、更换存储设备,或进行存储器格式化操作。梯形图出错、维护模式出错时,需要重新编辑梯形图或重新配置系统,才能恢复系统运行。

由于控制系统报警与错误众多、原因复杂、处理方法各异,限于篇幅,本书不再对此进行——细述,有关内容可参见安川机器人维修手册。

12.5.3 模块工作状态指示

(1) IR 状态指示

控制系统的 CPU 模块、通信模块或操作系统、显示驱动等基本软件出现错误时,示教器将显示报警,此时,需要通过安装在控制系统模块上的指示灯来判断故障原因。

在安川机器人控制器（IR 控制器）上,CPU 模块及接口模块的指示灯安装如图 12.5.3 所示。CPU 模块上安装有 2 个 LED,用来指示模块的工作状态；接口模块上安装有 1 个 LED 和 1 只七段数码管（含小数点）,用来指示后备电池及系统的通信状态。

CPU 模块的 LED1/LED2 为模块工作状态指示,指示灯不同状态所代表的含义如表 12.5.3 所示。

表 12.5.3 CPU 模块指示灯的状态指示

LED1	LED2	CPU 模块工作状态
暗	暗	DC5V 电源未输入、故障,或硬件安装检测中
暗	闪烁	网络从站检测、BIOS 初始化
亮	闪烁	BIOS 初始化完成,OS 引导系统正常工作

接口模块的 LED 为后备电池报警指示,指示灯亮,代表后备电池电压过低,需要充电或予以更换。

接口模块的七段数码管和小数点,用于指示接口模块的工作状态。在正常情况下,模块的启动步骤,以及状态显示次序如下。

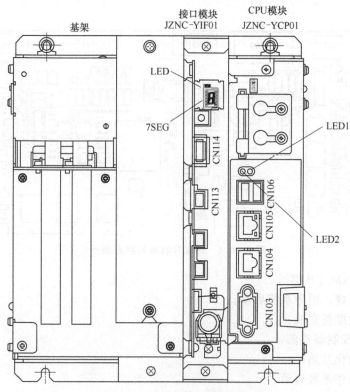

图 12.5.3 IR 控制器的状态指示灯

① 电源接通：数码管显示 "8"、小数点亮（全部显示亮）。

② 模块初始化：按照规定的步骤，完成模块初始化；数码管显示从 "0" 最后变至 "d"。初始化步骤及数码管的状态依次为："0" 引导程序启动、"1" 系统初始化、"2" 系统硬件检测、"3" 操作系统安装、"4" 操作系统启动、"5" 模块启动确认、"6" 接收模块启动信息、"7" CMOS 数据装载、"8" 发送数据装载请求、"9" 等待驱动器同步、"b" 发送系统启动请求、"c" 系统启动、"d"、初始化完成，允许伺服启动。

③ 模块正常工作：数码管显示状态 d 和小数点，以 1Hz 频率闪烁。当接口模块启动发生出错或进入特殊工作模式时，数码管将显示如下状态，指示模块不能正常工作的原因。

E：系统安装出错。

F：进入系统高级维护模式。

P：示教器通信出错。

U：系统软件版本升级中。

如果接口模块启动时，检测到模块不能正常工作的重大故障，数码管和小数点的显示状态将按规定的次序依次变化并重复，显示模块的错误代码，如 "—" → "0" → "2" → "0" → "0" → "." → "—" → "0" → "0" → "0" → "0" → "F" → "F" → "0" → "4" 等。

当接口模块数码管指示正常，但系统仍无法正常工作时，还可通过下述的驱动器控制板上的七段数码管，检查出错原因。

（2）伺服状态指示

安川机器人采用的是多轴集成驱动器，其控制板为多轴共用。驱动器控制板上安装有图 12.5.4 所示的若干电源指示灯和 1 个七段数码管，电源指示灯的标记和含义清晰，在此不再说明；七段数码管的状态显示含义如下。

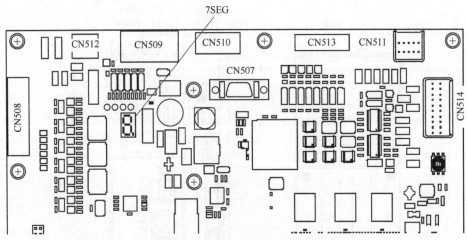

图 12.5.4　伺服控制板的状态指示

0：ROM/RAM/FP 测试。

1：初始化完成，引导系统启动。

2：数据接收准备完成。

3：等待 IR 控制器通信。

4：硬件初始化开始。

5：驱动器操作系统启动。

6：CMOS 数据传送开始。

7：CMOS 数据接收。

8：伺服系统启动，驱动器状态初始化。

9：等待 IR 控制器同步。

b：等待 IR 控制器驱动。

d：伺服驱动器启动完成，等待伺服启动。

当接口模块启动完成，当伺服驱动器启动异常时，数码管和小数点的显示状态将按规定的次序依次变化并重复，以显示驱动器的错误代码，如"F"→"0"→"0"→"3"→"0"→"."等。

接口模块与驱动器控制板的错误原因复杂、处理方法各异，限于篇幅，本书不再对此进行一一细述，有关内容可参见安川机器人维修手册。

附 录

安全模式菜单显示与编辑

附表　安全模式菜单显示与编辑

主菜单	子菜单	显 示			编 辑		
		操作模式	编辑模式	管理模式	操作模式	编辑模式	管理模式
程序内容	程序内容	●	●	●	—	●	●
	程序选择	●	●	●	●	●	●
	主程序	●	●	●		●	●
	程序容量	●	●	●	—	—	—
	循环	●	●	●	●	●	●
	作业预约状态	☆	—	—	—		
	新建程序	—	●	●	—	○	○
	预约启动程序	—	●	●	—	○	○
	再现程序编辑	—	●	●			●
	再现编辑程序一览	—	●	●			●
	删除程序一览	—	★	★	—	★	★
变量	字节型	●	●	●	—	●	●
	整数型	●	●	●		●	●
	双精度型	●	●	●		●	●
	实数型	●	●	●		●	●
	文字型	●	●	●		●	●
	位置型(机器人)	●	●	●		●	●
	位置型(基座轴)	●	●	●		●	●
	位置型(工装轴)	●	●	●		●	●
	局部变量	●	●	●	⸺	⸺	⸺
输入输出	外部输入	●	●	●	—	—	—
	外部输出	●	●	●	—	—	—
	通用输入	●	●	●	—	●	●
	通用输出	●	●	●	—	●	●
	专用输入	●	●	●	—	—	—
	专用输出	●	●	●	—	—	—
	RIN	●	●	●	—	—	—
	CPRIN	●	●	●	—	—	—
	寄存器	●	●	●	—	—	●
	辅助继电器	●	●	●	—	—	—

续表

主菜单	子菜单	显 示			编 辑		
		操作模式	编辑模式	管理模式	操作模式	编辑模式	管理模式
输入输出	控制输入	●	●	●	—	—	—
	模拟输入信号	●	●	●	—	—	●
	网络输入	●	●	●	—	—	—
	网络输出	●	●	●	—	—	—
	模拟量输出	●	●	●	—	—	—
	伺服接通状态	●	●	●	—	—	—
	端子	●	●	●	—	—	●
	I/O模拟一览	●	●	●	—	—	—
	伺服断开监视	●	●	●	—	—	—
	梯形图程序	—	—	●	—	—	●
	输入/输出报警	—	—	●	—	—	●
	输入/输出信息	—	—	●	—	—	●
	接通条件	—	—	●	—	—	—
机器人	当前位置	●	●	●	—	—	—
	命令位置	●	●	●	—	—	—
	作业原点	●	●	●	—	●	●
	第二原点位置	●	●	●	—	●	●
	电源通断位置	●	●	●	—	—	—
	碰撞检测等级	●	●	●	—	—	●
	偏移量	●	●	●	—	—	—
	轴冲突检测等级	●	●	●	—	—	—
	工具	—	●	●	—	●	●
	用户坐标	—	●	●	—	●	●
	超程和碰撞传感器	—	●	●	—	○	○
	解除极限	—	●	●	—	○	○
	伺服监视	—	—	●	—	—	—
	落下量	—	—	●	—	—	●
	干涉区	—	—	●	—	—	●
	原点位置	—	—	●	—	—	●
	机种	—	—	●	—	—	—
	模拟量监视	—	—	●	—	—	●
	ARM控制设定	—	—	●	—	—	●
	软限位设定	—	—	●	—	—	●
系统信息	版本	●	●	●	—	—	—
	监视时间	●	●	●	—	—	●
	报警历史	●	●	●	—	—	●
	I/O信息历史	●	●	●	—	—	●
	用户自定义菜单	●	●	●	—	●	●
	安全	●	●	●	●	●	●
外部存储	保存	●	●	●	—	—	—
	校验	●	●	●	—	—	—
	删除	●	●	●	—	—	—
	设备	●	●	●	●	●	●
	文件	●	●	●	—	—	●
	初始化	●	●	●	○	○	○
	安装	—	●	●	—	—	—
设置	数据不匹配日志	●	●	●	—	—	●
	示教条件设定	—	●	●	—	●	●
	显示颜色设定	—	●	●	—	●	●

续表

主菜单	子菜单	显　示			编　辑		
		操作模式	编辑模式	管理模式	操作模式	编辑模式	管理模式
设置	设置语言	—	●	●	—	●	●
	预约程序名	—	●	●	—	●	●
	用户口令	—	●	●	—	●	●
	轴操作键分配	—	●	●	—	—	●
	节能功能	—	●	●	—	—	●
	编码器维护	—	●	●	—	—	●
	操作条件设定	—	—	●	—	—	●
	操作允许设定	—	—	●	—	—	●
	功能有效设定	—	—	●	—	—	●
	程序动作设定	—	—	●	—	—	●
	再现条件设定	—	—	●	—	—	●
	机能条件设定	—	—	●	—	—	●
	日期时间	—	—	●	—	—	●
	设置轴组	—	—	●	—	—	☆
	再现速度登录	—	—	●	—	—	●
	键定义	—	—	●	—	—	●
	预约启动连接	—	—	●	—	—	●
	自动备份设定	—	—	●	—	—	●
	自动升级设定	—	—	●	—	—	●
参数	见第 9 章	—	—	●	—	—	●
显示设置	更改字体	●	●	●	●	●	●
	更改按钮	●	●	●	●	●	●
	设置初始化	●	●	●	●	●	●
	改变窗口格式	●	●	●	●	●	●
安全功能	机械安全信号设定	●	●	●	—	—	—
	延时设定	●	●	●	—	—	●
	安全逻辑设定	●	●	●	—	—	●
预防保养	减速器预防保养	●	●	●	—	—	●
	维护更换记录	●	●	●	—	—	●
弧焊	引弧条件	●	●	●	—	●	●
	熄弧条件	●	●	●	—	●	●
	焊机特性	●	●	●	—	●	●
	弧焊诊断	●	●	●	—	●	●
	摆焊	●	●	●	—	●	●
	电弧监视	●	●	●	—	●	●
	电弧监视取样	●	●	●	—	—	—
	焊接辅助条件	—	●	●	—	—	●
	用途相关设定	—	—	●	—	—	●
点焊	焊接诊断	●	●	●	—	●	●
	间隙设定	●	●	●	—	●	●
	电极更换管理	●	●	●	—	—	●
	焊钳压力	—	●	●	—	●	●
	空打压力	—	●	●	—	●	●
	I/O 信号分配	—	—	●	—	—	●
	焊钳特性	—	—	●	—	—	●
	用途相关设定	—	—	●	—	—	●
通用	摆焊	●	●	●	—	●	●
	通用用途诊断	●	●	●	—	●	●
	I/O 变量定义	●	●	●	●	●	●

续表

主菜单	子菜单	显 示			编 辑		
		操作模式	编辑模式	管理模式	操作模式	编辑模式	管理模式
系统	设置	仅在特殊的维护模式下才能显示和操作					
	版本						
	安全模式						
文件	系统初始化	仅在特殊的维护模式下才能显示和操作					

注:
●:允许操作。—:不允许操作。○:仅示教模式允许。☆:仅再现模式允许。★:仅"删除程序还原功能"有效时允许。